CONTEÚDO DIGITAL PARA ALUNOS
Cadastre-se e transforme seus estudos em uma experiência única de aprendizado:

1 Entre na página de cadastro:
www.editoradobrasil.com.br/sistemas/cadastro

2 Além dos seus dados pessoais e de sua escola, adicione ao cadastro o código do aluno, que garantirá a exclusividade do seu ingresso a plataforma.

3386028A7318756

3 Depois, acesse: www.editoradobrasil.com.br/leb
e navegue pelos conteúdos digitais de sua coleção :D

Lembre-se de que esse código, pessoal e intransferível, é valido por um ano. Guarde-o com cuidado, pois é a única maneira de você utilizar os conteúdos da plataforma.

CB015071

Editora do Brasil

matemática Bonjorno

9º Ano

José Roberto Bonjorno
Bacharel e licenciado em Física pela Pontifícia Universidade Católica de São Paulo (PUC-SP)

Licenciado em Pedagogia pela Faculdade de Filosofia, Ciências e Letras Professor Carlos Pasquale (FFCLQP-SP)

Professor do Ensino Fundamental e do Ensino Médio

Regina Azenha Bonjorno
Bacharel e licenciada em Física pela Pontifícia Universidade Católica de São Paulo (PUC-SP)

Professora do Ensino Fundamental e do Ensino Médio

Ayrton Olivares
Bacharel e licenciado em Matemática pela Pontifícia Universidade Católica de São Paulo (PUC-SP)

Licenciado em Pedagogia pela Faculdade de Filosofia, Ciências e Letras Professor Carlos Pasquale (FFCLQP-SP)

Professor do Ensino Fundamental e do Ensino Médio

Professor concursado do Instituto Federal de Educação, Ciência e Tecnologia de São Paulo (IFSP)

Marcinho Mercês Brito
Doutor em Estatística e Experimentação Agropecuária pela Universidade Federal de Lavras (UFLA-MG)

Mestre em Ciências Agrárias pela Universidade Federal do Recôncavo da Bahia (UFRB-BA)

Pós-graduado em Formação para o Magistério – Área de Concentração: Metodologia do Ensino e da Pesquisa em Matemática e Física pelas Faculdades Integradas de Amparo (FIA-SP)

Engenheiro Agrônomo pela Universidade Federal da Bahia (UFBA)

Licenciado em Matemática pela Faculdade de Ciências Educacionais (FACE-BA)

Coordenador de pós-graduação em Ensino de Ciências Naturais e Matemática do Instituto Federal Baiano (IF Baiano-BA)

Professor efetivo de Matemática do Instituto Federal Baiano (IF Baiano-BA)

São Paulo
1ª edição, 2021

Dados Internacionais de Catalogação na Publicação (CIP)
(Câmara Brasileira do Livro, SP, Brasil)

Matemática Bonjorno 9º ano / José Roberto Bonjorno...[et al.]. -- 1. ed. -- São Paulo : Editora do Brasil, 2021. -- (Matemática Bonjorno)

Outros autores: Regina Azenha Bonjorno, Ayrton Olivares, Marcinho Mercês Brito
ISBN 978-65-5817-888-0 (aluno)
ISBN 978-65-5817-889-7 (professor)

1. Matemática (Ensino fundamental) I. Bonjorno, José Roberto. II. Bonjorno, Regina Azenha. III. Olivares, Ayrton. IV. Brito, Marcinho Mercês. V. Série.

21-66394   CDD-372.7

Índices para catálogo sistemático:
1. Matemática : Ensino fundamental   372.7

Cibele Maria Dias - Bibliotecária - CRB-8/9427

© Editora do Brasil S.A., 2021
Todos os direitos reservados

Direção-geral: Vicente Tortamano Avanso

Direção editorial: Felipe Ramos Poletti
Gerência editorial: Erika Caldin
Supervisão de artes: Andrea Melo
Supervisão de editoração: Abdonildo José de Lima Santos
Supervisão de revisão: Dora Helena Feres
Supervisão de iconografia: Léo Burgos
Supervisão de digital: Ethel Shuña Queiroz
Supervisão de controle de processos editoriais: Roseli Said
Supervisão de direitos autorais: Marilisa Bertolone Mendes

Supervisão editorial: Rodrigo Pessota
Edição: Everton José Luciano, Marcos Gasparetto de Oliveira e Roberto Paulo de Jesus Silva
Assistência editorial: Viviane Ribeiro, Wagner Razvickas
Especialista em revisão e copidesque: Elaine Silva
Copidesque: Gisélia Costa, Ricardo Liberal, Sylmara Beletti
Revisão: Amanda Cabral, Andréia Andrade, Bianca Oliveira, Fernanda Sanchez, Flávia Gonçalves, Gabriel Ornelas, Jonathan Busato, Mariana Paixão, Martin Gonçalves e Rosani Andreani
Pesquisa iconográfica: Priscila Ferraz
Design gráfico: APIS design
Capa: Caronte Design
Imagem de capa: Paulo Nabas/Shutterstock.com
Edição de arte: Talita Lima
Assistência de arte: Leticia Santos
Ilustrações: Adriano Gimenez, André Martins, Caio Boracini, DAE, Daniel Queiroz Porto, Danilo Dourado, Danillo Souza, FJF Vetorização, João P. Mazzoco, Luca Navarro, Luiz Lentini, Marcel Borges, Marcos Guilherme, Mauro Salgado, Murilo Moretti, Tarcísio Garbellini, Thiago Lucas e Wanderson Souza
Produção cartográfica: Sônia Vaz
Editoração eletrônica: Setup Bureau Editoracao Eletronica S/S Ltda.
Licenciamentos de textos: Cinthya Utiyama, Jennifer Xavier, Paula Harue Tozaki e Renata Garbellini
Controle de processos editoriais: Bruna Alves, Carlos Nunes, Rita Poliane, Terezinha de Fátima Oliveira e Valeria Alves

1ª edição / 1ª impressão, 2021
Impresso na Ricargraf Gráfica e Editora

Rua Conselheiro Nébias, 887
São Paulo/SP – CEP 01203-001
Fone: +55 11 3226-0211
www.editoradobrasil.com.br

APRESENTAÇÃO

Caro professor,

Vivemos hoje em uma sociedade dinâmica, complexa e tecnológica. Nesse universo, mesmo sem perceber estamos todos conectados a números, algoritmos, operações, medidas etc. Ao falar sua data de nascimento, você usa os números; para pagar uma compra, você também os utiliza; as páginas da internet e das redes sociais que você acessa funcionam por meio de algoritmos, e assim por diante. Com esta coleção, queremos aproximar ainda mais a Matemática de sua realidade, de modo que você possa raciocinar matematicamente, pensar de maneira lógica, comparar grandezas, analisar evidências e argumentar com base em números.

Assim, você poderá programar um futuro melhor, no qual símbolos que representam matematicamente a desigualdade e a diferença poderão ser socialmente substituídos pelos sinais de igualdade e semelhança. Para construir esse futuro, precisamos aprender a pensá-lo melhor!

Bons estudos!

Os autores

CONHEÇA SEU LIVRO

Abertura de unidade

Em cada uma das oito aberturas, você encontrará imagens, textos e questões relacionados ao tema estudado na unidade.

Na BNCC

Boxe que indica as competências gerais, as competências específicas e as habilidades de Matemática, todas da Base Nacional Comum Curricular (BNCC), desenvolvidas na unidade.

Abertura de capítulo

Os conteúdos são apresentados de forma objetiva e organizada.

Para pesquisar e aplicar

Boxe com perguntas diversas relacionadas ao texto de abertura da unidade.

Para começar

Apresenta perguntas disparadoras e testagem de conhecimentos prévios sempre no começo de cada capítulo.

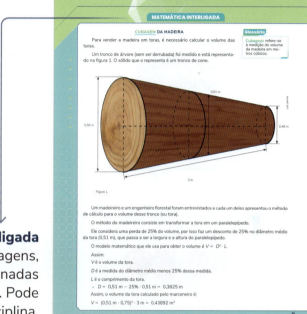

MatemaTIC

Nesta seção, você precisará do apoio de tecnologias digitais para executar variadas atividades sobre diversos assuntos.

Matemática interligada

Seção que apresenta informações, textos, imagens, gráficos e tabelas com curiosidades relacionadas a temáticas diversas ou à Matemática. Pode trazer também fatos históricos da disciplina.

Atividades resolvidas

Nesta seção, você encontrará atividades passo a passo, o que contribui para seu aprendizado.

Atividades

Esta seção ajuda você a concretizar os conteúdos estudados.

Mais atividades

Sempre ao final de cada capítulo, esta seção traz atividades com o propósito de contribuir para a fixação dos conteúdos.

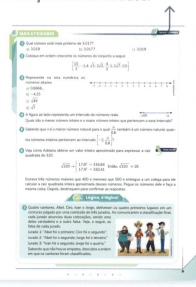

Pense e responda

Traz questões que funcionam como reflexão em meio à teoria.

Dica

Este boxe apresenta informações que visam facilitar o entendimento dos conteúdos.

Prepare-se para encarar jogos matemáticos desafiadores nesta seção.

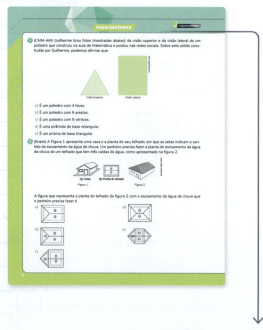

Para encerrar
Atividades complementares apresentadas ao final de cada unidade, cujo objetivo é revisar o conteúdo estudado.

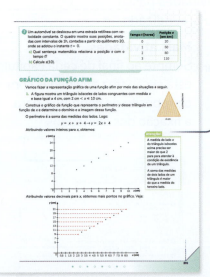

Atenção
Boxe com informações importantes para o entendimento do conceito trabalhado.

Lembre-se
Boxe com retomada de conceitos e informações que ajudarão você no entendimento dos conteúdos.

Curiosidade
Apresenta fatos curiosos ligados a algum tema em discussão.

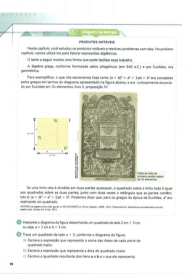

Viagem no tempo
Faça uma viagem no tempo com este boxe para descobrir a origem de determinado tema/conteúdo.

Assim também se aprende
Por meio de atividades instigantes e sugestões de sites e livros, este boxe fará você refletir e encontrar soluções de diversos exercícios.

Lógico, é logica!
Sempre ao final da seção **Mais atividades**, este boxe apresenta questões diversas envolvendo lógica.

Educação Financeira
Por meio de textos e questões, você vai explorar o tema e aprender a ter uma vida financeira saudável.

Ícones

SUMÁRIO

UNIDADE 1 — Números reais, potências, raízes e unidades de medida na informática ... 12

CAPÍTULO 1 – CONJUNTOS DOS NÚMEROS REAIS ... 14
Números irracionais ... 14
O número $\sqrt{2}$ ... 14
O número $\sqrt{2}$ na reta numérica ... 15
Números reais ... 17
Intervalos ... 19
   Mais atividades ... 21

CAPÍTULO 2 – POTÊNCIAS E RAÍZES ... 22
Radiciação e os números reais ... 22
Potência com expoente fracionário ... 24
Notação científica e problemas ... 25
Unidade astronômica ... 27
Ordem de grandeza ... 28
Operações com radicais ... 29
   Adição e subtração ... 29
   Multiplicação e divisão ... 30
   Potenciação e radiciação ... 31
Simplificação de expressões com radicais ... 33
Racionalização de denominadores ... 35
   Mais atividades ... 37

CAPÍTULO 3 – UNIDADES DE MEDIDA NA INFORMÁTICA ... 39
Sistema de numeração com bases diferentes de 10 ... 39
Capacidade de armazenamento de computadores ... 42
   Unidades de medida: *bit* e *byte* ... 42
   Unidades de medida maiores que o *byte* ... 44
   Mais atividades ... 46
PARA ENCERRAR ... 47

UNIDADE 2 — Vistas ortogonais e volume de prismas e cilindros ... 50

CAPÍTULO 1 – VISTAS ORTOGONAIS DE FIGURAS GEOMÉTRICAS ESPACIAIS ... 52
Projeção ortogonal de um ponto ... 52
Projeção ortogonal de um segmento de reta ... 52
Projeção ortogonal de uma figura plana sobre um plano ... 53
Projeções ortogonais de figuras geométricas espaciais ... 53
   Mais atividades ... 58

CAPÍTULO 2 – VOLUME DE PRISMAS E CILINDROS ... 59
Volume do paralelepípedo retângulo ou bloco retangular ... 59
Sólidos geométricos equivalentes ... 62
Volume de um prisma reto ... 63
Volume de cilindros ... 66
   Mais atividades ... 73
PARA ENCERRAR ... 76

UNIDADE 3 — Produtos notáveis, fatoração e equação do 2º grau 80

CAPÍTULO 1 – PRODUTOS NOTÁVEIS 82
Quadrado da soma de dois termos 82
Quadrado da diferença de dois termos 85
Produto da soma pela diferença de dois termos 86
   Mais atividades 91

CAPÍTULO 2 – FATORAÇÃO 92
O que significa fatores? 92
Fatoração pelo fator comum 93
Fatoração por agrupamento 95
Fatoração pela diferença de dois quadrados e trinômio quadrado perfeito 96
   Mais atividades 99

CAPÍTULO 3 – FRAÇÕES ALGÉBRICAS 100
O que é uma fração algébrica? 100
Simplificação de frações algébricas 101
Adição e subtração de frações algébricas 103

Equações fracionárias 104
Sistema de equações fracionárias 107
   Mais atividades 110

CAPÍTULO 4 – EQUAÇÕES DO 2º GRAU 111
Equações do 2º grau com uma incógnita 111
Resolução de equações do 2º grau por fatoração 113
   Equações do tipo $ax^2 + c = 0$ 113
   Equações do tipo $ax^2 + bx = 0$ 114
   Equação do tipo $ax^2 + bx + c = 0$ 115
   Fórmula resolutiva de uma equação do 2º grau 117
Relações entre os coeficientes e as raízes de uma equação do 2º grau 123
Equação biquadrada 124
Equação fracionária 126
Sistema de equações 127
   Mais atividades 130
PARA ENCERRAR 131

UNIDADE 4 — Retas, arcos e ângulos em uma circunferência e semelhança 132

CAPÍTULO 1 – RETAS E ÂNGULOS 134
Retas paralelas intersectadas por uma transversal 134
Arcos de circunferência 138
Ângulo central 140
Ângulo inscrito 143
   Mais atividades 149

CAPÍTULO 2 – SEMELHANÇA DE FIGURAS 151
Figuras semelhantes 151
Polígonos semelhantes 154
Semelhança de triângulos 158
Propriedades da semelhança de triângulos 158
   Reflexiva 158

   Simétrica 158
   Transitiva 158
Teorema fundamental da semelhança de triângulos 158
Triângulos semelhantes 161
   Mais atividades 165

CAPÍTULO 3 – POLÍGONOS REGULARES 167
Construção de polígonos regulares 167
   Construção de um triângulo equilátero 167
   Construção de um quadrado 167
   Construção de um octógono regular 169
   Mais atividades 172
PARA ENCERRAR 173

UNIDADE 5 — Gráficos e pesquisa amostral ... 176

CAPÍTULO 1 – LEITURA, INTERPRETAÇÃO E CONSTRUÇÃO DE GRÁFICOS ... 178

Gráficos de barras ... 178
Gráficos de setores ... 183
Gráficos de linhas ... 186
Elementos que podem induzir a erros de leitura ... 189
   Mais atividades ... 195

CAPÍTULO 2 – PLANEJAMENTO E EXECUÇÃO DE PESQUISA AMOSTRAL ... 198

Planejando uma pesquisa ... 198
   Execução da pesquisa ... 199
   Mais atividades ... 201
PARA ENCERRAR ... 202

UNIDADE 6 — Proporcionalidade, triângulo retângulo e distância entre dois pontos ... 208

CAPÍTULO 1 – PROPORCIONALIDADE EM GEOMETRIA ... 210

Segmentos proporcionais ... 210
Feixe de retas paralelas cortadas por transversais ... 212
Teorema da bissetriz interna de um triângulo ... 217
   Mais atividades ... 219

CAPÍTULO 2 – TRIÂNGULO RETÂNGULO ... 221

Relações métricas no triângulo retângulo ... 221
Teorema de Pitágoras ... 223
Verificações experimentais e demonstração geométrica do teorema de Pitágoras ... 226
Relações trigonométricas no triângulo retângulo ... 230
   Tangente ... 230
   Seno e cosseno ... 236
Razões trigonométricas especiais ... 239
   Mais atividades ... 246

CAPÍTULO 3 – DISTÂNCIA ENTRE PONTOS NO PLANO CARTESIANO ... 249

Distância entre dois pontos de uma reta numérica ... 249
Distância entre dois pontos no plano cartesiano ... 250
   Mais atividades ... 253
PARA ENCERRAR ... 254

UNIDADE 7 Funções ... 258

CAPÍTULO 1 – FUNÇÃO AFIM ... 260
O que é uma função ... 260
Interpretando gráficos ... 266
Taxa média de variação de uma função ... 268
Função afim ... 270
Gráfico da função afim ... 273
  Mais atividades ... 282

CAPÍTULO 2 – FUNÇÃO QUADRÁTICA ... 284
O que é uma função quadrática ... 284
Gráfico da função quadrática ... 287
  Concavidade das parábolas ... 288
  Coordenadas dos vértices ... 288
Valor máximo e valor mínimo da função quadrática ... 290
  Mais atividades ... 293
PARA ENCERRAR ... 294

UNIDADE 8 Probabilidade, proporcionalidade e porcentagem ... 298

CAPÍTULO 1 – PROBABILIDADE ... 300
Revendo conceitos ... 300
Eventos independentes e eventos dependentes ... 305
  Mais atividades ... 309

CAPÍTULO 2 – PROPORCIONALIDADE ... 311
Razão entre duas grandezas de espécies diferentes ... 311
  Velocidade média ... 311
  Densidade demográfica ... 312

Divisão em partes diretamente e inversamente proporcionais ... 315
  Mais atividades ... 319

CAPÍTULO 3 – PORCENTAGEM ... 321
Regra de três simples ... 321
Regra de três composta ... 322
Problemas envolvendo porcentagem ... 326
Juros ... 329
  Juro simples ... 329
  Mais atividades ... 335
PARA ENCERRAR ... 337

Gabarito ... 342
Lista de siglas ... 371
Referências ... 382

UNIDADE 1

Números reais, potências, raízes e unidades de medida na informática

Você já ouviu falar em *bit* ou *byte*? Qual é a diferença entre eles?

Para fazer o armazenamento de qualquer tipo de informação (texto, imagem, sons etc.), primeiro ela precisa ser traduzida para uma linguagem que o computador entenda. Ele não entende palavras orais ou escritas como nós usamos para nos comunicar. Toda informação precisa ser traduzida e codificada para uma linguagem composta apenas dos símbolos 0 (zero) e 1 (um). Esse é o chamado código binário.

O *bit* (*binary digit*) é a menor unidade de medida de informação, representada pelos números 0 (zero) e 1 (um). Já o *byte* é o conjunto de 8 *bits*.

Na BNCC

Essa Unidade propicia o desenvolvimento das competências e das habilidades a seguir.

Competências gerais:
1, 2, 3, 5

Competências específicas:
2, 3, 4, 6 e 8

Habilidades:
EF09MA01
EF09MA02
EF09MA03
EF09MA04
EF09MA18

Para pesquisar e aplicar

1. Você possui celular ou *tablet*? Qual é a capacidade de armazenamento de cada um deles?

2. O prefixo **mega** (M) representa um fator multiplicador equivalente a um milhão, e o prefixo **tera** (T), um fator multiplicador equivalente a um trilhão. Escreva com uma potência de 10 os fatores multiplicadores correspondentes aos prefixos M e T.

3. Leia esta manchete:

Uso excessivo de tecnologias causa doença nos jovens, diz médico

PORTILHO, C.; ALVES, D.; DIRRAH, R. Uso excessivo [...]. *G1*, [Minas Gerais], 28 abr. 2013. Disponível em: http://g1.globo.com/minas-gerais/triangulo-mineiro/noticia/2013/04/uso-excessivo-de-tecnologias-causa-doencas-em-jovens-diz-medico.html. Acesso em: 23 fev. 2021.

Dê sua opinião sobre essa notícia.

BLUEBAY/SHUTTERSTOCK.COM

CAPÍTULO 1

Conjuntos dos números reais

Para começar

Qual número inteiro positivo elevado ao quadrado dá 7?

NÚMEROS IRRACIONAIS

Há números que podem ser escritos na forma decimal com infinitas casas decimais e não são periódicos. Esses números são denominados **números irracionais**.

Exemplos:

$\sqrt{2} = 1,4142135...$

$-\sqrt{5} = -2,2360679...$

$\sqrt[3]{7} = 1,9129311...$

$\pi = 3,1415926...$

$1 + \sqrt{3} = 2,7320508...$

Observe que não há um padrão que se repete após a vírgula.

Número irracional é todo número cuja representação decimal infinita não é periódica.

Pense e responda

Dê um exemplo de um número racional maior que $\sqrt{2}$ e menor que π.

O NÚMERO $\sqrt{2}$

Foram os pitagóricos, discípulos de Pitágoras (580 a.C. 500 a.C., aproximadamente), que começaram a procurar números racionais que, elevados ao quadrado, resultassem no número 2. Eles fizeram uma série de tentativas e não conseguiram encontrar um valor adequado.

Esse número, cujo quadrado é igual a 2, é, na verdade, a raiz quadrada de 2, representado por $\sqrt{2}$, um número irracional.

Vamos, então, fazer uma simulação daquilo que fizeram os pitagóricos, isto é, tentativas para achar um número racional que elevado ao quadrado resulte em 2.

1ª tentativa

$\sqrt{2}$ está entre quais números inteiros?

Número n	Quadrado de n	Comparando com 2
1	$1^2 = 1$	$1 < 2$
2	$2^2 = 4$	$4 > 2$

Como $1^2 < 2 < 2^2$, podemos afirmar que $1 < \sqrt{2} < 2$ e que $\sqrt{2}$ não é um número **inteiro**.

2ª tentativa

Aproximação para décimos.

Número n	Quadrado de n	Comparando com 2
1,1	$(1,1)^2 = 1,21$	$1,21 < 2$
1,4	$(1,4)^2 = 1,96$	$1,96 < 2$
1,5	$(1,5)^2 = 2,25$	$2,25 > 2$

Como $(1,4)^2 < 2 < (1,5)^2$, podemos afirmar que $1,4 < \sqrt{2} < 1,5$.

3ª tentativa

Aproximação para centésimos.

Número n	Quadrado de n	Comparando com 2
1,41	$(1,41)^2 = 1,9881$	$1,9881 < 2$
1,42	$(1,42)^2 = 2,0164$	$2,0164 > 2$

Podemos notar que $(1,41)^2 < 2 < (1,42)^2$; portanto, podemos dizer que:

$$1,41 < \sqrt{2} < 1,42.$$

4ª tentativa

Aproximação para milésimos.

Número n	Quadrado de n	Comparando com 2
1,411	$(1,411)^2 = 1,990921$	$1,990921 < 2$
1,412	$(1,412)^2 = 1,993744$	$1,993744 < 2$
1,413	$(1,413)^2 = 1,996569$	$1,996562 < 2$
1,414	$(1,414)^2 = 1,999396$	$1,999396 < 2$
1,415	$(1,415)^2 = 2,002225$	$2,002225 > 2$

Como $(1,414)^2 < 2 < (1,415)^2$, logo, $1,414 < \sqrt{2} < 1,415$. Em uma aproximação para milésimos, temos que $\sqrt{2} = 1,414$ por falta ou $\sqrt{2} = 1,415$ por excesso.

Se continuarmos esse processo, obteremos para $\sqrt{2}$ representações decimais com um número cada vez maior de casas após a vírgula, porém sem periodicidade.

Veja, a seguir, a representação decimal do número $\sqrt{2}$ com 30 casas após a vírgula.

$$\sqrt{2} = 1,414213562373095048801688724209$$

O NÚMERO $\sqrt{2}$ NA RETA NUMÉRICA

Suponha que o quadrado ABCD da figura tem 2 cm de lado e área igual a 4 cm² (pois $2^2 = 4$).

Unindo os pontos médios de seus lados, obtemos o quadrado EFGH, cuja área é a metade da área do quadrado ABCD, ou seja, a área é igual a 2 cm².

A área do quadrado EFGH é 2 cm², porque o quadrado inicial ABCD pode ser dividido em 8 triângulos retângulos idênticos de área 0,5 cm² cada. Veja a figura abaixo.

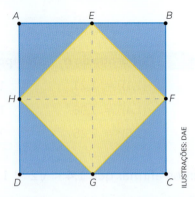

Como a área do quadrado EFGH é igual a 2 cm², temos que seu lado mede $\sqrt{2}$ cm.

Vamos agora desenhar o quadrado ABCD com o lado $\overline{DC}$ sobre a reta numérica r, como na figura abaixo.

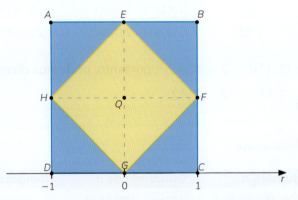

Observe que o ponto G corresponde ao zero na reta numérica e que GF = $\sqrt{2}$ cm é a medida da diagonal do quadrado QFCG.

Usando um compasso com centro em G e abertura GF, transportamos a medida GF para a reta numérica, obtendo o ponto P, ao qual está associado o número irracional $\sqrt{2}$.

Essa é a representação exata de $\sqrt{2}$ na reta numérica.

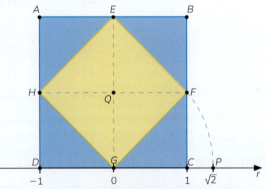

Curiosidade

[...] *Números irracionais*: A priori são números não racionais, mas um detalhe muito importante não deve deixar de ser comentado. Para os pitagóricos, toda a natureza podia ser representada por números, mas quando o triângulo retângulo, cujos catetos são iguais a 1, gerou uma hipotenusa igual a $\sqrt{2}$, apareceu um profundo descontentamento entre eles, pois a representação geométrica dos números deveria transmitir harmonia e felicidade aos pitagóricos, e esta estranha diagonal podia ser traçada, mas não podia ser medida. Com o passar do tempo, a este resultado foi dado o nome *número irracional*, exatamente pelo fato de fugir ao raciocínio. No século IX de nossa era, o matemático e astrônomo árabe Al-Khwarizmi chamou estes números de *assam*, que significa *surdo*, entendendo que um número irracional é aquele que não pode ser dito com palavras, apenas com números. [...]

CONTADOR, Paulo Roberto Martins. *Matemática, uma breve história*. 4. ed. São Paulo: Livraria da Física, 2012. p. 110.

NÚMEROS REAIS

Denominamos número real a todo número racional ou irracional. Portanto, o conjunto dos números reais que representamos por $\mathbb{R}$ é a reunião do conjunto dos números racionais com o conjunto dos números irracionais.

Os números reais podem ser representados numa reta de tal modo que cada número real corresponda a um ponto da reta e cada ponto da reta corresponda a um número real.

Note que os números irracionais são representados por um valor aproximado.

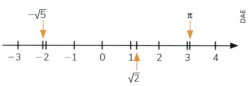

Por exemplo, o número $-\sqrt{5} = -2{,}236068\ldots$ fica próximo de $-2{,}2$; o número $= 3{,}141592\ldots$ fica próximo de $3{,}1$ e o número $\sqrt{2} = 1{,}4142136\ldots$ fica próximo de $1{,}4$.

Note que essa correspondência um a um não ocorre com os conjuntos anteriores. Por exemplo:
- se representarmos todos os números racionais na reta numérica, sobram os pontos que correspondem aos números irracionais (como é o caso do $\sqrt{2}$). A reta fica "esburacada";
- se representarmos todos os números irracionais na reta numérica, também sobram os pontos associados aos números racionais (como é o caso de $-2{,}0$ e $0{,}5$).

Curiosidade

A ORIGEM DO SÍMBOLO PI

Em 1647, o matemático inglês Wiliam Oughtred escreveu $\frac{\delta}{\pi}$ para designar a razão entre o diâmetro de uma circunferência e seu perímetro. Neste caso, δ ("delta" em grego) é a primeira letra de "diâmetro", e π ("pi" em grego, claro) é a letra inicial de **perímetro** e **periferia**. Isaac Barrow, outro matemático inglês, usou os mesmos símbolos em 1664.

O matemático escocês David Gregory (sobrinho do famoso James Gregory) também escreveu $\frac{\pi}{p}$ para designar a razão entre o perímetro de uma circunferência e seu raio. Neste caso, p é a letra grega "rô", que é a inicial de **raio**. Mas, para todos esses matemáticos, os símbolos designavam comprimentos diferentes, conforme o tamanho da circunferência.

Em 1706, o matemático galês William Jones usou π para denotar a razão entre o perímetro de uma circunferência e seu diâmetro, num trabalho que apresentava o resultado do cálculo de John Machin para o valor de π com 100 casas decimais.

No início da década de 1730, Euler usou os símbolos p e c, e a história poderia ter sido diferente, mas em 1736 ele mudou de ideia e passou a usar o símbolo π em seu sentido moderno. O símbolo começou a ser usado de maneira mais geral depois de 1748, quando Euler publicou a *Introdução à análise do infinito*.

STEWART, Ian. *Incríveis passatempos matemáticos.* Tradução: Diego Alfaro. São Paulo: Zahar, 2010. p. 232.

ATIVIDADES RESOLVIDAS

1 Como podemos calcular $\sqrt{6}$ usando a calculadora?

Teclas	Visor
6	6
√	2.4494897

RESOLUÇÃO: O valor exibido é uma aproximação de $\sqrt{6}$ que depende da quantidade de dígitos que a calculadora mostra.

$\sqrt{6}$ com aproximação de:
- 1 casa decimal: $2{,}4$
- 2 casas decimais: $2{,}45$
- 3 casas decimais: $2{,}449$
- 4 casas decimais: $2{,}4495$
- 5 casas decimais: $2{,}44949$

ATIVIDADES

1 Analise os números a seguir e copie apenas os irracionais.

$$3{,}2 \quad \sqrt{5} \quad 5{,}888\ldots \quad -5{,}04391666\ldots \quad 0{,}135298888\ldots \quad \sqrt{17}$$

2 Observe os números a seguir.

I. 7,10110111011110…

II. 3,04004000400004…

III. 0,235235235235…

Considerando as casas decimais, quais deles representam números racionais?

3 Encontre, por tentativa, a raiz quadrada, com aproximação até décimos, dos números a seguir.

a) 70

b) 127

4 Determine se os números a seguir são racionais ou irracionais.

a) $\sqrt{169}$

b) 25

c) $\dfrac{14}{37}$

d) $\sqrt{15}$

e) $\dfrac{\sqrt{3}}{3}$

f) 2,8777…

g) 20,999…

h) $\dfrac{\pi}{2}$

5 Todos os números da atividade anterior são reais? Justifique.

6 Com o auxílio da calculadora, calcule, com aproximação de duas casas decimais, os valores abaixo.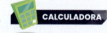

a) $\sqrt{3}$

b) $\sqrt{7}$

c) $\sqrt{92}$

d) $\sqrt{10}$

e) $\sqrt{35}$

f) $\sqrt{50}$

7 Considere os números reais a seguir.

- 3,178641920078493…
- 3,178641920069883…
- 3,178641920070193…

a) Qual é o maior deles? E o menor?

b) Escreva no caderno um número real que esteja entre o menor e o maior desses números.

8 Considerando as aproximações $\sqrt{2} = 1{,}41$; $\sqrt{3} = 1{,}73$; $\sqrt{5} = 2{,}24$; determine o valor aproximado da expressão abaixo.

$$A = -2\sqrt{3} + \sqrt{9} - 3\sqrt{5} + 4\sqrt{2}$$

9 Considere dois números inteiros distintos, M e N, escolhidos entre os inteiros de 1 a 50, com M maior que N. Qual é o maior valor que pode assumir a expressão $\dfrac{M+N}{M-N}$?

18

10 Indique o valor na reta numérica que corresponde ao número $\frac{7N}{3}$.

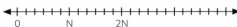

11 Faça uma simulação para calcular $\sqrt{3}$ com aproximação para centésimos.

12 Quantos números inteiros há entre $-\sqrt{3}$ e 5?

13 Escreva dois números irracionais:
   a) cuja diferença entre eles seja irracional;
   b) cujo produto deles seja racional;
   c) cujo produto deles seja irracional;
   d) cujo quociente entre eles seja racional;
   e) cujo quociente entre eles seja irracional.

14 Qual é o número inteiro mais próximo do valor da expressão
$\sqrt{12 + \sqrt{12 + \sqrt{12 + \sqrt{12 + \sqrt{12}}}}}$?

INTERVALOS

Vamos estudar alguns subconjuntos de $\mathbb{R}$, definidos por desigualdades, chamados de **intervalos**. Exemplos:

Intervalo	Representação geométrica
$\{x \in \mathbb{R} \mid -5 \leq x \leq 6\}$ ou $[-5, 6]$ Representa todos os números reais maiores ou iguais a -5 e menores ou iguais a 6.	●―――――● -5 6
$\{x \in \mathbb{R} \mid -5 < x < 6\}$ ou $]-5, 6[$ Representa todos os números reais maiores que -5 e menores que 6.	○―――――○ -5 6
$\left\{x \in \mathbb{R} : 0 < x \leq \frac{7}{2}\right\}$ ou $\left]0, \frac{7}{2}\right]$ Representa todos os números reais maiores que zero e menores ou iguais a $\frac{7}{2}$.	○―――――● 0 $\frac{7}{2}$
$\{x \in \mathbb{R} \mid x > 10\}$ ou $]10, +\infty[$ Representa todos os números reais maiores que 10.	○―――――→ 10
$\{x \in \mathbb{R} \mid x \leq \sqrt{2}\}$ ou $]-\infty, -\sqrt{2}]$ Representa todos os números reais menores ou iguais a $-\sqrt{2}$	←―――――● $-\sqrt{2}$

Lembre-se: O símbolo | significa "tal que".

Pense e responda
O que representam os intervalos: $\left]0, \frac{7}{2}\right]$ e $]-\infty, -\sqrt{2}]$?

ATIVIDADES

1. Represente na reta real os subconjuntos de ℝ a seguir.

   a) $\{x \in \mathbb{R}: -1 \leq x \leq 4\}$

   b) $\{x \in \mathbb{R}: -3 < x < \sqrt{13}\}$

   c) $\{x \in \mathbb{R}: x \geq 8\}$

   d) $[-9, -2[$

   e) $]-5, +\infty[$

   f) $]-\infty, 2]$

2. Descreva os intervalos reais abaixo.

   a)

   b)
   c)
   d)

3. Esta figura mostra um trecho da reta real. Os pontos destacados dividem o segmento de reta em partes de tamanhos iguais.

   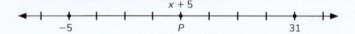

   Se $(x + 5)$ é o número real correspondente ao ponto P, determine o valor de x.

4. (UEG) Se colocarmos os números reais $-\sqrt{5}$, 1, $-\dfrac{3}{5}$ e $\dfrac{3}{8}$ em ordem decrescente, teremos a sequência:

   a) $\dfrac{3}{8}, 1, -\dfrac{3}{5}, -\sqrt{5}$.

   b) $\dfrac{3}{8}, 1, -\sqrt{5}, -\dfrac{3}{5}$.

   c) $1, \dfrac{3}{8}, -\dfrac{3}{5}, -\sqrt{5}$.

   d) $1, \dfrac{3}{8}, -\sqrt{5}, -\dfrac{3}{5}$.

5. Considere os números $\sqrt{58}$, $-\sqrt{32}$, $\sqrt{17}$, $-\sqrt{10}$ e $-\sqrt{3}$. Reproduza a reta abaixo e represente, aproximadamente, os números acima nessa reta.

   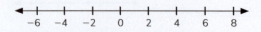

MAIS ATIVIDADES

1) Qual número está mais próximo de 3,017?

   a) 3,018
   b) 3,0177
   c) 3,019

2) Coloque em ordem crescente os números do conjunto a seguir.

$$\left\{\frac{10}{3}; -1,4; \sqrt{3}; 2\sqrt{2}; \frac{4}{3}; 1; 2\sqrt{7}; 0,5\right\}$$

3) Represente na reta numérica os números abaixo.

   a) 0,6666...
   b) −4,25
   c) $\sqrt{49}$
   d) $\sqrt{7}$

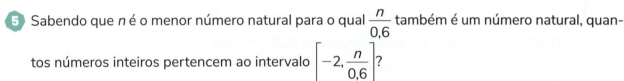

4) A figura ao lado representa um intervalo de números reais.

Quais são o menor número inteiro e o maior número inteiro que pertencem a esse intervalo?

5) Sabendo que *n* é o menor número natural para o qual $\frac{n}{0,6}$ também é um número natural, quantos números inteiros pertencem ao intervalo $\left[-2, \frac{n}{0,6}\right]$?

6) Veja como Adriana obteve um valor inteiro aproximado para expressar a raiz quadrada de 320.

$$\sqrt{320} \rightarrow \begin{cases} 17,8^2 = 316,84 \\ 17,9^2 = 320,41 \end{cases} \text{Então, } \sqrt{320} \cong 18.$$

Escreva três números maiores que 400 e menores que 500 e entregue a um colega para ele calcular a raiz quadrada inteira aproximada desses números. Pegue os números dele e faça a mesma coisa. Depois, destroquem para confirmar as respostas.

Lógico, é lógica!

7) Quatro cantores, Abel, Ciro, Ivan e Jorge, obtiveram os quatro primeiros lugares em um concurso julgado por uma comissão de três jurados. Ao comunicarem a classificação final, cada jurado anunciou duas colocações, sendo uma delas verdadeira e a outra falsa. Veja, a seguir, as falas de cada jurado.

Jurado 1: "Abel foi o primeiro; Ciro foi o segundo".

Jurado 2: "Abel foi o segundo; Jorge foi o terceiro."

Jurado 3: "Ivan foi o segundo; Jorge foi o quarto."

Sabendo que não houve empates, descubra a ordem em que os cantores foram classificados.

CAPÍTULO 2

Potências e raízes

Para começar

Qual é a raiz quadrada de $\dfrac{1}{81}$?

RADICIAÇÃO E OS NÚMEROS REAIS

Já estudamos a operação de radiciação. Vamos relembrar?

Seja n um número inteiro positivo e a um número real. Para o cálculo da **raiz enésima** de a $\left(\sqrt[n]{a}\right)$, temos os casos a seguir.

I. Se n é par e $a \geqslant 0$, $\sqrt[n]{a}$ é um número real b tal que $b^n = a$. Exemplos:
   - $\sqrt{1{,}44} = 1{,}2$, porque $1{,}2$ é não negativo e $(1{,}2)^2 = 1{,}44$
   - $\sqrt{0} = 0$, porque 0 é não negativo e $0^2 = 0$
   - $\sqrt[4]{16} = 2$, porque 2 é não negativo e $2^4 = 16$

II. Se n é par e $a < 0$, não existe $\sqrt[n]{a}$ no conjunto dos números reais. Exemplos:
   - $\sqrt{-36}$ não existe no conjunto dos números reais, porque não existe número real que elevado ao quadrado seja igual a -36
   - $\sqrt[6]{-64}$ não existe no conjunto dos números reais, porque não existe número real que, elevado à sexta potência, seja igual a -64

III. Se n é ímpar e a é um número real, então $\sqrt[n]{a}$ é um número real b tal que $b^n = a$. Exemplos:
   - $\sqrt[3]{-8} = -2$, porque $(-2)^3 = -8$
   - $\sqrt[3]{0} = 0$, porque $0^3 = 0$
   - $\sqrt[5]{\dfrac{1}{32}} = \dfrac{1}{2}$, porque $\left(\dfrac{1}{2}\right)^5 = \dfrac{1}{32}$

A operação pela qual calculamos a raiz enésima de um número real a recebe o nome de radiciação.

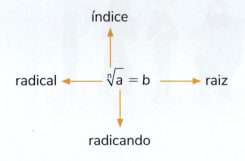

Pense e responda

Qual é o valor de $\sqrt[5]{-1024}$?

Curiosidade

O símbolo $\sqrt{}$ começou a se desenvolver a partir de 1202 com Leonardo de Pisa e tem origem na letra **r** da palavra **radix**, levando o nome de radical pelo mesmo motivo.

Em 1556 Johann Scheibel $\Rightarrow$ ra 100 aequalis 10

1553 Rudolff $\Rightarrow$ r 100 aequalis 10

1555 vários autores $\Rightarrow$ r 100 aeq 10

1557 Robert Recorde $\Rightarrow \sqrt{}\,100 = 10$

1585 Simon Stevin $\Rightarrow \sqrt{100} = 10$

CONTADOR, Paulo Roberto Martins. *Matemática*: uma breve história. São Paulo: Livraria da Física, 2012. v. 1, p. 150.

ATIVIDADES RESOLVIDAS

1 A caixa representada abaixo lembra a forma de um cubo e tem volume de 512 cm³. Determine as dimensões dessa caixa.

RESOLUÇÃO: Como a caixa lembra a forma cúbica, as três dimensões têm a mesma medida. Chamando a medida de cada aresta de a, temos:

Volume = $a \cdot a \cdot a \rightarrow$ Volume = a^3

$512 = a^3 \rightarrow a = \sqrt[3]{512} \rightarrow a = 8$

Portanto, a aresta da caixa mede 8 cm.

ATIVIDADES

1 Qual é o perímetro do quadrado com 169 cm² de área?

2 Responda:
a) Qual é o volume de um cubo cuja aresta mede 4,5 cm?
b) Qual é a medida da aresta de um cubo cujo volume é 343 cm³?

3 Determine, quando for possível:
a) $\sqrt{81}$
b) $\sqrt[3]{216}$
c) $\sqrt[3]{81}$
d) $\sqrt[6]{64}$
e) $\sqrt{\dfrac{16}{25}}$
f) $\sqrt[3]{-\dfrac{1}{8}}$

4 Calcule o valor da expressão: $3\sqrt{49} - 4\sqrt[3]{-125} + \sqrt{4,84}$.

23

5. Calcule:

a) $\sqrt{11 + \sqrt{21 + \sqrt{13 + \sqrt{7 + \sqrt{4}}}}}$

b) $\sqrt{0{,}24 + \sqrt{1{,}04 + \sqrt{0{,}16}}}$

6. Encontre o valor numérico da expressão $\sqrt{b^2 - 4ac}$ para $a = 1$, $b = -4$ e $c = -12$.

7. Determine o valor da expressão:

$\sqrt[3]{\dfrac{60\,000 \cdot 0{,}00018}{0{,}0004}}$.

8. Um ciclista costuma dar 35 voltas completas por dia no quarteirão quadrado onde mora, cuja área é de 14 400 m². Qual distância, em metros, ele pedala por dia?

9. A figura a seguir é formada por três quadrados. A área do quadrado ABGH é 36 cm², e a do quadrado BCDI é 16 cm².

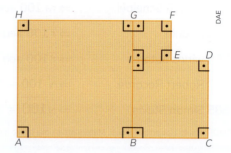

a) Qual é a área do quadrado EFGI?
b) Qual é o perímetro dessa figura?

10. Qual é o número cujo dobro da raiz quadrada é 36?

Curiosidade

Existem dezenas de *lendas* sobre a criação de jogo de xadrez, mas a mais divulgada diz que seu aparecimento se deve ao sábio indiano Sissa. Ele criou o xadrez a pedido do rei Kaíde, e o rei prometeu-lhe a recompensa que desejasse se o jogo fosse realmente interessante. Sissa pediu-lhe, então, que um grão de trigo fosse colocado na primeira casa do tabuleiro, dois grãos na segunda casa, quatro na terceira, oito na quarta e assim por diante, sempre multiplicando o número por dois até a última casa, ou seja, a casa de número 64. O rei achou o pedido simples demais e concedeu-lhe sem muito se preocupar. Mas, feitos os cálculos sobre o número de grãos necessários, chegou-se a este extraordinário algarismo:

18 446 073 709 551 615

GIUSTI, Paulo. *História ilustrada do xadrez*. São Paulo: Ciência Moderna, 2006. p. 6.

POTÊNCIA COM EXPOENTE FRACIONÁRIO

As potências de expoente fracionário podem ser escritas por meio de radicais. Veja:

$$8^{\frac{3}{4}} = \sqrt[4]{8^3} = \sqrt[4]{512} \cong 4{,}76$$

$$64^{\frac{1}{2}} = \sqrt{64^1} = \sqrt{64} = 8$$

$$25^{-\frac{1}{2}} = \sqrt{25^{-1}} = \sqrt{\dfrac{1}{25}} = \dfrac{1}{5}$$

Se m e n são inteiros e $n \neq 0$, temos $a^{\frac{m}{n}} = \sqrt[n]{a^m}$, supondo a real, $a \geq 0$ se n for par.

Se $\dfrac{m}{n}$ é uma fração irredutível e n um número ímpar, podemos ter **a** negativo.

$$(-27)^{-\frac{1}{3}} = \sqrt[3]{(-27)^{-1}} = \sqrt[3]{-\dfrac{1}{27}} = -\dfrac{1}{3}$$

$$(-6)^{\frac{3}{5}} = \sqrt[5]{(-6)^3} = \sqrt[5]{-6} \cong -1{,}43$$

Pense e responda

Utilizando as propriedades da potência, qual é o resultado de $100^{\frac{3}{2}}$?

ATIVIDADES

1 Escreva cada radical a seguir em forma de potência.

a) $\sqrt[3]{-625}$ b) $\sqrt{\dfrac{1}{36}}$ c) $\sqrt[5]{-128}$ d) $\sqrt[3]{36}$

2 Calcule o valor desta expressão a seguir.

$$5 \cdot 8^{-\frac{2}{3}} + 2 \cdot 8^{\frac{1}{3}} - 6 \cdot 8^0$$

3 Escreva o radical equivalente ao resultado de $3^{\frac{9}{5}} : 3^{-\frac{2}{5}}$.

4 Se $\sqrt[5]{a} = 2$, qual é o valor da expressão $\sqrt[5]{\dfrac{1}{a}} = a^{\frac{2}{5}}$?

5 Qual é o valor de $\sqrt{8^{0,666\ldots}}$?

NOTAÇÃO CIENTÍFICA E PROBLEMAS

A idade do planeta Terra é estimada em 4 500 000 000 anos, e a massa do átomo de hidrogênio é aproximadamente 0,00000000000000000000001673 gramas.

Esses números contêm uma grande quantidade de zeros, o que dificulta lê-los ou recordar deles.

Escrevendo esses números em notação mais compacta, chamada **notação científica**, temos:

- 4 500 000 000 anos = $4,5 \cdot 10^9$ anos
- 0,00000000000000000000001673 gramas = $1,673 \cdot 10^{-24}$

Essas notações com potências de 10 facilitam a escrita de números grandes ou muito pequenos.

> Um número está em notação científica quando é escrito na forma $N \cdot 10^n$, em que $1 \leq N < 10$ e n é um número inteiro.

ATIVIDADES

1 Os astrônomos usam a unidade de medida chamada ano-luz, que é a distância que a luz percorre em um ano. Essa distância é de aproximadamente 9 500 000 000 000 km.

Represente, em notação científica, as respostas às questões a seguir.

a) Quantos quilômetros a luz percorre em dois anos? E em cem anos?

b) Se a estrela Alfa do Centauro está a 4,3 anos-luz do Sol, qual é a distância, em quilômetros, entre esses dois astros?

c) Se a estrela Vega está a 26 anos-luz do Sol, qual é a distância, em metros, entre esses dois astros?

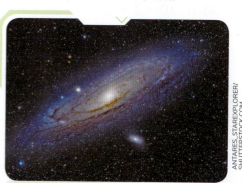

Galáxia em forma de espiral.

25

2 As dimensões das células são, em geral, microscópicas. Por isso, utilizam-se algumas unidades de medida, mostradas abaixo, menores que o metro, para fazer referências ao seu tamanho.

Unidade	Símbolo	Valor
micrômetro	μm	10^{-6} m
nanômetro	nm	10^{-9} m

a) Expresse, em notação científica, as medidas a seguir.
- óvulo humano: cerca de 0,1 mm de diâmetro
- óvulo de avestruz: cerca de 7,5 cm de diâmetro
- células do rim do corpo humano: 30 μm de diâmetro
- células do sangue humano: 5 μm a 7 μm de diâmetro

b) Qual é o tamanho, em milímetro, de uma célula cujo diâmetro mede 500 micrômetros?

c) Expresse:
- 10^{-7} m em nanômetros;
- 10^{-15} m em nanômetro.

3 Para objetos pequenos em relação às dimensões humanas, o metro é uma unidade de medida pouco prática. Por exemplo, na escala atômica, usamos a unidade de medida chamada **angstrom** ($\overset{o}{A}$), que é igual a um décimo de bilionésimo do metro:

$$1\overset{o}{A} = \frac{1}{10\,000\,000\,000} \text{ m} = 10^{-10} \text{ m}$$

a) Expresse, em angstrom, as medidas a seguir.
- Espessura média do fio de cabelo: 10^{-14} m.
- Dimensões do átomo: 10^{-10} m.
- Dimensões do núcleo atômico: 10^{-14} m.

b) Expresse 100 $\overset{o}{A}$ em metros e em nanômetros.

4 Escreva os números a seguir em notação científica.

a) $8 \cdot 10 - 2 + 0,07$

b) $5 \cdot 10 - 3 + 0,03$

c) $12 \cdot 10 - 5 + 0,25$

5 A massa de um grão de arroz é de aproximadamente $1,09 \cdot 10^{-5}$ kg. Quantos grãos de arroz há em um saco com 1 kg de arroz?

6 Em uma cidade foram efetuadas, em um dia, $3 \cdot 10^8$ chamadas telefônicas. Em média, cada chamada teve a duração de 0,06 hora. Determine, em minutos, o tempo total de todas as chamadas realizadas nessa cidade nesse dia. Dê a resposta em notação científica.

7 Os prefixos do Sistema Internacional de Unidade (SI) representam potências de 10. Veja alguns deles a seguir.

PREFIXOS		
Nome	**Símbolo**	**Valor**
quilo	k	10^3
mega	M	10^6
giga	G	10^9
tera	T	10^{12}
peta	P	10^{15}
exa	E	10^{18}

a) Transforme:
- 1 giga (1 G) em mega
- 5 petas (5 P) em mega
- 7 exas (7 E) em quilo

b) Agora escreva as respostas do item anterior em notação científica.

UNIDADE ASTRONÔMICA

Em Astronomia, como as distâncias entre os astros são muito grandes, usa-se a unidade de medida de comprimento chamada **unidade astronômica**, representada por **au** (*astronomical unit*).

Essa unidade de medida representa a distância média entre o centro da Terra e o centro do Sol e vale exatamente 149 597 870 700 m, ou seja, aproximadamente:

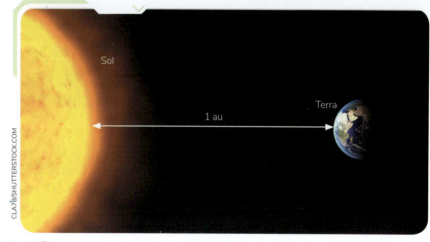

1 au = 150 000 000 km = $1,5 \cdot 10^8$ km

O quadro abaixo mostra a distância média entre o centro de alguns planetas e o centro do Sol.

Planeta	Distância (au)
Mercúrio	0,3871
Vênus	0,7233
Terra	1,0000
Marte	1,5237
Netuno	30,0578

Fontes: O SISTEMA Solar. IAG-USP, [São Paulo], [20--?]. Disponível em: https://www.iag.usp.br/siae98/universo/sistsolar.htm; DEFINIÇÃO de unidade astronômica. Observatório Abrahão de Moraes, [São Paulo], 27 mar. 2013. Disponível em: http://www.observatorio.iag.usp.br/index.php/mencurio/curiodefin.html. Acessos em: 18 fev. 2021.

ATIVIDADES RESOLVIDAS

1 Sabendo que o planeta Netuno está a uma distância de $4{,}515 \cdot 10^9$ km do Sol, expresse essa distância em unidades astronômicas.

RESOLUÇÃO: Como 1 au = $1{,}5 \cdot 10^8$ km, temos:

$4{,}515 \cdot 10^9$ km : $1{,}5 \cdot 10^8$ km = $3{,}01 \cdot 10$ = $30{,}1$

Portanto, Netuno está a 30,1 au do Sol.

ATIVIDADES

1 A distância entre Júpiter e o Sol é de 778 300 000 km. Escreva essa distância em unidades astronômicas.

2 Usando os dados do quadro da página anterior e sabendo que 1 au = 150 000 000 km, faça o que se pede a seguir.

a) Que planeta mostrado no quadro está a uma distância maior do Sol?

b) Usando notação científica, escreva a distância, em quilômetros, entre:
- a Terra e o Sol;
- Mercúrio e o Sol;
- Marte e o Sol.

3 Um asteroide em órbita elíptica dista $36 \cdot 10^8$ km do Sol no afélio e $14 \cdot 10^8$ km no periélio. Escreva essas distâncias em unidades astronômicas.

ORDEM DE GRANDEZA

Considere as medidas $8{,}75 \cdot 10^2$ cm e $2{,}6 \cdot 10^{-3}$ m. Como 8,75 está mais perto de 10 do que de 1, a potência de 10 que mais se aproxima dela é 10^3, pois $10 \cdot 10^2$ cm = 10^3 cm. Essa potência é chamada de **ordem de grandeza**.

Por outro lado, como 2,6 está mais perto de 1 de que de 10, sua ordem de grandeza é 10^{-3} m, pois $1 \cdot 10^{-3}$ m = 10^{-3} m.

ATIVIDADES RESOLVIDAS

1 O tempo que a Terra leva para dar uma volta completa em torno do Sol é de $3{,}2 \cdot 10^7$ segundos. Qual é a ordem de grandeza desse número?

RESOLUÇÃO: Como 3,2 está mais perto de 1 do que de 10, aproximamos 3,2 de 1. Assim, temos:

$3{,}2 \cdot 10^7$ s $\rightarrow 1 \cdot 10^7$ s = 10^7 s

Portanto, a ordem de grandeza de $3{,}2 \cdot 10^7$ s é 10^7 s.

ATIVIDADES

1) Escreva a ordem de grandeza de:
   a) $9{,}15 \cdot 10^5$ m
   b) $8{,}5 \cdot 10^{-8}$ cm
   c) $2{,}96 \cdot 10^9$ kg
   d) $2{,}75 \cdot 10^{-6}$ cm²

2) O tempo que o planeta Mercúrio leva para dar uma volta completa em torno do Sol é igual a $7{,}6 \cdot 10^6$ segundos. Qual é a ordem de grandeza desse número?

3) Em um bairro com 3 500 casas o consumo médio diário de água em cada uma delas é de 600 litros.
   a) Qual é a medida do volume, em metros cúbicos, que a caixa-d'água do bairro deve ter para abastecer todas as casas por um dia sem faltar água? Escreva esse número em notação científica.
   b) Qual é a ordem de grandeza de volume obtido no item anterior?

OPERAÇÕES COM RADICAIS

Adição e subtração

Observe como podemos calcular o perímetro do quadrilátero a seguir.

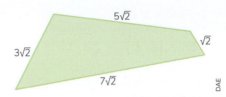

Chamando o perímetro de P, temos:

$$P = 3\sqrt{2} + 7\sqrt{2} + 5\sqrt{2} + \sqrt{2}$$

Note que os radicais dessa expressão têm o mesmo índice e o mesmo radicando; por isso, são chamados **semelhantes**.

Como $\sqrt{2}$ é fator comum a todos os termos, podemos colocá-lo em evidência:

$$(3 + 7 + 5 + 1)\sqrt{2} = 16\sqrt{2}$$

Portanto, o perímetro do quadrilátero é igual a $16\sqrt{2}$.

> Na adição e na subtração com radicais só podemos escrever o resultado em um único termo se os radicais forem semelhantes.

Exemplos:

$$5\sqrt{10} - 2\sqrt{10} = (5 - 2)\sqrt{3} = 3\sqrt{3}$$

- $2\sqrt{3} + 7\sqrt{5} \to$ a soma fica indicada, pois $\sqrt{3}$ e $\sqrt{5}$ não são semelhantes

Pense e responda

Quanto dá $4\sqrt{10} + \sqrt{10}$?

Multiplicação e divisão

Antes de multiplicar ou dividir dois ou mais radicais é preciso verificar se eles apresentam o mesmo índice. Veja o exemplo abaixo.

- $\sqrt{4} \cdot \sqrt{25} = 2 \cdot 5 = 10$ ou, ainda, $\sqrt{4 \cdot 25} = \sqrt{100} = 10$

Note que tanto $\sqrt{4}$ como $\sqrt{25}$ têm o mesmo índice (no caso, 2).

E para realizar a multiplicação $\sqrt[3]{5} \cdot \sqrt[3]{2}$, como podemos fazer?

Primeiro, associamos uma variável a cada fator da multiplicação, $x = \sqrt[3]{5}$ e $y = \sqrt[3]{2}$.

Desse modo:

$x = \sqrt[3]{5} \rightarrow x^3 = 5$

$y = \sqrt[3]{2} \rightarrow y^3 = 2$

Assim, $x^3 \cdot y^3 = 5 \cdot 2 \rightarrow (xy)^3 = 5 \cdot 2 \rightarrow xy = \sqrt[3]{5 \cdot 2} \rightarrow xy = \sqrt[3]{10}$.

Substituindo x e y pelos respectivos radicais, obtemos: $\sqrt[3]{5} \cdot \sqrt[3]{2} = \sqrt[3]{10}$.

Se $\sqrt[n]{a}$ e $\sqrt[n]{b}$ são números reais, então:

$$\sqrt[n]{a} \cdot \sqrt[n]{b} = a^{\frac{1}{n}} \cdot b^{\frac{1}{n}} = (a \cdot b)^{\frac{1}{n}} = \sqrt[n]{a \cdot b} \rightarrow \sqrt[n]{a} \cdot \sqrt[n]{b} = \sqrt[n]{a \cdot b}$$

> O produto de dois radicais de mesmo índice é igual ao radical de mesmo índice do produto dos radicandos.

Agora vamos ver alguns exemplos da divisão.

$$\sqrt[3]{729} : \sqrt[3]{27} = 9 : 3 = 3, \text{ ou, ainda, } \sqrt[3]{\frac{729}{27}} = \sqrt[3]{27} = 3$$

Note que tanto $\sqrt[3]{729}$ como $\sqrt[3]{27}$ têm o mesmo índice (no caso, 3).

$$\begin{cases} \dfrac{\sqrt{36}}{\sqrt{9}} = \dfrac{6}{3} = 2 \\ \sqrt{\dfrac{36}{9}} = \sqrt{4} = 2 \end{cases} \rightarrow \dfrac{\sqrt{36}}{\sqrt{9}} = \sqrt{\dfrac{36}{9}}$$

Se $\sqrt[n]{a}$ e $\sqrt[n]{b}$ são números reais, então:

$$\sqrt[n]{a} : \sqrt[n]{b} = a^{\frac{1}{n}} : b^{\frac{1}{n}} = (a : b)^{\frac{1}{n}} = \sqrt[n]{a : b} \rightarrow \sqrt[n]{a} : \sqrt[n]{b} = \sqrt[n]{a : b} \text{ ou } \frac{\sqrt[n]{a}}{\sqrt[n]{b}} = \sqrt[n]{\frac{a}{b}}, \text{ com } b \neq 0$$

> O quociente de dois radicais de mesmo índice é igual a outro radical de mesmo índice cujo radicando é o quociente dos radicandos.

ATIVIDADES

1 Efetue:

a) $8\sqrt{2} + 6\sqrt{2} - 5\sqrt{2}$

b) $6\sqrt[3]{4} + 8\sqrt[3]{4} - 5\sqrt[3]{4}$

c) $\dfrac{\sqrt{2}}{4} + \dfrac{3\sqrt{2}}{2} - \dfrac{\sqrt{2}}{6}$

d) $(7 - \sqrt{3}) - (\sqrt{3} + 4) - (1 - 5\sqrt{3})$

2 Efetue:

a) $\sqrt[4]{20} : \sqrt[4]{10}$		d) $\sqrt{6} : \sqrt{2}$	
b) $\sqrt{15} : \sqrt{3}$		e) $2\sqrt{3} \cdot 4\sqrt{3} \cdot 5\sqrt{3}$	
c) $\sqrt[4]{3} \cdot \sqrt[4]{2} \cdot \sqrt[4]{5}$		f) $\sqrt[4]{20} : \sqrt[4]{10}$	

3 Efetue estas multiplicações.

a) $(2\sqrt{5} + 8)(\sqrt{5} - 1)$

b) $(-5 + 3\sqrt{2})(4 - \sqrt{2})$

c) $(\sqrt{6} - 2)(9 - \sqrt{6})$

4 Determine o perímetro do retângulo desta figura. As medidas são dadas em centímetros.

5 Determine o perímetro do:

a) triângulo equilátero cujo lado mede $9\sqrt{3}$ cm;

b) triângulo isósceles cuja base mede $8\sqrt{10}$ cm e os demais lados medem $6\sqrt{10}$ cm cada um.

6 Elabore um fluxograma para calcular a medida da área A de um retângulo empregando a fórmula $A = \sqrt{p(p-a)(p-b)(p-c)}$, chamada fórmula de Herão (Heron ou Hero), em que a, b e c são as medidas dos lados do triângulo e $p = \dfrac{a + b + c}{2}$ é a medida do semiperímetro do triângulo. Depois, execute esse fluxograma para calcular a medida da área de cada um dos triângulos a seguir. Aproxime a medida das áreas para os décimos.

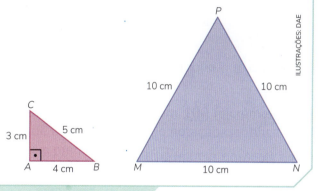

Potenciação e radiciação

De maneira simplificada, podemos definir uma potência como uma multiplicação por fatores iguais. Assim, por exemplo:

$$\left(\sqrt[9]{2}\right)^4 = \sqrt[9]{2} \cdot \sqrt[9]{2} \cdot \sqrt[9]{2} \cdot \sqrt[9]{2} = \sqrt[9]{2 \cdot 2 \cdot 2 \cdot 2} = \sqrt[9]{2^4}$$

Se houver fatores fora do radical, devemos elevá-los ao expoente indicado. Veja alguns exemplos.

$$\left(2\sqrt{5}\right)^3 = 2^3 \cdot \left(\sqrt{5}\right)^3 = 8\sqrt{5^3} = 8 \cdot \sqrt{5^2 \cdot 5} = 8 \cdot 5\sqrt{5} = 40\sqrt{5}$$

$$\left(4\sqrt{2}\right)^2 = 4^2 \cdot \left(\sqrt{2}\right)^2 = 16\sqrt{2^2} = 16 \cdot \sqrt{4} = 16 \cdot 2 = 32$$

$$\left(3\sqrt{7}\right)^5 = 3^5 \cdot \left(\sqrt{7}\right)^5 = 243\sqrt{7^5} = 243 \cdot \sqrt{7^2 \cdot 7^2 \cdot 7} = 243 \cdot 49\sqrt{7} = 11\,907\sqrt{7}$$

Com relação à radiciação, sabemos que $\sqrt[n]{a^m} = a^{\frac{m}{n}}$; então, por exemplo:

$$\sqrt[3]{\sqrt{5}} = \sqrt[3]{5^{\frac{1}{2}}} = 5^{\frac{1}{3}} = 5^{\frac{1}{2} \cdot \frac{1}{3}} = 5^{\frac{1}{6}} = \sqrt[6]{5}$$

Sendo m e n números naturais maiores que 1 e supondo que as raízes envolvidas sejam números reais, temos:

$$\left(\sqrt[m]{a}\right)^n = \left(a^{\frac{1}{m}}\right)^n = \left(a^n\right)^{\frac{1}{m}} = \sqrt[m]{a^n} \Rightarrow \left(\sqrt[m]{a}\right)^n = \sqrt[m]{a^n}$$

> Para elevar um radical a um expoente, basta elevar o radicando a esse expoente.

$$\sqrt[m]{\sqrt[n]{a}} = \sqrt[m]{a^{\frac{1}{n}}} = a^{\frac{1}{n} \cdot \frac{1}{m}} = a^{\frac{1}{m \cdot n}} = \sqrt[m \cdot n]{a} \rightarrow \sqrt[m]{\sqrt[n]{a}} = \sqrt[m \cdot n]{a}$$

> Na radiciação, o índice do radical final é o produto dos índices dos dois radicais.

ATIVIDADES

FAÇA NO CADERNO

1 Efetue e simplifique o resultado:

a) $\left(\sqrt{5}\right)^4$
b) $\left(3\sqrt{5}\right)^2$
c) $\left(-2\sqrt{3}\right)^4$
d) $\sqrt[3]{\sqrt[3]{36}}$
e) $\sqrt{\sqrt[6]{27}}$

2 Calcule:

$\left(\sqrt[6]{2}\right)^3 : \sqrt[3]{\sqrt{2}}$

3 Calcule o valor numérico da expressão $x^2 - 5x + 6$ para x igual a:

a) $\sqrt{2}$;
b) $1 + \sqrt{2}$.

4 Simplifique a expressão $\left(7^{\sqrt{5}}\right)^{\sqrt{\frac{1}{5}}}$.

5 Veja como Cláudia encontrou o valor de $\sqrt[4]{4096}$ usando uma calculadora simples. **EM DUPLA**

- Apertou as teclas .

- Apertou .

Feito isso, no visor da calculadora apareceu o número 8.

a) Em linguagem Matemática, que operação ela utilizou?

b) Utilizando uma calculadora e o método de Cláudia, determine os resultados a seguir.

- $\sqrt[4]{6561}$
- $\sqrt[4]{20736}$
- $\sqrt[8]{390625}$
- $\sqrt[8]{43046721}$

Calculando raízes com a calculadora científica

Vamos aprender a fazer operações de radiciação usando uma calculadora científica.

Observe a seguir algumas funções das teclas destacadas.

A tecla x^3 é utilizada para o cálculo de potências de expoente 3. Contudo, a função desejada é a função secundária, ou seja, a que está em amarelo e que é usada para o cálculo de raízes cúbicas.

Vamos ver uma aplicação? Por exemplo, o cálculo de $\sqrt[3]{8}$.

Para fazer esse cálculo, adotamos o seguinte procedimento:

1. Apertamos a tecla *shift* e habilitamos a função secundária do teclado.

2. Em seguida, clicamos em x^3.

3. No visor aparecerá o radical com índice 3.

4. Depois, digitamos o radicando, que, neste caso, é 8.

5. Por fim, apertamos a tecla =. No visor vai aparecer o número 2.

Como no caso anterior, também vamos usar a função secundária da tecla ∧.

A função secundária dessa tecla calcula raízes com qualquer valor para o índice. Veja, por exemplo, como calcular $\sqrt[4]{1\,296}$:

1. Digite o valor do índice; no caso, 4.

2. Por meio da tecla *shift*, habilitamos a função secundária e, em seguida, clicamos em ∧. Aparecerá na tela o radical, e no lugar do índice vai aparecer *x*.

3. Digitamos o radicando; neste caso, 1 296.

4. Para finalizar, apertamos a tecla =. No visor vai aparecer o número 6.

Dica
Nem todos os modelos de calculadora científica têm as três teclas destacadas na foto acima; afinal, existem diversos tipos. Se este for o caso da calculadora que você está usando, pesquise quais teclas têm função semelhante às destacadas. Se necessário, junte-se a um colega.

1 Agora calcule:

a) $\sqrt[5]{32\,768}$ b) $784^{\frac{1}{2}}$ c) $\sqrt[3]{46\,656}$ d) $\sqrt[10]{1\,048\,576}$

SIMPLIFICAÇÃO DE EXPRESSÕES COM RADICAIS

Os radicais $4\sqrt{3}$ e $7\sqrt{3}$ são semelhantes porque têm o mesmo índice e o mesmo radicando. Entretanto:

- $6\sqrt{2}$ e $3\sqrt{5}$ não são semelhantes porque os radicandos são diferentes;
- $4\sqrt{5}$ e $2\sqrt[3]{5}$ não são semelhantes porque os índices dos radicais são diferentes.

Às vezes podemos combinar termos semelhantes para simplificar uma expressão. Como exemplo, vamos simplificar a expressão:

$$\sqrt{32} + \sqrt{8} - \sqrt{2}$$

Inicialmente vamos reduzir cada radical à forma mais simples:

$$\sqrt{32} = \sqrt{2^4 \cdot 2} = \sqrt{2^4} \cdot \sqrt{2} = 2^2 \cdot \sqrt{2} = 4\sqrt{2}$$

$$\sqrt{8} = \sqrt{2^4} = \sqrt{2^2 \cdot 2} = \sqrt{2^2} \cdot \sqrt{2} = 2\sqrt{2}$$

Depois, combinamos os radicais semelhantes usando a propriedade distributiva para fatorar e simplificar a expressão:

$$\sqrt{32} + \sqrt{8} - \sqrt{2} = 4\sqrt{2} + 2\sqrt{2} - \sqrt{2} = (4 + 2 - 1)\sqrt{2} = 5\sqrt{2}$$

Portanto, a expressão simplificada é $5\sqrt{2}$.

ATIVIDADES RESOLVIDAS

1 Qual número é maior: $7\sqrt{2}$ ou $2\sqrt{7}$?

RESOLUÇÃO: Para responder, vamos utilizar as propriedades dos radicais para incluir os fatores externos 7 e 2 nos radicandos.

$$7\sqrt{2} = \sqrt{7^2} \cdot \sqrt{2} = \sqrt{7^2 \cdot 2} = \sqrt{49 \cdot 2} = \sqrt{98}$$

$$2\sqrt{7} = \sqrt{2^2} \cdot \sqrt{7} = \sqrt{2^2 \cdot 7} = \sqrt{4 \cdot 7} = \sqrt{28}$$

Como 98 > 28, temos $\sqrt{98} > \sqrt{28}$.

Portanto, $7\sqrt{2} > 2\sqrt{7}$ e $7\sqrt{2}$ é o maior.

2 Calcule $\sqrt{1764}$.

RESOLUÇÃO: Decompondo o radicando, temos:

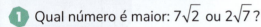

1764	2
882	2
441	3
147	3
49	7
7	7
1	$2^2 \cdot 3^2 \cdot 7^2$

Então:

$$\sqrt{1764} = \sqrt{2^2 \cdot 3^2 \cdot 7^2} \cdot \sqrt{(2 \cdot 3 \cdot 7)^2} = \sqrt{42^2} = 42$$

ou

$$\sqrt{1764} = \sqrt{2^2 \cdot 3^2 \cdot 7^2} = \sqrt{2^2} \cdot \sqrt{3^2} \cdot \sqrt{7^2} = 2 \cdot 3 \cdot 7 = 42$$

Portanto, $\sqrt{1764} = 42$.

3 Efetue $\sqrt[3]{432} : \sqrt[3]{-8}$.

RESOLUÇÃO: Usando a propriedade da divisão de radicais de mesmo índice, temos:

$$\sqrt[3]{432} : \sqrt[3]{-8} = \sqrt[3]{\frac{432}{-8}} = \sqrt[3]{-54}$$

Fatorando o radicando, obtemos:

$$\sqrt[3]{-27 \cdot 2} = \sqrt[3]{-27} \cdot \sqrt[3]{2} = \sqrt[3]{(-3)^3} \cdot \sqrt[3]{2} = -3\sqrt[3]{2}$$

Portanto, o quociente é igual a $-3\sqrt[3]{2}$.

ATIVIDADES

1 Simplifique estas expressões.
   a) $\sqrt{80} + 3\sqrt{20} - \sqrt{125}$
   b) $4\sqrt{3} + 2\sqrt{12} - 5\sqrt{48}$
   c) $\sqrt[3]{54} + 2\sqrt[3]{16} - 3\sqrt[3]{128}$
   d) $\sqrt{1125} + \sqrt{512} + \sqrt{125}$

2 Efetue:
$$\frac{\sqrt{18} + 2\sqrt{50}}{\sqrt{72} + \sqrt{200}}$$

3 Qual dos números é maior: $2\sqrt{5}$ ou $3\sqrt{3}$?

4 Simplifique o radical $\sqrt[3]{2560}$.

5 Demonstre que:
   a) $(2\sqrt{8}) \cdot (3\sqrt{5}) = 12\sqrt{10}$
   b) $(\sqrt{10 - 2\sqrt{5}}) \cdot (\sqrt{10 + 2\sqrt{5}})$

6 Justifique se o número $\left[\left(2^{\frac{1}{2}}\right)^{\sqrt{2}}\right]^{\sqrt{2}}$ é múltiplo de 4.

7 Sabendo que $\sqrt{2}, \sqrt{3}, \sqrt{6}$ e $\sqrt{2} + \sqrt{3}$ são irracionais, escreva dois números irracionais:
   a) cujo produto seja racional;
   b) cujo produto seja irracional;
   c) cuja soma seja racional;
   d) cujo quociente seja racional.

8 Vilma inventou a seguinte operação matemática com números reais *a* e *b*, na qual ela usa o sinal *:

$a * b = (a + b)(b - 1)$.
Calcule:
   a) $3 * 6$
   b) $5 * \sqrt{2}$
   c) $\sqrt{3} * \sqrt{3}$

RACIONALIZAÇÃO DE DENOMINADORES

Em Matemática, as frações cujos denominadores são números irracionais, como $\frac{2}{\sqrt{3}}, \frac{10}{\sqrt[3]{5}}, \frac{6}{\sqrt{3} + \sqrt{6}}$, $\frac{2}{3\sqrt[4]{9}}$, costumam ser transformadas em frações equivalentes cujos denominadores são números racionais. O procedimento usado para efetuar essa transformação é chamado de **racionalização de denominadores** ou, simplesmente, racionalização.

A ideia básica para efetuar uma racionalização é multiplicar o numerador e o denominador da fração por um fator que possibilite a transformação do número irracional que está no denominador em um número racional.

Veja, por exemplo, como fazemos para racionalizar a fração $\frac{4}{\sqrt{3}}$.

Como $\sqrt{3}$ é um número irracional, vamos multiplicar o numerador e o denominador por um mesmo número para obter uma fração equivalente, mas que não tenha um número irracional no denominador. O número multiplicado por $\sqrt{3}$ que o transforma em um número racional é o próprio $\sqrt{3}$. Veja:

$$\frac{4}{\sqrt{3}} = \frac{4}{\sqrt{3}} \cdot \frac{\sqrt{3}}{\sqrt{3}} \rightarrow \frac{4 \cdot \sqrt{3}}{\sqrt{3} \cdot \sqrt{3}} = \frac{4\sqrt{3}}{\sqrt{3^2}} = \frac{4\sqrt{3}}{3}$$

Observe que o denominador irracional da fração inicial se transformou em um número racional na fração final.

Assim, dizemos que $\frac{4\sqrt{3}}{3}$ é a **forma racionalizada** de $\frac{4}{\sqrt{3}}$ e que o número $\sqrt{3}$ é o **fator racionalizante** de $\frac{4}{\sqrt{3}}$.

ATIVIDADES RESOLVIDAS

1 Racionalize os seguintes denominadores:

a) $\dfrac{2}{\sqrt[3]{6}}$

b) $\dfrac{2}{\sqrt{3}+\sqrt{2}}$

RESOLUÇÃO:

a) Para eliminar $\sqrt[3]{6}$ do denominador, o fator racionalizante deve ser igual a $\sqrt[3]{6^2}$, pois: $\sqrt[3]{6}\cdot\sqrt[3]{6^2}=\sqrt[3]{6^3}=6$. Assim:

$$\dfrac{2}{\sqrt[3]{6}}=\dfrac{2}{\sqrt[3]{6}}\cdot\dfrac{\sqrt[3]{6^2}}{\sqrt[3]{6^2}}=\dfrac{2\cdot\sqrt[3]{6}}{\sqrt[3]{6^3}}=\dfrac{2\sqrt[3]{6}}{6}=\dfrac{\sqrt[3]{36}}{3}$$

b) O fator racionalizante dessa fração é $\sqrt{3}-\sqrt{2}$, pois:

$$(\sqrt{3}+\sqrt{2})(\sqrt{3}-\sqrt{2})=\sqrt{3}\cdot\sqrt{3}-\sqrt{3}\cdot\sqrt{2}+\sqrt{2}\cdot\sqrt{3}-\sqrt{2}\cdot\sqrt{2}=$$

$$=(\sqrt{3})^2-(\sqrt{2})^2=\sqrt{3^2}-\sqrt{2^2}=3-2=1$$

Assim:

$$\dfrac{2}{\sqrt{3}+\sqrt{2}}=\dfrac{2}{\sqrt{3}+\sqrt{2}}\cdot\dfrac{\sqrt{3}-\sqrt{2}}{\sqrt{3}-\sqrt{2}}=\dfrac{2(\sqrt{3}-\sqrt{2})}{(\sqrt{3})^2-(\sqrt{2})^2}=\dfrac{2(\sqrt{3}-\sqrt{2})}{3-2}=2(\sqrt{3}-\sqrt{2})$$

ATIVIDADES

FAÇA NO CADERNO

1 Racionalize:

a) $\dfrac{5}{\sqrt{2}}$

b) $\dfrac{15}{2\sqrt{5}}$

c) $\dfrac{1}{\sqrt[4]{8}}$

d) $\dfrac{5}{\sqrt{2}-\sqrt{7}}$

2 Qual é o número maior: $A=\dfrac{3}{5\sqrt{3}}$ ou $B=\dfrac{1}{\sqrt{3}+\sqrt{12}}$?

3 Sendo $A=\dfrac{1}{\sqrt{3}+\sqrt{2}}$ e $B=\dfrac{1}{\sqrt{3}-\sqrt{2}}$, racionalize A e B para determinar:

a) $A+B$;

b) $A\cdot B$;

c) $\dfrac{A}{B}$.

4 A área do retângulo da figura a seguir é igual a 60 cm². Quantos centímetros mede o lado AB?

5 Mostre que o inverso de $(2+\sqrt{3})$ é $(2-\sqrt{3})$.

MAIS ATIVIDADES

1 Determine, quando for possível:

a) $-\sqrt{25}$

b) $\sqrt[3]{-216}$

c) $\sqrt[5]{1024}$

d) $\sqrt[5]{-1}$

e) $\sqrt{\dfrac{1}{100}}$

f) $\sqrt[4]{-81}$

2 Sabe-se que a, b e c são números positivos e que $a^2 = b^2 + c^2$. Qual é o valor de:

a) a quando $b = 6$ e $c = 8$?

b) b quando $a = 20$ e $c = 12$?

3 Escreva cada radical como uma potência de expoente fracionário:

a) $\sqrt[3]{5^8}$

b) $\sqrt[4]{\left(\dfrac{2}{3}\right)^9}$

c) $\sqrt[6]{2^3}$

4 Escreva a ordem de grandeza de:

a) $7{,}45 \cdot 10^6$ m;

b) $5{,}5 \cdot 10^{-7}$ cm;

c) $3{,}78 \cdot 10^9$ kg.

5 A expressão a seguir pode ser usada para calcular aproximadamente a área, em metros quadrados, da superfície corporal de uma piscina:

$$\dfrac{11}{100} p^{\frac{2}{3}}$$

Sabendo que p é a massa da pessoa em quilograma, determine a área da superfície corporal de uma:

a) criança de 8 kg;

b) pessoa de 70 kg (use $\sqrt[3]{4\,900} \cong 17$).

6 Dê um exemplo com números para demonstrar que $a^{\frac{1}{x}} + a^{\frac{1}{y}} \neq a^{\frac{1}{x} + \frac{1}{y}}$.

7 Calcule:

a) $81^{-\frac{1}{2}}$

b) $2000^{-0,25}$

c) $1024^{-0,2}$

8 Reduza a um só radical e, quando for possível, simplifique:

a) $\sqrt{\sqrt{1\,000}}$

b) $\sqrt{\sqrt{\sqrt{5}}}$

c) $\sqrt[3]{3\sqrt{27}}$

d) $\sqrt{\sqrt{\sqrt{512}}}$

9 A Terra tem a forma aproximada de uma esfera com $6{,}37 \cdot 10^6$ m de raio. Qual é a medida do comprimento da circunferência da Terra? Use $\pi = 3{,}14$.

10 Encontre cinco maneiras possíveis de representar $0{,}0000000625$ que sejam equivalentes.

11 Expresse em notação científica $\dfrac{0{,}0025 \cdot 600}{15\,000}$.

12 A distância entre Saturno e o Sol é de $1\,430\,000\,000$ km. Escreva essa distância em unidades astronômicas.

13 Efetue:

a) $7\sqrt{3} - 2\sqrt{5} + 6\sqrt{5} - 8\sqrt{3} + 10\sqrt{5}$

b) $(\sqrt{2} + 1) - 2(3 - 4\sqrt{2})$

14 Simplifique a expressão: $6\sqrt{20} + 9\sqrt[3]{54} + \sqrt{16} - \sqrt{125}$.

15 Efetue e simplifique o resultado:

a) $\left(2\sqrt{7}\right)^3$ b) $\left(\sqrt[3]{2}\right)^3$ c) $\sqrt[3]{\sqrt{64}}$ d) $\sqrt[4]{\sqrt{2^4}}$

16 Simplifique a expressão $\sqrt{\dfrac{81}{2}} - \sqrt{\dfrac{2}{81}}$.

17 A medida da diagonal de um quadrado se obtém multiplicando a medida do lado por $\sqrt{2}$. Analise o fluxograma que mostra como calcular a medida de diagonal d do quadrado cujo lado mede ℓ, mostrado abaixo.

PARA CRIAR

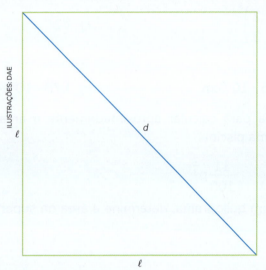
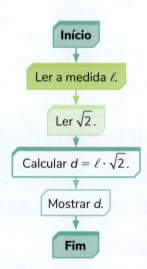

a) Elabore um fluxograma para calcular a medida da diagonal de um quadrado cujo lado mede $\sqrt{8}$ cm. Depois, execute-o.

b) Crie um fluxograma para calcular a medida do lado de um quadrado cuja diagonal mede $\sqrt{10}$ cm. Aproxime a medida do lado para os centésimos.

18 Racionalize:

a) $\dfrac{2}{\sqrt{3}}$ b) $\dfrac{12}{\sqrt{6}}$ c) $\dfrac{10}{\sqrt[3]{5}}$ d) $\dfrac{6}{\sqrt{6}+\sqrt{3}}$ e) $\dfrac{10}{4+2\sqrt{3}}$

19 Efetue:

a) $\sqrt[3]{7} \cdot \sqrt[3]{2}$ b) $\dfrac{1}{2}\sqrt{5} \cdot \dfrac{1}{3}\sqrt{5}$ c) $\sqrt[3]{27} : \sqrt[3]{9}$ d) $\dfrac{3\sqrt{20} \cdot 2\sqrt{5}}{6\sqrt{100}}$

20 Mostre que $\left(x^{\frac{1}{2}} \cdot y^{\frac{1}{2}} \cdot z^{\frac{1}{2}}\right)^4 = x^2 y^2 z^2$.

Lógico, é lógica!

21 Se Toni é 12, Rodrigo é 21 e Belle é 15, logo Fernanda é:

a) 30 b) 24 c) 40 d) 18 e) 5

CAPÍTULO 3

Unidades de medida na informática

Para começar

O sistema de numeração indo-arábico não utiliza letras nem figuras para representar números e efetuar operações. Veja:

542 +1608 2150	DXLII +MDCVIII MMCL	(símbolos egípcios)
Sistema indo-arábico.	Sistema romano.	Sistema egípcio.

Compare as operações de adição efetuadas nos três sistemas de numeração acima. Em qual desses sistemas a operação de adição é mais prática? Cite duas vantagens na sua resposta.

SISTEMA DE NUMERAÇÃO COM BASES DIFERENTES DE 10

A base de contagem no sistema de numeração decimal é 10. Nesse sistema usamos os dez algarismos a seguir para formar os números.

1 2 3 4 5 6 7 8 9 0

Cada algarismo de um número tem um valor posicional correspondente a uma potência de 10 que indica quantas vezes essa potência está contida no número.

Veja:

$$5\,643 = 5 \cdot 1\,000 + 6 \cdot 100 + 4 \cdot 10 + 3 \cdot 1$$

$$5\,643 = 5 \cdot 10^3 + 6 \cdot 10^2 + 4 \cdot 10^1 + 3 \cdot 10^0$$

milhares | centenas | dezenas | unidades

10^3 | 10^2 | 10^1 | 10^0

Entretanto, os números podem ser escritos em qualquer base diferente de 10.

O sistema de numeração binário, ou seja, de base 2, utiliza somente dois algarismos, o **0** (zero) e o **1** (um). Em um número escrito na base 2, cada algarismo corresponde a um valor de posição que é uma potência de 2.

O número **1 011** (lê-se: um – zero – um – um) escrito na base 2 representa o número 11 na base 10.

$$1011 = 1 \cdot 2^3 + 0 \cdot 2^2 + 1 \cdot 2^1 + 1 \cdot 2^0 = 8 + 0 + 2 + 1 = 11$$

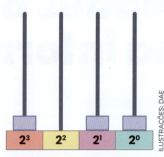

O sistema de numeração de base 4 utiliza os algarismos **0**, **1**, **2** e **3**.

Cada algarismo do número corresponde a uma potência de 4.

$23_4 = 2 \cdot 4^1 + 3 \cdot 4^0 = 8 + 3 = 11$ na base 10

$102_4 = 1 \cdot 4^2 + 0 \cdot 4^1 + 2 \cdot 4^0 = 16 + 0 + 2 = 18$ na base 10

> Para escrever um número em certa base usamos tantos algarismos quantos são os indicados pela base, começando do zero.

Para converter um número da numeração decimal para a numeração em outra base, divide-se sucessivamente o número dado pela nova base até obter 0 (zero) no quociente. Por exemplo, convertendo o número decimal 11 para a base 2, temos:

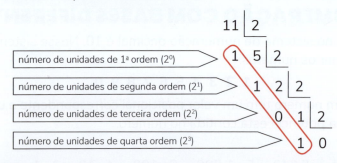

A sucessão de restos do primeiro ao último (1, 1, 0, 1) representa o número de unidades da primeira, da segunda, da terceira e da quarta ordem. Escrevendo os restos na ordem inversa das divisões efetuadas, isto é, da última à primeira, obtemos o número correspondente a 11 na base 2: 1011_2.

ATIVIDADES RESOLVIDAS

1 Observe o número representado no ábaco abaixo.

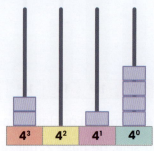

a) Escreva esse número na base 4.

b) Escreva esse número na base 10.

ATIVIDADES

1 Que algarismos são usados no sistema de numeração de base:

a) 3? b) 5? c) 8?

2 Observe os números representados nos ábacos a seguir.

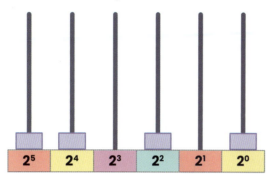
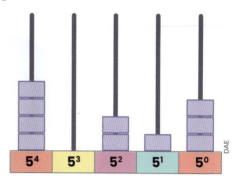

Figura 1.   Figura 2.

a) Escreva o número do ábaco da figura 1 nas bases 2 e 10.

b) Escreva o número do ábaco da figura 2 nas bases 5 e 10.

3 Converta os números escritos na base 2 indicados abaixo para a base 10.

a) 1 001

b) 0 101 001

c) 100 101

d) 11 001 011

4 Converta para a base 2 os números decimais representados a seguir.

a) 8

b) 12

c) 15

d) 301

5 Escreva no sistema de numeração binário os números representados em cada item a seguir.

a) $1 \cdot 2^4 + 0 \cdot 2^3 + 1 \cdot 2^2 + 1 \cdot 2^1 + 1 \cdot 2^0$

b) $1 \cdot 2^3 + 1 \cdot 2^2 + 1 \cdot 2^1 + 1 \cdot 2^0$

6 O número 530_6 corresponde ao número decimal 198.

Veja: $530_6 = 5 \cdot 6^2 + 3 \cdot 6^1 + 0 \cdot 6^0 = 180 + 18 + 0 = 198$

Converta para a base 10 os seguintes números:

a) 203_4 b) 334_5 c) 102_6 d) 756_8

7 Escreva o número $\dfrac{4^{10}}{2^{10}} \cdot 3^5 \cdot 3^5$ na forma de uma potência de base 2.

8 Os fatores da multiplicação abaixo estão representados na base 2.

1 100 · 111

Escreva o resultado dessa multiplicação na base 10.

CAPACIDADE DE ARMAZENAMENTO DE COMPUTADORES

Unidades de medida: *bit* e *byte*

Os computadores se comunicam e processam as informações armazenadas nas memórias, nos discos etc. por meio de códigos binários, ou seja, utilizam somente os algarismos 0 e 1, que são chamados de *bit*. Essa linguagem é chamada **linguagem binária**.

Bit é a sigla para Binary Digit, que em português significa dígito binário.

Eles utilizam o sistema binário porque seus componentes admitem apenas duas situações distintas opostas: sim e não; ligado e desligado; aberto e fechado. É como se os computadores representassem os números com lâmpadas: lâmpada acesa e lâmpada apagada.

- Se a lâmpada está acesa, o *bit* vale 1.
- Se a lâmpada está apagada, o *bit* vale 0.

Por exemplo, o número 17 no sistema binário se escreve 10001 e resulta na representação de uma sucessão de cinco lâmpadas, a primeira acesa, a segunda, a terceira e a quarta apagadas e a quinta acesa.

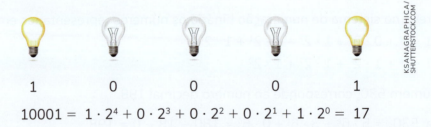

$$10001 = 1 \cdot 2^4 + 0 \cdot 2^3 + 0 \cdot 2^2 + 0 \cdot 2^1 + 1 \cdot 2^0 = 17$$

O conjunto de oito *bits* é chamado de **byte**, que se indica pela letra maiúscula **B**.

◆ O *byte* é a unidade básica de medida de capacidade de armazenamento do computador.

Pense e responda

A capacidade de armazenamento de um computador de 1 *gigabyte* é aproximadamente quantas vezes maior do que a de um computador de 1 *megabyte*?

Linguagem binária

A linguagem binária é utilizada na linguagem computacional, que basicamente adota o sistema binário, ou seja, os algarismos 0 e 1. Os computadores entendem impulsos elétricos, e o uso desses dois algarismos em sequências determinadas transmite as informações, geralmente da seguinte maneira:

- 0: sem impulso elétrico (desligado);
- 1: com impulso elétrico (ligado).

Os algarismos 0 ou 1 representam 1 *bit* (*binary digit*). Um conjunto de 8 *bits* representa 1 *byte*.

Os computadores antigos trabalhavam apenas 8 *bits* por vez. Atualmente é comum encontrar processadores de 32 *bits* ou 64 *bits*, inclusive em celulares.

Vamos a um exemplo. Na palavra **Teste** decodificada para a linguagem binária, cada letra deve ser substituída por uma sequência de algarismos (0 e 1), de acordo com a tabela binária a seguir.

TABELA BINÁRIA	
Código	Letra correspondente
1010100	T
1110100	t
1100101	e
1110011	s

Fonte: TABELA ASCII. IME-USP. [São Paulo], [20--?]. Disponível em: https://www.ime.usp.br/~kellyrb/mac2166_2015/tabela_ascii.html. Acesso em: 23 fev. 2021.

Com a decodificação, a palavra **Teste** fica assim:

01010100   01100101   01110100   01100101   01110011

Usando uma tabela binária, os caracteres (letras, números, símbolos, pontuação, espaço em branco e outros caracteres especiais) podem ser decodificados e armazenados. Essa leitura é feita automaticamente pelos processadores dos computadores.

Agora é com você! Crie uma mensagem secreta para um colega decifrar. Use esta tabela binária:

TABELA ASCII			
A	0100 0001	N	0100 1110
B	0100 0010	O	0100 1111
C	0100 0011	P	0101 0000
D	0100 0100	Q	0101 0001
E	0100 0101	R	0101 0010
F	0100 0110	S	0101 0011
G	0100 0111	T	0101 0100
H	0100 1000	U	0101 1101
I	0100 1001	V	0101 0110
J	0100 1010	W	0101 0111
K	0100 1011	X	0101 1000
L	0100 1100	Y	0101 1001
M	0100 1101	Z	0101 1010

Fonte: TABELA ASCII. IME-USP, [São Paulo]. [20--?]. Disponível em: https://www.ime.usp.br/~kellyrb/mac2166_2015/tabela_ascii.html. Acesso em: 23 fev. 2021.

Unidades de medida maiores que o *byte*

Cada símbolo usado na informática é chamado de **caractere**. Os caracteres podem ser números, letras, imagens, sons, espaços em branco etc., cada um com seu código binário correspondente. O quadro a seguir mostra alguns caracteres do código ASCII (American Standard Code for Information Interchange).

Binário	Decimal	Símbolo
00 10 0001	33	!
00 10 1000	40	(
00 10 1011	43	+
00 11 0000	48	0
00 110 101	53	5
00 11 1100	60	<
01 00 0000	64	@
01 00 0001	65	A
01 10 0001	97	a
10 000 101	133	à

Fonte: SCOTTI, Haline de S.; FERREIRA, Rodrigo F. *Sistemas de numeração*. [Florianópolis]: Departamento de Informática e Estatística – UFSC, [20--?]. Disponível em: http://www.inf.ufsc.br/~bosco.sobral/extensao/sistemas-de-numeracao.pdf. Acesso em: 23 fev. 2021.

Nesse código, cada caractere é formado por oito "zeros" e "uns". Apertando a tecla A do teclado é ocupado um espaço de armazenamento correspondente a 8 *bits* ou 1 B na memória do computador. Se digitarmos a palavra **bola**, que tem quatro caracteres, será ocupado um espaço de armazenamento de 4 · 1 B = 4 B.

Se o texto inserido no computador tem muitos caracteres, o computador precisa ter uma capacidade maior de armazenamento. Para isso usamos unidades de medida maiores, por exemplo, ***quilobyte***, ***megabyte***, ***gigabyte*** e ***terabyte***.

O quadro a seguir mostra a correspondência entre essas unidades baseadas na base 2.

Unidade de medida	Número de caracteres	Espaço
1 *byte* (B)	1	8 *bits*
1 *quilobyte* (KB)	1 024	1 024 B
1 *megabyte* (MB)	1 048 576	1 024 KB
1 *gigabyte* (GB)	1 073 741 824	1 024 MB
1 *terabyte* (TB)	1 099 511 627 776	1 024 GB

Cartão de memória com 1 tb.

Pen drive de 64 GB.

DVD de 8,5 GB.

CD com 700 MB.

ATIVIDADES

FAÇA NO CADERNO

1 Um computador pode armazenar diversas informações, como textos, músicas, imagens, vídeos etc. Essas informações são guardadas em arquivos organizados em pastas. Uma pasta não ocupa espaço de armazenamento no computador por ser uma forma de organização lógica; portanto, uma pasta tem tamanho zero, e os arquivos podem ter tamanhos diferentes.

Por exemplo, suponha que em um computador haja uma pasta com os arquivos mostrados a seguir:

Nome	Tamanho
Apresentação	127 KB
Crimes digitais	4 063 KB
Material de apoio	5 065 KB
Regimento interno	405 344 KB
Treinamento	1 697 963 KB

a) Escreva o nome de três arquivos dessa pasta.

b) Dê, em *bytes*, o tamanho dos arquivos Apresentação e Crimes digitais.

c) Os *pen drives* são dispositivos usados para armazenar arquivos que podem ser transportados e manipulados em outros computadores. Uma pessoa quer copiar essa pasta para um *pen drive*. Qual é o espaço livre, aproximado, que deverá ter esse *pen drive* para receber essa pasta?

2 Quantos *bits* tem um arquivo de:

a) 420 MB?

b) 80 B?

c) 5 GB?

3 Quantos videoclipes de aproximadamente 800 MB cada um podemos armazenar em um HD externo de 1 TB?

4 Qual é a capacidade de armazenamento, em bytes, de um disco magnético (HD) externo de 1 TB?

5 Um DVD comum é capaz de armazenar, aproximadamente, 4 GB. Qual é o número de DVDs necessários para armazenar 3 *petabytes*?

MAIS ATIVIDADES

1 Converta para a base 10 os números escritos na base 2 indicados abaixo.
   a) 1 101
   b) 1 001 000

2 Converta para a base 2 os números decimais representados a seguir.
   a) 11
   b) 65

3 Escreva no sistema de numeração binário os números representados abaixo.
   $1 \cdot 2^5 + 0 \cdot 2^4 + 0 \cdot 2^3 + 0 \cdot 2^2 + 0 \cdot 2^1 + 1 \cdot 2^0$

4 No sistema de base 10, os prefixos **mili** (mm), **micro** (μ) e **nano** (n) correspondem aos submúltiplos $\frac{1}{1000}$, $\frac{1}{1000000}$, $\frac{1}{1000000000}$, respectivamente, e são escritos conforme o quadro a seguir.

Prefixo	Símbolo	Potência de 10
mil	m	10^{-3}
micro	μ	10^{-6}
nano	n	10^{-9}

Para expressar a medida de um comprimento muito pequeno, usamos, por exemplo, as unidades: milímetro (mm), micrômetro (um) e nanômetro (nm).

Use a notação científica para expressar, em metros, as medidas que seguem.

   a) 5 mm
   b) 0,4 mm
   c) 0,07 mm
   d) 2 mm
   e) 35 μm
   f) 0,6 μm
   g) 9 nm
   h) 81 nm
   i) 11 nm
   j) 0,75 nm
   k) 0,083 μn
   l) 3,2 nm

5 Sabendo que um número pode ser escrito em qualquer base de numeração diferente de 10, converta os números decimais abaixo para as bases indicadas.
   a) 278 para a base 4
   b) 1 000 para a base 5
   c) 2 000 para a base 8

6 Relacione a coluna da direita com a coluna da esquerda de acordo as informações:

1 bit	1 024 megabytes, 1 073 741 824 bytes
1 byte	1 024 quilobytes, 1 048 576 bytes
1 megabyte	1 ou 0
1 gigabyte	um conjunto de 8 bits

7 Qual é a menor unidade de medida de informática que assumem os valores 0 ou 1?

8 Converta 1 MB em:
   a) bytes;
   b) quilobytes.

9 Elabore uma atividade parecida com a de número 7 acima. Em seguida, troque-a com a de um colega para resolvê-la e, depois, destroquem para conferir as respostas. **PARA CRIAR**

Lógico, é lógica!

10 (OPRM) Para evitar que o seu irmão descubra o que escreve no seu diário, a Margarida inventou um código secreto em que cada letra corresponde a um número com um ou dois algarismos. Infelizmente o seu irmão Antônio descobriu que a frase **O dia estava de sol** tinha sido codificada para:

52 85567 534437467 855 34526

Qual é o código que corresponde à letra T?
   a) 3
   b) 4
   c) 37
   d) 43
   e) 44

46

PARA ENCERRAR

1. (UAB-Uespi) Assinale a alternativa **incorreta**.
   a) Se *a* e *b* são números naturais, então *a* + *b* é um número natural.
   b) O produto de dois números racionais sempre é um número racional.
   c) A soma de dois números irracionais pode ser um número racional.
   d) O produto de dois números inteiros negativos é um número inteiro positivo.
   e) A soma de um número racional com um número irracional é um número racional.

2. (Enem) Pesquisadores da Universidade de Tecnologia de Viena, na Áustria, produziram miniaturas de objetos em impressoras 3D de alta precisão. Ao serem ativadas, tais impressoras lançam feixes de *laser* sobre um tipo de resina, esculpindo o objeto desejado. O produto final da impressão é uma escultura microscópica de três dimensões, como visto na imagem ampliada.

A escultura apresentada é uma miniatura de um carro de Fórmula 1, com 100 micrômetros de comprimento. Um micrômetro é a milionésima parte de um metro. Usando notação científica, qual é a representação do comprimento dessa miniatura, em metro?
   a) $1,0 \cdot 10^{-1}$
   b) $1,0 \cdot 10^{-3}$
   c) $1,0 \cdot 10^{-4}$
   d) $1,0 \cdot 10^{-6}$
   e) $1,0 \cdot 10^{-7}$

3. (Enem) Uma torneira está gotejando água em um balde com capacidade de 18 litros. No instante atual, o balde se encontra com ocupação de 50% de sua capacidade. A cada segundo caem 5 gotas de água da torneira, e uma gota é formada, em média, por 5×10^{-2} mL de água. Quanto tempo, em hora, será necessário para encher completamente o balde, partindo do instante atual?
   a) $2 \cdot 10^{1}$
   b) $1 \cdot 10^{1}$
   c) $2 \cdot 10^{-2}$
   d) $1 \cdot 10^{-2}$
   e) $1 \cdot 10^{-3}$

4. (Ufac) Se $a = 81$ e $x = \dfrac{3}{4}$, o valor de a^x é:
   a) 27
   b) 9
   c) 4
   d) 243
   e) 3

5. (Univeritas-MG) Se $a = 16$ e $x = 1{,}25$, quanto vale a^x?
   a) $\sqrt{2}$
   b) 32
   c) 20
   d) 64

6. O valor da expressão $\left(2^{\sqrt{2}} \cdot 3^{\sqrt{8}}\right)^{\sqrt{2}}$ é:
   a) 364
   b) 362
   c) 324
   d) 316
   e) 320

7. O valor da expressão: $\sqrt[3]{\sqrt{10^6}} - \sqrt[3]{\sqrt{64}}$ é:
   a) 100
   b) 8
   c) 4
   d) 0
   e) 12

8. (IFMA) A medida do segmento de reta $\overline{AB}$ na figura abaixo é:

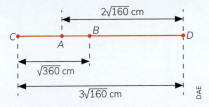

   a) $2\sqrt{10}$ cm
   b) $2\sqrt{5}$ cm
   c) $3\sqrt{5}$ cm
   d) $5\sqrt{3}$ cm
   e) $4\sqrt{5}$ cm

9. (UFLA-MG) O valor da expressão $\dfrac{\left(\dfrac{1}{9}\right)^{-1} \cdot \sqrt{2} - (16)^{0{,}5}}{\left[\left(\sqrt{2}\right)^{0{,}5} + \dfrac{1}{1+\dfrac{1}{2}}\right]\left[\sqrt[4]{2} - \left(\dfrac{3}{2}\right)^{-1}\right]}$ é igual a:

   a) $\dfrac{1}{9}$
   b) $\dfrac{\sqrt{2}}{2}$
   c) $\dfrac{2}{3}$
   d) 9
   e) 1

10. (IF-Farroupilha-RS) Simplificando-se a expressão a seguir obtém-se: $\dfrac{16^{\left(\tfrac{1}{4}\right)}}{\sqrt{2}} + \dfrac{1}{\sqrt{18}} - \dfrac{1}{3\sqrt{2}} + \sqrt[3]{27}$
    a) $\sqrt{2} + 3$
    b) 4
    c) $\dfrac{5}{4\sqrt{2} + \sqrt{18}}$
    d) $4\sqrt{2} + 3$
    e) $\dfrac{8}{4\sqrt{2} + \sqrt{18}} + 3$

11 (UFRGS) Observe a tabela abaixo, usada em informática.

1 byte = 8 bits
1 kilobyte = 1 024 bytes
1 megabyte = 1 024 kilobytes
1 gigabyte = 1 024 megabytes
1 terabyte = 1 024 gigabyte

A medida, em *gigabytes*, de um arquivo de 2 000 *bytes* é:

a) 2^{-30}

b) $53 \cdot 2^{-30}$

c) $103 \cdot 2^{-30}$

d) $53 \cdot 2^{-26}$

e) $103 \cdot 2^{-26}$

12 (CSMS-RS) É muito provável que alguém, que nasceu nos anos 2000, nunca ouviu falar, ou mesmo nunca viu de perto o famoso "disquete", que era um tipo de disco de armazenamento com o mesmo propósito dos atuais *pen drives*. Por uma grande diferença, os disquetes tinham espaços de armazenamento muito pequenos, o equivalente a 2,88Mb (*megabytes*), tamanho em média de um arquivo de música MP3. Apesar de seus 20 anos de existência, o *pen drive* é considerado uma tecnologia em constante evolução. Hoje em dia já existem *pen drives* com capacidade que chegam a 2 Tb (*terabytes*). Partindo da informação de que o primeiro *pen drive* criado tinha 8 Mb de armazenamento, que cada novo modelo de *pen drive* tem o dobro da capacidade do anterior e que 1Tb = 1024Gb e que 1Gb = 1024 Mb, pergunta-se: Quantas vezes, começando em 8 MB, a capacidade de armazenamento do *pen drive* dobrou até chegar à capacidade de 1 Tb?

a) 7
b) 8
c) 10
d) 16
e) 17

13 Na especificação da memória de computador, costuma-se indicar como unidade de medida o *byte* e seus múltiplos (*kbyte*, *mbyte*, *gbyte* etc.). Qual das alternativas a seguir corresponde a 1 *mbyte*?

a) 1 000 *kbytes*
b) 1 024 *bytes*
c) 1 000 *bytes*
d) 1 000 000 *bytes*
e) 1 024 *kbytes*

14 Analise o fluxograma a seguir, que mostra como se calcula $\sqrt{2} + \sqrt{5}$ com aproximação da soma para centésimos usando uma calculadora.

PARA CRIAR

a) Execute esse fluxograma e determine a soma.

b) Crie um fluxograma para calcular "$\sqrt{7} + \sqrt{10}$" e "$\sqrt{20} - \sqrt{8}$"

c) Elabore um fluxograma para calcular $\sqrt{15} \cdot \sqrt{6}$ com aproximação do produto para centésimos. Depois, execute-o.

UNIDADE 2

Vistas ortogonais e volume de prismas e cilindros

Nesta unidade:

- vistas ortogonais de figuras geométricas espaciais;
- volume de prismas e cilindros.

Devido aos avanços tecnológicos, as imagens obtidas por meio de câmeras subaquáticas e *drones* permitem visualizar cidades, oceanos, rodovias, construções, animais etc. de perspectivas inimagináveis.

Na BNCC

Esta unidade propicia o desenvolvimento das competências e das habilidades a seguir.

Competências gerais:
1 e 5

Competências específicas:
1, 2, 3 e 5

Habilidades:
EF09MA17
EF09MA19

Para pesquisar e aplicar

1. Identifique nas imagens a representação de algumas das vistas citadas a seguir:

   a) superior (de cima);
   b) de frente;
   c) de baixo;
   d) de lado.

2. Atualmente, com o auxílio de *drones*, tirar fotos aéreas ficou muito mais fácil que antes, mas seu uso envolve algumas questões éticas, como o direito à privacidade das pessoas. Em sua opinião, o uso social do *drone* pode afetar a privacidade?

ROMANSLAVIK.COM/SHUTTERSTOCK.COM

CAPÍTULO 1
Vistas ortogonais de figuras geométricas espaciais

Para começar

Observe a imagem.

A frente dessa casa se parece com o formato de quais figuras geométricas planas?

PROJEÇÃO ORTOGONAL DE UM PONTO

A projeção ortogonal de um ponto P sobre um plano α é o ponto P', que é o ponto da intersecção do plano com a reta r perpendicular a ele, conduzida pelo ponto P.

Observe a imagem a seguir.

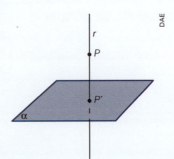

Em que:

α: plano de projeção;

r: reta projetante do ponto P;

P': projeção ortogonal de P em α.

PROJEÇÃO ORTOGONAL DE UM SEGMENTO DE RETA

A projeção ortogonal de um segmento de reta sobre um plano pode ocorrer das seguintes maneiras.

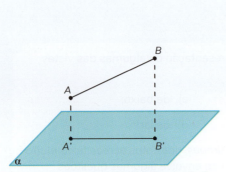

Se o segmento de reta é inclinado em relação ao plano, a medida da projeção ortogonal é menor do que a medida do segmento de reta.

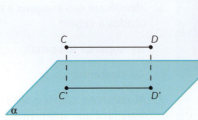

Se o segmento de reta é paralelo ao plano, a medida da projeção ortogonal é a mesma do segmento de reta.

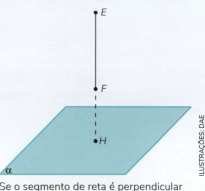

Se o segmento de reta é perpendicular ao plano, a medida da projeção ortogonal é zero. Note que a projeção se reduz a um ponto.

PROJEÇÃO ORTOGONAL DE UMA FIGURA PLANA SOBRE UM PLANO

A projeção ortogonal de uma figura plana sobre um plano é obtida por meio das projeções ortogonais de todos os pontos da figura sobre o plano.

Veja os exemplos.

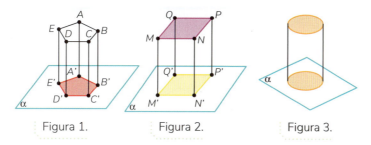

Figura 1.   Figura 2.   Figura 3.

Se a figura plana for paralela ao plano de projeção, a figura e sua projeção ortogonal são congruentes, como nas figuras 1, 2 e 3.

No caso da figura 1, a projeção ortogonal do polígono *ABCDE* é o polígono *A'B'C'D'E'*, que é congruente ao polígono *ABCDE*.

PROJEÇÕES ORTOGONAIS DE FIGURAS GEOMÉTRICAS ESPACIAIS

As projeções ortogonais são utilizadas para representar as vistas ortogonais de figuras geométricas tridimensionais por meio de figuras planas.

Em uma projeção ortogonal devemos considerar os elementos a seguir.

Objeto

É uma figura geométrica espacial a ser representada.

Observador

É a pessoa que vê, imagina ou desenha o modelo em várias posições.

Plano de projeção

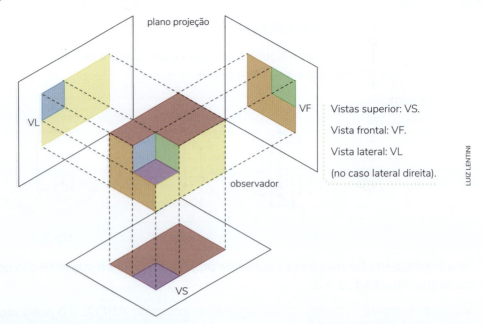

Note que as cores foram projetadas tais quais as sombras para facilitar o entendimento da visão do observador na posição em que ele se encontra. No entanto, o uso de cores não é comum em representações de vistas ortogonais. Em geral, utilizam-se linhas monocromáticas de contorno sobre os planos.

As projeções das faces de um objeto são feitas, por convenção, como se ele estivesse dentro de uma caixa cúbica. Se colocarmos um objeto em uma caixa imaginária, fizermos as projeções e a desmontarmos, teremos a seguinte situação:

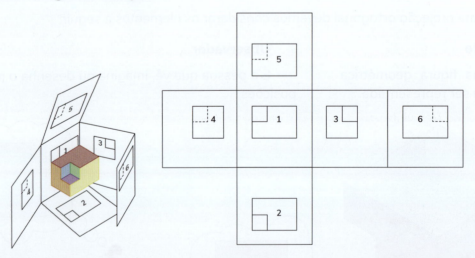

Observe que a representação planificada foi feita com base em uma referência: a vista frontal do objeto, cuja projeção é indicada pelo número 1.

Note que as projeções 3 e 4 são bem parecidas, no entanto, a projeção 3 tem uma linha contínua interna e na projeção 4 essa linha é tracejada. Por convenção, usamos a linha contínua para projetar uma aresta visível para o observador e a tracejada para indicar a aresta que está do lado oposto da imagem projetada (veja as projeções 2 e 5). Note que as imagens opostas são representadas de forma simétrica, conforme observado nas vistas 1 e 6.

Em razão dessas características, normalmente, basta usar três vistas para a representação de um objeto, uma vez que a vista oposta de cada projeção pode ser deduzida de sua vista análoga.

ATIVIDADES

1) Desenhe as vistas VS, VF e VL dos objetos.

a)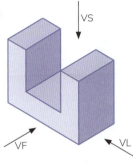

b)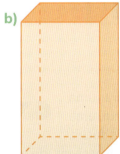

c)

d)

e)

2) Desenhe três vistas diferentes dos sólidos representados a seguir.

a)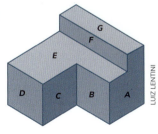

b)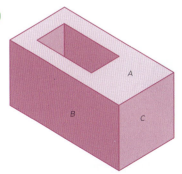

3) Uma empresa pretende construir um tanque para peixes em um parque municipal. Veja a seguir as seis vistas do projeto desse tanque.

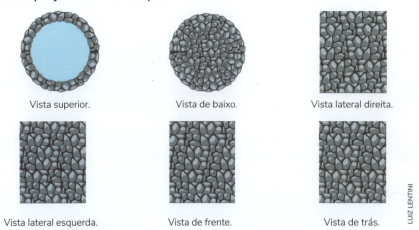

Desenhe o sólido correspondente ao tanque que será construído.

4) (Obmep) Soninha pintou as seis faces de um cubo da seguinte maneira: uma face preta e a face oposta vermelha, uma face amarela e a face oposta azul, uma face branca e a oposta verde. Ao olhar para o cubo, de modo a ver três faces, como na figura, e considerando apenas o conjunto das cores das três faces visíveis, de quantas maneiras diferentes pode ser visto esse cubo?

5) Os sólidos geométricos a seguir têm algumas arestas escondidas.

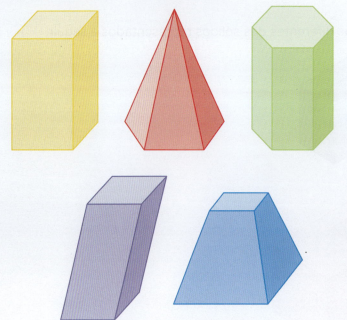

Desenhe essas figuras novamente, mas inclua as arestas escondidas usando um fio tracejado.

6 Indique a quantidade de cubinhos que há em cada montagem a seguir.

a)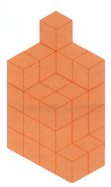
b)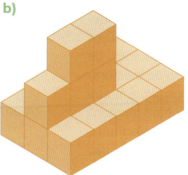
c)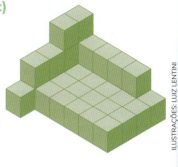

7 Observe esta imagem de uma coifa.

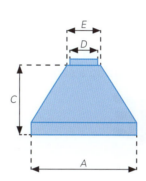
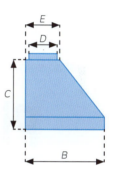

De que ponto de vista um projetista observa a imagem para fazer cada desenho acima?

8 Os *drones* atualmente desenvolvem mais funções do que apenas tirar fotos, empresas já estudam usá-los para fazer entregas, entre outras possibilidades. A imagem abaixo foi tirada com auxílio de um *drone*. Use-a para desenhar a vista frontal dessa casa. Depois, responda: É possível construir mais vistas além da frontal? Se sim, ilustre essas vistas; caso contrário, justifique.

MAIS ATIVIDADES

1 (Enem) Um grupo de países criou uma instituição responsável por organizar o Programa Internacional de Nivelamento de Estudos (PINE) com o objetivo de melhorar os índices mundiais de educação. Em sua sede foi construída uma escultura suspensa, com a logomarca oficial do programa, em três dimensões, que é formada por suas iniciais, conforme mostrada na figura.

PINE

Essa escultura está suspensa por cabos de aço, de maneira que o espaçamento entre letras adjacentes é o mesmo, todas têm igual espessura e ficam dispostas em posição ortogonal ao solo, como ilustrado a seguir.

Ao meio-dia, com o sol a pino, as letras que formam essa escultura projetam ortogonalmente suas sombras sobre o solo.

A sombra projetada no solo é:

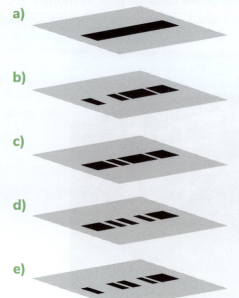

2 Elabore perguntas que envolvam o tema "Vistas ortogonais" usando as imagens a seguir. Troque com um colega para responder às perguntas dele e depois destroque para conferir as respostas.

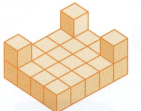 

Figura 1.   Figura 2.

Lógico, é lógica!

3 (Fatec-SP) Fábio, Mário e Tiago são três amigos que estudam em uma Fatec. Cada um deles faz um único curso: um dos rapazes faz o curso de Alimentos, outro faz o curso de Logística e outro faz o curso de Soldagem, não necessariamente nessa ordem.

Sabe-se que todas as afirmações a seguir são verdadeiras:

- ou é Fábio que estuda Logística, ou é Mário que estuda Logística;
- ou é Tiago que estuda Soldagem, ou é Mário que estuda Soldagem;
- ou é Mário que estuda Alimentos, ou é Tiago que estuda Alimentos;
- ou é Fábio que estuda Soldagem, ou é Tiago que estuda Alimentos.

Assim sendo, pode-se concluir corretamente que os cursos de Fábio, Mário e Tiago são, respectivamente,

a) Alimentos, Logística e Soldagem.
b) Alimentos, Soldagem e Logística.
c) Logística, Alimentos e Soldagem.
d) Logística, Soldagem e Alimentos.
e) Soldagem, Alimentos e Logística.

CAPÍTULO 2

Volume de prismas e cilindros

Para começar

Qual dos objetos maciços a seguir, ao ser colocado em um recipiente com água, elevará mais a marcação da água? Que grandeza está relacionada a essa situação?

VOLUME DO PARALELEPÍPEDO RETÂNGULO OU BLOCO RETANGULAR

Para explorar os estudos acerca do cálculo de volume de sólidos geométricos considere o paralelepípedo retângulo ilustrado a seguir.

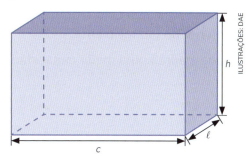

Em que c, ℓ e h são as medidas do comprimento, da largura e da altura, respectivamente.

Agora, imagine um aquário com esse formato e uma torneira que deve enchê-lo totalmente com água.

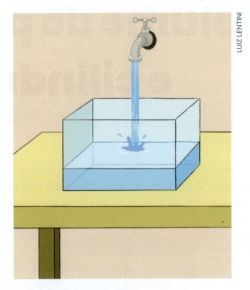

Inicialmente a água preenche toda a base, ou seja, toda a área $c \cdot \ell$, e repetirá esse processo tantas vezes quanto for sua altura h.

Assim, a fórmula do volume V do paralelepípedo reto retângulo é dada por:

$$V = c \cdot \ell \cdot h$$

Como o produto $c \cdot \ell$ representa a área da base A_b e h é a altura do paralelepípedo, obtemos a seguinte fórmula de volume:

$$V = A_b \cdot h$$

Portanto, o volume de um paralelepípedo reto retângulo pode ser obtido pela multiplicação da área da sua base pela sua altura.

O cubo é um caso particular de paralelepípedo, pois todas as arestas têm a mesma medida a.

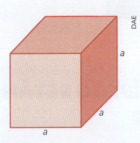

A fórmula do volume de um cubo é dada por: $V = a \cdot a \cdot a \rightarrow V = a^3$.

Observação: A grandeza volume se relaciona com a grandeza capacidade, que representa a unidade usada para definir o volume interior de um recipiente.

Por exemplo, o litro (L) é a unidade-padrão para medir capacidade, e um litro é a capacidade de um cubo cuja aresta interna mede 1 dm.

$1\ L = 1\ dm^3 = (10\ cm)^3 = 1\ 000\ cm^3$

> **Lembre-se:**
> Paralelepípedo retângulo ou bloco retangular é um prisma reto de base retangular.

ATIVIDADES RESOLVIDAS

1 Cada barra de gelo da imagem tem o formato de um paralelepípedo retângulo cujas dimensões são 1 m × 0,3 m × 0,25 m.

Qual é o volume total de gelo?

RESOLUÇÃO: O volume do gelo de cada barra é igual a:

$V = 1 \cdot 0{,}30 \cdot 0{,}25$

$V = 0{,}075 \text{ m}^3$

Como são 7 barras, o volume total de gelo é:

$7 \cdot 0{,}075 = 0{,}525 \text{ m}^3$

2 A aresta interna de uma caixa-d'água, cujo formato é cúbico, mede $\sqrt{6}$ metros. Qual é a capacidade, em metros cúbicos, dessa caixa-d'água?

RESOLUÇÃO: $V = \left(\sqrt{6} \text{ m}\right)^3 = 6\sqrt{6} \text{ m}^3$

A capacidade dessa caixa-d'água é de $6\sqrt{6}$ m³.

ATIVIDADES

FAÇA NO CADERNO

1 Calcule o volume dos paralelepípedos retângulos cujas dimensões estão indicadas a seguir.

a) 6 cm, 10 cm e 12 cm

b) 0,5 m, 0,8 m e 1,4 m

c) $\dfrac{1}{2}$ m, $\sqrt{3}$ m e $\sqrt{6}$ m

2 Um recipiente com o formato de um paralelepípedo retângulo tem as seguintes medidas de dimensões internas: 0,4 m; 0,2 m e 0,5 m. Quantos litros de água esse recipiente pode conter se estiver completamente cheio? Dado que 1 L = 1 000 cm³.

3 (UPE) O bloco retangular representado na figura a seguir tem dimensões 3a, 2a e 2a, e a soma das medidas de todas as suas arestas é igual a 196 cm.

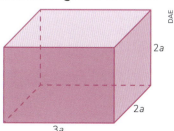

Qual é a medida do volume desse bloco, em centímetros cúbicos?

a) 343   b) 294   c) 1 029   d) 2 058   e) 4 116

4 Para enviar pequenas encomendas, uma empresa comercializa dois tipos de caixas de papelão no formato de paralelepípedo retângulo, como mostrado a seguir.

Tipo 1: arestas com medida de 27 cm, 18 cm e 9 cm.

Tipo 2: arestas com medida de 36 cm, 27 cm e 18 cm.

Se uma caixa do tipo 1 custa R$ 4,50, quanto custará uma caixa do tipo 2? Considere que o valor de comercialização de cada tipo de caixa é proporcional a seu volume.

5 O volume de um bloco retangular é igual a 1 152 cm^3 e a medida de uma das dimensões da base é igual ao dobro da outra. Sabendo que a altura desse bloco é 16 cm, calcule as medidas das dimensões da base.

6 A aresta interna de uma caixa-d'água de formato cúbico mede 1,5 m. Se colocarmos 1 500 L de água nessa caixa, que inicialmente estava vazia, quantos litros de água faltarão para enchê-la completamente?

SÓLIDOS GEOMÉTRICOS EQUIVALENTES

Se dois sólidos geométricos ocupam a mesma porção do espaço, ou seja, o mesmo volume, eles são ditos **equivalentes**.

Observe:

A é equivalente a **B**.   **C** não é equivalente a **D**.

VOLUME DE UM PRISMA RETO

Considere dois modelos de sólidos geométricos equivalentes: um paralelepípedo reto retângulo e um prisma triangular reto. Ambos são maciços, construídos com o mesmo material homogêneo (acrílico, aço, madeira etc.), com a mesma altura e a área das bases equivalentes.

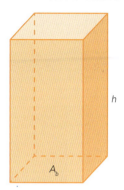 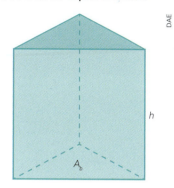

Se medirmos a massa de cada um desses sólidos e verificarmos que elas são iguais, podemos concluir que os dois sólidos são equivalentes.

Como sólidos equivalentes têm volumes iguais, dizemos que o volume do prisma triangular reto é igual ao volume do paralelepípedo retângulo. Assim, temos:

$$V = A_b \cdot h$$

O volume de um prisma reto (de qualquer base) é dado pela multiplicação da medida da área da base pela medida da altura.

ATIVIDADES RESOLVIDAS

1 Ana ganhou um presente que veio em uma embalagem cujo formato é de prisma triangular.

Ana mediu as dimensões da embalagem: para o triângulo de base, ela encontrou 8,5 cm como medida do lado e 10,2 cm de altura correspondente. A medida do comprimento da caixa (altura do prisma) foi de 18,6 cm. Qual é o volume total da embalagem?

RESOLUÇÃO: Com os dados informados, basta calcular o volume.

$$V = A_b \cdot h = \frac{8,5 \cdot 10,2}{2} \cdot 18,6 = 806,31 \text{ cm}^3.$$

Portanto, a embalagem tem volume aproximado de 806 cm³.

ATIVIDADES

1 Os blocos retangulares são prismas de base retangular. Calcule o volume dos prismas representados a seguir.

a)
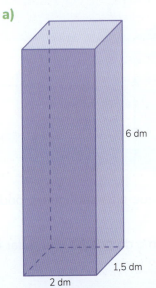

b)
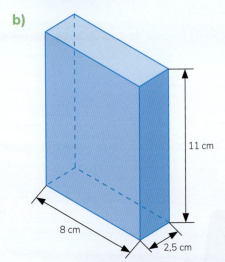

c)
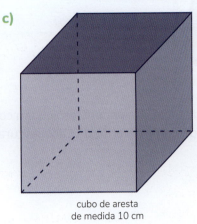

cubo de aresta de medida 10 cm

2 Calcule o volume do prisma representado a seguir, sabendo que a medida da área de sua base é 20 cm² e a altura do prisma é 15 cm.

3 A área da base do prisma reto representado a seguir é igual a 70 cm².

Sabendo que o volume desse prisma é 1 470 cm³, qual é a medida de sua altura?

4 No prisma reto mostrado a seguir, a altura é de 12 cm e cada uma das suas bases é formada por um retângulo em que um lado mede o dobro do outro, com perímetro igual a 24 cm.

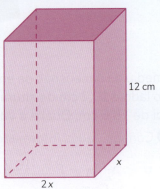

Determine o volume, em cm³, desse prisma

64

5 Os retângulos a seguir representam três vistas de um poliedro.

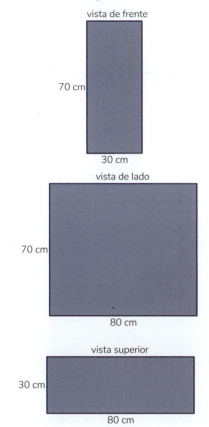

a) Desenhe esse poliedro.
b) Calcule o volume, em centímetros cúbicos, desse poliedro.

6 Foram retirados de cada canto de um pedaço de cartolina retangular, cujos lados medem 10 cm e 20 cm, quadrados iguais de lado x centímetros, conforme mostra a figura.

Dobrando-se essa cartolina na linha pontilhada, obtém-se uma caixa retangular sem tampa. Com base nessas informações, responda:

a) Que sentença matemática na variável x representa o volume em cm^3 dessa caixa?
b) Qual seria o volume desta caixa se o valor de x fosse 2 cm?

7 Calcule o volume desta caixa. Considere que ela é um prisma reto cuja base é um trapézio.

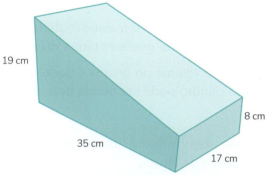

8 Lídia, dona de uma pizzaria, escolheu uma embalagem para as *pizzas*. Veja na imagem a seguir o modelo e as medidas da embalagem que ela escolheu. Que tipo de sólido lembra a embalagem? Calcule seu volume, sabendo que a altura da caixa é de 6 cm.

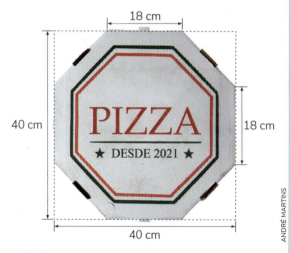

a) 4 320 cm^2
b) 43,20 cm^2
c) 8 148 cm^3
d) 81,48 cm^3
e) 432,0 cm^3

65

VOLUME DE CILINDROS

Considere um prisma reto de área da base igual a A_b e altura h, em que r é a medida do raio da base do cilindro.

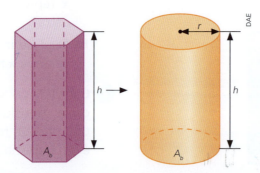

Ao construir, com o mesmo material homogêneo, um cilindro de mesma altura e base equivalente, podemos constatar que eles têm a massa igual, portanto, são equivalentes.

Como o volume do prisma é dado pela multiplicação da área da base pela medida da altura, o volume do cilindro pode ser obtido pela mesma regra. Assim, temos:

$$V = A_b \cdot h = \pi \cdot r^2 \cdot h$$

Enfim, temos que o volume de um cilindro é dado pela multiplicação da medida da área da base pela medida da altura.

Curiosidade

Assim como um polígono bidimensional pode ser reduzido a uma série de triângulos, um poliedro tridimensional geralmente pode também ser reduzido a sólidos regulares para cálculo de volume. Os antigos egípcios conheciam métodos para calcular o volume de um cubo, de uma pirâmide quadrada ou triangular, cilindros e cones. Mas o volume de formas que não podem ser reduzidas a qualquer uma dessas é mais difícil de calcular. É atribuída a Arquimedes a descoberta de que o volume de uma forma irregular pode ser determinado medindo-se o volume de água que aquela forma desloca, uma descoberta que, segundo se conta, o fez sair nu de seu banho correndo pela rua gritando "Eureka!".

ROONEY, Anne. *A história da Matemática*: desde a criação das pirâmides até a exploração do infinito. São Paulo: M. Books, 2012. p. 106.

Assim também se aprende

Ideias geniais na Matemática, de Surendra Verma (Gutenberg).

Neste livro você encontra diversos problemas e desafios para resolver que envolvem conceitos de Geometria. Que tal embarcar nessas ideias geniais?

ATIVIDADES RESOLVIDAS

1 A forma cilíndrica é muito utilizada no dia a dia. Muitas indústrias armazenam produtos em grandes tanques que tem a forma cilíndrica, por exemplo.

Imagine que uma empresa armazena grãos de trigo em tanques cilíndricos, chamados de silos, com 8 m de altura e 2 m de diâmetro, como o representado na imagem acima.

Calcule o volume deste silo.

RESOLUÇÃO: Podemos representar o tanque como um cilindro reto cujo diâmetro da base mede 2 m e a altura mede 8 m.

Primeiro, calculamos a medida da área da base.

A medida da área da base circular é dada por: $A_b = \pi \cdot r^2$.

Tomaremos o valor aproximado de π com duas casas decimais (3,14). Como a medida do diâmetro do cilindro dado é 2 m, a medida do raio é 1 m. Assim:

$A_b = \pi \cdot r^2 = 3{,}14 \cdot 1^2 = 3{,}14$

A área da base mede 3,14 m².

A fórmula para obter a medida do volume de um cilindro é dada pela multiplicação da medida da área da base A_b pela medida da altura h.

$V = A_b \cdot h$ ou $V = \pi \cdot r^2 \cdot h$

Daí:

$V = 3{,}14 \cdot 8 = 25{,}12$ m³

Portanto, a medida do volume desse cilindro é de 25,12 m³.

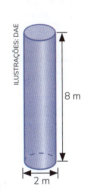

2 Uma lata de leite em pó, completamente cheia, no formato de um cilindro com altura 12 cm e raio da base 5 cm, era vendida por R$ 15,00. O fabricante alterou a embalagem aumentando em 2 cm a altura e diminuindo em 1 cm o raio da base. Se ele mantiver a relação preço/volume, qual será o novo preço do produto?

RESOLUÇÃO: O volume inicial (V_1) da lata de leite em pó é dado por:

$r_1 = 5$ cm e

$h_1 = 12$ cm era de:

$V_1 = \pi \cdot r_1^2 \cdot h_1$

$V_1 = 3{,}14 \cdot 5^2 \cdot 12 = 942$ cm³

Com $r_2 = 4$ cm e $h_2 = 14$ cm, a medida do volume da nova embalagem será dada por:

$V_2 = \pi \cdot r_2^2 \cdot h_2$

$V_2 = 3{,}14 \cdot 4^2 \cdot 14 = 703{,}36$

Logo, a medida do volume de leite na nova embalagem passará a ser, aproximadamente, 703 cm³.

Mantendo a relação $\dfrac{\text{preço}}{\text{volume}}$ da primeira embalagem obtemos:

$\dfrac{\text{preço}}{\text{volume}} = \dfrac{15}{942} = \dfrac{\text{novo preço}}{703}$

Assim, temos:

$\dfrac{15}{942} = \dfrac{\text{novo preço}}{703} \rightarrow$

$\rightarrow \dfrac{15 \cdot 703}{942} = 11{.}19$

O novo preço do produto deverá ser R$ 11,19.

ATIVIDADES

1 Qual é o volume de cada sólido representado a seguir?

Adote π = 3,14.

a)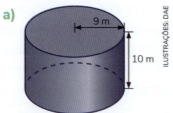

b)

c)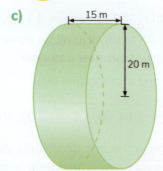

2 Calcule o volume do cilindro representado a seguir. (Use π = 3.)

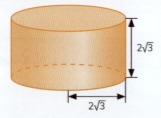

3 Um reservatório tem a forma de um cilindro com 9 m de diâmetro e 10 m de altura. Sabendo que 50% do volume está ocupado por gasolina, quantos litros de gasolina há em seu interior? (Considere π = 3,14.)

4 Um cilindro circular reto, de volume 40π cm³, tem altura de 5 cm. Qual é a medida, em centímetros, do raio da base desse cilindro?

5 De um cubo maciço metálico são produzidas moedas, conforme mostram as ilustrações.

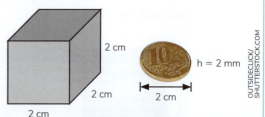

Derretendo-se o cubo, quantas moedas poderão ser produzidas? (Use π = 3.)

6 Um posto de gasolina pretende instalar um tanque cilíndrico que deverá ficar deitado sobre 4 pés de sustentação. A imagem mostra duas alternativas de instalação.

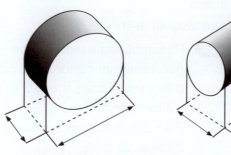

1ª alternativa – Colocar um tanque A com uma altura de 4 cm e uma base com 8 m de diâmetro.
2ª alternativa – Colocar um tanque B com uma altura de 8 m e uma base com 4 m de diâmetro.
Qual desses tanques tem maior capacidade de armazenamento? Justifique a resposta.

7 A figura a seguir ilustra uma peça de ferro formada por um prisma quadrangular regular vazado por um cilindro. As dimensões estão indicadas na figura. Sabendo que 1 cm³ de ferro tem massa igual a 7,2 g, calcule a massa aproximada dessa peça. (Use π = 3,14.)

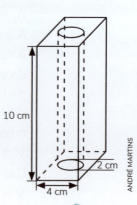

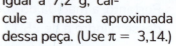

SOFTWARE DE GEOMETRIA DINÂMICA

Use um *software* de Geometria dinâmica *on-line* ou que possa ser baixado gratuitamente.

Vamos construir um prisma de base triangular e depois fazer sua planificação.

1º passo: ao abrir o programa, vá até a aba Exibir e selecione a opção "Janela de visualização 3D".

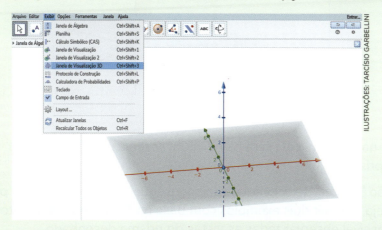

2º passo: selecione a opção "Prisma", como indicado na figura abaixo.

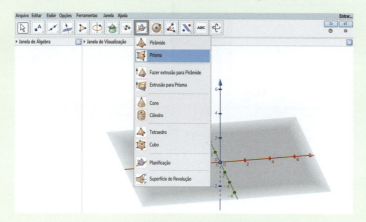

Selecionado esse item, basta clicar nos pontos dos eixos para construir o triângulo que será a base, e, em seguida, determine a altura desse prisma. Veja a seguir um modelo de prisma de base triangular que foi criado.

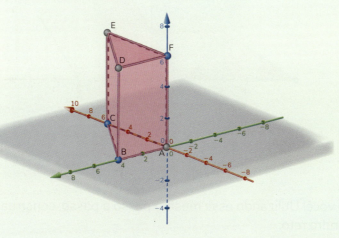

69

3º passo: por último, selecione a opção "Planificação".

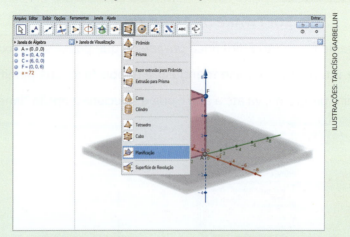

Basta clicar na imagem e ela será planificada, assim é possível obter as vistas lateral, frontal e superior desse prisma.

Com a opção "Mover" selecionada, você consegue ver todas as faces planificadas em várias perspectivas. Veja a seguir dois exemplos com base na figura mostrada anteriormente. Na segunda imagem é possível observar todas as vistas do prisma desenhado.

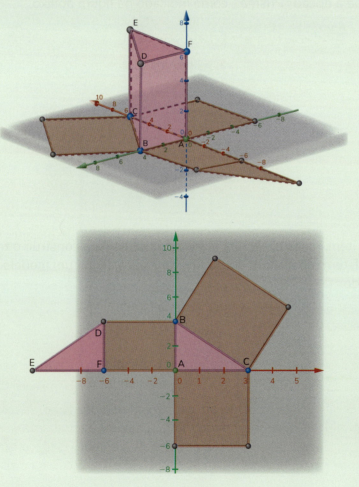

Agora é com você! Utilizando esse mesmo passo a passo, construa e obtenha as vistas de um cubo e de um cilindro reto.

MATEMÁTICA INTERLIGADA

CUBAGEM DA MADEIRA

Para vender a madeira em toras, é necessário calcular o volume das toras.

Um tronco de árvore (sem ser derrubada) foi medido e está representado na figura 1. O sólido que o representa é um tronco de cone.

Glossário

Cubagem: refere-se à medição do volume da madeira em metros cúbicos.

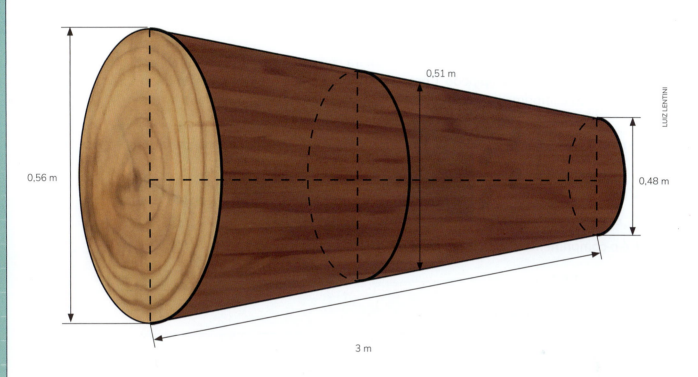

Figura 1.

Um madeireiro e um engenheiro florestal foram entrevistados e cada um deles apresentou o método de cálculo para o volume desse tronco (ou tora).

O método do madeireiro consiste em transformar a tora em um paralelepípedo.

Ele considera uma perda de 25% do volume, por isso faz um desconto de 25% no diâmetro médio da tora (0,51 m), que passa a ser a largura e a altura do paralelepípedo.

O modelo matemático que ele usa para obter o volume é $V = D^2 \cdot L$.

Assim:

V é o volume da tora.

D é a medida do diâmetro médio menos 25% dessa medida.

L é o comprimento da tora.

- $D = 0{,}51 \text{ m} - 25\% \cdot 0{,}51 \text{ m} = 0{,}3825 \text{ m}$

Assim, o volume da tora calculado pelo marceneiro é:

$V = (0{,}51 \text{ m} \cdot 0{,}75)^2 \cdot 3 \text{ m} = 0{,}43892 \text{ m}^3$

Figura 2.

O engenheiro florestal trabalha com a madeira cerrada em tábuas e pranchas. Ele também transforma a tora em um paralelepípedo. Contudo, a largura e a altura do paralelepípedo são determinadas pela divisão do comprimento da circunferência média em 4 partes.

O modelo matemático que ele usa para obter o volume é: $V = \left(\dfrac{C_m}{4}\right)^2 \cdot L$, sendo:

V é o volume da tora.

C_m é o comprimento da circunferência média

L é o comprimento da tora.

- $C_m = 1{,}60$ m

- $1{,}60$ m $: 4 = 0{,}4$ m

Figura 3.

Assim, o volume da tora calculado pelo engenheiro é:

$V = 0{,}4$ m $\cdot\ 0{,}4$ m $\cdot\ 3$ m $= 0{,}48$ m³

Fonte: MOSSMANN, Adriana Inês; MALDANER, Janice Maria; BLASZAK, Sidmara. *Cubagem de madeira*. Ijuí: Unijuí, 2002. Disponível em: http://www.projetos.unijui.edu.br/matematica/modelagem/cubagem. Acesso em: 1 nov. 2020.

O volume de um tronco de cone pode ser obtido por:

$V = \dfrac{\pi h}{3}(R^2 + Rr + r^2)$ em que h é a altura, R é a medida do raio da base maior e r é a medida do raio menor do tronco de cone.

- Considere as informações desta seção e seus conhecimentos e responda: Qual dos métodos apresentados fornece o volume mais aproximado do volume do tronco de cone?

MAIS ATIVIDADES

1 (IFPE-PE) Podemos calcular o volume de uma caixa retangular, como na figura abaixo, de dimensões *a*, *b* e *c* fazendo $V = a \cdot b \cdot c$.

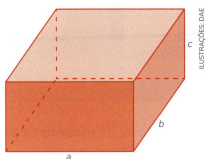

Sabendo que 1 mL = 1 cm³, calcule, em litros, o volume de água necessário para encher um tanque retangular de largura $a = 80$ cm, profundidade $b = 40$ cm e altura $c = 60$ cm.

a) 1 920 L

b) 192 L

c) 19,2 L

d) 19 200 L

e) 192 000 L

2 (Fuvest-SP) Alice quer construir um paralelepípedo reto retângulo de medidas 60 cm × 24 cm × 18 cm, com a menor quantidade possível de cubos idênticos cujas medidas das arestas são números naturais. Quantos cubos serão necessários para construir esse paralelepípedo?

a) 60

b) 72

c) 80

d) 96

e) 120

3 (Enem) Um mestre de obras deseja fazer uma laje com espessura de 5 cm utilizando concreto usinado, conforme as dimensões do projeto dadas na figura. O concreto para fazer a laje será fornecido por uma usina que utiliza caminhões com capacidades máximas de 2 m³, 5 m³ e 10 m³ de concreto.

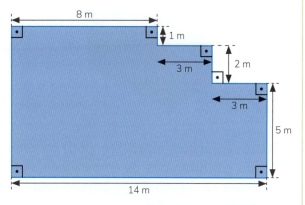

Qual a menor quantidade de caminhões, utilizando suas capacidades máximas, que o mestre de obras deverá pedir à usina de concreto para fazer a laje?

a) Dez caminhões com capacidade máxima de 10 m³.

b) Cinco caminhões com capacidade máxima de 10 m³.

c) Um caminhão com capacidade máxima de 5 m³.

d) Dez caminhões com capacidade máxima de 2 m³.

e) Um caminhão com capacidade máxima de 2 m³.

4 Geni recortou, em uma folha de cartolina retangular com 29 cm de comprimento por 14 cm de largura, todas as faces para construir um paralelepípedo retângulo, como mostra a figura a seguir.

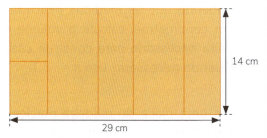

Calcule o volume desse paralelepípedo após ser construído.

5 Calcule o volume do sólido representado abaixo.

6 Um creme para massagem pode ser embalado em dois tipos de embalagens, A e B, ambas com formato de cilindro reto. Suas características são:

Tipo A: raio da base 8 cm e altura 2 cm.

Tipo B: as medidas da altura e do diâmetro da base são iguais.

Determine, em centímetros, as medidas do raio da base e da altura do cilindro do tipo B, de modo que as duas embalagens tenham o mesmo volume.

7 As peças a seguir foram confeccionadas em madeira.

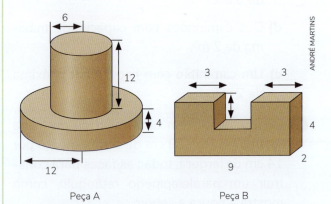

Peça A   Peça B

Sabendo que as medidas indicadas estão em centímetros, calcule o volume de madeira necessário para construir cada peça. Quando necessário, use $\pi = 3{,}1$.

8 Em uma placa de madeira maciça, de dimensões 30 cm × 3 cm × 25 cm, um marceneiro fez dois furos, um quadrangular e outro circular, como mostra a figura.

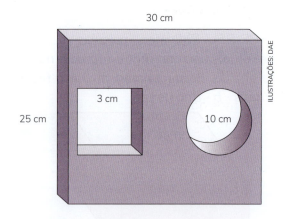

Calcule o volume de madeira da peça confeccionada pelo marceneiro.

9 (Enem) Uma construtora pretende conectar um reservatório central (R_c) em formato de um cilindro, com raio interno igual a 2 m e altura interna igual a 3,30 m, a quatro reservatórios cilíndricos auxiliares (R_1, R_2, R_3 e R_4), os quais possuem raios internos e alturas internas medindo 1,5 m.

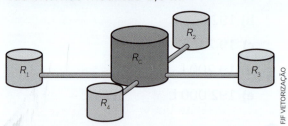

As ligações entre o reservatório central e os auxiliares são feitas por canos cilíndricos com 0,10 m de diâmetro interno e 20 m de comprimento, conectados próximos às bases de cada reservatório. Na conexão de cada um desses canos com o reservatório central há registros que liberam ou interrompem o fluxo de água. No momento em que o reservatório central está cheio e os auxiliares estão vazios, abrem-se os quatro registros e, após algum tempo, as alturas das colunas de água nos reservatórios se igualam, assim que cessa o fluxo de água entre eles, pelo princípio dos vasos comunicantes.

A medida, em metro, das alturas das colunas de água nos reservatórios auxiliares, após cessar o fluxo de água entre eles, é

a) 1,44   c) 1,10   e) 0,95
b) 1,16   d) 1,00

10 (USF-SP) A Ressonância Magnética (RM) é um exame diagnóstico que retrata imagens em alta definição dos órgãos do corpo humano. O equipamento utilizado apresenta um tubo horizontal de magneto, com o formato cilíndrico. Com o avanço da tecnologia e primando pelo conforto do paciente, os tubos internos dos equipamentos de RM foram ficando maiores. Atualmente, é possível encontrar máquinas com abertura (diâmetro) de 72 cm, possibilitando, assim, que pacientes obesos ou claustrofóbicos possam realizar o exame com maior comodidade. Antigamente essas máquinas possuíam somente 60 cm de abertura. Comparando as máquinas atuais e as antigas, e considerando que não houve alteração no comprimento dos equipamentos, o aumento do volume no interior do tubo de magneto é de aproximadamente:

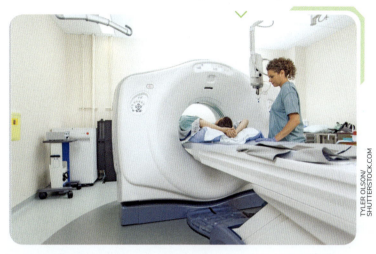

a) 17%   b) 20%   c) 31%   d) 44%   e) 70%

11 Elabore o enunciado de um problema que envolva uma relação de igualdade de volumes entre um cilindro reto e um paralelepípedo, em que ambos tenham exatamente um volume de 628 cm³. (Use $\pi = 3{,}14$.)

Lógico, é lógica!

12 (OMRP-SP) Chico das Contas, Ari Timético, Zé da Álgebra e Maicom Binatória foram ver um *show* em São Paulo. Eles vieram de diferentes cidades: Campinas, Santos, Bauru e Marília. Sabe-se que:

i) Chico das Contas e o rapaz de Marília chegaram a São Paulo bem cedo, no dia do *show*, e nenhum dos dois conhece Campinas ou Bauru.

ii) Zé da Álgebra não é de Marília, mas chegou junto com o rapaz de Campinas.

iii) Maicom Binatória e o rapaz de Campinas adoraram o *show*. De onde veio Maicom Binatória?

a) Campinas
b) Santos
c) Bauru
d) Marília
e) São Paulo

PARA ENCERRAR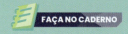

1 (CMM-AM) Guilherme tirou fotos (mostradas abaixo) da visão superior e da visão lateral de um poliedro que construiu na aula de Matemática e postou nas redes sociais. Sobre este sólido construído por Guilherme, podemos afirmar que:

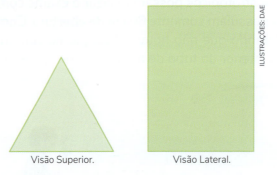

Visão Superior.   Visão Lateral.

a) É um poliedro com 4 faces.
b) É um poliedro com 6 arestas.
c) É um poliedro com 9 vértices.
d) É uma pirâmide de base retangular.
e) É um prisma de base triangular.

2 (Enem) A Figura 1 apresenta uma casa e a planta do seu telhado, em que as setas indicam o sentido do escoamento da água de chuva. Um pedreiro precisa fazer a planta do escoamento da água de chuva de um telhado que tem três caídas de água, como apresentado na figura 2.

(a) Casa   (b) Planta do telhado
Figura 1.   Figura 2.

A figura que representa a planta do telhado da figura 2 com o escoamento da água de chuva que o pedreiro precisa fazer é

a)

d)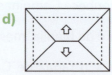

b)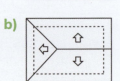

e)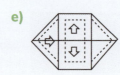

c)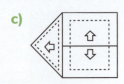

3) (OBMEP) Em um dos lados de uma folha de papel grosso, Pedro desenhou a figura abaixo. Depois, recortou-a e montou uma torre em miniatura. Das cinco imagens abaixo, quais podem representar a torre montada por Pedro?

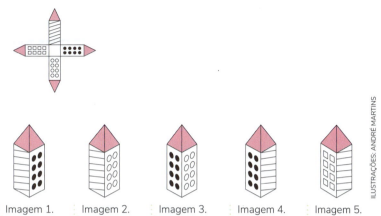

a) Imagens 1, 3 e 5
b) Imagens 1, 4 e 5
c) Imagens 1, 2 e 3
d) Imagens 2, 3 e 4
e) Imagens 3, 4 e 5

4) (Olimpíada de Matemática Univates) Observe que no sólido da figura 1 falta uma peça para terminar a construção do paralelepípedo. Qual das peças seguintes permite construir este paralelepípedo?

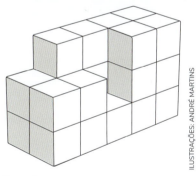

Figura 1.

a)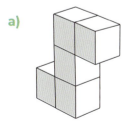

b)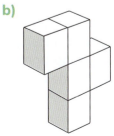

c)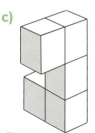

d)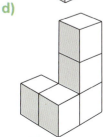

e)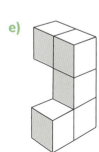

5 (CMBH) O derretimento das calotas polares é um fenômeno verificado nas últimas décadas e está relacionado ao aquecimento global, provocado principalmente pela emissão de gases poluentes. Alguns cientistas mais pessimistas afirmam que, se nada for feito, muitas ilhas e cidades litorâneas podem desaparecer do mapa. A geleira Pine Island é a que está derretendo mais rapidamente na Antártica. De acordo com pesquisadores da região, esta geleira está perdendo cerca de 15 cm de altura por ano. Imagens aéreas recentes, tomadas deste local, mostram que um *iceberg* se desprendeu da geleira de Pine Island.

(Antártica, derretimento de enorme geleira é irreversível. Disponível em: Antártica, derretimento de enorme geleira é irreversível... | Thoth3126)

Supondo que o *iceberg*, que se desprendeu da geleira Pine Island, tenha a forma de um cubo gigante de 10 km de aresta e que em um ano ele perca cerca de 15 cm de sua altura, o volume derretido, em metros cúbicos, será igual a:

a) 150 mil
b) 1,5 milhão
c) 15 milhões
d) 150 milhões
e) 1,5 bilhão

6 (CMF-CE) Observe os recipientes abaixo, em formato de paralelepípedo, cujas medidas internas encontram-se indicadas.

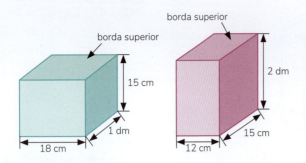

Duas torneiras, uma para cada recipiente, abertas ao mesmo tempo, lançam a mesma quantidade de água por minuto nesses recipientes. No momento em que o recipiente de menor volume enche completamente, fecham-se as duas torneiras. Nesse momento, considerando que ambos os recipientes permanecem nas mesmas posições indicadas nas figuras, a água está a que distância, em centímetro, da borda superior do recipiente de maior volume?

a) 5
b) 12
c) 15
d) 18
e) 20

7 (CMPA-RS) A figura abaixo (fora de escala) representa um paralelepípedo de medidas 1 cm, 2 cm e 3 cm. Deseja-se formar um cubo unindo-se peças idênticas a essa, preenchendo todos os espaços possíveis, sem deixar intervalos.

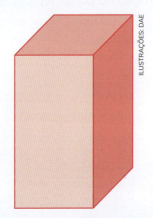

Unindo um paralelepípedo ao outro, qual a quantidade mínima de peças necessárias para se formar esse cubo?

a) 18
b) 36
c) 12
d) 42
e) 24

8 Uma piscina de forma retangular tem 5 m de largura, 12 m de comprimento e seu fundo é um plano inclinado. No ponto mais raso ela tem 1 m de profundidade e no ponto mais fundo, 2,5 m. Qual é o volume de água contido na piscina?

a) 60 m³
b) 300 m³
c) 150 m³
d) 105 m³
e) 210 m³

9 (Famema-SP) Um recipiente transparente possui o formato de um prisma reto de altura 15 cm e base quadrada, cujo lado mede 6 cm. Esse recipiente está sobre uma mesa com tampo horizontal e contém água até a altura de 10 cm, conforme a figura.

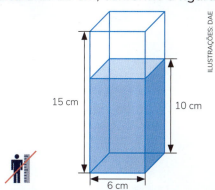

Se o recipiente for virado e apoiado na mesa sobre uma de suas faces não quadradas, a altura da água dentro dele passará a ser de:
a) 4 cm.   c) 3 cm.   e) 2 cm.
b) 3,5 cm.   d) 2,5 cm.

10 (Unicamp-SP) No início do expediente do dia 16 de março de 2020, uma farmácia colocou à disposição dos clientes um frasco cilíndrico de 500 ml (500 cm³) de álcool em gel para higienização das mãos. No final do expediente, a coluna de álcool havia baixado 5 cm. Sabendo que a base do cilindro tem diâmetro de 6 cm e admitindo o mesmo consumo de álcool em gel nos dias seguintes, calcula-se que o frasco ficou vazio no dia:
Adote π = 3
a) 17 de março   c) 19 de março
b) 18 de março   d) 20 de março

11 (IFSC) Diante dos frequentes períodos de estiagem na cidade onde está sediada, a empresa MESOC decidiu construir um reservatório para armazenar água. Considerando que esse reservatório deva ser cilíndrico e ter 10 metros de diâmetro interno e 10 metros de altura, assinale a alternativa CORRETA.
A capacidade do reservatório a ser construído, em litros, será: (Use π = 3,1.)
a) 3 100   d) 310 000
b) 7 750   e) 775 000
c) 155 000

12 (CMBEL-PA) Mariana pediu um aquário de presente de aniversário para o tio dela. Observe as informações sobre os modelos existentes numa loja visitada por Mariana e o tio:

Mariana resolveu calcular o volume de cada aquário com o objetivo de ter maiores dados para a escolha. Ela, após cálculos detalhados, encontrou os seguintes volumes:
a) Aquário A: 60 000 cm³; Aquário B: 50 000 cm³; Aquário C: 30 000 cm³
b) Aquário A: 30 000 cm³; Aquário B: 27 000 cm³; Aquário C: 35 000 cm³
c) Aquário A: 70 000 cm³; Aquário B: 35 000 cm³; Aquário C: 40 000 cm³
d) Aquário A: 40 000 cm³; Aquário B: 20 000 cm³; Aquário C: 50 000 cm³
e) Aquário A: 60 000 cm³; Aquário B: 45 000 cm³; Aquário C: 27 000 cm³

13 (OBMEP) Alice colocou um litro (1 000 cm³) de água em uma jarra e mediu o nível da água. Depois ela colocou um objeto maciço de prata na jarra e mediu novamente o nível da água, conforme a figura. A massa de um centímetro cúbico de prata é 10,5 gramas. Qual é a massa desse objeto?

a) 1 050 g   d) 2 100 g
b) 1 500 g   e) 3 000 g
c) 1 800 g

UNIDADE 3

Neste experimento, uma pena e uma maçã com pinos de metal são abandonadas. A pena cai em uma câmara de vácuo com pressão de 30 mícrons, seguindo a mesma proporção que a maçã no ar (ambas atraídas por ímãs). O *flash* é disparado em intervalos de $\frac{1}{20}$ de segundo.

Produtos notáveis, fatoração e equação do 2º grau

Se eu deixar cair uma pluma e uma bola de futebol, qual das duas chegará ao chão primeiro?

A bola de futebol, claro. Você não precisa ser um gênio matemático para predizer isso. Mas se eu soltar duas bolas do mesmo diâmetro, uma com chumbo dentro e outra com ar?

Para a maioria das pessoas, a primeira reação é dizer que a bola de chumbo chegará ao chão primeiro.

Esta era a crença de Aristóteles, um dos grandes pensadores de todos os tempos.

Num experimento apócrifo, o cientista italiano Galileu Galilei mostrou que essa resposta intuitiva está completamente errada.

Galileu provou que Aristóteles estava errado: as duas bolas, mesmo com pesos diferentes, atingem o chão ao mesmo tempo.

Um lugar onde se poderia testar essa teoria é a superfície sem ar da Lua. Em 1971, o comandante da missão Apollo 15, David Scott, recriou o experimento de Galileu deixando cair um martelo geológico e uma pena de falcão ao mesmo tempo.

Os dois objetos caíram muito mais devagar que na Terra, em decorrência da menor atração gravitacional da Lua, mas eles chegaram ao chão ao mesmo tempo. Exatamente como Galileu predisse.

DU SAUTOY, Marcus. *Os mistérios dos números*: os grandes enigmas da Matemática (que até hoje ninguém foi capaz de resolver). Tradução: George Schlesinger. Rio de Janeiro: Zahar, 2013. p. 245-247.

Na BNCC

Esta unidade propicia o desenvolvimento das competências e das habilidades a seguir.

Competências gerais:
1, 2, 3, 4, 5 e 7

Competências específicas:
1, 2, 3, 5, 6 e 8

Habilidade:
EF09MA09

Para pesquisar e aplicar

Uma pedra é abandonada do alto de um edifício de 180 m de altura. Sabendo que a distância d, em metros, que ela percorre no decorrer do tempo t, em segundos, é dada pela sentença $d = 5t^2$, pergunta-se:

1. Qual distância a pedra percorre em 1 s? E em 4 s?
2. Quanto tempo a pedra leva para chegar ao solo?

TED KINSMAN/SCIENCE SOURCE/FOTOARENA

CAPÍTULO 1
Produtos notáveis

Para começar

Verifique se a sentença abaixo é verdadeira ou falsa:

$$(3 + 4)^2 = 3^2 + 2 \cdot 3 \cdot 4 + 4^2$$

QUADRADO DA SOMA DE DOIS TERMOS

Já estudamos potenciação com polinômios e vimos que ela pode ser resolvida por meio de multiplicações de fatores iguais para encontrar, assim, o produto.

Existem produtos muito importantes no cálculo literal, conhecidos como produtos notáveis.

Os produtos notáveis representam identidades algébricas, ou seja, igualdades que são sempre verdadeiras para quaisquer valores numéricos.

Para calcular o quadrado de um binômio do tipo $(a + b)$ podemos efetuar a multiplicação desse binômio por si mesmo aplicando a propriedade distributiva.

$$(a + b)^2 = (a + b) \cdot (a + b) = a^2 + ab + ba + b^2 = a^2 + ab + ab + b^2 = a^2 + 2ab + b^2$$

Logo: $(a + b)^2 = a^2 + 2ab + b^2$

Essa sentença é um **produto notável**, que pode ser obtido sem efetuar a multiplicação dos binômios. Observe:

$$\underbrace{(a}_{\text{1º termo da soma}} + \underbrace{b)^2}_{\text{2º termo da soma}} = \underbrace{a^2}_{\text{quadrado do 1º termo}} + \underbrace{2ab}_{\text{duas vezes o produto dos termos}} + \underbrace{b^2}_{\text{quadrado do 2º termo}}$$

O quadrado da soma de dois termos é igual ao quadrado do 1º termo, mais duas vezes o produto do 1º termo pelo 2º termo, mais o quadrado do 2º termo.

Vamos agora interpretar geometricamente esse produto considerando o cálculo da área de um quadrado de lado $(a + b)$.

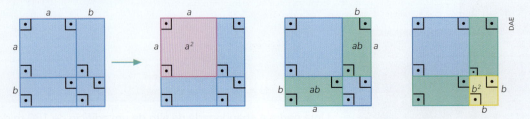

Observe que o quadrado inicial, cuja área é $(a + b)^2$, é composto de quatro partes: um quadrado de área a^2 (indicada em rosa na figura), dois retângulos cujas áreas somam $2ab$ (em verde) e outro quadrado de área b^2 (em amarelo). Desse modo, temos:

$$(a + b)^2 = a^2 + 2ab + b^2$$

O trinômio **$a^2 + 2ab + b^2$** é denominado **trinômio quadrado perfeito**.

Veja outros exemplos:

- $(x + 3)^2 = x^2 + 2 \cdot x \cdot 3 + 3^2 = x^2 + 6x + 9$
- $(2a + b)^2 = (2a)^2 + 2 \cdot 2a \cdot b + b^2 = 4a^2 + 4ab + b^2$
- $\left(3y + \sqrt{5}\right)^2 = (3y)^2 + 2 \cdot 3y \cdot \sqrt{5} + \left(\sqrt{5}\right)^2 = 9y^2 + 6\sqrt{5}\,y + 5$

ATIVIDADES RESOLVIDAS

1 A figura ao lado é composta de dois quadrados. A medida do lado de um deles é $2x + 5$ e a do outro, $x + 3$, ambos em centímetros. Encontre o polinômio que representa a área dessa figura.

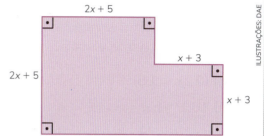

RESOLUÇÃO: A área total A da figura é obtida da soma das áreas dos dois quadrados. Logo:

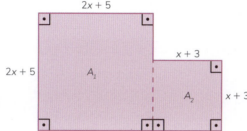

$A = A_1 + A_2 = (2x + 5)^2 + (x + 3)^2$

Vamos desenvolver os produtos notáveis que representam a área de cada quadrado:

$A_1 = (2x + 5)^2 = (2x)^2 + 2 \cdot 2x \cdot 5 + 5^2 = 4x^2 + 20x + 25$

$A_2 = (x + 3)^2 = x^2 + 2 \cdot x \cdot 3 + 3^2 = x^2 + 6x + 9$

$A = A_1 + A_2 = 4x^2 + 20x + 25 + x^2 + 6x + 9 = 5x^2 + 26x + 34$

Assim, a área total da figura é $A = 5x^2 + 26x + 34$.

2 Fernando precisa calcular $1\,003^2$. Vamos ajudá-lo a calcular essa potência?

RESOLUÇÃO: Decompondo o número $1\,003$, podemos escrever:

$1\,003^2 = (1\,000 + 3)^2$

Calculando o quadrado da soma, obtemos:

$(1\,000 + 3)^2 =$

$= 1\,000^2 + 2 \cdot 1\,000 \cdot 3 + 3^2 =$

$= 1\,000\,000 + 6\,000 + 9 =$

$= (1\,000 + 3)^2 = 1\,006\,009$

Portanto, $1\,003^2$ é igual a $1\,006\,009$.

ATIVIDADES

 FAÇA NO CADERNO

1 Desenvolva:

a) $(a + 3)^2$

b) $(5y + 2)^2$

c) 21^2

d) $\left(g^2 + \dfrac{g}{2}\right)^2$

e) $(x^3 + x^2)^2$

f) $(-3 + 4n)^2$

g) $(0,2x + 1,5)^2$

h) $10,1^2$

2 O lado deste quadrado mede $(2x + 7)$ centímetros.

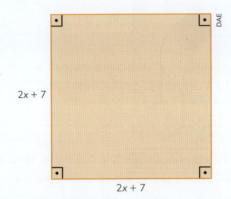

2x + 7

2x + 7

a) Quais expressões representam a área e o perímetro do quadrado?

b) Determine a área e o perímetro considerando $x = 5$ cm.

3 Efetue:

a) $\left(\dfrac{1}{2}x^2 + 4x\right)^2$

b) $(ab + a)^2$

4 Verifique se a igualdade a seguir é verdadeira.

$(4m + 1)^2 - (m + 2)^2 = 15m^2 + 5m - 4$

5 Rogério tem uma plantação de pinheiros cuja madeira é vendida para uma fábrica de papel. Sua plantação fica em um terreno quadrado com 5 km de lado. Se Rogério quiser ampliar a área de plantio para 64 km², em quanto ele deve aumentar o lado do terreno de sua plantação, de forma que a região plantada ainda seja um quadrado?

6 Se $x + y = 8$ e $x \cdot y = 15$, qual é o valor de $x^2 + 6xy + y^2$?

DESAFIO

84

QUADRADO DA DIFERENÇA DE DOIS TERMOS

Outro produto notável é o quadrado da diferença de dois termos, que pode ser expresso por $(a-b)^2$.

Para calcular o quadrado de um binômio do tipo $(a-b)$ podemos efetuar a multiplicação desse binômio por si mesmo.

$(a-b)^2 = (a-b) \cdot (a-b) = a^2 - ab - ba + b^2 = a^2 - ab - ab + b^2 = a^2 - 2ab + b^2$

Logo: $(a+b)^2 = a^2 - 2ab + b^2$

- 1º termo da soma
- 2º termo da soma
- quadrado do 1º termo
- duas vezes o produto dos termos
- quadrado do 2º termo

O quadrado da diferença de dois termos é igual ao quadrado do 1º termo, menos o dobro do produto do 1º termo pelo 2º termo, mais o quadrado do 2º termo.

Vamos, agora, interpretar **geometricamente** esse produto por meio das áreas dos quadrados cujos lados medem *a* e *b*.

O quadrado de área **(a − b)²** (em azul na figura) é obtido subtraindo-se do quadrado maior de área **a²** (em laranja), dois retângulos de área **b · (a − b)** (em amarelo) cada um e um quadrado menor de área **b²** (em verde). Assim, temos:

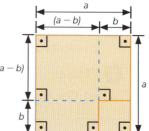

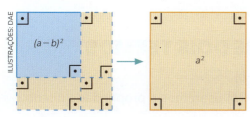
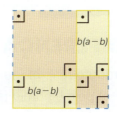
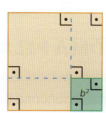

$(a-b)^2 = a^2 - 2b(a-b) - b^2$

$(a-b)^2 = a^2 - 2ab + b^2$

Pense e responda

Qual é o valor de $(2-5)^2$?

O trinômio $a^2 - 2ab + b^2$ também é um **trinômio quadrado perfeito**.

Outros exemplos:

- $\left(\dfrac{3y}{2} - \dfrac{1}{4}\right)^2 = \left(\dfrac{3y}{2}\right)^2 - 2 \cdot \dfrac{3y}{2} \cdot \dfrac{1}{4} + \left(\dfrac{1}{4}\right)^2 = \dfrac{9y^2}{4} - \dfrac{3y}{4} + \dfrac{1}{16}$

- $(a^3 - a^2)^2 = (a^3)^2 - 2 \cdot a^3 \cdot a^2 + (a^2)^2 = a^6 - 2a^5 + a^4$

ATIVIDADES RESOLVIDAS

1 Desenvolva o produto notável $(2a-5)^2$.

RESOLUÇÃO: Usando o resultado do quadrado da diferença de dois termos, obtemos:

$(2a-5)^2 =$
$= (2a)^2 - 2 \cdot 2a \cdot 5 + 5^2 =$
$= 4a^2 - 20a + 25$

Portanto, $(2a-5)^2 =$
$= 4a^2 - 20a + 25$.

2 Calcule 899^2.

RESOLUÇÃO: Vamos escrever o número 899 na forma de um quadrado da diferença de dois números (termos):

$899^2 = (900-1)^2 =$
$= 900^2 - 2 \cdot 900 \cdot 1 + 1^2 =$
$= 810\,000 - 1\,800 + 1 =$
$= 808\,201$

Portanto, 899^2 é igual a 808 201.

85

ATIVIDADES

1. Desenvolva os produtos notáveis.

   a) $(x - y)^2$
   b) $(a - 2)^2$
   c) $\left(n^3 - \dfrac{1}{2}n\right)^2$
   d) $\left(-3 - \dfrac{y^2}{4}\right)^2$

2. Calcule:

   a) 99^2
   b) 88^2
   c) 199^2

3. Qual polinômio representa a área colorida na figura ao lado?

4. Desenvolva o produto notável $(x - y)^4$.

5. Se $(a - b)^2 - (a + b)^2 = -12$, calcule o valor de ab.

6. Qual expressão devemos adicionar à expressão $x^2 - 4x + 10$ para que o resultado represente $(x - 5)^2$?

7. Efetue:

   a) $(2x + y)^2 - (3x - 2y)^2$
   b) $(x^2y^3 - xy)^2$

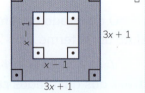

PRODUTO DA SOMA PELA DIFERENÇA DE DOIS TERMOS

Outro produto notável importante é o produto $(a + b) \cdot (a - b)$.

Para calcular o produto do binômio $(a + b)$ pelo binômio $(a - b)$ usaremos a propriedade distributiva da multiplicação.

$$(a + b) \cdot (a - b) = a^2 - ab + ba - b^2 = a^2 - ab + ab - b^2 = a^2 - b^2$$

Então, o produto da soma pela diferença de dois termos é igual ao quadrado do 1º termo menos o quadrado do 2º termo.

Agora, vamos interpretar **geometricamente** esse resultado por meio das áreas dos quadrados cujos lados medem a e b.

Observe que, se do quadrado maior de área **a^2** subtrairmos a área **b^2** do quadrado menor, restarão dois retângulos: um de área **$a \cdot (a - b)$** e outro de área **$b \cdot (a - b)$**.

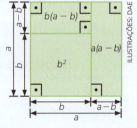

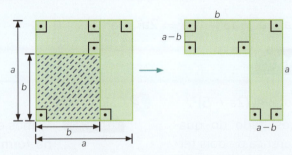

$$a^2 - b^2 = a \cdot (a - b) + b \cdot (a - b)$$

Juntando esses dois retângulos, obtemos um retângulo de lados $(a + b)$ e $(a - b)$ cuja área é $(a + b) \cdot (a - b)$. Assim, temos:

$$(a + b) \cdot (a - b) = a^2 - b^2$$

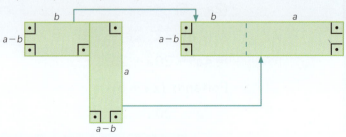

ATIVIDADES

FAÇA NO CADERNO

1) As medidas dos lados, em metros, do retângulo da figura a seguir são expressas por $2x - 3$ e $2x + 3$.

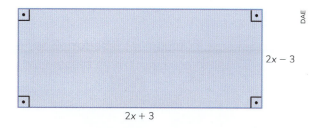

a) Que polinômio representa a área desse retângulo?
b) Qual é esse valor se $x = 15$ metros?

2) Efetue os cálculos.

a) $(x + y) \cdot (x - y)$
b) $(3x^2 + x) \cdot (3x^2 - x)$
c) $(-a^2b - a) \cdot (-a^2b + a)$
d) $\left(\dfrac{1}{3}mn + 1\right) \cdot \left(\dfrac{1}{3}mn - 1\right)$

3) Escreva cada diferença na forma do produto da soma pela diferença de dois termos e faça os cálculos.

a) $9^2 - 2^2$
b) $(-4)^2 - 3^2$
c) $100^2 - 1\,000^2$

4) Simplifique a expressão $(ab + 3) \cdot (ab - 3) - (ab + 5)^2$.

5) Sejam $A = (x + 6)^2 + (x - 6) \cdot (x + 6)$ e $B = -4x \cdot (x + 2)$, calcule $A + B$.

6) Qual é o polinômio que, adicionado a $r \cdot (r + 3) \cdot (r - 3)$, resulta em $(r + 5)^2$?

7) Usando produtos notáveis, calcule:

a) $31 \cdot 29$
b) $52 \cdot 48$
c) $999 \cdot 1\,001$

8) O número que se deve acrescentar a $185\,997^2$ para se obter $185\,998^2$ é um múltiplo de 5. Verifique se essa afirmativa é verdadeira ou falsa. Justifique sua resposta.

9) Considere a expressão algébrica abaixo.

$(3a + b - 2c)^2 - (2a - 3c)^2 + 5 \cdot (c - a) \cdot (a + c) + b \cdot (2a - b)$

a) Simplifique a expressão.
b) Calcule o valor numérico dessa expressão para $a = -1$, $b = \dfrac{1}{2}$ e $c = -5$.

10) Calcule o valor de $2\,002^2 \cdot 2\,000 - 2\,000 \cdot 1\,998^2$.

87

LADRILHOS NOTÁVEIS

Você sabe o que é ladrilho? É um tipo de revestimento de superfícies que pode ser utilizado em paredes ou pisos.

Neste jogo, você será o ladrilhador! Vamos lá?

Para começar, convide um colega para jogar: você será o ladrilhador A, e o colega, o ladrilhador B.

Vocês vão precisar de:

- papel quadriculado (uma folha de 10 por 10 quadradinhos para cada jogador);
- lápis de cor;
- borracha;
- um dado cúbico numérico, com faces numeradas de 1 a 6 (o professor pode orientar na montagem, se necessário);
- um dado cúbico que chamaremos de dado notável, com $(a + b)^2$ em três de suas faces e $(a - b)^2$ nas outras três (o professor vai orientar na montagem dele);

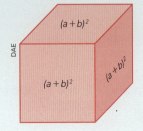

- uma tabela de anotações, como a do modelo a seguir, para os ladrilhadores registrarem os valores obtidos nas rodadas.

Rodadas	A			B		
	a	b	Resultado	a	b	Resultado
1º						
2º						
3º						
⋮						

Como jogar

1. O ladrilhador A inicia o jogo lançando o dado numérico para encontrar o valor de a. A diferença de a para 7 será atribuída a b: $7 - a = b$.

2. Depois, o ladrilhador A lança o dado notável e calcula os valores de a e b dependendo da face que sortear no lançamento.

3. Então, o ladrilhador A faz as devidas anotações na tabela de registros, pinta, em sua folha de papel quadriculado, a quantidade de quadradinhos equivalente ao resultado obtido e passa a vez ao ladrilhador B.

4. O ladrilhador B lança o dado numérico para sortear o valor de b. A diferença de b para 7 será atribuída a a: $7 - b = a$.

5. Depois, o ladrilhador B lança o dado notável e calcula, para os valores de a e b que obteve, o quadrado da soma ou da diferença desses dois números, dependendo da face que sortear no lançamento.

6. Então, o ladrilhador B anota na tabela de registros o resultado obtido e passa a vez ao ladrilhador A.

7. Quem primeiro conseguir "ladrilhar" completamente sua folha quadriculada será o vencedor.

Trabalhando juntos

1. Quais valores foram obtidos para o quadrado da soma de a e b em cada jogada?

2. Se a soma de a e b fosse 8, que valores seriam obtidos nos cálculos dos quadrados da soma de a e b?

3. Quais valores foram obtidos para os quadrados da diferença de a e b em cada jogada?

4. Se a soma de a e b fosse 8, que valores seriam obtidos nos cálculos dos quadrados da diferença de a e b?

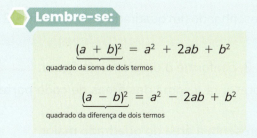

Lembre-se:

$$\underbrace{(a + b)^2}_{\text{quadrado da soma de dois termos}} = a^2 + 2ab + b^2$$

$$\underbrace{(a - b)^2}_{\text{quadrado da diferença de dois termos}} = a^2 - 2ab + b^2$$

Viagem no tempo

PRODUTOS NOTÁVEIS

Neste capítulo, você estudou os produtos notáveis e resolveu problemas com eles. No próximo capítulo, vamos utilizá-los para fatorar expressões algébricas.

O texto a seguir mostra uma forma que pode facilitar esse trabalho.

A álgebra grega, conforme formulada pelos pitagóricos (em 540 a.C.) e por Euclides, era geométrica.

Para exemplificar, o que nós escrevemos hoje como $(a + b)^2 = a^2 + 2ab + b^2$ era concebido pelos gregos em termos do diagrama apresentado na figura abaixo, e era curiosamente enunciado por Euclides em *Os elementos*, livro II, proposição IV:

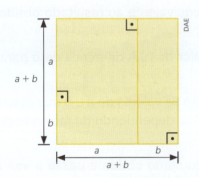

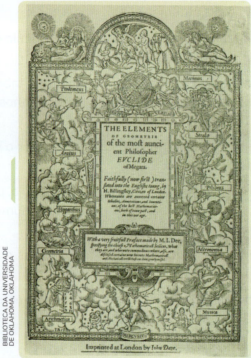

Folha de rosto da primeira versão inglesa de *Os elementos*.

Se uma linha reta é dividida em duas partes quaisquer, o quadrado sobre a linha toda é igual aos quadrados sobre as duas partes, junto com duas vezes o retângulo que as partes contêm. Isto é: $(a + b)^2 = a^2 + 2ab + b^2$. Podemos dizer que, para os gregos da época de Euclides, a^2 era realmente um quadrado.

HISTÓRIA da álgebra (uma visão geral). *In*: SÓ MATEMÁTICA. [Porto Alegre], c1998—2021. Disponível em: https://www.somatematica.com.br/algebra.php. Acesso em: 3 mar. 2021.

1 Interprete o diagrama da figura desenhando um quadrado de lado 2 cm + 3 cm, ou seja, $a = 2$ cm e $b = 3$ cm.

2 Trace um quadrado de lado $x + 3$, conforme o diagrama da figura.
   a) Escreva a expressão que representa a soma das áreas de cada parte do quadrado maior.
   b) Escreva a expressão que representa a área do quadrado maior.
   c) Escreva a igualdade resultante dos itens **a** e **b** e o que ela representa.

MAIS ATIVIDADES

1) Verifique geometricamente o que deve ser acrescentado ao quadrado de área x^2 para se obter o quadrado de área $(x + 3)^2$.

2) Considere que $(x - y)^2 + (x + y)^2 = 80$ e $y^2 = 4$. Determine o valor de x sabendo que x e y são números positivos.

3) Simplifique estas expressões.
  a) $(2x - 1)^2 - (x + 7)^2 + 2(1 - x)^2$
  b) $(2a + b) \cdot 2 \cdot (3a - 2b)^2$
  c) $(c + 5)(c - 5) - (c + 3)(c - 3)$

4) Observe a parte roxa do quadrado $ABCD$.

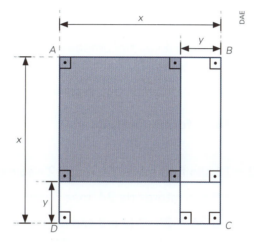

  a) Escreva o produto notável que representa a área da parte colorida da figura.
  b) Mostre que a soma das áreas de um dos retângulos com a área do quadrado menor vale xy.
  c) Que expressão algébrica fornece a área dos retângulos adicionada à área do quadrado menor?

5) Qual dos números a seguir não pode ser igual à diferença entre o quadrado da soma de dois números inteiros e a soma de seus quadrados? Justifique.

6) Elabore dois exercícios de produtos notáveis envolvendo o quadrado da soma e o quadrado da diferença de dois termos. Depois troque-os com um colega para que resolvam os exercícios um do outro, em seguida, destroquem para conferir as respostas.

Lógico, é lógica!

7) Na sequência (1; A; 2; 3; B; 4; 5; 6; C; 7; 8; 9; 10; D; 11; ...), o terceiro termo que aparece após o surgimento da letra J é:
  a) 69.
  b) 52.
  c) K.
  d) 58.
  e) 63.

CAPÍTULO 2

Fatoração

Para começar

As medidas do comprimento e da largura de um retângulo são expressas por *x* e *y*, respectivamente. Qual é a medida do perímetro desse retângulo?

O QUE SIGNIFICA FATORES?

Uma das propriedades de um número é sua decomposição em fatores, isto é, sua transformação em uma multiplicação de dois ou mais fatores.

Ao decompor um número em fatores, dizemos que estamos fatorando esse número. Veja:

Representações do número 24 na forma fatorada

24

2 · 12   → 24 = 2 · 12 (2 e 12 são fatores de 24, mas 12 não é um número primo)

2 · 2 · 6   → 24 = 2 · 2 · 6 (2 e 6 são fatores de 24, mas 6 não é primo)

2 · 2 · 2 · 3 → 24 = 2 · 2 · 2 · 3 ou 24 = 2^3 · 3 (2 e 3 são fatores primos)

Essa é a decomposição em fatores primos do número 24.

Representações do número 210 na forma fatorada

210

2 · 105   → 210 = 2 · 105 (2 e 105 são fatores de 210, mas 105 não é primo)

2 · 3 · 35   → 210 = 2 · 3 · 35 (2, 3 e 35 são fatores de 210, mas 35 não é primo)

2 · 3 · 5 · 7 → 210 = 2 · 3 · 5 · 7 (2, 3 e 5 são fatores primos de 210)

Essa é a decomposição em fatores primos do número 210.

De modo geral, podemos dizer que:

Fatorar um número é escrevê-lo na forma de multiplicação de dois ou mais fatores, geralmente números primos. Uma expressão numérica com fatores comuns (repetidos nos termos) pode ser fatorada da seguinte maneira:

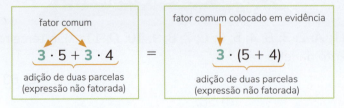

O 3 é o fator comum que foi colocado em "destaque", isto é, **em evidência**, de acordo com a propriedade distributiva da multiplicação em relação à adição.

FATORAÇÃO PELO FATOR COMUM

Vamos agora estender a ideia de fatoração para as expressões algébricas, uma vez que elas generalizam propriedades dos números e das suas operações.

O retângulo ABCD da figura abaixo é formado por dois retângulos menores: AEFD e EBCF.

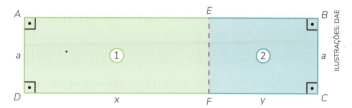

retângulo AEFD = comprimento **x**, largura **a**

retângulo EBCF = comprimento **y**, largura **a**

Vamos calcular a área A_{ABCD} de duas maneiras diferentes, conforme descrito a seguir.

I. Adicionando as áreas de cada uma das partes, que chamaremos de A_1 e A_2:

$A_{ABCD} = A_1 + A_2 \rightarrow A_{ABCD} = ax + ay$

II. Multiplicando a largura a pelo comprimento $(x + y)$:

$A_{ABCD} = a \cdot (x + y)$

Como as áreas calculadas das duas maneiras são iguais, podemos escrever:

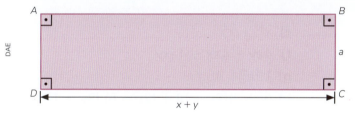

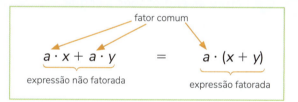

Na expressão fatorada:

- **a** é o fator comum colocado em evidência;
- o fator (**x** + **y**) foi obtido dividindo-se cada monômio da expressão não fatorada pelo fator comum a colocado em evidência.

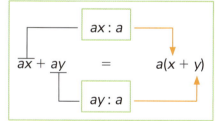

Agora observe as várias formas de fatoração do polinômio $2ab^2 + 8a^2b^3$:

I. $2ab^2 + 8a^2b^3 = a \cdot (2b^2 + 8ab^3)$ **III.** $2ab^2 + 8a^2b^3 = 2a \cdot (b^2 + 4ab^3)$

II. $2ab^2 + 8a^2b^3 = 2b \cdot (ab + 4a^2b^2)$ **IV.** $2ab^2 + 8a^2b^3 = 2ab^2 \cdot (1 + 4ab)$

Note que, no exemplo IV, os fatores obtidos, $2ab^2$ e $(1 + 4ab)$, não podem mais ser escritos como produtos de outros termos.

Assim, quando nos referirmos a uma fatoração, ficará implícito que os fatores do produto não poderão mais ser fatorados.

Pense e responda

Na fatoração do polinômio $2ab^2 + 8a^2b^3$, o fator comum que foi colocado em evidência é $2ab^2$. Explique, então, como encontrá-lo.

ATIVIDADES RESOLVIDAS

1 A expressão $a \cdot (x + y) + b \cdot (x + y) - x - y$ representa a produção de papel, em toneladas por dia, de uma empresa. Encontre a forma fatorada dessa expressão e seu valor numérico para $x + y = 5$ e $a + b = 9$.

RESOLUÇÃO: Vamos reescrever a expressão colocando em evidência o fator (-1), comum aos dois termos de $(-x - y)$:

$a \cdot (x + y) + b \cdot (x + y) - 1x - 1y = a \cdot (x + y) + b \cdot (x + y) - 1(x + y)$

Verificamos agora que $(x + y)$ é um fator comum aos três termos da expressão obtida. Colocando esse fator em evidência, temos:

$a \cdot (x + y) + b \cdot (x + y) - 1(x + y) = (x + y) \cdot (a + b - 1)$

Substituindo os valores $x + y = 5$ e $a + b = 9$ na expressão fatorada, obtemos o valor numérico:

$(x + y) \cdot (a + b - 1) = 5 \cdot (9 - 1) = 5 \cdot 8 = 40$

Portanto, nessas condições, a empresa produz 40 toneladas de papel por dia.

ATIVIDADES

FAÇA NO CADERNO

1 Fatore as expressões a seguir.

a) $5x + 5y$

b) $a^3 + 3a^2 + 5a$

c) $7ab - 14bx$

d) $4x^2 + 12x^3y - 28x^2z$

e) $x^{40} + x^{41}$

f) $4ay + 4ax - 4axy$

g) $15a^2 + 45a$

h) $(y + 2)(2y - 5) + (2y - 5)(3y - 1)$

2 Determine a área de cada figura abaixo e suas expressões na forma fatorada.

a)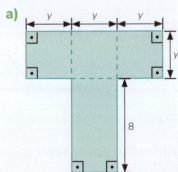

b)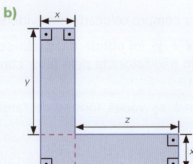

3 No retângulo mostrado a seguir, x e y são as medidas dos lados.

Calcule o valor numérico da expressão $4x^2y + 4xy^2$, sabendo que o perímetro do retângulo é 44 e a sua área é 96.

94

4 Veja, na imagem ao lado, como Laura efetuou "de cabeça" a operação 7 · 0,95 + 3 · 0,95.

Faça como a Laura e efetue cada cálculo mentalmente.
a) 5 · 0,8 + 3 · 0,8 + 2 · 0,8
b) 23 · 0,62 + 77 · 0,62
c) 997 · 0,125 + 3 · 0,125

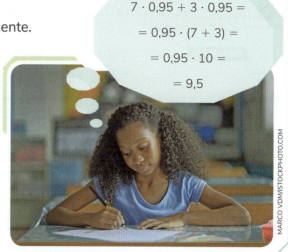

7 · 0,95 + 3 · 0,95 =
= 0,95 · (7 + 3) =
= 0,95 · 10 =
= 9,5

5 Transforme as expressões a seguir em produtos.
a) $4a(y - 3) - 5b(y - 3) + (y - 3)$
b) $x(a - b) - y(a - b) + b - a$
c) $(-y) + (x + y)^2$

6 Qual é o valor numérico da expressão $2m + 2n$ se $m + n = 10$?

FATORAÇÃO POR AGRUPAMENTO

A área do retângulo MNPQ da figura pode ser obtida de várias maneiras. Vamos observar três delas.

I. Pela soma das áreas dos retângulos QTUV, VURM, TPSU e USNR:

$ax + ay + bx + by$.

II. Pela soma das áreas dos retângulos MRTQ e RNPT: $a(x + y) + b(x + y)$.

III. Pelo produto das medidas dos lados do retângulo MNPQ: $(x + y) \cdot (a + b)$.

Como as três áreas são equivalentes, podemos escrever:

$$\underbrace{ax + ay + bx + by}_{\text{expressão não fatorada}} = a(x + y) + b(x + y) = \underbrace{(x + y)(a + b)}_{\text{expressão fatorada}}$$

Veja, agora, como proceder para efetuar algebricamente a fatoração da expressão $ax + ay + bx + by$.

$\underbrace{ax + ay}_{\text{fator comum: } a} + \underbrace{bx + by}_{\text{fator comum: } b} =$ Agrupamos os termos que têm fatores comuns.

$= \underbrace{a(x + y)}_{\text{novo fator}} + \underbrace{b(x + y)}_{\text{comum}} =$ Fatoramos cada grupo de parcelas com os respectivos fatores comuns em evidência.

$= (x + y)(a + b)$ Colocamos o novo fator comum em evidência e escrevemos os fatores.

Essa maneira de fatorar expressões é denominada **fatoração por agrupamento**.

> **Pense e responda**
>
> Qual é a diferença entre as fatorações pelo fator comum e por agrupamento?

ATIVIDADES RESOLVIDAS

1 Calcule o valor numérico da expressão $2mx - 5ny - 2nx + 5my$, sabendo que $m - n = 4$ e $2x + 5y = 15$.

RESOLUÇÃO: Vamos trocar alguns termos de posição para formar grupos com fatores comuns.

$$2mx - 5ny - 2nx + 5mx = \underbrace{2mx - 2nx}_{\text{fator comum: } 2x} + \underbrace{5my - 5ny}_{\text{fator comum: } 5y} =$$

$$\underbrace{2x(m - n) + 5y(m - n)}_{\text{fator comum: } (m - n)} = (m - n)(2x + 5y)$$

Substituindo pelos dados numéricos, obtemos:

$$(m - n) \cdot (2x + 5y) = 4 \cdot 15 = 60$$

ATIVIDADES

1 Fatore as expressões.

a) $2ax + 2bx + ay + by$

b) $x^4 - 3x^3 + 2x - 6$

c) $5x + 15 + 2xy + 6y$

d) $ab + b + a + 1$

e) $5x^3 - 8 - 4x^2 + 10x$

2 Decomponha os polinômios a seguir em fatores do 1º grau.

a) $3a + 3 + (a + 1)^2$

b) $d^2 + d + 2(d + 1)$

c) $4x - 4 - (x - 1)^2$

3 Sabendo que $a = 3$ e $b + c = 5$, calcule o valor numérico da expressão $ab + ac - 2b - 2c$.

4 Transforme $7x^2y - 14x^2 - y + 2$ em uma multiplicação.

FATORAÇÃO PELA DIFERENÇA DE DOIS QUADRADOS E TRINÔMIO QUADRADO PERFEITO

As expressões algébricas que resultam de produtos notáveis também podem ser fatoradas, já que representam identidades.

A diferença entre os quadrados de dois termos $(a^2 - b^2)$ é o resultado do produto da soma pela diferença desses termos $(a + b)(a - b)$.

Por isso, dizemos que $(a + b)(a - b)$ é a forma fatorada de $a^2 - b^2$. Traduzindo, temos:

$$\underbrace{a^2 - b^2}_{\text{expressão não fatorada}} = \underbrace{(a + b)(a - b)}_{\text{expressão fatorada}}$$

A diferença de quadrados dos dois termos é igual ao produto da soma pela diferença desses termos.

Agora observe estas duas identidades:

$$(a + b)^2 = a^2 + 2ab + b^2 \text{ e } (a - b)^2 = a^2 - 2ab + b^2$$

Podemos dizer que:

- $(a + b)^2$ é a forma fatorada de $a^2 + 2ab + b^2$, pois $(a + b)^2 = (a + b)(a + b)$;
- $(a - b)^2$ é a forma fatorada de $a^2 - 2ab + b^2$, pois $(a - b)^2 = (a - b)(a - b)$.

Assim, os **trinômios quadrados perfeitos** $a^2 + 2ab + b^2$ e $a^2 - 2ab + b^2$ podem ser decompostos (fatorados) como o quadrado da soma ou o quadrado da diferença de dois termos, respectivamente.

$$a^2 + 2ab + b^2 = (a + b)^2 \qquad\qquad a^2 - 2ab + b^2 = (a - b)^2$$

ATIVIDADES RESOLVIDAS

1 Fatore as expressões.

a) $a^2 - 9$

RESOLUÇÃO: $a^2 - 9 = a^2 - 3^2 = (a + 3) \cdot (a - 3)$

b) $4x^6 - \dfrac{1}{25y^8}$

RESOLUÇÃO: $4x^6 - \dfrac{1}{25y^8} = (2x^3)^2 - \left(\dfrac{1}{5}y^4\right)^2 = \left(2x^3 + \dfrac{1}{5}y^4\right)\left(2x^3 - \dfrac{1}{5}y^4\right)$

2 Em cada item, verifique se os trinômios são quadrados perfeitos. Em caso afirmativo, fatore-os.

a) $x^2 + 20x + 100$ **b)** $25b^2 + 8b + 1$ **c)** $4a^2 - 12ab + 9b^2$

RESOLUÇÃO: Devemos verificar se há dois termos dos quais seja possível extrair as respectivas raízes quadradas. Em seguida, verificamos se o 3º termo é igual a duas vezes o produto das raízes quadradas dos dois termos de cada trinômio, precedido do sinal + ou −. Se isso ocorrer, o trinômio será um quadrado perfeito; caso contrário, não será.

a) $x^2 + 20x + 100$

$x^2 + 20x + 100$

$(x)^2 \qquad\qquad (10)^2$

$\left(2 \cdot \sqrt{x^2} \cdot \sqrt{100}\right) = 20x$

Portanto, $x^2 + 20x + 100$ é um trinômio quadrado perfeito e sua forma fatorada é $(x + 10)^2$.

c) $4a^2 - 12ab + 9b^2$

$4a^2 - 12ab + 9b^2$

$(2a)^2 \qquad\qquad (3b)^2$

$(2 \cdot 2a \cdot 3b) = 12ab$

Portanto, $4a^2 - 12ab + 9b^2$ é um trinômio quadrado perfeito e sua forma fatorada é $(2a - 3b)^2$.

b) $25b^2 + 8b + 1$

$25b^2 + 8b + 1$

$(5b)^2 \qquad 1^2$

$\left(2 \cdot \sqrt{25b^2} \cdot \sqrt{1}\right) = 10b \; (\neq 8b)$

Portanto, $25b^2 + 8b + 1$ não é um trinômio quadrado perfeito.

3 Qual termo deve ser acrescentado ao trinômio $x^2 + 8x + 25$ para transformá-lo em um trinômio quadrado perfeito?

RESOLUÇÃO: Verificando se há dois termos dos quais seja possível extrair as respectivas raízes quadradas e se o terceiro termo é igual ao produto das raízes quadradas dos dois termos precedidos do sinal de mais, temos:

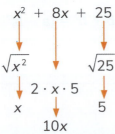

Como o terceiro termo é $8x$, para obtermos $10x$ devemos acrescentar $2x$ ao trinômio $x^2 + 10x + 25$, que é igual a $(x + 5)^2$.

ATIVIDADES

FAÇA NO CADERNO

1 Fatore as expressões.
  a) $a^2 - 1$
  b) $4a^2 - 9b^2$
  c) $p^2 + \dfrac{2}{7}pq + \dfrac{1}{49}q^2$
  d) $x^6 - 2x^3 + 1$

2 O lado da folha de cartolina quadrada representada na figura a seguir mede 97 cm.

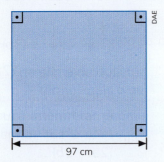

Renato quer diminuir o tamanho dessa folha deixando um quadrado com 87 cm de lado.

Que área Renato vai retirar dessa folha? Resolva a questão usando fatoração.

3 Transforme estas diferenças em multiplicações.
  a) $x^4y^2 - \dfrac{25}{100}$
  b) $x^4y^2 - x^2y^4$

4 Usando fatoração, verifique se os trinômios a seguir são quadrados perfeitos.
  a) $x^2 + 16x + 64$
  b) $\dfrac{1}{4}a^4b^2 - 8a^3b + 25a^2$

5 Qual termo deve ser acrescentado ou retirado de cada trinômio para transformá-lo em um trinômio quadrado perfeito?
  a) $x^2 + 5x + 16$
  b) $4a^2 - 14a - 36$

6 A soma de dois números é 4,8 e a diferença entre eles é 2,4. Qual é o valor da diferença dos quadrados desses dois números?

7 O trinômio $4x^2 + 20x + 25$ pode representar a área de um quadrado? Se a resposta for positiva, escreva o binômio que representa a medida do lado desse quadrado.

8 Reunidos em duplas, elaborem três exercícios de fatoração que envolvam a diferença de dois quadrados. Peçam a outra dupla que resolva suas questões, enquanto vocês resolvem as elaboradas por ela.

98

MAIS ATIVIDADES

1. Fatore as expressões a seguir.
   a) $3ax - 6bx + ay - 2by$
   b) $ab + 3b - 2a - 6$
   c) $25a^2 - 4b^2$
   d) $4x^2 - 16$
   e) $t^2 + 8t + 16$
   f) $a^2x^2 - 2abxy + b^2y^2$
   g) $2a^4 - 8a^2b^2$
   h) $a^5 - 2a^4 + a^3 + 2a - 2$

2. Sabendo que $5A + 4B = 3$, calcule o valor de $20A + 16B + 1$.

3. Sabendo que $(x^2 - y^2) - (x - y)^2 = 6$ e $y - x = -3$, calcule o valor de y.

4. O valor da expressão $2a^3 - 2ab^2 - a^2b + b^3$, para $a = 15$ e $b = 4$, é um número:
   a) maior que 500.
   b) ímpar.
   c) divisível por 8.
   d) múltiplo de 3.
   e) quadrado perfeito.

5. Reunidos em grupos, elaborem dois exercícios de fatoração por agrupamento. Depois, peçam a outro grupo que resolva suas questões, enquanto vocês resolvem as dele.

6. Reunidos em duplas, elaborem três exercícios de fatoração que envolvam a diferença de dois quadrados. Depois troquem as atividades com outra dupla e as resolvam.

Lógico, é lógica!

7. Considere a seguinte afirmação: "Todas as primas de Adriana têm olhos azuis".

   Indique a única conclusão correta utilizando apenas essa afirmação.

   I. Se Juliana é prima de Adriana, então Juliana não tem olhos azuis.
   II. Se Alessandra tem olhos azuis, então ela é prima de Adriana.
   III. Se Beatriz não tem olhos azuis, então ela não é prima de Adriana.
   IV. Adriana, como suas primas, tem olhos azuis.
   V. Todas as moças de olhos azuis são primas de Adriana.

CAPÍTULO 3

Frações algébricas

Para começar

O que as frações abaixo têm em comum? O que elas têm de diferente?

$$\frac{x}{2} \quad \text{e} \quad \frac{x+1}{y-3}$$

O QUE É UMA FRAÇÃO ALGÉBRICA?

Uma fração algébrica corresponde ao quociente de duas expressões algébricas.

São exemplos de frações algébricas:

- $\dfrac{x}{y}$
- $\dfrac{2x+1}{y-4}$
- $\dfrac{9a^2-7}{a-1}$

Lembre-se:

As frações não admitem zero no denominador, isto é, o denominador de uma fração sempre deve ser um número diferente de zero, e essa condição vale também para as frações algébricas.

Sendo assim, o conjunto dos números reais para os quais o denominador de uma fração algébrica é diferente de zero é denominado **campo de existência da fração**.

Por exemplo, para a fração $\dfrac{x^2+y^2}{x-3}$, o campo de existência é qualquer número real diferente de 3, já que $x = 3$ é o valor que anula o denominador.

Observe outros exemplos:

- Na fração $\dfrac{7}{x}$ devemos ter $x \neq 0$.

- Na fração $\dfrac{a+2b}{a-b}$ devemos ter $a - b \neq 0$; portanto, podemos concluir que $a \neq b$.

- Na fração $\dfrac{x^3+4}{x^2-1}$ devemos ter $x \neq 1$ e $x \neq -1$.

Repare que, neste último caso, não é trivial perceber que $x \neq 1$ e $x \neq -1$. Por isso, recorreremos à condição de que todo denominador deve ser diferente de zero e resolveremos uma desigualdade.

Assim, temos:

$x^2 - 1 \neq 0$

$x^2 \neq 1$

$x \neq \pm\sqrt{1}$

$x \neq \pm 1$

Dessa forma, x necessariamente precisa ser diferente de 1 e -1.

> **Pense e responda**
>
> Qual é o valor que m não pode assumir na fração $\dfrac{7}{\sqrt{m}-5}$?

SIMPLIFICAÇÃO DE FRAÇÕES ALGÉBRICAS

O modo de simplificar uma fração algébrica é análogo ao modo de simplificação de uma fração numérica, considerando o campo de existência da fração sempre que necessário.

Para as operações de multiplicação e divisão de frações algébricas, podemos estabelecer uma regra geral: **a multiplicação e a divisão de frações algébricas são feitas de forma análoga à multiplicação e à divisão de números na forma fracionária**.

Observe as atividades resolvidas a seguir.

ATIVIDADES RESOLVIDAS

1 Simplifique a fração $\dfrac{24x^4y^3z}{18x^2y^4}$, sabendo que $x \neq 0$ e $y \neq 0$.

RESOLUÇÃO: Na prática, basta dividir 24 e 18 por 6 (mdc desses números). Quanto à parte literal, conhecemos as propriedades das potências de mesma base.

$$\dfrac{24x^4y^3z}{18x^2y^4} = \dfrac{4x^2z}{3y}$$

Portanto, a forma simplificada dessa fração é $\dfrac{4x^2z}{3y}$.

2 Efetue:

a) $\dfrac{5}{8} \cdot \dfrac{24}{3}$

RESOLUÇÃO: $\dfrac{5}{8} \cdot \dfrac{24}{3} = \dfrac{5}{8} \cdot \dfrac{24^3}{3} = 5$

b) $\dfrac{7x}{6y^2} \cdot \dfrac{10y^4}{21x^2}$, com $x \neq 0$ e $y \neq 0$

RESOLUÇÃO: $\dfrac{7x}{6y^2} \cdot \dfrac{10y^4}{21x^2} = \dfrac{7x}{6y^2} \cdot \dfrac{10y^4}{21x^2} = \dfrac{5y^2}{9x}$

3 Calcule $\dfrac{a^2 - 9}{a + 1} : \dfrac{a + 3}{2a + 2}$.

RESOLUÇÃO: Transformando a divisão em uma multiplicação, temos:

$$\dfrac{a^2 - 9}{a + 1} : \dfrac{a + 3}{2a + 2} = \dfrac{a^2 - 9}{a + 1} \cdot \dfrac{2a + 2}{a + 3} = \dfrac{(a + 3) \cdot (a - 3)}{a + 1} \cdot \dfrac{2(a + 1)}{a + 3} =$$

$$= 2(a - 3)$$

101

ATIVIDADES

1) Qual é o campo de existência das seguintes frações algébricas?

a) $\dfrac{3x}{x-8}$

b) $\dfrac{5x-1}{4x-1}$

2) Calcule os produtos abaixo.

a) $\dfrac{2a}{5b^2} \cdot \dfrac{10b}{a^2}$

b) $\dfrac{9}{4x+4} \cdot \dfrac{x^2-1}{6}$

c) $\dfrac{5x-10}{3xy+3x} \cdot \dfrac{y^2-1}{x^2-4x+4}$

d) $\dfrac{x^2 y^2}{ab} \cdot \dfrac{a^2 b}{xy^2}$

e) $\dfrac{2x}{x-4} \cdot \dfrac{x^2-16}{3x}$

3) Determine os quocientes abaixo.

a) $\dfrac{3a}{4} : \dfrac{9a^2}{8}$

b) $\dfrac{a+3ab}{5a^2} : \dfrac{3b+1}{15a^2}$

c) $\dfrac{x^2-4}{x^2-36} : \dfrac{x+2}{x+6}$

d) $\dfrac{a^2-9}{a} : (a+3)$

e) $\dfrac{x^2-4x+4}{x-2} : \dfrac{x^2-4}{3x+6}$

4) Verifique se as expressões a seguir são equivalentes.

a) $\dfrac{3x^2+18x}{ax+6a+bx+6b}$ e $\dfrac{3x}{a+b}$

b) $\dfrac{4m^2-16}{8m-16}$ e $\dfrac{m+2}{4}$

5) Simplifique:

$\dfrac{a^3+a^2 b-ab^2-b^3}{a^2-4a+4} : \dfrac{a^2-b^2}{a-2}$.

DESAFIO

6) Determine o valor da expressão $\dfrac{x^4-y^4}{x^3-x^2 y+xy^2-y^3}$ quando $x=111$ e $y=112$.

7) Qual é a forma mais simples de escrever as frações algébricas a seguir?

a) $\dfrac{a^3-a^2}{4a^2-4a}$

b) $\dfrac{3a^2-3}{a-1}$

c) $\dfrac{x^3+x^2 y-xy^2-y^2}{3x^2-3y^2}$

d) $\dfrac{8m^2-8n^2}{2n-2m}$

e) $\dfrac{a-2b}{4a^2-16ab+16b^2}$

f) $\dfrac{2x^2-18}{4x^2-24x+36}$

8) Simplifique a fração a seguir considerando o denominador diferente de zero:

$\dfrac{a^3+a^2-ab-b^2}{a^2+ab+a+b}$.

9) Considere a expressão:

$\dfrac{a^2-6a+9}{a} \cdot \dfrac{a^2}{a-3}$.

a) Simplifique-a.

b) Calcule o valor numérico dessa expressão quando $a=1$.

10) Obtenha a forma simplificada da expressão:

$\dfrac{x+6}{x^2-25} \cdot \dfrac{2x-50}{3x+18}$.

11) Demonstre que: $\dfrac{a+b^2}{a^2}+\dfrac{a-1}{a}-2 = \dfrac{(b+a)(b-a)}{a^2}$.

ADIÇÃO E SUBTRAÇÃO DE FRAÇÕES ALGÉBRICAS

Para adicionar ou subtrair frações algébricas, podemos usar um procedimento análogo ao utilizado na adição e na subtração de números na forma fracionária.

Em uma adição na forma fracionária cujos denominadores são iguais, devemos manter o denominador e adicionar ou subtrair os numeradores.

Vamos determinar, por exemplo, o cálculo de:

$\dfrac{a+b}{a^2 b} + \dfrac{2a+b}{a^2 b} - \dfrac{3a+b}{a^2 b}$, com $a \neq 0$ e $b \neq 0$

$\dfrac{a+b}{a^2 b} + \dfrac{2a+b}{a^2 b} - \dfrac{3a+b}{a^2 b} = \dfrac{(a+b)+(2a+b)-(3a+b)}{a^2 b} =$

$= \dfrac{a+b+2a+b-3a-b}{a^2 b} = \dfrac{3a-3a+b}{a^2 b} = \dfrac{b}{a^2 b} = \dfrac{1}{a^2}$

> **Lembre-se:**
>
> O mmc dos monômios é o produto dos fatores não comuns e comuns de maior expoente. Por exemplo: mmc(b, a, b^2) = ab^2.

Caso as parcelas apresentem denominadores diferentes, devemos substituir cada uma delas por uma fração equivalente, de modo que os denominadores sejam iguais. Veja o exemplo na questão resolvida a seguir.

ATIVIDADES RESOLVIDAS

1 Simplifique a expressão $\dfrac{a+2b}{x+a} - \dfrac{a-2b}{x-a} - \dfrac{4bx-2a^2}{x^2-a^2}$, com $x \neq \pm a$.

RESOLUÇÃO: Fatoramos cada denominador sempre que possível. Nesse caso, fatoramos $x^2 - a^2$:

$x^2 - a^2 = (x+a)(x-a)$.

Substituímos, na expressão inicial, o denominador fatorado:

$$\dfrac{a+2b}{x+a} - \dfrac{a-2b}{x-a} - \dfrac{4bx-2a^2}{(x+a)(x-a)}$$

Em seguida, determinamos o mmc dos denominadores: $(x+a)(x-a)$

Dividindo o mínimo múltiplo comum pelo denominador de cada fração e, depois, multiplicando o resultado obtido pelo respectivo numerador, obtemos frações equivalentes com denominadores iguais:

$$\dfrac{(x-a)(a+2b) - (a-2b)(x+a) - 1(4bx - 2a^2)}{(x+a)(x-a)}$$

Finalmente, efetuamos as operações:

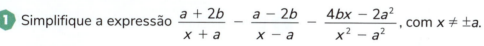

$$= \dfrac{0}{(x+a)(x-a)} = 0$$

ATIVIDADES

1 Efetue a operação indicada e depois simplifique o resultado.

a) $\dfrac{6}{a} + \dfrac{2}{a}$

b) $m + \dfrac{1}{x} - \dfrac{4}{x}$

c) $\dfrac{a-1}{b} - \dfrac{2a-1}{b}$

d) $\dfrac{4}{3a} + \dfrac{5}{2b} - \dfrac{7}{b}$

2 Determine o mínimo múltiplo comum destes polinômios.

a) $a^2 + 6a + 9$ e $a + 3$

b) $b^2 - 2b + 1$ e $2b - 2$

c) $2a - 2b$, $a^2 - b^2$ e $a^2 - 2ab + b^2$

d) $ax - 3x$, $a^2 - 9$ e $a^2 - 6a + 9$

3 Determine a fração mais simples para as expressões abaixo.

a) $\dfrac{1}{a} - \dfrac{1}{a+1}$

b) $\dfrac{1}{5xy} + \dfrac{3}{2x^2y^2} - \dfrac{4}{3x^2y^2}$

c) $\dfrac{1}{mn} + \dfrac{5}{2n} - \dfrac{6n}{7m}$

d) $1 + \dfrac{x-y}{x-y}$

4 Simplifique cada expressão a seguir.

a) $\dfrac{x}{x-y} + \dfrac{x}{y-x}$

b) $\left(\dfrac{a^2}{a-2} + \dfrac{4}{2-a}\right)^2$

5 Efetue:

a) $\dfrac{x+4}{9x^2-1} + \dfrac{5-x}{9x^2-6x+1}$

b) $\dfrac{x+2}{x^2+x} - \dfrac{x+1}{x^2+2x+1} - \dfrac{1}{x}$

6 Escreva estas expressões na forma irredutível.

a) $\left(2 + \dfrac{1}{y}\right) : (2y^2 + y)$

b) $\left(\dfrac{a-1}{a+1} - \dfrac{a+1}{a-1}\right) : \left(\dfrac{1}{a-1} + \dfrac{1}{a+1}\right)$

7 Escreva esta expressão na forma irredutível.

$$\dfrac{\dfrac{2a}{a+b} + \dfrac{b}{a-b} - \dfrac{b^2}{a^2-b^2}}{\dfrac{1}{a+b} + \dfrac{a}{a^2-b^2}}$$

EQUAÇÕES FRACIONÁRIAS

Agora, vamos analisar uma situação que pode ser descrita por igualdades que envolvem frações algébricas.

104

Em um torneio de futebol entre alunos de uma escola, o juiz mostrou 40 cartões vermelhos e 50 amarelos. Cada jogador recebeu a mesma quantidade de cartões, todos da mesma cor, ou seja, quem tomou cartão amarelo não tomou vermelho e vice-versa. Sabendo que o número de jogadores que receberam cartão amarelo excedeu em 5 a quantidade de jogadores que tomaram cartão vermelho, descubra quantos jogadores participaram desse torneio.

Podemos denominar x o número de jogadores que receberam cartões amarelos. Então, $(x - 5)$ representa o número de jogadores que receberam cartões vermelhos. Assim, temos:

- $x \rightarrow$ número de jogadores que receberam cartões amarelos.
- $x - 5 \rightarrow$ número de jogadores que receberam cartões vermelhos.
- $\dfrac{40}{x - 5} \rightarrow$ número de cartões vermelhos dados pelo juiz a cada jogador.
- $\dfrac{50}{x} \rightarrow$ número de cartões amarelos dados pelo juiz a cada jogador.
- $x + (x - 5) \rightarrow$ número de jogadores que participaram do torneio.

Se cada jogador recebeu a mesma quantidade de cartões, e todos da mesma cor, obtemos a seguinte equação:

$$\dfrac{40}{x - 5} = \dfrac{50}{x}$$

Observe que nessa equação a incógnita está no denominador. Equações desse tipo são denominadas **equações fracionárias**.

Equações fracionárias são equações que têm pelo menos uma incógnita no denominador.

Antes de resolver a equação, devemos considerar o campo de existência de cada fração algébrica. Nesse caso, temos $x \neq 0$ e $x \neq 5$, pois o denominador deve ser diferente de zero.

Agora vamos resolver a equação $\dfrac{40}{x - 5} = \dfrac{50}{x}$ reduzindo as frações ao menor denominador comum:

$$\dfrac{40}{x - 5} = \dfrac{50}{x} \rightarrow \dfrac{40x}{x(x - 5)} = \dfrac{50(x - 5)}{x(x - 5)}$$

Se as frações algébricas são iguais, os numeradores também são. Assim, podemos resolver a equação formada apenas pelos numeradores das frações.

$40x = 50(x - 5) \rightarrow 40x = 50x - 250 \rightarrow -10x = -250 \rightarrow 10x = 250 \rightarrow x = 25$

Outro modo de resolver a equação fracionária:

$\dfrac{40}{x - 5} = \dfrac{50}{x} \rightarrow 40x = 50(x - 5) \rightarrow 40x = 50x - 250 \rightarrow x = 25$

Logo, 25 jogadores receberam cartões amarelos.

Sabendo que o número de jogadores participantes do torneio é

$x + (x - 5) = 2x - 5$, temos:

$2x - 5 = 2 \cdot 25 - 5 = 50 - 5 = 45$

Portanto, 45 jogadores participaram do torneio.

ATIVIDADES RESOLVIDAS

1 Determine, em $\mathbb{R}$, o conjunto-solução da equação $\dfrac{1-x}{x-1} + \dfrac{4x}{2x+1} = 1$.

RESOLUÇÃO: Inicialmente, devemos determinar o campo de existência de todas as frações algébricas:

$$x - 1 \neq 0 \rightarrow x \neq 1$$

$$2x + 1 \neq 0 \rightarrow x \neq -\dfrac{1}{2}$$

Assim, o conjunto universo U é formado por qualquer número real diferente de 1 e de $-\dfrac{1}{2}$, ou seja, $U = \mathbb{R} - \left\{-\dfrac{1}{2}, 1\right\}$.

Resolvendo a equação, temos: $\text{mmc}(x - 1; 2x + 1) = (x - 1)(2x + 1)$

$$\dfrac{1-x}{x-1} + \dfrac{4x}{2x+1} = 1$$

$$\dfrac{(1-x)(2x+1) + 4x(x-1)}{(x+1)(2x+1)} = \dfrac{1(x-1)(2x+1)}{(x-1)(2x+1)}$$

$$(1-x)(2x+1) + 4x(x-1) = 1 \cdot (2x+1)$$

$$2x + 1 - 2x^2 - x + 4x^2 - 4x = 2x^2 + x - 2x - 1$$

$$-2x^2 + 4x^2 - 2x^2 + 2x - x - 4x - x + 2x = -1 - 1$$

$$-2x = -2 \rightarrow x = 1$$

Como x deve ser diferente de 1, a equação não tem solução.

ATIVIDADES

FAÇA NO CADERNO

1 Resolva a equação $\dfrac{2x+1}{x-2} + \dfrac{2-7x}{x^2-4} = 2$, sabendo que x é um número real diferente de ± 2.

2 Determine o conjunto-solução da equação $\dfrac{3}{x-1} - \dfrac{1}{2} = \dfrac{11-x^2}{2x^2-2}$, sabendo que x é um número real.

3 Determine o conjunto-solução das equações seguintes, sabendo que a incógnita é um número racional.

a) $\dfrac{5}{3x} + \dfrac{6}{x-2} = \dfrac{35}{3x}$

b) $\dfrac{1}{2x} + \dfrac{4-2x}{7x} = 1$

4 Resolva, em $\mathbb{R}$, as equações.

a) $\dfrac{a-2}{a-4} = \dfrac{a+2}{a+4}$

b) $\dfrac{3p+1}{p+2} = \dfrac{3p-2}{p-1}$

5 O rio Amazonas tem 6 992 quilômetros de extensão desde sua nascente, no sul do Peru, até sua foz, no estado do Pará. A sua bacia hidrográfica é a maior do mundo, com mais de 7 milhões de km².

Vista aérea de trecho do rio Nilo, no Egito.

Vista aérea de trecho do rio Amazonas, Brasil, 2020.

Outro rio de grande extensão é o rio Nilo, no Egito. Grande parte da população daquele país se estabelece em suas margens.

a) Calcule a extensão do rio Nilo, sabendo que a solução da equação $\dfrac{10}{x+5} = \dfrac{4}{x-82}$ representa a diferença, em km, entre as extensões do rio Amazonas e do rio Nilo.

b) Em que país fica a nascente do rio Nilo? Pesquise.

6 Resolva as equações.

a) $\dfrac{5}{3+x} + \dfrac{15-x^2}{6+2x} = \dfrac{3-x}{2} + 2$

b) $\dfrac{2p+1}{p^2-4} = \dfrac{p+1}{p^2-2p} + \dfrac{p-1}{p^2+2p}$

c) $\dfrac{a+2}{6a-9} + \dfrac{2a+1}{2a+3} = \dfrac{3a-1}{2a-3} - \dfrac{1}{3}$

SISTEMA DE EQUAÇÕES FRACIONÁRIAS

Quando pelo menos uma das equações de um sistema apresenta uma ou mais incógnitas no denominador, ele é chamado **sistema de equações fracionárias**.

Exemplos:

Vamos resolver o sistema a seguir para x e y reais.

$$\begin{cases} x - y = 2 \\ \dfrac{4}{x-6} = \dfrac{2}{y-3} \end{cases}$$

Como vimos anteriormente, devemos, primeiro, encontrar os valores das incógnitas que anulam os denominadores da segunda equação:

$x - 6 \neq 0 \rightarrow x \neq 6$ e $y - 3 \neq 0 \rightarrow y \neq 3$

Agora, vamos aplicar a propriedade fundamental das proporções à segunda equação:

$4(y - 3) = 2(x - 6) \rightarrow 4y - 12 = 2x - 12 \rightarrow 4y - 2x = -12 + 12 \rightarrow$

$\rightarrow -2x + 4y = 0 \rightarrow -x + 2y = 0$

Em seguida, podemos resolvê-lo pelo método de adição: $\begin{cases} x - y = 2 \\ -x + 2y = 0 \end{cases} \rightarrow y = 2$

Substituindo $y = 2$ na primeira equação do sistema, obtemos:

$x - y = 2 \rightarrow x - 2 = 2 \rightarrow x = 4$

Como $x = 4$ e $y = 2$ satisfazem as condições de existência, a solução (x, y) será o par ordenado $(4, 2)$.

ATIVIDADES RESOLVIDAS

1 O tempo gasto por um veículo para ir da cidade A à cidade B, a uma velocidade média de 60 km/h, é de t horas. Diminuindo em 20 km/h essa velocidade média, ele gasta 2 horas e 30 minutos a mais para percorrer a mesma distância. Qual é a distância entre as cidades A e B?

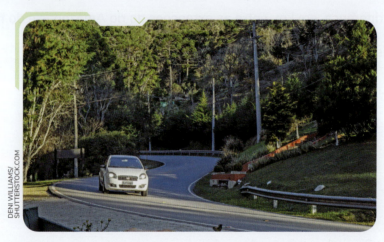

RESOLUÇÃO: A velocidade média é o quociente entre a distância percorrida e o tempo gasto para percorrê-la:

$$\text{velocidade média} = \frac{\text{distância percorrida}}{\text{tempo gasto}}$$

Como, à velocidade de 60 km/h, o veículo gasta t horas e, à velocidade de 40 km/h (60 km/h − 20 km/h), gasta $(t + 2,5)$ horas, temos:

$60 = \dfrac{d}{t}$ e $40 = \dfrac{d}{t + 2,5}$

Essas duas equações constituem o sistema:

$\begin{cases} 60 = \dfrac{d}{t} \\ 40 = \dfrac{d}{t + 2,5} \end{cases}$

Isolando a incógnita *d* nas duas equações, podemos resolver o sistema pelo método de comparação:

$$\begin{cases} 60 = \dfrac{d}{t} \\ 40 = \dfrac{d}{t+2,5} \end{cases} \rightarrow \begin{cases} d = 60t \\ d = 40(t+2,5) \end{cases}$$

$60t = 40(t + 2,5) \rightarrow 60t = 40t + 100 \rightarrow$

$\rightarrow 60t - 40t = 100 \rightarrow 20t = 100 \rightarrow t = 5$ horas

Substituindo $t = 5$ na equação $d = 60t$, obtemos:

$d = 60t \rightarrow d = 60 \cdot 5 = 300$

Logo, a distância entre as cidades *A* e *B* é de 300 km.

Pense e responda

Quanto tempo levaria um avião, que voa a 600 km/h em média, para percorrer a distância de 300 km?

ATIVIDADES

FAÇA NO CADERNO

1 Determine o conjunto-solução dos sistemas sabendo que as variáveis são números reais:

a) $\begin{cases} 3m - n = 0 \\ \dfrac{m+3}{n-5} = 0 \end{cases}$

b) $\begin{cases} 4a + b = -8 \\ \dfrac{7}{a-b} + \dfrac{1}{a+b} = 0 \end{cases}$

2 Renato fez um suco misturando outros dois sucos, um de laranja e outro de mamão, na razão $\dfrac{5}{3}$. Que volume de suco de cada tipo é necessário para preparar 4 litros dessa mistura?

3 A razão entre as medidas de dois segmentos é $\dfrac{7}{6}$. Descubra essas medidas, sabendo que a diferença entre elas é 5 cm.

4 Mantendo certa velocidade média, um ônibus percorreu 180 km em *t* horas.

Para percorrer 450 km mantendo a velocidade média, o ônibus demora 3 horas a mais. Responda:

a) Quanto tempo esse ônibus gasta em cada distância percorrida?
b) Qual é a velocidade média do ônibus?

MAIS ATIVIDADES

1 Simplifique as frações.

a) $\dfrac{30a^5b^2c}{6a^4bc}$ b) $\dfrac{3a^2 + 12a}{2a + 8}$ c) $\dfrac{abc - abd}{a^2bc - a^2bd}$

2 Obtenha a forma simplificada de cada uma das expressões a seguir:

a) $\dfrac{a^2 - 25a}{a^2 - 16} \cdot \dfrac{ab - 4b}{a^2b - 5ab}$

c) $\dfrac{a + 1}{a - 2} : \dfrac{a^2 + 2a + 1}{a^2 - 4}$

b) $\dfrac{x^3 - 4x}{x + 2} \cdot \dfrac{3x - 6}{2}$

3 Resolva a equação em $\mathbb{R}$. $\dfrac{1}{2(x + 2)} = \dfrac{1}{2x - 4} - \dfrac{2}{x^2 - 4}$

4 Uma sorveteria escolheu 41 clientes para degustar quatro novos sabores de sorvete e votar no sabor de que mais gostaram. O resultado da pesquisa foi apresentado na forma de um desafio. O cliente que o resolvesse poderia tomar sorvete de graça por uma semana.

Veja como foi esse desafio e, em seguida, resolva as questões.

A raiz da equação $\dfrac{x + 1}{x} + 1 = \dfrac{25}{x}$ indica quantas pessoas preferiram o sabor beijinho.

A quantidade de pessoas que escolheu o sabor caramelo é a metade da que escolheu o sabor beijinho.

Resolvendo a equação $\dfrac{y - 0{,}75}{y} - \dfrac{1}{4} = \dfrac{1{,}5}{y}$, você determina a quantidade de pessoas que escolheu o sorvete de laranja-lima. As demais escolheram o sabor avelã.

a) Faça uma tabela que mostre a quantidade de pessoas que escolheu cada sabor.

b) Elabore uma pergunta com base nos resultados e responda-a.

Lógico, é lógica!

5 Na sequência das figuras abaixo, os números obedecem sempre à mesma regra.

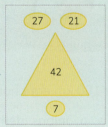
1ª figura

2ª figura

3ª figura

Que número deve ser colocado no lugar da estrela na 3ª figura?

CAPÍTULO 4

Equações do 2º grau

> **Para começar**
>
> Qual é o número natural cujo quadrado adicionado a seu dobro é igual a 35? Descubra mentalmente.

EQUAÇÕES DO 2º GRAU COM UMA INCÓGNITA

Considere a situação a seguir. A diferença entre o quadrado e o triplo de um número inteiro é igual a 108. Qual é esse número?

Representando por x o número inteiro, esse enunciado pode ser traduzido pela equação:

$$x^2 - 3x = 108 \text{ ou } x^2 - 3x - 108 = 0$$

Portanto, para resolver essa situação recaímos em uma equação do 2º grau, porque o termo de maior grau na equação tem grau 2.

Chama-se **equação do 2º grau** na incógnita x toda equação redutível à forma

$ax^2 + bx + c = 0$,

em que *a*, *b* e *c* são números reais e *a* ≠ 0.

A equação $ax^2 + bx + c = 0$ tem três termos:

- termo independente
- termo em x; *b* é o coeficiente de x
- termo em x^2; *a* é o coeficiente de x^2

Quando uma equação do 2º grau está escrita na forma $ax^2 + bx + c = 0$, dizemos que está na forma reduzida.

Se:

- *b* ≠ 0 e *c* ≠ 0, dizemos que a equação do 2º grau é **completa**;
- *b* = 0 e *c* ≠ 0, *b* ≠ 0 e *c* = 0 ou *b* = 0 e *c* = 0, a equação do 2º grau é **incompleta**.

Veja alguns exemplos:

Equação do 2º grau	a	b	c	
$5x^2 = 0$	5	0	0	equação incompleta
$x^2 - 10 = 0$	1	0	−10	equação incompleta
$-\sqrt{2}\,x^2 + 3x = 0$	$-\sqrt{2}$	3	0	equação incompleta
$4x^2 - 5x + 1 = 0$	4	−5	1	equação completa

As equações $5x^3 + 2x = 0$ e $-x^5 + 1x^2 + 3x = 0$ não são equações do 2º grau.

111

Pense e responda

Por que o coeficiente *a* deve ser diferente de zero em uma equação do 2º grau?

ATIVIDADES RESOLVIDAS

1) Escreva a seguinte equação do 2º grau

$(x + 3)^2 - (2x + 1)(2x - 1) = 5x + 2$

na forma reduzida.

RESOLUÇÃO: Desenvolvendo os produtos notáveis, temos:

$(x + 2)^2 - (2x + 1)(2x - 1) = 5x + 2$

$[x^2 + 2 \cdot x \cdot 3 + 3^2] - [(2x)^2 - (1)^2] = 5x + 2$

$x^2 + 6x + 9 - [4x^2 - 1] = 5x + 2$

$x^2 + 6x + 9 - 4x^2 + 1 = 5x + 2$

$x^2 + 6x + 9 - 4x^2 + 1 - 5x - 2 = 0$

$-3x^2 + x + 8 = 0$

Portanto, a forma reduzida é $-3x^2 + x + 8 = 0$.

2) Para qual valor de **m** a equação $(5 - m)x^2 + 7mx - 3 = 0$ não é do 2º grau?

RESOLUÇÃO: A equação dada não é do 2º grau se o coeficiente de x^2 é nulo. Assim, temos:

$5 - m = 0 \rightarrow m = 5$.

Portanto, a equação não é do 2º grau se $m = 5$.

ATIVIDADES

1) Identifique quais das equações abaixo são do 2º grau.
a) $2x^2 + x - 1 = 0$
b) $4x - 1 = x + 3$
c) $x = x^2$
d) $+x^2 = x^2 + 4$
e) $-x^3 + 1 = -x^3 + 2x + x^2$

2) Escreva a equação do 2º grau cujos coeficientes são:
a) $a = 4$, $b = -1$ e $c = 8$
b) $a = -\dfrac{1}{3}$, $b = 0$ e $c = \sqrt{2}$
c) $a = \sqrt{3}$, $b = 1$ e $c = 0$

3) Para qual valor de *k* a equação $(7 + k)x^2 - 2x + 9 = 0$ não é do 2º grau?

4) Traduza as seguintes frases por meio de uma equação. Escreva-as na forma reduzida.
a) A área de um quadrado de lado medindo $(x + 5)$ cm é igual a 400 cm².
b) Um retângulo, cuja medida do comprimento é o triplo da medida da largura, tem área igual a 12 cm².
c) A soma da terça parte do quadrado de um número inteiro mais oito é igual a 50.
d) Quais são os valores de *a*, *b* e *c* em cada um desses casos?

5) Escreva as equações do 2º grau a seguir na forma reduzida.
a) $(x - 4)^2 + (x + 9)(x - 9) = 2(x + 1)$
b) $(y + 3)^2 - (y - 3)^2 = (2y + 1)$

RESOLUÇÃO DE EQUAÇÕES DO 2º GRAU POR FATORAÇÃO

Equações do tipo $ax^2 + c = 0$

Resolver uma equação é encontrar suas raízes ou soluções. Observe algumas situações:

1. Resolva a equação $x^2 - 25 = 0$.

A equação $x^2 - 25 = 0$ é uma equação incompleta, pois $b = 0$. Sendo a expressão $x^2 - 25$ do primeiro membro uma diferença de dois quadrados, podemos realizar a fatoração.

Assim, temos: $x^2 - 25 = 0 \rightarrow x^2 - 5^2 = 0 \rightarrow (x + 5)(x - 5) = 0$.

Utilizando o fato de que, se um produto é igual a zero, pelo menos um dos fatores deve ser zero, $x + 5 = 0$ ou $x - 5 = 0$.

Daí vem:

$x + 5 = 0 \rightarrow x = -5$ ou $x - 5 = 0 \rightarrow x = 5$

Verificação

- Para $x = -5 \rightarrow (-5)^2 - 25 = 0$
$25 - 25 = 0$
$0 = 0$ (verdadeira)

- Para $x = 5 \rightarrow (5)^2 - 25 = 0$
$25 - 25 = 0$
$0 = 0$ (verdadeira)

Portanto, as raízes são -5 e 5.

2. Resolva a equação $2x^2 - 15 = 0$.

A equação $2x^2 - 15 = 0$ é uma equação incompleta, pois $b = 0$. Colocando 2 em evidência no primeiro membro, obtemos:

$$2x^2 - 15 = 0 \rightarrow 2 \cdot \left(x^2 - \frac{15}{2}\right) = 0$$

Dividindo os dois membros da equação por 2, obtemos: $x^2 - \frac{15}{2} = 0$.

Transformando o 1º membro da equação em uma diferença de dois quadrados, temos:

$$x^2 - \left(\sqrt{\frac{15}{2}}\right)^2 = \left(x + \sqrt{\frac{15}{2}}\right)\left(x - \sqrt{\frac{15}{2}}\right)$$

Se o produto é zero, pelo menos um dos fatores é zero, logo:

$$x + \sqrt{\frac{15}{2}} = 0 \rightarrow x = -\sqrt{\frac{15}{2}} \rightarrow x = -\frac{\sqrt{15}}{\sqrt{2}} = -\frac{\sqrt{15}}{\sqrt{2}} \cdot \frac{\sqrt{2}}{\sqrt{2}} = -\frac{\sqrt{30}}{2}$$

ou

$$x - \sqrt{\frac{15}{2}} = 0 \rightarrow x = \sqrt{\frac{15}{2}} \rightarrow x = \frac{\sqrt{15}}{\sqrt{2}} = \frac{\sqrt{15}}{\sqrt{2}} \cdot \frac{\sqrt{2}}{\sqrt{2}} = \frac{\sqrt{30}}{2}$$

Verificação

- Para $x = -\frac{\sqrt{30}}{2} \rightarrow 2 \cdot \left(-\frac{\sqrt{30}}{2}\right)^2 - 15 = 0 \rightarrow 2 \cdot \frac{30}{4} - 15 = 0 \rightarrow 0 = 0$ (verdadeira)

- Para $x = \frac{\sqrt{30}}{2} \rightarrow 2 \cdot \left(\frac{\sqrt{30}}{2}\right)^2 - 15 = 0 \rightarrow 2 \cdot \frac{30}{4} - 15 = 0 \rightarrow 0 = 0$ (verdadeira)

Portanto, as raízes são $-\frac{\sqrt{30}}{2}$ e $\frac{\sqrt{30}}{2}$.

Equações do tipo $ax^2 + bx = 0$

Veja os exemplos:

1. O triplo do quadrado de um número inteiro adicionado oito vezes a esse número é igual a zero. Qual é esse número?

Representando por x esse número inteiro, esse enunciado pode ser representado pela equação incompleta $3x^2 + 8x = 0$, pois $c = 0$.

Fatorando o 1º membro da equação $3x^2 + 8x = 0$, teremos: $x \cdot (3x + 8) = 0$.

Como o produto é zero, pelo menos um dos fatores é zero. Então, $x = 0$ ou $3x + 8 = 0$.

$3x - 8 = 0 \rightarrow x = -\dfrac{8}{3}$

Verificação

- Para $x = 0 \rightarrow 3 \cdot (0)^2 + 8 \cdot 0 = 0 \rightarrow 0 = 0$ (verdadeira)
- Para $x = -\dfrac{8}{3} \rightarrow 3 \cdot \left(-\dfrac{8}{3}\right)^2 + 8 \cdot \left(-\dfrac{8}{3}\right) = 0 \rightarrow \dfrac{64}{3} - \dfrac{64}{3}3 = 0 \rightarrow 0 = 0$ (verdadeira)

Portanto, os números inteiros procurados são 0 e $-\dfrac{8}{3}$.

2. Quais são as soluções da equação $-3x^2 + 10x = 0$?

Nessa equação, o coeficiente do termo x^2 é negativo ($a = -3$).

Portanto, para facilitar o cálculo das soluções da equação, vamos obter uma equação equivalente multiplicando os dois membros por -1. Veja:

$-3x^2 + 10x = 0 \cdot (-1) \rightarrow 3x^2 - 10x = 0$

Em seguida, fatoramos o primeiro membro colocando x em evidência:

$x(3x - 10) = 0$

Daí vem:

$x = 0$ ou $3x - 10 = 0$

$\qquad 3x = 10$

$\qquad x = \dfrac{10}{3}$

Verificação

- Para $x = 0 \rightarrow -3 \cdot (0)^2 + 10 \cdot 0 = 0$

  $\qquad -3 \cdot 0 + 10 \cdot 0 = 0$

  $\qquad 0 + 0 = 0$

  $\qquad 0 = 0$

  (verdadeira)

- Para $x = \dfrac{10}{3} \rightarrow -3 \cdot \dfrac{10}{3} + 10 \cdot \dfrac{10}{3} = 0$

  $\qquad -3 \cdot \dfrac{100}{9} + \dfrac{100}{3} = 0$

  $\qquad -\dfrac{100}{3} + \dfrac{100}{3} = 0$

  $\qquad 0 = 0$

  (verdadeira)

Portanto, as soluções da equação são 0 e $\dfrac{10}{3}$.

ATIVIDADES

FAÇA NO CADERNO

1) Calcule as raízes das equações.
   a) $\dfrac{4}{5}x^2 = 0$
   b) $x^2 - 4 = 0$
   c) $x^2 - \dfrac{1}{4} = 0$
   d) $x^2 - 0{,}01 = 0$

2) Determine as soluções das equações.
   a) $x^2 + 3x = 0$
   b) $3x^2 - 15x = 0$
   c) $x^2 + x = 0$

3) Para qual valor de a, a igualdade se torna verdadeira?
$$\dfrac{5a + 3}{3} - 3 = \dfrac{a^2 - 14}{7}$$

4) A soma do dobro de um número natural e seu quadrado é 48. Qual é esse número?

DESAFIO

5) As medidas das áreas do quadrado laranja e do retângulo roxo, mostrados nas figuras seguintes, são iguais. Determine, em centímetros, o valor de x.

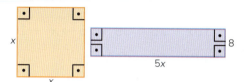

6) A área da região colorida da figura tem o mesmo valor numérico do perímetro, em metros, do quadrado $ABCD$.

Qual é a medida do lado do quadrado $ABCD$?

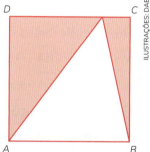

Equação do tipo $ax^2 + bx + c = 0$

Acompanhe as situações a seguir.

1. Resolva a equação $x^2 - 10x + 25 = 0$.

Nessa situação, o primeiro membro da equação é um trinômio quadrado perfeito.
Fatorando o 1º membro da equação, obtemos a seguinte equação equivalente à inicial:

$$x^2 - 10x + 25 = 0 \rightarrow (x - 5)^2 = 0$$

$\sqrt{x^2} \quad \sqrt{25}$

$x \qquad 5$

$2 \cdot x \cdot 5$

$10x$

Sabemos que, se um número elevado ao quadrado é igual a zero, podemos afirmar que esse número é zero:

$(x - 5)^2 = 0 \rightarrow x - 5 = 0 \rightarrow x = 5$

Verificação

$x = 5 \rightarrow 5^2 - 10 \cdot 5 + 25 = 0 \rightarrow 25 - 50 + 25 = 0 \rightarrow 0 = 0$ (verdadeira)

Portanto, a raiz a igual a 5.

2. Qual é a solução da equação $x^2 + 10x - 39 = 0$?

Observe que $x^2 + 10x - 39$ não é um trinômio quadrado perfeito. Para obter um trinômio quadrado perfeito no primeiro membro da equação, primeiro transportamos -39 para o segundo membro da equação:

$$x^2 + 10x - 39 = 0 \rightarrow x^2 + 10x = 39$$

quadrado de x   2 · x · 5

Em seguida, adicionamos 25 ao primeiro membro, pois $5^2 = 25$, e, para não alterar a igualdade, também adicionamos 25 ao segundo membro.

quadrado de 5

$$\underbrace{x^2 + 10x + 25}_{\text{trinômio quadrado perfeito}} = 39 + 25 \rightarrow x^2 + 10x + 25 = 64 \rightarrow (x + 5)^2 = 64$$

Sabendo que $(x + 5)$ elevado ao quadrado é igual a 64, podemos afirmar que:

$x + 5 = +\sqrt{64}$ ou $x + 5 = -\sqrt{64}$

Resolvendo essas equações, temos:

$x + 5 = +\sqrt{64} \rightarrow x + 5 = 8 \rightarrow x = 8 - 5 \rightarrow x = 3$

$x + 5 = -\sqrt{64} \rightarrow x + 5 = 8 \rightarrow x = -8 - 5 \rightarrow x = -13$

Portanto, as soluções da equação são -13 e 3.

Pense e responda

Faça mentalmente a verificação dessas soluções.

3. Resolva a equação $x^2 - \dfrac{3}{5}x + \dfrac{1}{5} = 0$.

Como o primeiro membro da equação não é um quadrado perfeito e o dobro do primeiro termo pelo segundo termo é $\dfrac{3}{5}$, pois $2 \cdot x \cdot \dfrac{3}{10} = \dfrac{3}{5}x$, o segundo termo é $\dfrac{3}{10}$. E o quadrado do segundo termo é $\left(\dfrac{3}{10}\right)^2 = \dfrac{9}{100}$.

$$x^2 - \dfrac{3}{5}x = -\dfrac{1}{5}$$

quadrado de x $2 \cdot \dfrac{3}{10} \cdot x$

Adicionando $\dfrac{9}{100}$ aos dois membros da equação, obtemos:

$$x^2 - \dfrac{3}{5}x + \dfrac{9}{100} = -\dfrac{1}{5} + \dfrac{9}{100} \rightarrow \left(x - \dfrac{3}{10}\right)^2 = -\dfrac{11}{100}$$

Para qualquer número real x, elevando $\left(x - \dfrac{3}{10}\right)$ ao quadrado, o resultado nunca será negativo. Por isso, dizemos que não existe x que satisfaça essa equação.

Portanto, não existe valor real para x.

4. Calcule as raízes da equação $x^2 - 2x - 1 = 0$.

Preparando a equação, temos:

$x^2 - 2x = 1 \rightarrow x^2 - 2x + 1 = 1 + 1 \rightarrow (x - 1)^2 = 2$

Daí vem:

$x - 1 = +\sqrt{2} \rightarrow x = 1 + \sqrt{2}$ ou $x - 1 = -\sqrt{2} \rightarrow x = 1 - \sqrt{2}$

Portanto, as raízes são: $1 - \sqrt{2}$ e $1 + \sqrt{2}$.

ATIVIDADES

1) Resolva as equações.
a) $a^2 + 4a + 4 = 0$
b) $x^2 - 6x + 9 = 0$
c) $36x^2 - 12x + 1 = 0$

2) Calcule as soluções das equações em $\mathbb{R}$.
a) $x^2 + 4x = 5$
b) $x^2 + 2x + 7 = 0$
c) $x^2 + 4x - 1 = 0$

3) A diferença entre o quadrado e o dobro de um número inteiro é igual a 35. Qual é esse número?

4) Um homem tinha 36 anos quando nasceu seu filho. Multiplicando-se as idades deles hoje, obtém-se um produto igual a 4 vezes o quadrado da idade do filho. Determine a idade atual do pai e do filho.

Viagem no tempo

GEOMETRIA, COMPLETANDO QUADRADOS

No século IX, o matemático árabe al-Khwarizmi descobriu um método geométrico para resolver equações do 2º grau – o **método de completar quadrados**.

Para analisá-lo, vamos resolver a equação $x^2 + 10x = 39$.

Representamos o quadrado do número (x^2) como a área de um quadrado de lado x. Depois, representamos o termo $10x$ como a soma das áreas de dois retângulos de lados 5 e x, pois $5x + 5x = 10x$.

Em seguida, reunimos esses dois retângulos sobre os lados do quadrado de lado x e completamos um quadrado maior (de lado medindo $x + 5$), acrescentando outro quadrado de lado 5 e área 25.

A área do quadrado maior obtido é 64, pois equivale a $39 + 25$. Então, podemos afirmar que a medida do lado desse quadrado é 8.

Assim, teremos: $x + 5 = 8 \rightarrow x = 8 - 5 \rightarrow x = 3$

Portanto, pelo método geométrico de al-Khwarizmi, a solução da equação $x^2 + 10x = 39$ é 3.

Por esse método, al-Khwarizmi só obtinha a raiz positiva da equação, pois x representava a medida do lado de um quadrado, que deve ser sempre um número positivo.

a) Há outra solução para essa equação? Se houver, indique-a.

b) Escreva as seguintes equações usando o método de al-Khwarizmi:
- $x^2 + 6x = 16$
- $x^2 - 13x + 30 = 0$

Fórmula resolutiva de uma equação do 2º grau

Agora vamos demonstrar uma fórmula matemática para resolver qualquer equação do 2º grau com uma incógnita, obtida pelo método de completar quadrados.

Para isso, consideremos a equação $ax^2 + bx + c = 0$, em que $a \neq 0$.

Observe os passos a seguir.

1. Dividimos por a os dois membros da equação para tornar o coeficiente de x^2 igual a 1.

$$ax^2 + bx + c = 0 \rightarrow \frac{ax^2}{a} + \frac{bx}{a} + \frac{c}{a} = \frac{0}{a} \rightarrow x^2 + \frac{b}{a}x + \frac{c}{a} = 0$$

2. Isolamos os termos com a incógnita no 1º membro da equação.

$$x^2 + \frac{b}{a}x + \frac{c}{a} = 0 \rightarrow x^2 + \frac{b}{a}x = -\frac{c}{a}$$

3. Para transformar o 1º membro da equação em um trinômio quadrado perfeito, tomamos a metade do coeficiente de x e elevamos ao quadrado.

$$\frac{\frac{b}{a}}{2} = \frac{b}{a} \cdot \frac{1}{2} = \frac{b}{2a} \rightarrow \left(\frac{b}{2a}\right)^2 = \frac{b^2}{4a^2}$$

4. Em seguida, adicionamos $\frac{b^2}{4a^2}$ aos dois membros da equação.

$$x^2 + \frac{b}{a}x = -\frac{c}{a} \rightarrow x^2 + \frac{b}{a}x + \frac{b^2}{4a^2} = \frac{b^2}{4a^2} - \frac{c}{a} \rightarrow x^2 + \frac{b}{a}x + \frac{b^2}{4a^2} = \frac{b^2 - 4ac}{4a^2}$$

5. Fatoramos a expressão do 1º membro escrevendo-a como o quadrado de um binômio.

$$\left(x + \frac{b}{2a}\right)^2 = \frac{b^2 - 4ac}{4a^2}$$

6. Extraímos a raiz quadrada dos dois membros da equação.

$$\sqrt{\left(x + \frac{b}{2a}\right)^2} = \sqrt{\frac{b^2 - 4ac}{4a^2}} \rightarrow x + \frac{b}{2a} = \pm\sqrt{\frac{b^2 - 4ac}{4a^2}}$$

7. Isolamos x no primeiro membro da equação.

$$x = -\frac{b}{2a} \pm \sqrt{\frac{b^2 - 4ac}{4a^2}} \rightarrow x = \frac{-b \pm \sqrt{b^2 - 4ac}}{2a}$$

Assim, chegamos à fórmula resolutiva da equação do 2º grau: $x = \dfrac{-b \pm \sqrt{b^2 - 4ac}}{2a}$.

A expressão $b^2 - 4ac$ é um número real, geralmente representado pela letra grega Δ (delta), chamada **discriminante da equação**.

Usando essa letra, a fórmula resolutiva da equação do 2º grau passa a ser escrita da seguinte maneira: $x = \dfrac{-b \pm \sqrt{\Delta}}{2a}$

A expressão $b^2 - 4ac$ "discrimina" o número de raízes da equação.

Embora não tenha sido desenvolvida pelo matemático hindu Bhaskara (1114-1185), a fórmula resolutiva da equação do 2º grau é conhecida por fórmula de Bhaskara.

Assim, se a equação $ax^2 + bx + c = 0$, com $a \neq 0$, tem $\Delta \geq 0$, então: $x = \dfrac{-b \pm \sqrt{\Delta}}{2a}$

Quando $\Delta < 0$, a equação não admite raízes reais.

ATIVIDADES RESOLVIDAS

1 A soma das medidas das áreas dos três quadrados representados ao lado é igual a 174 m².

Calcule, em centímetros, o valor de x.

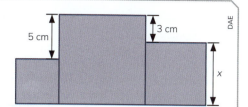

RESOLUÇÃO: Da figura, o lado do quadrado maior mede $(x + 3)$ cm e o lado do quadrado menor,

$(x + 3 - 5)$ cm $= (x - 2)$ cm.

Adicionando as medidas das áreas desses três quadrados, temos:

$x^2 + (x + 3)^2 + (x - 2)^2 = 174$

Daí, vem:

$x^2 + x^2 + 6x + 9 + x^2 - 4x + 4 = 174 \rightarrow 3x^2 + 2x - 161 = 0$

Nessa equação, temos: $a = 3$, $b = 2$ e $c = -161$

Resolvendo a equação, temos:

$\Delta = b^2 - 4ac \rightarrow \Delta = 2^2 - 4 \cdot 3 \cdot (-161) \rightarrow \Delta = 1\,936$

Como $\sqrt{\Delta} = \sqrt{1\,936} = 44$, então:

$x = \dfrac{-b \pm \sqrt{\Delta}}{2a} \rightarrow x = \dfrac{-2 \pm 44}{2 \cdot 3} = \dfrac{-2 \pm 44}{6}$

As raízes da equação são:

$\dfrac{-2 \pm 44}{6} = \begin{cases} x_1 = \dfrac{-2 + 44}{6} = \dfrac{42}{6} = 7 \\ x_2 = \dfrac{-2 - 44}{6} = -\dfrac{46}{6} = -\dfrac{23}{3} \end{cases}$

Como x representa a medida de um comprimento, a solução não pode ser o número negativo $-\dfrac{23}{3}$.

Portanto, o valor de x é igual a 7 cm.

2 Determine as raízes reais da equação $1,5x^2 + 0,1x = 0,6$.

RESOLUÇÃO: Escrevendo a equação na forma reduzida, temos: $1,5x^2 + 0,1x = 0,6$.

Na equação, temos: $a = 1,5$, $b = 0,1$ e $c = -0,6$.

Resolvendo a equação, encontramos:

$\Delta = b^2 - 4ac \rightarrow \Delta = (0,1)^2 - 4 \cdot 1,5 \cdot (0,6) \rightarrow \Delta = 3,61$

$x = \dfrac{-b \pm \sqrt{\Delta}}{2a} \rightarrow = \dfrac{-0,1 \pm \sqrt{3,61}}{2 \cdot 1,5} = \dfrac{-0,1 \pm 1,9}{3} = \begin{cases} x_1 = \dfrac{-0,1 + 1,9}{3} = \dfrac{3}{5} \\ x_2 = \dfrac{-0,1 - 1,9}{3} = -\dfrac{2}{3} \end{cases}$

Portanto, as raízes são $\dfrac{3}{5}$ e $-\dfrac{2}{3}$.

Viagem no tempo

EQUAÇÕES QUADRÁTICAS

A palavra "álgebra" veio do título de um livro escrito em árabe em torno do ano 825. O autor, Muhammad ibn Musa al-Khwarizmi nasceu provavelmente no que é agora o Uzbequistão. Ele viveu, entretanto, em Bagdá, onde o califa tinha estabelecido uma espécie de academia de ciências chamada "A Casa da Sabedoria". Al-Khwarizmi era um generalista; escreveu livros sobre Geografia, Astronomia e Matemática. Mas seu livro sobre álgebra é um dos mais famosos. O livro de Al-Khwarizmi começa com uma discussão de equação quadrática. De fato, ele considera um problema específico:

Um quadrado e dez raízes dele são iguais a trinta e nove dirhems. Quer dizer, quanto deve ser o quadrado, o qual, quando aumentado por dez de suas próprias raízes, é igual a trinta e nove?

Se chamarmos a incógnita de x, poderemos chamar o "quadrado" de x^2. Agora, uma "raiz desse quadrado" é x, de modo que dez raízes do quadrado é $10x$. Usando essa notação, o problema se traduz na resolução de $x^2 + 10x = 39$. Mas o simbolismo algébrico ainda não tinha sido inventado, de modo que tudo que Al-Khwarizni poderia fazer era dizer isso em palavras. Na tradição dos professores de Álgebra, honrada em toda parte, ele sentiu o problema como uma espécie de receita para sua solução, novamente descrita em palavras:

A solução é a seguinte: você divide o número de raízes por dois, o que, no caso presente, fornece cinco. Isso você multiplica por si mesmo; o produto é vinte e cinco. Some isso a trinta e nove; a soma é sessenta e quatro. Agora, tome a raiz disso, que é oito, e subtraia disso a metade do número de raízes, que é cinco; o resto é três. Essa é a raiz do quadrado que você procurava; o próprio quadrado é nove.

Aqui estão os cálculos com os nossos símbolos:

$$x = \sqrt{5^2 + 39} - 5 = \sqrt{25 + 39} - 5 = 8 - 5 = 3$$

Não é difícil ver que isso é basicamente a fórmula quadrática como a conhecemos atualmente. Para $x^2 + bx = c$, Al-Khwarizmi usou a regra:

$$x = \sqrt{\left(\frac{b}{2}\right)^2 + c} - \frac{b}{2}$$

A maior diferença entre isso e a fórmula moderna é que consideraríamos ambas as raízes quadradas positivas e negativas. Mas, tomando a raiz quadrada negativa, obteríamos um valor negativo para x. Os matemáticos daquela época não acreditavam em números negativos; a raiz positiva era a única para as quais eles se atentavam. [...]

BERLINGHOFF, William P.; GOUVÊA, Fernando Q. *A Matemática através dos tempos*: um guia fácil e prático para professores e entusiastas. São Paulo: Edgard Blücher, 2008. p. 131-132.

Qual é a raiz negativa dessa equação?

ATIVIDADES

1 Resolva as equações:
a) $x^2 - 6x + 8 = 0$
b) $t^2 + 4t + 3 = 0$
c) $9r^2 - 6r + 1 = 0$
d) $2k^2 - k - 1 = 0$
e) $2x^2 + x - = 0$
f) $x^2 + 2x + 3 = 0$
g) $2y^2 + 8y - 6 = 0$
h) $4x^2 - 4x + 3 = 0$
i) $-6n^2 - n + \frac{1}{8} = 0$

2 Resolva, em $\mathbb{R}$, $\frac{t(t+1)}{5} - \frac{1}{10} = \frac{t+1}{5} - \frac{3}{10}$

3 Resolva as equações:
a) $x(x-2) + 3(x-1) = 27$
b) $\frac{x^2}{2} = \frac{x-1}{3} + 0,5$
c) $\left(x + \frac{1}{2}\right)\left(x - \frac{1}{2}\right) = \frac{5}{4}$

4 A diferença entre o quadrado e o triplo de um número inteiro é igual a 28. Qual é esse número?

5 Uma loja especializada em jardinagem prepara e vende, semanalmente, x sacos de fertilizante para floricultura por (50 − 0,5x) reais cada saco. Quantos sacos devem ser vendidos para que o valor obtido com essa venda seja de 1 250 reais?

6 O número de diagonais de um polígono é dado por $D = \dfrac{n(n-3)}{2}$, em que D é o número de diagonais e n, o número de lados. Qual é o polígono que tem:

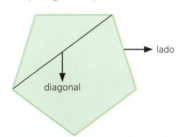

a) 90 diagonais?

b) 5 diagonais?

7 Uma plataforma, inicialmente quadrada, foi ampliada conforme se observa na figura: 3 metros a mais em um dos lados e 2 metros a mais no outro. Sabendo que a área da plataforma ampliada é de 56 m², qual era sua área inicial?

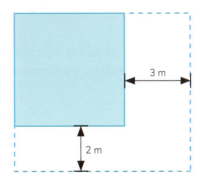

8 A soma dos quadrados de dois números inteiros consecutivos é 113. Determine-os.

9 As figuras mostram dois recipientes com a forma de paralelepípedo retângulo. As dimensões indicadas são dadas em centímetros.

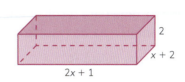
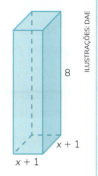

Verifique se existe valor de x para que esses recipientes tenham o mesmo volume. Se existir, determine-o.

10 Escreva o enunciado de um problema que possa ser resolvido pela equação $x^2 = 5(x + 9)$.

11 A área do quadrado ABCD é igual a 121 cm². Qual é o valor de x? As medidas estão indicadas em centímetros.

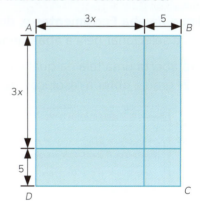

12 O peso P a uma altura h de uma pessoa que está acima da superfície da Terra satisfaz a relação $P = \left(\dfrac{r}{r+h}\right)^2 P_0$, em que P_0 é o peso ao nível do mar e r, o raio da Terra (aproximadamente 6 400 km). Em que altitude uma pessoa deve estar para que seu peso seja a metade do peso que tem ao nível do mar?

13 A soma dos quadrados de três números naturais ímpares consecutivos é 83. Quais são esses números?

SOFTWARE DE CÁLCULO NA RESOLUÇÃO DE EQUAÇÃO DO 2º GRAU

Nesta seção exploraremos o campo destinado à resolução de equação do 2º grau usando um *software* de cálculo.

Além de nos auxiliar a resolver operações básicas, o *software* de cálculo tem diversas ferramentas, por exemplo, uma para resolver equações do 2º grau. Esse *software* é de grande utilidade para auxiliá-lo na conferência de resultados.

Veja como podemos utilizá-lo.

Clique na aba **Ferramentas** e, depois, em **Equações – Polinômios**. Abrirá uma nova tela, e você deve selecionar nela a aba **Equação/função do 2º grau e biquadrada**.

Será aberta uma tela na qual você pode preencher os valores dos coeficientes de uma equação do 2º grau e obter a resolução dela.

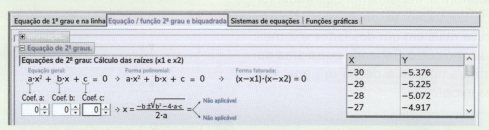

Por exemplo: para resolver a equação $x^2 - 10x + 24 = 0$, basta completar os campos dos coeficientes com $a = 1$, $b = -10$ e $c = 24$ que o *software* retornará às raízes e à forma fatorada da equação.

Agora é sua vez! Com o auxílio do *software* de cálculo, obtenha as raízes das equações do 2º grau a seguir.

a) $4x^2 - 11x + 26 = 0$
b) $x^2 - 6x + 9 = 0$
c) $3x^2 - 53x = 0$

RELAÇÕES ENTRE OS COEFICIENTES E AS RAÍZES DE UMA EQUAÇÃO DO 2º GRAU

Consideremos a equação do 2º grau $ax^2 + bx + c = 0$, com $a \neq 0$, cujas raízes reais são:

$$x_1 = \frac{-b + \sqrt{\Delta}}{2a} \text{ e } x_2 = \frac{-b - \sqrt{\Delta}}{2a}$$

Vamos calcular a soma e o produto dessas raízes.

- Soma

$$x_1 + x_2 = \frac{-b + \sqrt{\Delta}}{2a} + \frac{-b - \sqrt{\Delta}}{2a} = \frac{-b + \sqrt{\Delta} - b - \sqrt{\Delta}}{2a} = \frac{-2b}{2a} = -\frac{b}{a}$$

- Produto

$$x_1 \cdot x_2 = \left(\frac{-b + \sqrt{\Delta}}{2a}\right) \cdot \left(\frac{-b - \sqrt{\Delta}}{2a}\right) = \frac{(-b)^2 - (\sqrt{\Delta})^2}{4a^2} = \frac{b^2 - \Delta}{4a^2}$$

Mas $\Delta = b^2 - 4ac$. Então:

$$x_1 \cdot x_2 = \frac{b^2 - (b^2 - 4ac)}{4a^2} = \frac{b^2 - b^2 + 4ac}{4a^2} = \frac{4ac}{4a^2} = \frac{c}{a}$$

> **Pense e responda**
>
> Qual é a soma e qual é o produto das raízes da equação $x^2 - 7x + 12 = 0$?

ATIVIDADES RESOLVIDAS

1 Determine a soma e o produto das raízes da equação $5x^2 - 10x - 30 = 0$ sem utilizar a fórmula resolutiva.

RESOLUÇÃO: Na equação $5x^2 - 10x - 30 = 0$, temos: $a = 5$, $b = -10$ e $c = -30$.

Logo:

$$x_1 + x_2 = \frac{-b}{a} \rightarrow x_1 + x_2 = \frac{-(-10)}{5} \rightarrow x_1 + x_2 = 2$$

$$x_1 \cdot x_2 = \frac{c}{a} \rightarrow x_1 \cdot x_2 = \frac{-30}{5} \rightarrow x_1 \cdot x_2 = -6$$

A soma das raízes é 2 e seu produto é −6.

2 Considere a equação $(m - 3)x^2 - 4mx + 1 = 0$. Determine o valor de m para que a soma das raízes dessa equação seja igual a seu produto.

RESOLUÇÃO: Na equação, temos: $a = m - 3$, $b = -4m$ e $c = 1$.

Chamamos as raízes de x_1 e x_2. Então, temos:

$$x_1 + x_2 = -\frac{b}{a} \rightarrow x_1 + x_2 = \frac{4m}{m - 3}$$

$$x_1 \cdot x_2 = \frac{c}{a} \rightarrow x_1 \cdot x_2 = \frac{1}{m - 3}$$

Daí, vem:

$$\frac{4m}{m - 3} = \frac{1}{m - 3} \rightarrow 4m = 1 \rightarrow m = \frac{1}{4} \quad \text{(com } m \neq 3\text{)}$$

Portanto, $m = \frac{1}{4}$.

ATIVIDADES

1. Determine a soma e o produto das raízes das equações sem resolvê-las.
   a) $x^2 - 13x + 42 = 0$
   b) $6x^2 - 5x - 4 = 0$

2. Calcule a soma e o produto das raízes das equações a seguir e, depois, descubra mentalmente suas raízes.
   a) $x^2 - 5x + 6 = 0$
   b) $x^2 - 2x + 1 = 0$
   c) $x^2 + 6x + 8 = 0$

3. Sejam x_1 e x_2 as raízes da equação $10x^2 + 33x + 7 = 0$. Qual é o número inteiro mais próximo do número $4 \cdot (x_1 + x_2) \cdot 3x_1x_2$?

4. Calcule m ($m \neq 1$) na equação $(m - 1)x^2 + 8x - 3 = 0$ para que o produto das raízes seja 5.

5. Sabendo que x_1 e x_2 são as raízes da equação $x^2 - 27x + 182 = 0$, calcule o valor de $\dfrac{1}{x_1} + \dfrac{1}{x_2}$.

6. Calcule o valor de k na equação $x^2 - 9x + k = 0$, de modo que $x_1 = x_2 + 5$ e que x_1 e x_2 sejam as raízes da equação do 2º grau.

7. Ache o valor de a na equação $x^2 - ax + 147 = 0$ para que uma raiz seja o triplo da outra.

8. Sem resolver a equação $5x^2 + 22x - 15 = 0$, responda:
   a) As raízes têm o mesmo sinal? Por quê?
   b) Qual é o sinal da raiz de maior módulo? Por quê?

9. Os números p e q são as raízes da equação $x^2 - 2mx + m^2 - 1 = 0$. Calcule o valor de $p^2 + q^2$.

EQUAÇÃO BIQUADRADA

Observe a equação: $6x^4 + 11x^2 - 35 = 0$.

Note que a incógnita x tem apenas expoentes pares. Como o maior expoente de x é 4, essa equação é do 4º grau e recebe o nome de **equação biquadrada**.

As equações a seguir não são biquadradas.

$x^4 - 5x^3 + 2x^2 - 5 = 0$, $5x^4 + x^3 - 1 = 0$ e $2x^4 - x = 0$

Para resolver uma equação biquadrada, podemos usar um artifício: mudamos a incógnita para obter uma equação do 2º grau.

Observe o exemplo. Vamos resolver a equação $x^4 - 5x^2 + 4 = 0$.

Primeiro, mudamos a incógnita fazendo $x^2 = y$. Temos, então:

$x^4 - 5x^2 + 4 = 0 \rightarrow (x^2)^2 - 5x^2 + 4 = 0 \rightarrow y^2 - 5y + 4 = 0$.

Depois, resolvemos em y a equação do 2º grau obtida: $y^2 - 5y + 4 = 0$.

Lembre-se:
$x^4 = (x^2)^2$, por isso o nome "biquadrada".

Sabendo que $a = 1$, $b = -5$ e $c = 4$, temos:

$\Delta = b^2 - 4ac \rightarrow \Delta = (-5)^2 - 4 \cdot 1 \cdot 4 \rightarrow \Delta = 9$

$y = \dfrac{-b \pm \sqrt{\Delta}}{2a} = \dfrac{-(-5) \pm \sqrt{9}}{2 \cdot 1} = \dfrac{5 \pm 3}{2} = \begin{cases} y_1 = 4 \\ y_2 = 1 \end{cases}$

Por último, voltamos à incógnita x:

$\begin{cases} x^2 = 4 \rightarrow x = \pm\sqrt{4} \rightarrow x = 2 \text{ ou } x = -2 \\ \quad\quad\quad\quad\quad\text{ou} \\ x^2 = 1 \rightarrow x = \pm\sqrt{1} \rightarrow x = 1 \text{ ou } x = -1 \end{cases}$

Portanto, as raízes são: $-2, -1, 1$ e 2.

Note que essa equação apresenta quatro raízes reais.

ATIVIDADES

FAÇA NO CADERNO

1. Determine, em $\mathbb{R}$, o conjunto-solução das equações.
   a) $x^4 - 7x^2 + 12 = 0$
   b) $3x^4 - 6x^2 = 0$
   c) $(a^2 - 4)^2 = 9$
   d) $y^4 - 4y^2 - 3 = 0$

2. Encontre as raízes reais das equações abaixo.
   a) $x^4 - 25x^2 = 0$
   b) $y^4 - y^2 = 0$

3. Resolva as equações a seguir.
   a) $(m + 2)(m - 1)(m^2 + 1) = 10 + m(m^2 + 1)$
   b) $4(a^2 + 1) - 45 = -(a^2 + 1)^2$

4. A figura ao lado é formada por dois quadrados: um de lado x^2 e outro de lado x. Sabendo que a área total da figura é 272 cm^2, calcule a medida do lado de cada quadrado.

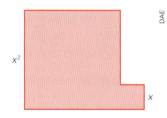

5. As medidas da base e da altura de um triângulo isósceles, em centímetros, são expressas por $(x^2 + 4)$ e $(x^2 + 1)$, respectivamente.

Sabendo que a área desse triângulo é 740 cm^2, calcule as medidas, em centímetros, dos lados desse triângulo.

6. Adicionando 8 unidades à quarta potência de um número positivo, obtemos nove vezes o quadrado desse número. Qual é esse número?

7. Mostre que as soluções da equação $(x^2 - 6x)^2 - 35 = 2(x^2 - 6x^3)$ são $-1, 1$.

8. Qual é a maior raiz inteira da equação $16(x + 1)^4 - 25(x + 1)^2 + 9 = 0$?

Faça $(x + 1)^2 = y$.

DESAFIO

EQUAÇÃO FRACIONÁRIA

São as equações que têm incógnitas no denominador. Exemplos:

- $\dfrac{x+2}{2} + \dfrac{2}{x-2} = -\dfrac{1}{2}; x \neq 2$
- $\dfrac{8}{x} - \dfrac{10}{x^2} = \dfrac{3}{2}; x \neq 0$

Acompanhe os exemplos seguintes.

1. Resolva, em $\mathbb{R}$, a equação $\dfrac{x}{x-1} = -\dfrac{9}{4}$ com $x \neq 1$.

Repare que essa equação só terá solução se x for diferente de 1, pois, se $x = 1$, o denominador da fração ficará igual a 0.

Reduzindo a equação ao mesmo denominador, temos:

$$\frac{4x(x-1) + 4x}{4(x-1)} = -\frac{9(x-1)}{4(x-1)} \to 4x(x-1) + 4x = -9(x-1) \to$$

$$\to 4x^2 - 4x + 4x = -9x + 9 \to 4x^2 + 9x - 9 = 0$$

Na equação do 2º grau encontrada, temos $\begin{cases} a = 4 \\ b = 9 \\ c = -9 \end{cases}$

Observe que a equação inicial aparentemente não é do 2º grau, mas em seu desenvolvimento obtivemos uma equação do 2º grau equivalente.

Cálculo de Δ:

$\Delta = b^2 - 4ac = 9^2 - 4 \cdot 4 \cdot (-9) = 81 + 144 = 225$

$x = \dfrac{-9 \pm \sqrt{225}}{2 \cdot 4} = \dfrac{-9 \pm 15}{8} = \begin{cases} x_1 = -3 \\ x_2 = \dfrac{3}{4} \end{cases}$

Como nenhuma solução é igual a 1, as raízes são -3 e $\dfrac{3}{4}$.

2. Um grupo de pessoas decidiu comprar para uma creche um monitor de computador que custa R$ 300,00. No rateio da despesa, todas as pessoas do grupo contribuiriam com quantias iguais, mas quatro delas desistiram de participar na hora da compra. No final, a cota de cada participante aumentou em R$ 20,00.

a) Quantas pessoas havia no grupo?

Vamos indicar por x o número de pessoas que havia no grupo inicial. Assim, o que cada uma pagaria, $\dfrac{300}{x}$ reais mais 20 reais, é igual ao que cada uma realmente pagou, $\dfrac{300}{x-4}$, isto é: $\dfrac{300}{x} + 20 = \dfrac{300}{x-4}$.

Dividindo por 20 os dois membros dessa equação, temos:

$$\frac{15}{x} + 1 = \frac{15}{x-4} \to \frac{15(x-4) + x(x-4)}{x(x-4)} = \frac{15x}{x(x-4)} \to$$

$$\to 15x - 60 + x^2 - 4x = 15x \to x^2 - 4x - 60 = 0 \to \begin{cases} x_1 = 10 \\ x_2 = -6 \text{ (não satisfaz)} \end{cases}$$

Portanto, havia 10 pessoas no grupo inicial.

b) Cada pessoa contribuiu com quantos reais?

Como 4 pessoas desistiram de contribuir, os 300 reais foram divididos igualmente por 6 pessoas. Então, teremos: 300 : 6 = 50.

Logo, cada pessoa contribuiu com R$ 50,00.

ATIVIDADES

1 Determine, em $\mathbb{R}$, o conjunto-solução da equação, com $x \neq 0$.

$$\frac{8}{x} - \frac{10}{x^2} = \frac{3}{2}$$

2 Resolva, em $\mathbb{R}$, a equação:

a) $\dfrac{1}{h-4} + \dfrac{1}{h-1} = \dfrac{5}{4}$

b) $\dfrac{y+1}{y} + \dfrac{1}{y-3} = \dfrac{1}{2}$

3 Armando deixou uma herança de R$ 200.000,00 para ser distribuída igualmente entre seus filhos. No entanto, três desses filhos renunciaram às respectivas partes, fazendo com que os demais, além do que receberiam normalmente, ganhassem um adicional de R$ 15.000,00. Qual é o número de filhos de Armando e quanto cada um recebeu?

4 Resolva, em $\mathbb{R}$, a equação $4x^2 + \dfrac{2}{x^2} = 9$, com $x \neq 0$.

5 Uma transportadora entrega, com caminhões, 60 toneladas de açúcar por dia. Por causa de problemas operacionais, em determinado dia, cada caminhão foi carregado com 500 kg a menos do que o usual, e foi necessário, nesse dia, alugar mais 4 caminhões. Quantos caminhões foram carregados nesse dia? Quantos quilogramas cada um transportou?

SISTEMA DE EQUAÇÕES

Acompanhe a situação a seguir.

O perímetro de um retângulo é 32 cm e sua área é 60 cm². Quais são as dimensões desse retângulo?

Chamando as dimensões do retângulo da figura de x e y, podemos determinar as expressões do perímetro e da área:

- perímetro: $x + x + y + y = 2x + 2y$
- área: $x \cdot y$

Logo, obtemos o sistema $\begin{cases} 2x + 2y = 32 \\ xy = 60 \end{cases}$ e, ao dividir os dois membros da 1ª equação por 2, temos: $\begin{cases} x + y = 16 & (1) \\ xy = 60 & (2) \end{cases}$.

Isolando y na equação (1) e substituindo na equação (2), teremos:

$x + y = 16 \rightarrow y = 16 - x$

$x \cdot y = 60 \rightarrow x \cdot (16 - x) = 60 \rightarrow 16x - x^2 = 60 \rightarrow x^2 - 16x + 60 = 0$

Resolvendo a equação, temos:

$x^2 - 16x = -60 \rightarrow x^2 - 16x + 64 = -60 + 64 \rightarrow (x - 8)^2 = 4$

Daí, vem:

$x - 8 = +\sqrt{4}$	ou	$x - 8 = -\sqrt{4}$
$x - 8 = 2$		$x - 8 = -2$
$x = 10$		$x = 6$

Portanto, temos que: $x_1 = 10$ e $x_2 = 6$.

- Se $x = 10$:
  $x + y = 16 \rightarrow 10 + y = 16 \rightarrow y = 6$

- Se $x = 6$:
  $x + y = 16 \rightarrow 6 + y = 16 \rightarrow y = 10$

Note que encontramos um único retângulo, cujas dimensões são 10 cm e 6 cm.

ATIVIDADES

1 Resolva, em $\mathbb{R}$, os sistemas a seguir.

a) $\begin{cases} xy = 2 \\ x^2 + y^2 = 5 \end{cases}$

b) $\begin{cases} a + b = 5 \\ ab = 6 \end{cases}$

2 Decomponha o número 35 em dois fatores, tais que sua soma seja 12.

3 O pátio de uma escola é formado por duas partes quadradas, conforme o esquema ao lado. Uma das partes tem lado de medida a e outra de medida b, em metros.

a) O que representa a sentença $4a + 2b = 130$?

b) A área desse pátio é 850 m². Calcule a e b.

4 Os lados de um retângulo de área 12 m² estão na razão $\frac{1}{3}$. Qual é o perímetro do retângulo?

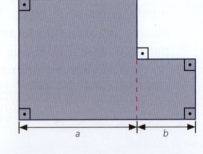

5 Na figura, a área do retângulo ABCD é 60 m² e a área do retângulo DEFG é 8 m². Calcule as dimensões a e b indicadas na figura.

6 Um pai disse ao filho: "Hoje, a minha idade é o quadrado da sua, mas daqui a 10 anos a minha idade excederá a sua em 30 anos". Quais são as idades do pai e do filho?

7 Um grupo de pessoas decidiu comprar um computador que custa R$ 3.250,00. Todas elas contribuiriam com quantias iguais. Depois dessa decisão, outras três pessoas juntaram-se ao grupo e, desse modo, a cota de cada uma foi reduzida em R$ 75,00.

a) Quantas pessoas havia no grupo?

b) Quanto foi a cota de cada uma?

8 Elabore um problema para o sistema a seguir e resolva-o.

$\begin{cases} x + y = 4 \\ x^2 + y^2 = 10 \end{cases}$

MATEMÁTICA INTERLIGADA

FORÇA DE RESISTÊNCIA DO AR

Você sabia que a força de resistência do ar atua tanto nos carros durante uma corrida de Fórmula 1 quanto nos paraquedas durante um voo?

Os engenheiros e os projetistas aplicam conhecimentos da Matemática e da física dos movimentos para que essa resistência seja usada em benefício do paraquedista e do piloto.

Em baixas velocidades, até cerca de 90 km/h, a resistência do ar varia de forma linear com a velocidade do corpo, isto é, podemos calculá-la usando a fórmula $F_{resist.} = kv$, em que k é um número que depende do formato do corpo e é determinado experimentalmente. Para velocidades acima de 90 km/h, a resistência do ar passa a depender do quadrado da velocidade e é dada pela fórmula $F_{resist.} = kv^2$.

Note, portanto, que as equações do 1º e do 2º grau são fundamentais para o estudo da resistência do ar e no projeto de carros, aviões, paraquedas e até mesmo de edifícios.

- Pesquise outros exemplos em que essa força é benéfica para o movimento.

MAIS ATIVIDADES

1 Calcule as raízes das seguintes equações:
   a) $x^2 - 625 = 0$
   b) $49x^2 - 1 = 0$
   c) $\sqrt{3}\,x^2 - \sqrt{27}\,x = 0$

2 Resolva as equações a seguir.
   a) $t^2 + 18t - 63 = 0$
   b) $x^2 + 12x - 13 = 0$

3 Resolva as equações por meio de fatoração.
   a) $100n^2 + 60n + 9 = 0$
   b) $\dfrac{1}{10}x^2 + \dfrac{1}{4}x + \dfrac{1}{4} = 0$

4 A área de um pátio retangular, cujo comprimento tem 3 metros a mais que a largura, é 270 m². Quais são as dimensões, em metros, desse pátio?

5 Calcule o valor de *x* sabendo que o perímetro do triângulo isósceles ABC mostrado a seguir é igual a 57 unidades de comprimento.

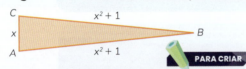

6 Um terreno quadrangular, com área total de 196 m², foi dividido em duas regiões quadradas e duas retangulares para a construção de uma casa. Veja a seguir a representação desse terreno e da área destinada ao jardim e à garagem.

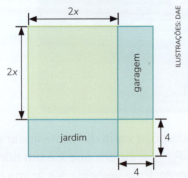

Com base nos dados acima, elabore duas perguntas que possam ser respondidas usando uma equação de 2º grau e responda-as.

7 Calcule a razão entre a soma e o produto das raízes da equação:

$3x^2 - 21x + 14 = 0$

8 Considere a equação $x^2 + ax + (a - 1) = 0$. Calcule *a* para que a diferença entre as raízes dessa equação seja igual a 1.

9 Calcule os valores de *p* para que a equação $x^2 + x + p^2 - 7p = 0$ tenha uma raiz nula.

10 Resolva a equação $4x^4 + 25x^2 + 36 = 0$, considere *x* um número real.

11 Resolva, em $\mathbb{R}$, as equações a seguir.

a) $\dfrac{x+1}{x-3} - \dfrac{x-3}{2x-6} = \dfrac{x}{2}$

b) $\dfrac{5}{x} + \dfrac{x}{2x+3} = 2$

c) $\dfrac{y-4}{(y-2)(y-1)} = \dfrac{2y+1}{y-1} - \dfrac{y}{y+2}$

Lógico, é lógica!

12 (ORM-SC) Pinho, Danilo, Fernando, Eliezer e Felipe disputaram uma prova de atletismo. Consideremos que:

- Felipe chegou antes de Pinho e Fernando;
- Eliezer chegou antes de Felipe;
- Danilo chegou depois de Fernando;
- Danilo não foi o último a chegar.

As medalhas de ouro, prata e bronze deverão ser entregues, respectivamente, a:

a) Eliezer, Felipe e Fernando.
b) Eliezer, Felipe e Pinho.
c) Eliezer, Fernando e Pinho.
d) Fernando, Eliezer e Felipe.
e) Danilo, Fernando e Pinho.

PARA ENCERRAR

1. (IFPE) Assinale a alternativa que apresenta corretamente o valor da expressão $a^2 - b^2 - (a + b)(a - b)$.
   a) $2ab$
   b) 0
   c) $a^2 - b^2$
   d) $-ab$
   e) $b^2 - a^2$

2. (OMRP) Se $x + y = 8$ e $xy = 15$, qual é o valor de $x^2 + 6xy + y^2$?
   a) 124
   b) 120
   c) 109
   d) 64
   e) 54

3. (Obmep) Os números naturais x e y são tais que $x^2 - xy = 23$. Qual é o valor de $x + y$?
   a) 24
   b) 30
   c) 34
   d) 35
   e) 45

4. (OMRP) Seja $n = 9\,867$. Se você calculasse $n^3 - n^2$ encontraria um número cujo algarismo das unidades é:
   a) 2.
   b) 4.
   c) 6.
   d) 8.
   e) 0.

5. (OMRGN) Para números reais não nulos a e b, temos $\dfrac{a^2 + b^2}{ab} = 2\,018$. O valor da expressão $\dfrac{(a + b)^2}{a^2 + b^2}$ é:
   a) $\dfrac{2\,017}{2\,016}$.
   b) $\dfrac{1\,010}{1\,009}$.
   c) $2\,018$.
   d) $\dfrac{1\,009}{1\,008}$.
   e) $2\,017$.

6. (OMRGN) Se a e b são números reais, tais que $0 < a < b$ e $a^2 + b^2 = 6ab$, então o valor de $\dfrac{a + b}{a - b}$ é igual a:
   a) $-\sqrt{2}$.
   b) -1.
   c) 0.
   d) $\sqrt{2}$.
   e) $\sqrt{6}$.

7. (IFMA) Sendo $A = \dfrac{x^3}{4}$, $B = -\dfrac{2}{x}$ e $C = -2x^2$, $A \cdot B - C$ é:
   a) $\dfrac{3x^2}{2}$.
   b) $\dfrac{5x^2}{2}$.
   c) $\dfrac{3x^2}{5}$.
   d) $-\dfrac{5x^2}{2}$.
   e) $-\dfrac{3x^2}{2}$.

8. (IFSC) Considere a equação:
   $2(x + 4) \cdot (x + 3) = (x + 5)^2 + x + 9$.
   Assinale a alternativa CORRETA.
   a) É uma equação do 1º grau cuja solução é 2.
   b) É uma equação do 2º grau que não apresenta soluções reais.
   c) É uma equação do 2º grau que tem soluções reais e iguais entre si.
   d) É uma equação do 1º grau cuja solução é -5.
   e) É uma equação do 2º grau que tem soluções reais.

9. (IFMG) Um terreno em formato de trapézio isósceles e área de 12 m² possui dimensões, em metros, descritas conforme a figura ao lado, em que x representa o comprimento da base menor e da altura relativa à base maior.

   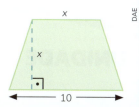

   Qual é o comprimento x indicado na figura?
   a) 2
   b) 4
   c) 6
   d) 12

10. (Udesc) O módulo da diferença das raízes de $(x - 1) \cdot (x + 2) - 2(x + 2) - 4 = x - 2$ é:
    a) 8.
    b) 2.
    c) 4.
    d) 6.
    e) 10.

11. (OMRP) A soma dos valores possíveis de k para os quais as equações quadráticas $x^2 - 3x + 2 = 0$ e $x^2 - 5x + k = 0$ têm uma raiz em comum é:
    a) 10.
    b) 11.
    c) 12.
    d) 13.
    e) 14.

12. (OMRP) A maior raiz da equação $(x - 37)^2 - 169 = 0$ é:
    a) 39.
    b) 43.
    c) 47.
    d) 50.
    e) 53.

13. Resolva o sistema: $\begin{cases} 3y - 4 = 5(x + 3) \\ \dfrac{2}{x + 3} = \dfrac{3}{y - 2} \end{cases}$

UNIDADE 4

Relógio solar em Aiello del Friuli, Itália

Retas, arcos e ângulos em uma circunferência e semelhança

[...] Um relógio solar analemático é um tipo particular de relógio solar horizontal, no qual o objeto que gera a sombra é vertical e se move de acordo a época do ano – ou para ser mais preciso, de acordo com a declinação do sol em um determinado dia. Ele é composto [de] uma grande elipse (linhas das horas) e uma linha reta no centro (linha das datas). O tempo é lido no ponto em que a sombra do gnômon, posicionando sobre a linha das datas, atravessa a linha das horas. Se o relógio tiver um tamanho suficiente, o gnômon pode ser a própria pessoa que está utilizando o relógio, bastando ela estar posicionada no ponto relativo à data. O encontro as sua sombra com a linha das horas determinará o horário. [...]

RELÓGIO Solar Analemático, *In*: UNIPAMPA. Rio Grande do Sul, c2014. Disponível em: https://sites.unipampa.edu.br/astronomia/relogio-solar-analematico/. Acesso em: 16 mar. 2021.

Na BNCC

Esta unidade propicia o desenvolvimento das competências e das habilidades a seguir.

Competências gerais:
2 e 3

Competências específicas:
1 e 2

Habilidades:
EF09MA10
EF09MA11
EF09MA12
EF09MA15

Para pesquisar e aplicar

1. Utilizando uma lanterna pequena, obtenha a sombra de sua mão colocando-a paralelamente à uma parede. Depois, gire a mão para obter uma nova sombra. Compare as duas sombras obtidas. O que se pode concluir comparando-as?

2. O tamanho da sombra de uma pessoa varia durante um dia ensolarado? A medida do comprimento da sombra pode ser igual à medida da altura de uma pessoa? Faça uma figura para resolver.

3. Caso o formato do relógio fosse um círculo em vez de uma elipse, qual seria o ângulo percorrido pela sombra do gnômon entre das 13 às 17 horas?

4. É possível que o gnômon não gere uma sombra num dia ensolarado?

BABAK TAFRESHI/SCIENCE SOURCE/FOTOARENA

CAPÍTULO 1

Retas e ângulos

Para começar

Qual é a posição relativa entre as retas *r* e *s* e *t* e *u* indicadas nas imagens abaixo?

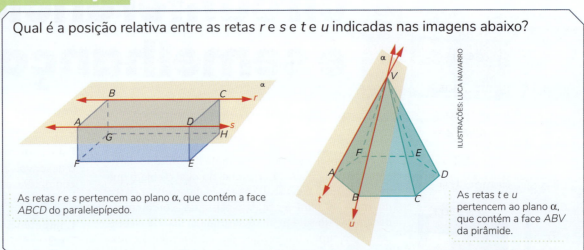

As retas *r* e *s* pertencem ao plano α, que contém a face *ABCD* do paralelepípedo.

As retas *t* e *u* pertencem ao plano α, que contém a face *ABV* da pirâmide.

RETAS PARALELAS INTERSECTADAS POR UMA TRANSVERSAL

As retas *r* e *s* mostradas a seguir são paralelas. A reta *t* intersecta *r* no ponto *P* e intersecta *s* no ponto *Q*. A reta transversal *t* determina, com as retas *r* e *s*, oito ângulos. Veja:

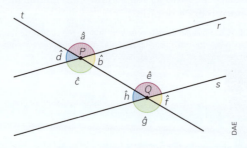

Os ângulos $\hat{b}$, $\hat{c}$, $\hat{e}$ e $\hat{h}$ estão situados na região do plano limitada pelas retas *r* e *s* e são chamados **ângulos internos**. Os outros quatro ângulos, $\hat{a}$, $\hat{d}$, $\hat{f}$ e $\hat{g}$, são chamados **ângulos externos**.

Considerando os pares de ângulos formados em *P* e em *Q*, podemos nomeá-los da seguinte forma:

$\begin{cases} \hat{a} \text{ e } \hat{e} \\ \hat{b} \text{ e } \hat{f} \\ \hat{c} \text{ e } \hat{g} \\ \hat{d} \text{ e } \hat{h} \end{cases}$ São pares de ângulos **correspondentes**: um deles é interno, o outro é externo, ambos estão do mesmo lado em relação à reta transversal *t* e com vértices diferentes.

$\begin{cases} \hat{a} \text{ e } \hat{g} \\ \hat{d} \text{ e } \hat{f} \end{cases}$ São pares de ângulos **alternos externos**: ambos são externos, estão em lados opostos em relação à reta transversal *t* e com vértices diferentes.

$\begin{cases} \hat{h} \text{ e } \hat{b} \\ \hat{c} \text{ e } \hat{e} \end{cases}$ São pares de ângulos **alternos internos**: ambos são internos, estão em lados opostos em relação à reta transversal *t* e com vértices diferentes.

$\begin{cases} \hat{b} \text{ e } \hat{e} \\ \hat{c} \text{ e } \hat{h} \end{cases}$ São pares de ângulos **colaterais internos**: ambos são internos, estão do mesmo lado em relação à reta transversal *t* e com vértices diferentes.

$\begin{cases} \hat{a} \text{ e } \hat{f} \\ \hat{d} \text{ e } \hat{g} \end{cases}$ São pares de ângulos **colaterais externos**: ambos são externos, estão do mesmo lado em relação à reta transversal *t* e com vértices diferentes.

Esses ângulos, aos pares, admitem as propriedades apresentadas a seguir.

- Os ângulos correspondentes são congruentes. Por medição, podemos confirmar essa proposição, ou seja, $a = e$, assim como $b = f$, por exemplo.
- Tanto os ângulos alternos internos quanto os alternos externos são congruentes.

Vamos demonstrar o caso da **congruência dos ângulos alternos internos** $\hat{h}$ e $\hat{b}$.

Hipótese: *r* e *s* são retas paralelas, $\hat{h}$ e $\hat{b}$ são ângulos alternos internos.

Tese: $\hat{h} \equiv \hat{b}$.

Demonstração:

- $\hat{h}$ e $\hat{e}$ são ângulos suplementares, portanto: $h + e = 180°$;
- $\hat{a}$ e $\hat{b}$ são ângulos suplementares, portanto: $a + b = 180°$.

Portanto, $h + e = a + b$. (I)

Como $\hat{a}$ e $\hat{e}$ são ângulos correspondentes, temos: $a = e$.

Substituindo em (I), temos:

$h + e = a + b \rightarrow h + a = a + b \rightarrow h = b \rightarrow \hat{h} \equiv \hat{b}$

A **congruência dos ângulos alternos externos** $\hat{a}$ e $\hat{g}$ também decorre de $\hat{h} \equiv \hat{b}$, pois: $180° - a = b = h = 180° - g \rightarrow 180° - a = 180° - g \rightarrow a = g$

De modo análogo, podemos demonstrar que os ângulos alternos internos $\hat{c}$ e $\hat{e}$ são congruentes e os ângulos alternos externos $\hat{d}$ e $\hat{f}$ são congruentes.

Agora vamos demonstrar que os **ângulos colaterais** internos $\hat{c}$ e $\hat{h}$ **são suplementares**.

Hipótese: *r* e *s* são retas paralelas, $\hat{c}$ e $\hat{h}$ são ângulos colaterais internos.

Tese: $\hat{c}$ e $\hat{h}$ são suplementares.

Demonstração:

Os ângulos $\hat{c}$ e $\hat{d}$ são suplementares, portanto, $c + d = 180°$, e os ângulos $\hat{d}$ e $\hat{h}$ são correspondentes, portanto, $h = d$. Assim, temos:

$\begin{cases} c + d = 180° \\ d = h \end{cases} \rightarrow c + h = 180°$, ou seja, $\hat{c}$ e $\hat{h}$ são suplementares

De modo análogo, podemos mostrar que $\hat{b}$ e $\hat{e}$ também são suplementares.

Para os ângulos colaterais externos $\hat{d}$ e $\hat{g}$, temos:

$$\begin{cases} c + d = 180° \to c = 180° - d \\ h + g = 180° \to h = 180° - g \end{cases}$$

Assim:

$c + h = 180° \to 180° - d + 180° - g = 180° \to 360° - (d + g) = 180° \to d + g = 180°$

Portanto, $\hat{d}$ e $\hat{g}$ são suplementares.

De modo análogo, podemos mostrar que $\hat{a}$ e $\hat{f}$ também são suplementares.

ATIVIDADES RESOLVIDAS

1 Na figura abaixo, as retas r e s são paralelas. Calcule a medida do ângulo $P\widehat{Q}R$.

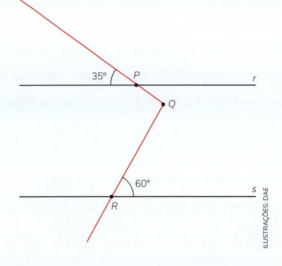

RESOLUÇÃO: Traçando uma reta u paralela a r, passando por Q, obtemos:

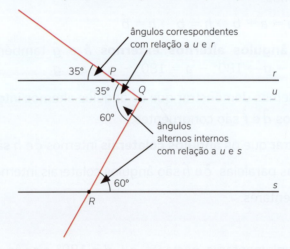

Usando as propriedades dos ângulos formados pelas paralelas, obtemos:

$\text{med}\left(P\widehat{Q}R\right) = 60° + 35° = 95°$

ATIVIDADES

FAÇA NO CADERNO

1 Em cada figura abaixo, calcule a medida de todos os ângulos que a reta transversal forma com as retas paralelas.

a)
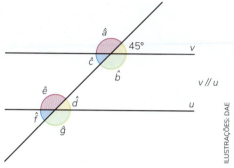

b)
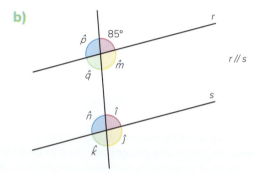

2 Em cada figura a seguir, identifique a relação entre os pares de ângulos indicados e calcule x, y e z. Considere r // s.

a)
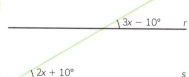

b)
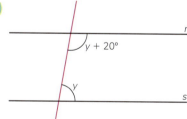

c)
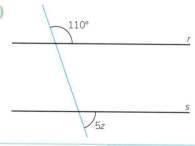

d)
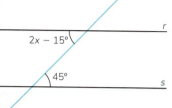

3 Duas retas paralelas determinam, com uma transversal, ângulos alternos internos de medidas expressas em graus por $(a + 12°)$ e $(3a - 20°)$.

a) Calcule o valor de a, em graus.

b) Calcule a medida, em graus, de cada um desses ângulos.

4 Determine x e as medidas a e b da figura sendo r // s.

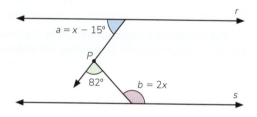

5 Calcule x sabendo que r // s.

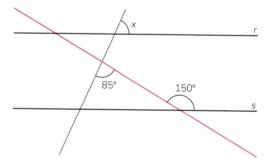

6 Sabendo que s // t, calcule a e b.

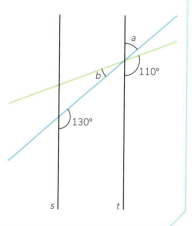

137

Curiosidade

A GEOMETRIA PROJETIVA

A geometria projetiva é o estudo das relações entre as formas e os seus mapeamentos, ou "imagens", que resultam da projeção daquelas numa superfície. As projeções podem muitas vezes ser visualizadas como sombras emitidas pelos objetos.

O arquiteto italiano Leon Battista Alberti foi um dos primeiros a ter contato com a geometria projetiva através do seu interesse na perspectiva em arte. De forma mais genérica, os pintores e arquitetos do Renascimento interessavam-se por métodos de representação de objetos tridimensionais em desenhos bidimensionais. Alberti colocava por vezes um ecrã de vidro entre si próprio e a paisagem, fechava um olho e marcava no vidro determinados pontos que pareciam estar na imagem. O desenho bidimensional daí resultante dava uma imagem fiel do cenário tridimensional.

O matemático francês, Gérard Desargues, foi o primeiro matemático profissional a formalizar a geometria projetiva, enquanto procurava formas de estender a geometria euclidiana. [...]

Em geometria projetiva, elementos como os pontos, as linhas e os planos permanecem geralmente pontos, linhas e planos quando projetados. No entanto, os comprimentos, os rácios dos comprimentos e os ângulos podem mudar em projeção. Em geometria projetiva, as linhas paralelas da geometria euclidiana encontram-se no infinito na projeção.

PICKOVER, Clifford A. *O livro da Matemática*: de Pitágoras à 57ª dimensão, 250 marcos da história da Matemática. Madri: Librero, 2011. p. 142.

Templo Malatestiano, Ramini, Itália, projetado pelo arquiteto italiano Leon Battista Alberti.

Glossário

- **Ecrã:** tela, *display*, monitor.
- **Rácio:** razões, proporção entre dois conjuntos.

ARCOS DE CIRCUNFERÊNCIA

Os pontos *A* e *B* pertencentes a uma circunferência dividem-na em duas partes, chamadas **arcos de circunferência**.

Fazendo a leitura da figura ao lado no sentido horário, temos dois arcos: $\overset{\frown}{AB}$ e $\overset{\frown}{BA}$.

Unindo as extremidades *A* e *B* do arco com o centro *O* da circunferência, obtemos o ângulo central α, correspondente ao arco *AB*.

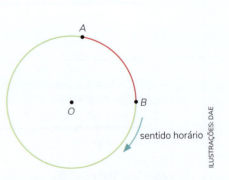

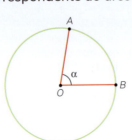

A medida em graus do ângulo central é igual à medida em graus do arco correspondente. Veja os exemplos a seguir.

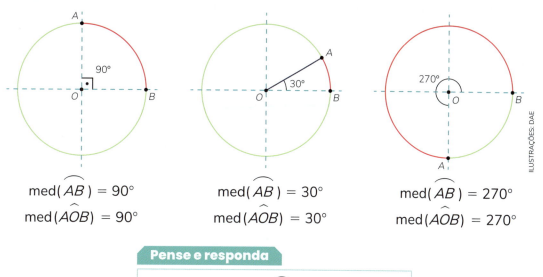

med($\widehat{AB}$) = 90°
med($A\hat{O}B$) = 90°

med($\widehat{AB}$) = 30°
med($A\hat{O}B$) = 30°

med($\widehat{AB}$) = 270°
med($A\hat{O}B$) = 270°

Pense e responda

Qual é o valor de med($\widehat{BA}$) em cada exemplo?

Qualquer diâmetro divide a circunferência em dois arcos congruentes, denominados **semicircunferências** ou **arcos de meia-volta**.

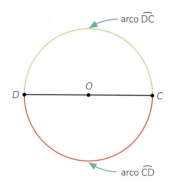

arco $\widehat{DC}$

arco $\widehat{CD}$

Curiosidade

[...]

Os gregos tomaram a linha reta e o círculo como base de sua geometria e a partir daí desenvolveram a trigonometria. A convenção de 360° em um círculo e 60 segundos em um grau teve origem na matemática helênica – aparentemente já estava em uso no tempo de Hiparco da Bitínia (c. 190-120 a.C.). Provavelmente teve origem na divisão astronômica babilônica do zodíaco em 12 signos ou 36 decanos, e o ciclo anual de aproximadamente 360 dias. O sistema superior usado pelos babilônios para representar frações o tornou mais útil do que os sistemas egípcio e grego, e Ptolomeu (c. 90-168 d.C.) usou o sistema de base 60 ao dividir em graus e minutos (*partes minutae primae*), e cada minuto em 60 segundos (*partes minutae secundae*).

[...]

ROONEY, Anne. *A história da Matemática*: desde a criação das pirâmides até a exploração do infinito. São Paulo: M. Books do Brasil, 2012. p. 87-88.

Relógio zodíaco baseado na divisão astronômica babilônica.

139

ÂNGULO CENTRAL

O vértice O do ângulo AÔB da figura a seguir localiza-se no centro da circunferência. Por isso, esse ângulo é chamado **ângulo central**.

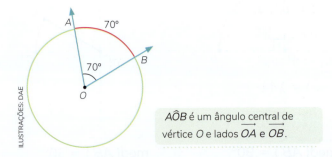

AÔB é um ângulo central de vértice O e lados $\vec{OA}$ e $\vec{OB}$.

Nessa circunferência, $\vec{OA}$ e $\vec{OB}$ determinam o arco AB, cuja medida é igual à medida do ângulo central correspondente. Por exemplo, na figura acima, o ângulo central AÔB e o arco AB correspondente medem 70°.

A medida angular de um arco também pode ser referida simplesmente como **medida do arco**. Arcos podem ter a mesma medida angular e não ter a mesma medida linear (comprimento). Veja:

med($\overset{\frown}{AB}$) = med($\overset{\frown}{EF}$) = 35°.

Contudo, o comprimento do arco AB é menor do que o comprimento do arco EF.

med($\overset{\frown}{CD}$) = med($\overset{\frown}{GH}$) = 100°.

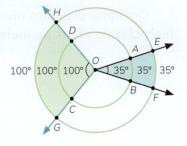

Contudo, o comprimento do arco CD é menor do que o comprimento do arco GH.

> **Pense e responda**
> O ângulo formado pelos ponteiros de um relógio é um ângulo central?

Acompanhe a seguinte situação.

A circunferência abaixo foi dividida em cinco arcos congruentes. Quanto mede cada um desses arcos? E o arco AC?

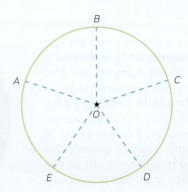

Cada arco assinalado corresponde a um ângulo central. Por exemplo, o arco AB é correspondente ao ângulo AÔB; logo, as medidas do arco AB e do ângulo AÔB são iguais.

Pelo enunciado, os cinco arcos são congruentes; então, podemos concluir que os respectivos ângulos centrais também o são.

Como a medida de um ângulo de uma volta completa é 360°, temos:

med(AÔB) + med(BÔC) + med(CÔD) + med(DÔE) + med(EÔA) = 360° →

→ 5 · med(AÔB) = 360° → med(AÔB) = 72°

Portanto, cada um dos arcos mede 72°.

O arco AC é correspondente ao ângulo central AÔC. Logo:

med(AÔC) = med(AÔB) + med(BÔC) → med(AÔC) = 72 + 72 = 144 →

→ med($\overset{\frown}{AC}$) = 144°.

ATIVIDADES RESOLVIDAS

1 A circunferência da figura a seguir tem 3 cm de raio, e o ângulo central AÔB mede 140°. Identifique cada um destes elementos e dê suas medidas: segmentos OA e AC; arcos BA e CB, AC e AB.

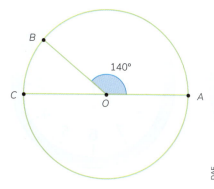

RESOLUÇÃO: O segmento OA é raio da circunferência e é igual a 3 cm. O segmento AC é diâmetro da circunferência, ou seja, tem o dobro da medida do raio. Logo:

AC = 2 · OA → AC = 2 · 3 → AC = 6 cm.

Cada um dos arcos com vértice no centro O da circunferência corresponde a um ângulo central. O arco BA é correspondente ao ângulo AÔB; logo, as medidas do arco e do ângulo AÔB são iguais a 140°.

med($\overset{\frown}{CB}$) + med($\overset{\frown}{BA}$) = 180° → med($\overset{\frown}{CB}$) + 140° = 180° → med(CB) = 40°

O arco AC é correspondente ao ângulo AÔC, que é igual a 180°.

med($\overset{\frown}{AB}$) + med($\overset{\frown}{BA}$) = 360° → med($\overset{\frown}{AB}$) + 140° = 360° →

→ med($\overset{\frown}{AB}$) = 360° − 140° → med($\overset{\frown}{AB}$) = 220°

ATIVIDADES

FAÇA NO CADERNO

1 Trace uma circunferência e desenhe um ângulo central correspondente a:
   a) 30°;
   b) 45°;
   c) 90°;
   d) 180°.

2. Determine as medidas de $\overset{\frown}{BA}$, $\overset{\frown}{CB}$ e $\overset{\frown}{AC}$ sabendo que o centro da circunferência é o ponto O.

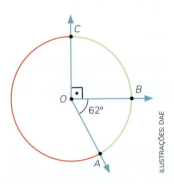

3. Calcule a medida do ângulo central determinado pelos ponteiros dos relógios a seguir, que marcam horas exatas.

a)

b)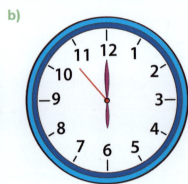

c)

4. Na figura a seguir, a medida de $\overset{\frown}{AB}$ corresponde à quarta parte da medida, em graus, da circunferência. Determine as medidas x, y e z dos ângulos internos do triângulo AOB.

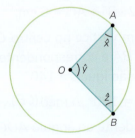

5. Quantos graus mede o arco CA mostrado na figura a seguir?

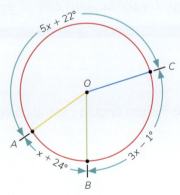

ÂNGULO INSCRITO

Na figura a seguir, o vértice A de $B\hat{A}C$ localiza-se sobre a circunferência, e os lados $\overline{AB}$ e $\overline{AC}$ são secantes a essa circunferência, determinando $\overset{\frown}{CB}$.

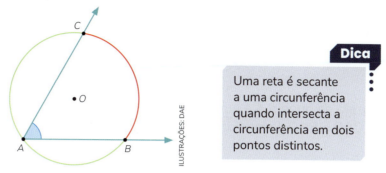

Dica

Uma reta é secante a uma circunferência quando intersecta a circunferência em dois pontos distintos.

Nessas condições, dizemos que $\hat{A}$ ou $B\hat{A}C$ é um **ângulo inscrito** na circunferência. O ângulo inscrito admite a seguinte propriedade:

> A medida do ângulo inscrito é igual à metade da medida angular do arco correspondente. Nesse caso, $\text{med}(\hat{A}) = \dfrac{\text{med}(\overset{\frown}{CB})}{2}$.

Conforme a posição do centro da circunferência em relação ao ângulo inscrito, demonstraremos essa propriedade em três casos, relacionados a seguir.

1º caso: o centro da circunferência pertence a um dos lados do ângulo inscrito

O triângulo AOC é isósceles, pois $\overline{AO} \equiv \overline{CO}$ ($\overline{AO}$ e $\overline{CO}$ são raios da circunferência).

Temos, então: $\alpha = \gamma$.

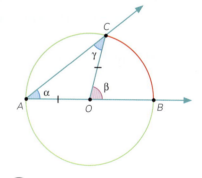

O ângulo COB é externo ao triângulo AOC. Logo:

$\alpha + \gamma = \beta \rightarrow \alpha + \alpha = \beta \rightarrow 2\alpha = \beta \rightarrow \alpha = \dfrac{\beta}{2}$ (I)

Como $\overset{\frown}{CB}$ é correspondente ao ângulo central COB, temos: $\beta = \text{med}(\overset{\frown}{CB})$. Substituindo em I:

$\alpha = \dfrac{\text{med}(\overset{\frown}{CB})}{2}$.

2º caso: o centro da circunferência é interno ao ângulo inscrito

Traçando a semirreta de origem A e que passa pelo centro O, dividimos o ângulo BAC inscrito nos ângulos BAD e DAC de medidas α_1 e α_2, respectivamente.

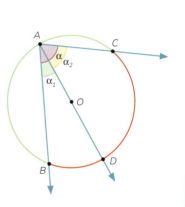

Pelo 1º caso, sabemos que: $\alpha_1 = \dfrac{\text{med}(\overset{\frown}{DB})}{2}$ e $\alpha_2 = \dfrac{\text{med}(\overset{\frown}{DC})}{2}$.

Como $\alpha = \alpha_1 + \alpha_2$, temos: $\alpha = \dfrac{\text{med}(\overset{\frown}{DB})}{2} + \dfrac{\text{med}(\overset{\frown}{DC})}{2} \rightarrow$

$\rightarrow \alpha = \dfrac{\text{med}(\overset{\frown}{CB})}{2}$.

3º caso: o centro da circunferência é externo ao ângulo inscrito

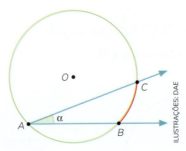

Traçando a semirreta de origem A e que passa pelo centro O e cruza a circunferência no ponto D, obtemos os ângulos CAD e BAD de medidas α_1 e α_2, respectivamente.

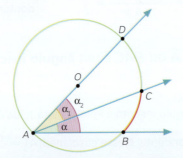

Pelo 1º caso, sabemos que: $\alpha_1 = \dfrac{med(\widehat{DC})}{2}$ e $\alpha_2 = \dfrac{med(\widehat{DB})}{2}$.

Como $\alpha = \alpha_2 - \alpha_1$, temos: $\alpha = \dfrac{med(\widehat{DB})}{2} - \dfrac{med(\widehat{DC})}{2} \rightarrow \alpha = \dfrac{med(\widehat{CB})}{2}$.

Pelo fato de o ângulo central ter a mesma medida que o arco por ele determinado na circunferência, podemos enunciar uma propriedade recorrente:

Na figura a seguir, temos: $\beta = med(\widehat{CB})$ e $\alpha = \dfrac{med(\widehat{CB})}{2}$.

Então: $\alpha = \dfrac{\beta}{2}$.

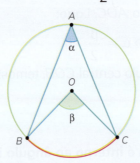

Pense e responda

Dos ângulos representados abaixo, quais não são inscritos?

a) 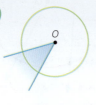   b)    c)   d) 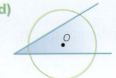   e)

ATIVIDADES RESOLVIDAS

1 Nesta figura, o ponto O é o centro da circunferência, o ângulo $O\hat{A}B$ mede 50° e o ângulo $O\hat{B}C$ mede 15°. Determine a medida, em graus, do ângulo $O\hat{A}C$.

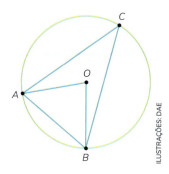

RESOLUÇÃO: Marcando na figura os ângulos dados e as medidas a, b, c e x dos ângulos, temos:

$med(\hat{a}) = 2 \cdot med(\hat{c})$ (I)

O triângulo AOB é isósceles (AO = BO = raio), então: $med(\hat{b}) = 50°$.

Como a soma das medidas dos ângulos internos do triângulo ABO vale 180°, temos:

$50° + 50° + a = 180° \rightarrow a = 80°$ (II)

Assim, substituindo II em I:

$a = 2c \rightarrow 80° = 2c \rightarrow c = \dfrac{80}{2} \rightarrow c = 40°$

Por fim, no triângulo ABC, temos:

$c + (x + 50) + (b + 15) = 180° \rightarrow 40° + x + 50° + 50° + 15° = 180° \rightarrow x = 25°$

Portanto, $med(O\hat{A}C) = 25°$.

ATIVIDADES

FAÇA NO CADERNO

1 Nas figuras abaixo, identifique o arco correspondente a cada ângulo inscrito assinalado.

a)
b)

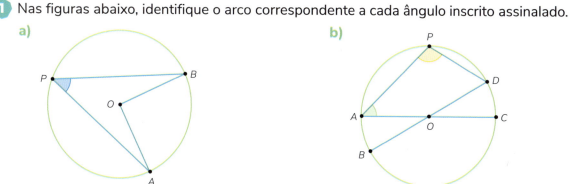

145

c)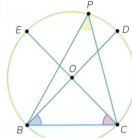

d)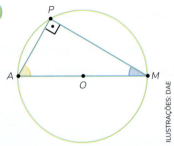

2 Desenhe uma circunferência com raio de 4 cm e, em seguida, faça o que se pede.

a) Trace um ângulo central e um ângulo inscrito que determinem o mesmo arco na circunferência.

b) Determine a medida de cada ângulo.

3 Calcule o valor de x, medido em graus nas figuras a seguir, considerando o ponto O como o centro da circunferência.

a)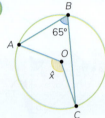

c)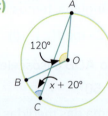

b)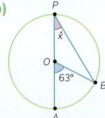

d)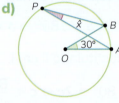

4 Esta figura mostra uma circunferência de centro C.

Calcule, em graus, a medida do arco $\overset{\frown}{BA}$.

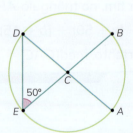

5 Calcule a medida x do ângulo $E\hat{F}B$.

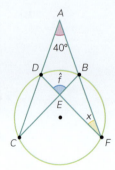

146

6 Na figura a seguir, temos: med($\widehat{AB}$) = 20°; med($\widehat{BC}$) = 124°; med($\widehat{CD}$) = 36°; e med($\widehat{DE}$) = 90°.

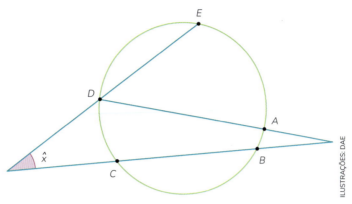

Qual é a medida do ângulo $\hat{x}$?

7 Determine as medidas dos ângulos $\hat{x}$ e $\hat{y}$ sabendo que todos os polígonos inscritos são regulares.

a)    b) 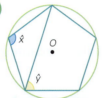   c) 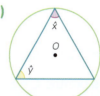   d)

8 Considere a circunferência de centro O representada a seguir.

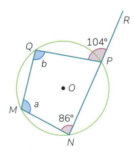

Sabendo que R é um ponto da reta $\overleftrightarrow{NP}$ e que as medidas $M\hat{N}P$ e $Q\hat{P}R$ são respectivamente iguais a 86° e 104°, calcule as medidas *a* e *b* dos ângulos $N\hat{M}Q$ e $M\hat{Q}P$.

9 Todo ângulo inscrito em uma semicircunferência cujos lados passam pelas extremidades de um diâmetro é reto.

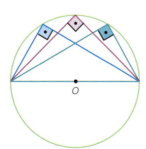

Justifique essa afirmação usando o que você aprendeu sobre ângulo inscrito.

10 Determine a medida do ângulo central $A\widehat{O}B$ na figura abaixo e explique como fez seus cálculos.

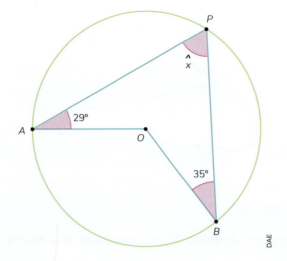

11 No *software* de Geometria Dinâmica, Carla desenhou uma circunferência usando a ferramenta "Círculo".

Com a ferramenta "Reta", traçou uma secante à circunferência, isto é, uma reta que cruza a circunferência em dois pontos C e B.

Em seguida, ela usou a ferramenta "Reta perpendicular" e clicou no ponto B e na reta $\overleftrightarrow{CB}$. Assim, ela traçou uma perpendicular a $\overleftrightarrow{CB}$ passando por B e cortando a circunferência no ponto D.

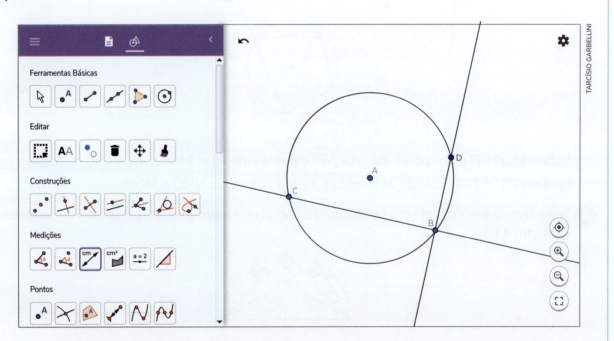

a) Qual é a medida do ângulo inscrito $D\widehat{B}C$?

b) Qual é a razão entre a medida do segmento $\overline{CD}$ e a medida do raio da circunferência?

Justifique as respostas e use as ferramentas de medições do *software* para verificá-las.

MAIS ATIVIDADES

1 Considere a figura a seguir, em que $r \mathbin{/\mkern-5mu/} s$.

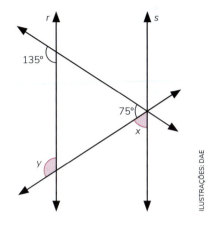

Calcule as medidas x e y dos ângulos assinalados.

2 Na figura a seguir, as retas x e y são paralelas e intersectadas pela reta transversal z.

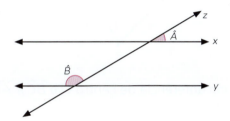

Calcule as medidas dos ângulos $\hat{A}$ e $\hat{B}$ sabendo que a medida de $\hat{B}$ é o quádruplo da medida de $\hat{A}$.

3 Na figura a seguir, as retas r e s são paralelas.

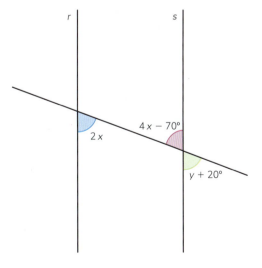

Calcule o valor, em graus, de x e y.

4 Esta figura mostra um triângulo equilátero XYZ inscrito numa circunferência de centro O, e um ponto P de arco ZX.

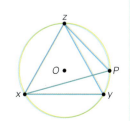

Calcule a medida, em graus, do ângulo $Z\hat{P}X$.

5 Observe a imagem a seguir.

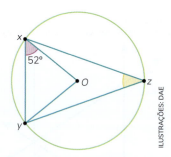

Sabendo que O é o centro da circunferência, calcule a medida do ângulo XẐY.

6 (UFSC) Na figura a seguir O é o centro da circunferência, o ângulo OÂB mede 50°, e o ângulo OB̂C mede 15°. Determine a medida, em graus, do ângulo OÂC.

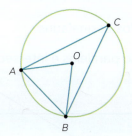

7 Esta figura representa uma circunferência de centro O e $\overline{BC} \parallel \overline{AD}$.

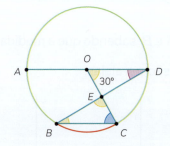

Elabore perguntas usando os dados da figura e troque com um colega para responder. Depois, destroque para conferir as respostas.

8 (FCC-TRF3R) Amanda, Brenda e Carmen são médica, engenheira e biblioteconomista, não necessariamente nessa ordem. Comparando a altura das três, a biblioteconomista, que é a melhor amiga de Brenda, é a mais baixa. Sabendo-se também que a engenheira é mais baixa do que Carmen, é necessariamente correto afirmar que:

a) Brenda é médica.

b) Carmen é mais baixa que a médica.

c) Amanda é biblioteconomista.

d) Carmen é engenheira.

e) Brenda é biblioteconomista.

CAPÍTULO 2

Semelhança de figuras

Para começar

Que características comuns podem ser identificadas nestas imagens?

Catedral Metropolitana Nossa Senhora Aparecida, Brasília (DF).

FIGURAS SEMELHANTES

A ideia de semelhança está muito presente em nosso cotidiano. Quando ampliamos ou reduzimos uma foto, por exemplo, a figura obtida e a inicial são **semelhantes**: têm a mesma forma e diferenciam-se apenas pelo tamanho. Em Geometria, a noção de semelhança está vinculada às formas das figuras geométricas.

Observe a sequência de figuras a seguir.

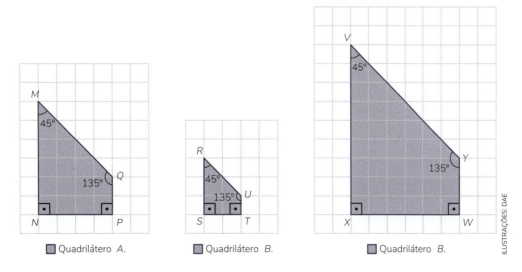

O quadrilátero B é uma redução do quadrilátero A. Note que a medida de cada lado de B é metade da medida de cada lado de A, ou seja, a razão entre as medidas dos lados é $\frac{1}{2} = 0,5$.

Já o quadrilátero C é uma ampliação do quadrilátero A. A medida de cada lado de C corresponde a 1,5 vez a medida de cada lado de A, ou seja, a razão entre as medidas dos lados é $\frac{3}{2} = 1,5$.

Os lados correspondentes são:

$\overline{MN}, \overline{RS}$ e $\overline{VX}$; $\overline{NP}, \overline{ST}$ e $\overline{XW}$; $\overline{PQ}, \overline{TU}$ e $\overline{WY}$; $\overline{QM}, \overline{UR}$ e $\overline{YV}$

Os ângulos correspondentes são:

$\widehat{M}, \widehat{R}$ e $\widehat{V}$; $\widehat{N}, \widehat{S}$ e $\widehat{X}$; $\widehat{P}, \widehat{T}$ e $\widehat{W}$; $\widehat{Q}, \widehat{U}$ e $\widehat{Y}$

Além disso, podemos notar que os ângulos correspondentes nos quadriláteros B (reduzido) e C (ampliado) têm a mesma medida que no quadrilátero A e que os lados correspondentes foram reduzidos ou ampliados na mesma proporção.

Observe na figura a seguir que todos os quadriláteros ampliados são semelhantes ao quadrilátero MNPQ.

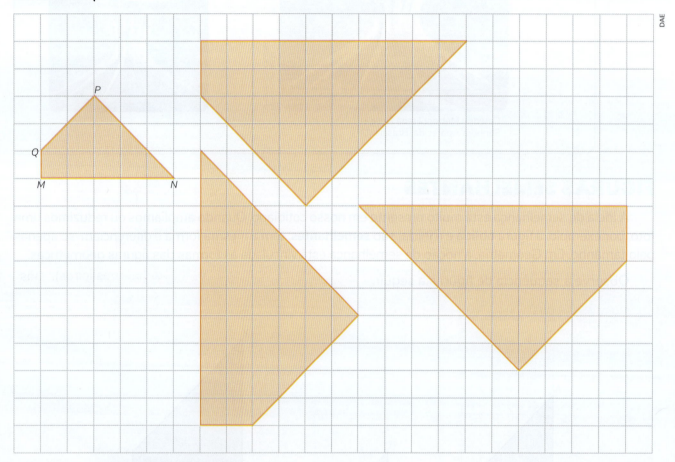

Pense e responda

Para que dois polígonos sejam semelhantes é necessário que estejam na mesma posição?

MATEMÁTICA INTERLIGADA

ESCALAS

Conforme você já estudou anteriormente, alguns objetos, seres ou astros não podem ser representados em suas dimensões reais. Quando queremos, por exemplo, ilustrar um planeta, esboçar a planta de um imóvel ou traçar um mapa, é necessário reduzir as medidas originais, mas mantendo e indicando uma proporção, para que nossa representação seja a mais fidedigna possível.

Veja os mapas abaixo.

Escala 1:1050 (cada 1 cm equivale a 1 050 km).

Escala 1:690 (cada 1 cm equivale a 690 km).

Fonte: IBGE. *Atlas geográfico escolar*. 4. ed. Rio de Janeiro: IBGE, 2007.

Ambos os mapas representam a mesma informação (os territórios dos estados brasileiros), mas em escalas diferentes.

Para ilustrar duas ou mais figuras em escala, que fazem parte do mesmo painel ou da mesma paisagem, é necessário que a redução de todos os elementos seja feita na mesma escala para não gerar interpretação incorreta. Na ilustração abaixo, por exemplo, temos a impressão de que todos os planetas do Sistema Solar são do mesmo tamanho; entretanto, sabemos que isso não é verdade. Veja na tabela.

DIÂMETROS EQUATORIAIS DOS PLANETAS DO SISTEMA SOLAR	
Astro	Diâmetro equatorial (em km)
Mercúrio	4 879,4
Vênus	12 103,6
Terra	12 756,2
Marte	6 794,4
Júpiter	142 984
Saturno	120 536
Urano	51 118
Netuno	49 538

Fonte: SILVA, Edna M. Esteves da. O Sistema Solar. *Planetário UFSC*, [Florianópolis], [20--?]. Disponível em: https://planetario.ufsc.br/o-sistema-solar/. Acesso em: 19 fev. 2021.

POLÍGONOS SEMELHANTES

Observe os polígonos ABCDE e A'B'C'D'E'.

Das figuras, temos:

- med($\hat{A}$) = 125° e med($\hat{A}'$) = 125°;

  então, $\hat{A} \equiv \hat{A}'$;

- med($\hat{B}$) = 110° e med($\hat{B}'$) = 110°;

  então, $\hat{B} \equiv \hat{B}'$;

- med($\hat{C}$) = 120° e med($\hat{C}'$) = 120°;

  então, $\hat{C} \equiv \hat{C}'$;

- med($\hat{D}$) = 105° e med($\hat{D}'$) = 105°;

  então, $\hat{D} \equiv \hat{D}$;

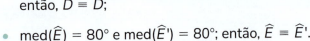

- med($\hat{E}$) = 80° e med($\hat{E}'$) = 80°; então, $\hat{E} \equiv \hat{E}'$.

Os ângulos correspondentes são congruentes, isto é, têm a mesma medida.

Observe agora as seguintes razões:

$$\frac{AB}{A'B'} = \frac{2 \text{ cm}}{4 \text{ cm}} = \frac{1}{2} \qquad \frac{CD}{C'D'} = \frac{2,1 \text{ cm}}{4,2 \text{ cm}} = \frac{1}{2} \qquad \frac{EA}{E'A'} = \frac{3 \text{ cm}}{6 \text{ cm}} = \frac{1}{2}$$

$$\frac{BC}{B'C'} = \frac{2,5 \text{ cm}}{5 \text{ cm}} = \frac{1}{2} \qquad \frac{DE}{D'E'} = \frac{3,5 \text{ cm}}{7 \text{ cm}} = \frac{1}{2}$$

Então:

$$\frac{AB}{A'B'} = \frac{BC}{B'C'} = \frac{CD}{C'D'} = \frac{DE}{D'E'} = \frac{EA}{B'A'} = \frac{1}{2}$$

Observe que os lados correspondentes também são proporcionais, isto é, a razão entre a medida de cada lado do polígono menor e a medida de cada lado correspondente no polígono maior é a mesma.

Satisfeitas essas duas condições, dizemos que o polígono ABCDE é **semelhante** ao polígono A'B'C'D'E' e indicamos assim: A'B'C'D'E' ~ ABCDE.

> Dois polígonos são **semelhantes** quando seus **ângulos correspondentes são congruentes** e seus **lados correspondentes são proporcionais**.

Agora, veja as figuras a seguir. O △ABC é semelhante ao △MNP.

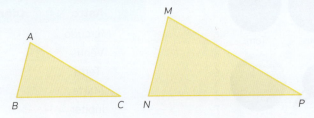

Então, temos:

$$\hat{A} \equiv \hat{M} \qquad \hat{B} \equiv \hat{N} \qquad \hat{C} \equiv \hat{P}$$

e

$$\frac{AB}{MN} = \frac{BC}{NP} = \frac{CA}{PM}$$

154

Para que haja semelhança entre dois polígonos, a congruência dos ângulos correspondentes e a proporcionalidade dos lados correspondentes têm de ser mantidas.

> Vamos convencionar que a ordem em que nomeamos os vértices de dois polígonos semelhantes indica os pares de ângulos correspondentes congruentes e os pares de lados correspondentes proporcionais.

Observe os retângulos ABCD e EFGH abaixo.

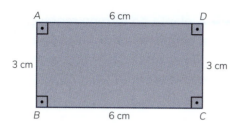
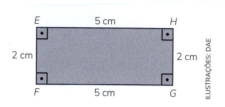

Aparentemente, o retângulo EFGH é uma redução do retângulo ABCD, mas quando comparamos os lados correspondentes verificamos que isso não é verdade.

Note que ocorre congruência dos ângulos, mas não ocorre a proporcionalidade dos lados correspondentes.

$$\begin{cases} \dfrac{AB}{EF} = \dfrac{3 \text{ cm}}{2 \text{ cm}} = \dfrac{3}{2} \\ \dfrac{BC}{FG} = \dfrac{6 \text{ cm}}{5 \text{ cm}} = \dfrac{6}{5} \end{cases} \to \dfrac{3}{2} \neq \dfrac{6}{5}$$

Logo, os retângulos ABCD e EFGH não são semelhantes.

ATIVIDADES RESOLVIDAS

1 O quadrilátero ABCD é semelhante ao quadrilátero MNPQ. Determine as medidas dos lados $\overline{BC}$, $\overline{CD}$ e $\overline{QM}$. As medidas indicadas estão em centímetros.

RESOLUÇÃO: Se o quadrilátero ABCD é semelhante ao quadrilátero MNPQ, temos:

$$\dfrac{AB}{MN} = \dfrac{BC}{NP} = \dfrac{CD}{PQ} = \dfrac{DA}{QM} \to \dfrac{1}{3} = \dfrac{BC}{18} = \dfrac{CD}{27} = \dfrac{7}{QM}$$

Logo:

$$\dfrac{1}{3} = \dfrac{BC}{18} \to 3 \cdot BC = 18 \to$$
$$\to BC = 6$$

$$\dfrac{1}{3} = \dfrac{CD}{27} \to 3 \cdot CD = 27 \to CD = 9$$

$$\dfrac{1}{3} = \dfrac{7}{QM} \to QM = 21$$

Portanto, BC = 6 cm, CD = 9 cm e QM = 21 cm.

ATIVIDADES

FAÇA NO CADERNO

1) Considere as figuras a seguir e identifique os pares de figuras semelhantes.

a)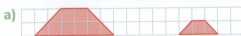

b)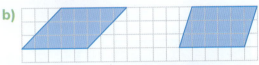

c)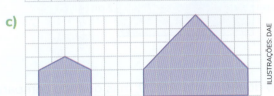

2) Observe estas figuras.

Figura I. Figura II.

a) As figuras I e II são semelhantes? Justifique sua resposta.

b) Em uma folha de papel quadriculado, desenhe uma figura semelhante à figura I com razão de semelhança igual a:
- 2;
- 3;
- 1;
- 1.

3) O triângulo ABC é uma ampliação do triângulo DEF.

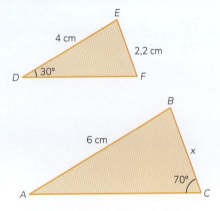

Determine a medida de:

a) $\overline{BC}$;

b) $D\widehat{F}E$;

c) $D\widehat{E}F$;

d) $B\widehat{A}C$.

4) A planta do terreno representado na figura a seguir foi feita na escala 1 : 600. Quais são as medidas reais, em metros, dos lados desse terreno?

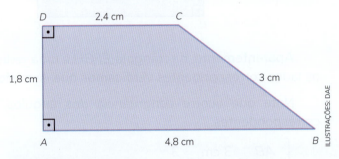

5) Observe a figura.

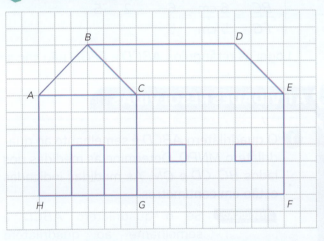

a) Em uma folha de papel quadriculado (0,5 cm × 0,5 cm), reproduza essa figura duplicando todas as medidas.

b) A figura que você construiu é semelhante à figura original? Justifique sua resposta.

c) Qual é a medida, em graus, dos ângulos internos do triângulo ABC?

6) Em uma folha de papel quadriculado, desenhe duplas de polígonos que tenham os mesmos ângulos, mas não sejam semelhantes.

156

7 Quais dos retângulos representados na malha quadriculada a seguir são semelhantes? Explique como você chegou a essa conclusão.

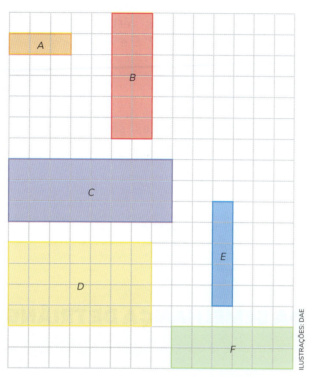

8 Veja como Maria representou três prismas na malha quadriculada.

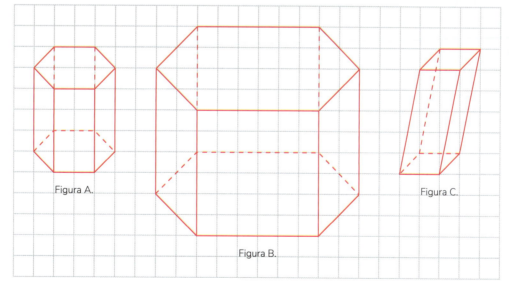

Figura A. Figura B. Figura C.

Em uma malha quadriculada:

a) amplie a figura A multiplicando as medidas dos lados pelo fator 1,5;

b) reduza a figura B dividindo as medidas dos lados pelo fator 2;

c) desenhe uma figura semelhante à figura C na razão de semelhança 1 : 4.

9 Dois quadrados são sempre semelhantes? Justifique sua resposta.

SEMELHANÇA DE TRIÂNGULOS

Considere os triângulos semelhantes ABC e DEF representados ao lado.

Quando indicamos a semelhança desses dois triângulos por △ABC ~ △DEF, isso significa que os vértices A, B e C são correspondentes aos vértices D, E e F, respectivamente:

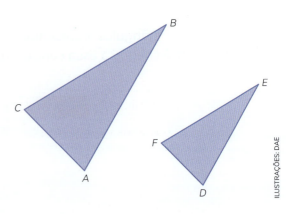

Dessa maneira, os ângulos correspondentes são $\hat{A}$ e $\hat{D}$, $\hat{B}$ e $\hat{E}$, $\hat{C}$ e $\hat{F}$, e os lados correspondentes são $\overline{AB}$ e $\overline{DE}$, $\overline{BC}$ e $\overline{EF}$, $\overline{CA}$ e $\overline{FD}$.

Portanto:

△ABC ~ △DEF, então: $\begin{cases} \hat{A} \cong \hat{D}, \hat{B} \cong \hat{E} \text{ e } \hat{C} \cong \hat{F} \\ \dfrac{AB}{DE} = \dfrac{BC}{EF} = \dfrac{CA}{FD} \end{cases}$

PROPRIEDADES DA SEMELHANÇA DE TRIÂNGULOS

Reflexiva

Um triângulo é semelhante a ele mesmo.

△ABC ~ △ABC

Simétrica

Se o triângulo ABC é semelhante ao triângulo DEF, então o triângulo DEF é semelhante ao triângulo ABC.

△ABC ~ △DEF, então △DEF ~ △ABC

Transitiva

Se o triângulo ABC é semelhante ao triângulo DEF e o triângulo DEF é semelhante a outro triângulo GHI, então o triângulo ABC é semelhante ao triângulo GHI.

△ABC ~ △DEF e △DEF ~ △GHI, então △ABC ~ △GHI

TEOREMA FUNDAMENTAL DA SEMELHANÇA DE TRIÂNGULOS

Consideremos o triângulo ABC representado a seguir.

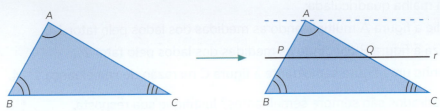

Traçando uma reta *r* paralela ao lado *BC*, ela vai intersectar o lado *AB* no ponto *P* e o lado *AC* no ponto *Q*. Separando os triângulos *ABC* e *APQ*, vem:

Os dois triângulos têm os ângulos ordenadamente congruentes, pois:

- $\widehat{A} \equiv \widehat{A}$ (ângulo comum);
- $\widehat{B} \equiv \widehat{P}$ (ângulos correspondentes);
- $\widehat{C} \equiv \widehat{Q}$ (ângulos correspondentes).

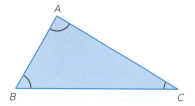 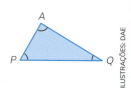

Sendo $\overleftrightarrow{PQ} \parallel \overleftrightarrow{BC}$ e aplicando o teorema de Tales nas transversais $\overleftrightarrow{AB}$ e $\overleftrightarrow{AC}$, temos: $\dfrac{AP}{AB} = \dfrac{AQ}{AC}$.

Pelo ponto *Q*, traçamos $\overleftrightarrow{QR}$ paralela a $\overleftrightarrow{AB}$ e aplicamos o teorema de Tales:

$$\dfrac{AP}{AB} = \dfrac{AQ}{AC} = \dfrac{BR}{BC}$$

Sendo *PBRQ* um paralelogramo, então $BR \sim PQ$, e logo:

$$\dfrac{AP}{AB} = \dfrac{AQ}{AC} = \dfrac{PQ}{BC}$$

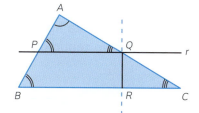

Disso se conclui que os triângulos *ABC* e *APQ* são semelhantes, ou seja, $\triangle ABC \sim \triangle APQ$.

Assim, podemos definir que:

> Toda reta paralela a um lado de um triângulo que intersecta os outros lados em pontos distintos determina um novo triângulo semelhante ao primeiro.
>
> O quociente comum entre as medidas dos lados correspondentes é chamado de **razão de proporcionalidade** ou **razão de semelhança** entre os dois triângulos.

ATIVIDADES RESOLVIDAS

1 Qual é a medida *x*, em centímetros, do segmento *AE* mostrado no triângulo retângulo *ABC* abaixo?

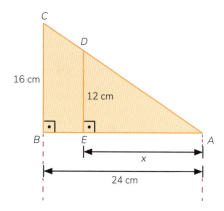

RESOLUÇÃO: Aplicando o teorema de Tales, temos:

$$\dfrac{x}{24} = \dfrac{12}{16}$$

Fazendo a multiplicação em cruz, temos:

$16x = 12 \cdot 24$

$x = 18$ cm

159

ATIVIDADES

1 Observe a figura abaixo.

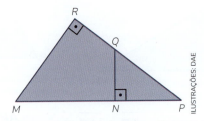

Sabendo que $MR = 6$ cm, $MP = 10$ cm e $NP = 4$ cm, calcule a medida de NQ em centímetros.

2 Observe esta figura. As medidas indicadas estão em centímetros.

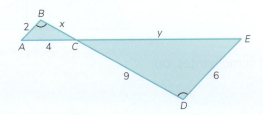

Se med($A\hat{B}C$) = med($C\hat{D}E$), calcule o valor de x e de y.

3 Considerando que, na figura abaixo, as medidas indicadas estão em centímetros, calcule o valor de x.

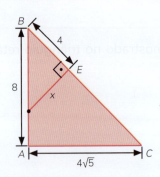

4 Um engenheiro vai construir uma casa retangular de dimensões x e y em um terreno com formato de triângulo retângulo, cujos catetos medem 25 metros e 40 metros. Observe o esquema do terreno e da casa.

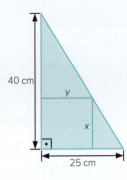

a) Escreva y em função de x.

b) Determine a fórmula matemática que representa a área da casa em função de x.

c) Qual é a área ocupada pela casa quando $x = 15$ m?

5 Para calcular a profundidade de um poço com 1,10 m de diâmetro, uma pessoa cujos olhos estão a 1,60 m do chão se posiciona a 0,50 m da borda, como mostra a figura abaixo. Determine a profundidade desse poço.

Representação de um poço visto em corte.

6 A figura a seguir representa dois terrenos planos, $ABDE$ e DEC.

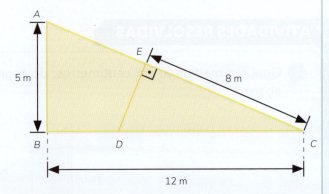

O terreno $ABDE$ será destinado à construção de uma casa, e o terreno DCE, a um jardim.

a) Qual é o perímetro do terreno destinado à construção da casa?

b) Os lados DE e CE do terreno destinado ao jardim serão cercados com um muro pré-fabricado cujo metro linear custa R$ 105,00. Quantos reais serão gastos para a construção desse muro?

TRIÂNGULOS SEMELHANTES

Dois triângulos são semelhantes quando os ângulos internos correspondentes são congruentes e os lados correspondentes são proporcionais.

Como sabemos, a soma das medidas dos ângulos internos de qualquer triângulo é sempre 180°. A semelhança entre triângulos pode ser verificada com base em alguns critérios denominados **casos de semelhança**, os quais vamos apresentar a seguir.

1º caso: AA (ângulo – ângulo)

Dois triângulos são semelhantes quando dois de seus ângulos correspondentes são congruentes. Veja o exemplo:

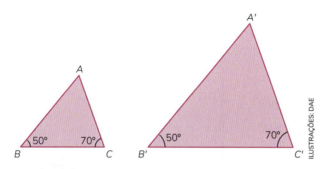

Se $\hat{B} \equiv \hat{B}'$ e $\hat{C} \equiv \hat{C}'$, então $\triangle ABC \sim \triangle A'B'C'$.

2º caso: LAL (lado – ângulo – lado)

Dois triângulos são semelhantes quando dois de seus lados correspondentes são proporcionais e os ângulos formados por eles são congruentes. Veja o exemplo:

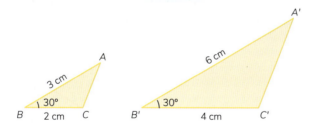

Se $\dfrac{AB}{A'B'} = \dfrac{CB}{C'B'}$ e $\hat{B} \equiv \hat{B}'$, então $\triangle ABC \sim \triangle A'B'C'$.

3º caso: LLL (lado – lado – lado)

Dois triângulos são semelhantes quando seus três lados correspondentes são proporcionais. Veja o exemplo:

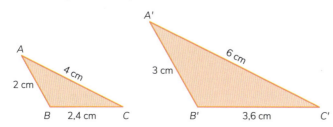

Se $\dfrac{AB}{A'B'} = \dfrac{CB}{C'B'} = \dfrac{AC}{A'C'}$, então $\triangle ABC \sim \triangle A'B'C'$.

Pense e responda

Se, em dois triângulos, dois ângulos correspondentes são congruentes, o terceiro ângulo de cada triângulo também será congruente ao seu correspondente? Justifique sua resposta.

ATIVIDADES RESOLVIDAS

1 Dois muros cujas alturas são 9 m e 3 m, respectivamente, foram escorados por duas barras metálicas, como mostra a figura a seguir. Desprezando as espessuras das duas barras, a que altura do nível do chão elas se cruzam?

RESOLUÇÃO: Do enunciado, podemos representar a figura abaixo.

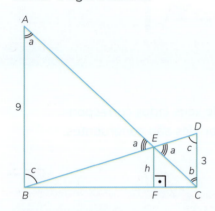

$\triangle BDC \sim \triangle BEF$

$\dfrac{DC}{EF} = \dfrac{BC}{BF} \to \dfrac{3}{h} = \dfrac{BC}{BF} \to$

$\to h \cdot BC = 3 \cdot BF$ (I)

$\triangle ABC \sim \triangle EFC$

$\dfrac{AB}{EF} = \dfrac{BC}{FC} \to \dfrac{9}{h} = \dfrac{BC}{FC} \to$

$\to h \cdot BC = 9 \cdot FC$ (II)

De I e II, temos: $3BF = 9FC \to$
$\to BF = 3FC$.

Logo:

$\dfrac{3}{h} = \dfrac{BC}{BF} = \dfrac{BF + FC}{BF} \to \dfrac{3}{h} =$

$= \dfrac{3FC + FC}{3FC} \to \dfrac{3}{h} = \dfrac{4FC}{3FC} \to$

$\to 4h = 9 \to h = 2{,}25$

As duas barras se cruzam a 2,25 m do solo.

2 O gráfico a seguir representa o preço pago por uma corrida de táxi de acordo com a distância percorrida.

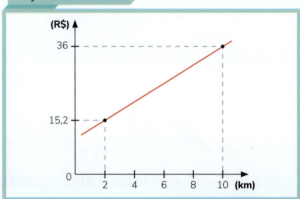

Fonte: Dados fictícios.

Quantos reais custará uma corrida de 6,5 km com esse táxi?

RESOLUÇÃO: Do gráfico, temos:

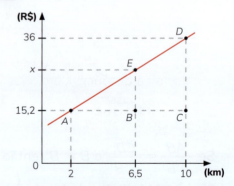

$\triangle ABE \sim \triangle ACD \to \dfrac{AB}{AC} = \dfrac{BE}{CD}$

$\dfrac{6{,}5 - 2}{10 - 2} = \dfrac{x - 15{,}2}{36 - 15{,}2}$

$\dfrac{4{,}5}{8} = \dfrac{x - 15{,}2}{20{,}8}$

$8x - 121{,}6 = 93{,}6 \to x = 26{,}9$

Portanto, uma corrida de 6,5 km custará R$ 26,90.

ATIVIDADES

1 Considere a figura a seguir.

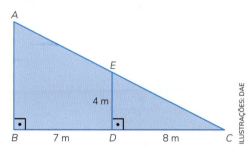

Com base nos dados da figura, calcule as medidas de:

a) AB;

b) AC.

2 (FGV-SP) Há muitas histórias escritas sobre o mais antigo matemático grego que conhecemos, Tales de Mileto. Não sabemos se elas são verdadeiras, porque foram escritas centenas de anos após sua morte. Uma delas fala do método usado por ele para medir a distância de um navio no mar, em relação a um ponto na praia. Uma das versões diz que Tales colocou uma vara na posição horizontal sobre a ponta de um pequeno penhasco, de forma que sua extremidade coincidisse com a imagem do barco. Conhecendo sua altura (h), o comprimento da vara (c) e a altura do penhasco (d), ele calculou a distância x em relação ao barco.

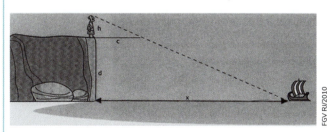

Descreva com suas palavras um método para calcular a distância x. Em seguida, determine a distância do navio à praia com estes dados:

h = 1,80 m;

c = 0,75 m;

d = 298,20 m.

3 Sabendo que $\overline{AB} \parallel \overline{DE}$, calcule os valores de x e y.

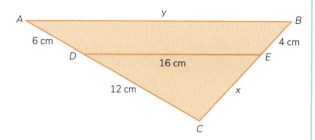

4 Uma lâmpada F, cujas dimensões são desprezíveis, é fixada no teto de uma sala cuja altura é 6 m. Uma placa quadrada opaca com lado de 40 cm é suspensa a 2 m do teto, de modo que sua face seja horizontal e seu centro esteja na mesma posição vertical que a lâmpada, como ilustra o esquema abaixo. Calcule a área da sombra projetada no chão da sala. Dados: H = 6 m; h = 2 m; ℓ = 40 cm = 0,4 m.

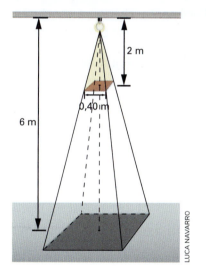

5 Segundo a Óptica geométrica, nos meios homogêneos e transparentes a luz se propaga em linha reta (princípio da propagação retilínea da luz).

Esse princípio pode ser empregado para determinar grandes alturas, como prédios, montanhas etc.

A imagem a seguir mostra, de acordo com esse princípio, as sombras projetadas no solo de um poste de luz e de uma torre elétrica.

163

Com base nos dados da imagem, calcule a altura da torre.

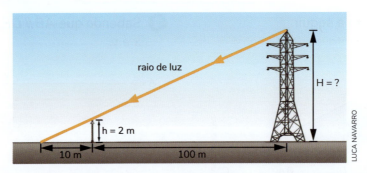

6 (Enem) A rampa de um hospital tem na sua parte mais elevada uma altura de 2,2 metros. Um paciente ao caminhar sobre a rampa percebe que se deslocou 3,2 metros e alcançou uma altura de 0,8 m. A distância em metros que o paciente ainda deve caminhar para atingir o ponto mais alto da rampa é:

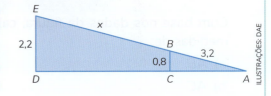

a) 1,16 metro. b) 3,0 metros. c) 5,4 metros. d) 5,6 metros. e) 7,04 metros.

7 (PUC-SP) A um aluno foi dada a tarefa de medir a altura do prédio da escola que frequentava. O aluno, então, pensou em utilizar seus conhecimentos de óptica geométrica e mediu, em determinada hora da manhã, o comprimento das sombras do prédio, e dele próprio, projetadas na calçada (L e W, respectivamente).

Facilmente, chegou à conclusão de que a altura do prédio da escola era de cerca de 22,1 m. As medidas por ele obtidas para as sombras foram L = 10,4 m e W = 0,8 m. Qual é a altura do aluno?

8 Considere a figura abaixo, em que $\overleftrightarrow{BE} \parallel \overleftrightarrow{CD}$, BE = 8 cm, CD = 10 cm, AE = 8 cm e AC = 12 cm.

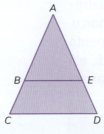

Qual é a medida do perímetro do trapézio BCDE?

9 Considere o trapézio ABCD mostrado a seguir.

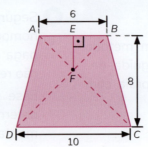

Sabendo que a altura do trapézio é 8 cm e que seus lados paralelos medem AB = 6 cm e DC = 10 cm, calcule a medida da altura $\overline{EF}$ do triângulo ABF.

MAIS ATIVIDADES

1. Considere um retângulo A cujos lados medem 8 cm e 12 cm. Quanto medem o comprimento e a largura de um retângulo B semelhante a A cujo perímetro é 136 cm?

2. A figura B é uma relação da figura A. Calcule x.

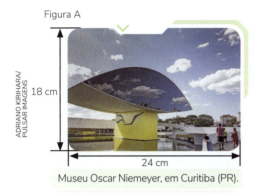

Museu Oscar Niemeyer, em Curitiba (PR).

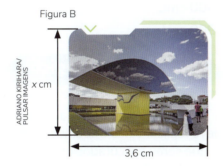

3. (AAP-SP) Mateus precisou fixar um poste com uma corda esticada entre o ponto B e D, conforme a figura. Para saber quanto da corda será necessário comprar, ele precisa medir a distância BD. Ele teve a ideia de usar um pequeno pedaço de corda de 3 m e ligar os pontos A e C de maneira que AC fique paralelo à BD, conforme a figura.

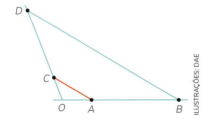

Ele mediu as distâncias OA e OB e obteve 2 m e 8 m, respectivamente. A distância de B a D, em metros, é:

a) 12.   b) 11.   c) 10.   d) 9.

4. Considere a figura a seguir.

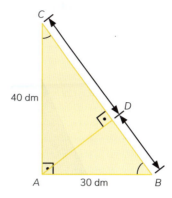

Calcule as medidas dos segmentos $\overline{AD}$, $\overline{BD}$ e $\overline{DC}$.

5. (OPM/UFPB) O triângulo retângulo ABC da figura a seguir é tal que AB = 5, BC = 12 e AC = 13. Os pontos P e Q estão sobre os lados do triângulo ABC e são tais que os segmentos PQ e AC são perpendiculares e, mais ainda, BQ = 4. Determine o perímetro do quadrilátero ABQP.

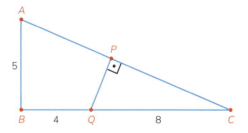

6. Na figura a seguir estão representados um morro, uma árvore e um observador O. A altura da árvore é 12 m, e a distância entre ela e o observador, 300 m. A distância entre o observador e o ponto M é 800 m. Qual é, aproximadamente, a altura H do morro se do ponto de vista do observador o topo da árvore e o topo do morro estão alinhados?

7 Observe os triângulos 1 e 2 representados a seguir e considere *u* como a unidade de medida de comprimento.

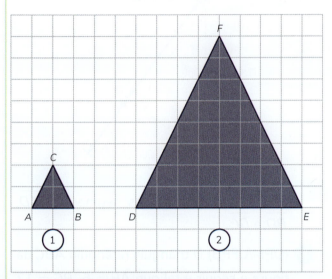

a) Mostre que os triângulos 2 e 1 são semelhantes e dê a razão de semelhança.

b) Mostre que a razão entre as áreas dos triângulos 2 e 1 é igual ao quadrado da razão de semelhança.

8 Um grupo de escoteiros deseja montar um acampamento em torno de uma árvore. Por motivo de segurança, eles devem posicionar as barracas suficientemente distantes dela para evitar que sejam atingidos em caso de queda de galhos ou da própria árvore. Aproveitando o dia ensolarado, eles mediram, ao mesmo tempo, o comprimento das sombras da árvore e de um deles, que tem 1,5 m de altura. Os valores encontrados foram 6,0 m e 1,8 m, respectivamente. Determine a distância mínima que cada barraca deve ficar da árvore.

9 (PUC-MG) Entre uma fonte pontual de luz e um anteparo, coloca-se uma placa quadrada de lado 10 cm, paralela ao anteparo. A fonte e o centro da placa estão numa mesma reta perpendicular ao anteparo, conforme ilustrado na figura a seguir.

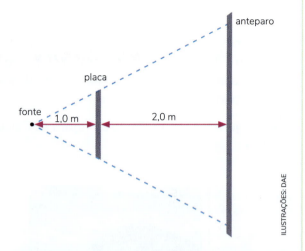

A placa está a 1,0 m da fonte e a 2,0 m do anteparo. A área da sombra projetada sobre o anteparo é de:

a) 100 cm².
b) 200 cm².
c) 300 cm².
d) 900 cm².

Lógico, é lógica!

10 (Fatec-SP) Um aluno da Fatec Cotia deve realizar cinco trabalhos: *A*, *B*, *C*, *D* e *E*, que serão executados um de cada vez. Considerando o cronograma de entrega, ele estabeleceu as seguintes condições:

- não é possível realizar o trabalho *A* antes do trabalho *B*;
- não é possível realizar o trabalho *A* antes do trabalho *D*;
- o trabalho *E* só pode ser feito depois do trabalho *C*; e
- o trabalho *E* deverá ser o terceiro a ser realizado.

Assim sendo, o quarto trabalho a ser realizado:

a) só pode ser o *A*.
b) só pode ser o *B*.
c) só pode ser o *D*.
d) só pode ser o *A* ou o *B*.
e) só pode ser o *B* ou o *D*.

CAPÍTULO 3
Polígonos regulares

Para começar

Quais dos polígonos abaixo são regulares?

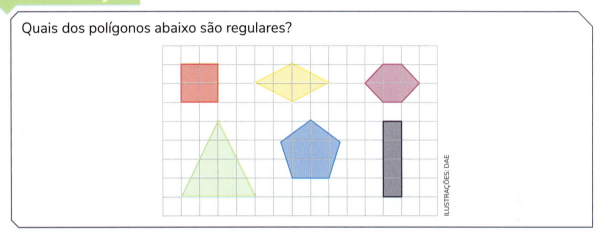

CONSTRUÇÃO DE POLÍGONOS REGULARES

Polígono regular é um polígono convexo cujos lados têm a mesma medida e cujos ângulos internos também têm medidas iguais. O quadrado, o triângulo equilátero e o octógono regular são exemplos de polígonos regulares.

Construção de um triângulo equilátero

Para construir um triângulo equilátero cujo lado mede L, desenhamos um segmento AB com a medida L desejada. Com centro em A e abertura L, trace um arco. Com centro em B e abertura L, trace um arco que intersecte o primeiro. O ponto de intersecção será o terceiro vértice, C.

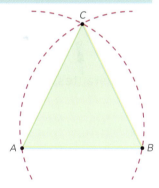

Construção de um quadrado

Observe os passos para construir um quadrado, dada a medida L do lado.

1º passo: Traçamos uma reta r e marcamos nela os pontos A e B, de forma que med($\overline{AB}$) = L.

2º passo: Com o compasso, traçamos as perpendiculares à reta r a partir dos pontos A e B.

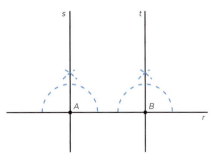

3º passo: Com abertura de medida L e centro do compasso em B, marcamos o ponto C.

4º passo: Com a mesma abertura e centro do compasso em A, marcamos o ponto D.

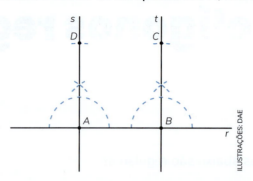

5º passo: Desenhamos o segmento CD, completando o quadrado ABCD.

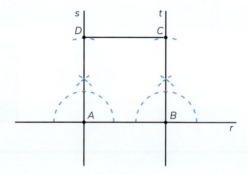

Veja o fluxograma dessa construção:

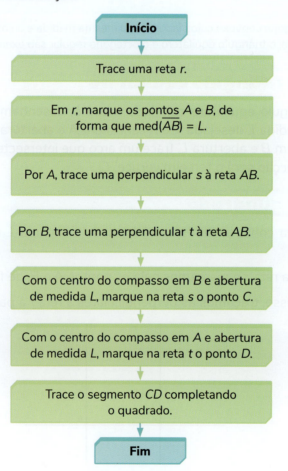

Construção de um octógono regular

1º passo: Traçamos uma reta *r* e sobre ela marcamos um ponto *A*.

Com o centro do compasso em *A* e abertura igual à medida *L*, marcamos em *r* o ponto *B*.

2º passo: Traçamos a mediatriz do segmento *AB*, determinando o ponto *M*.

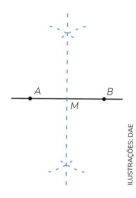

3º passo: Com centro em *M* e abertura igual à medida de $\overline{AM}$, traçamos um arco, determinando o ponto *N*.

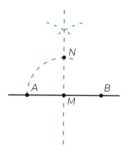

4º passo: Com o centro do compasso em *N* e abertura igual à medida do segmento *NA*, traçamos um arco, marcando o ponto *P*.

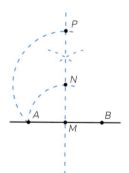

5º passo: Com centro em *P* e abertura igual à medida do segmento *PA*, traçamos uma circunferência.

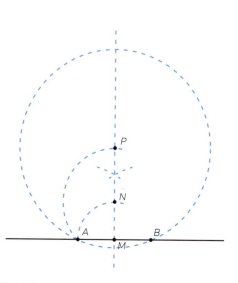

169

6º passo: Traçamos a reta *AP*, determinando o ponto *E*, e a reta *BP*, determinando o ponto *F*.

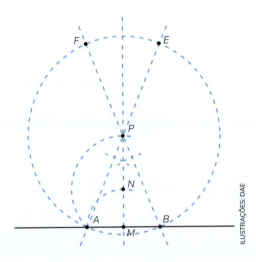

7º passo: Traçamos a mediatriz de $\overline{BF}$, determinando os pontos *D* e *H*.

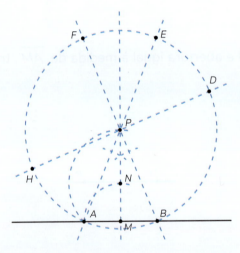

8º passo: Traçamos a mediatriz de $\overline{AE}$, determinando os pontos *C* e *G*.

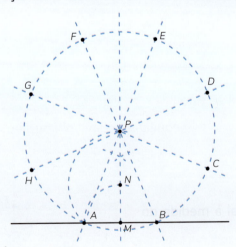
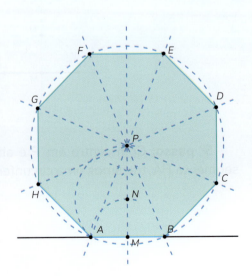

9º passo: Unimos os pontos determinados na circunferência, formando o octógono cujo lado mede *L*.

Veja o fluxograma dessa construção:

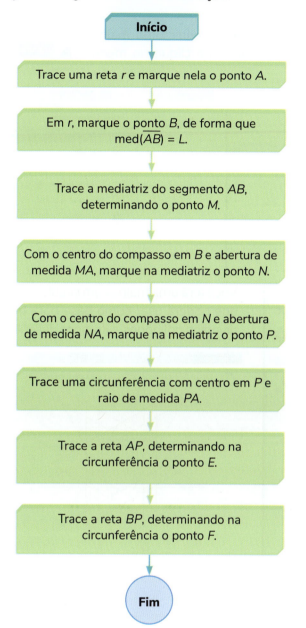

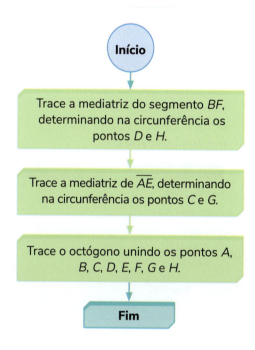

ATIVIDADES

FAÇA NO CADERNO

1. Escreva um fluxograma para construir um triângulo equilátero cujo lado mede 5 cm.

2. Desenhe um quadrado cujo lado meça 4 cm.

3. Desenhe um retângulo cujos lados meçam 5 cm e 3 cm.

Dica
O procedimento é muito parecido com aquele da construção de um quadrado.

4. Desenhe um octógono com 3 cm de lado.

MAIS ATIVIDADES

1) Usando um *software* de Geometria Dinâmica, você pode exibir uma malha especial para ajudá-lo a criar desenhos. Abra o programa e clique no menu "Configurações", no canto superior direito.

Em seguida, clique em "Exibir Malha" e escolha a opção "Polar".

Depois, clique em "Configurações" e novamente em "Configurações".

Na janela que se abrirá, escolha a aba "Malha" e, dentro dela, escolha as opções indicadas:

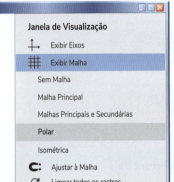
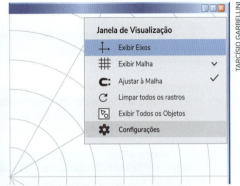

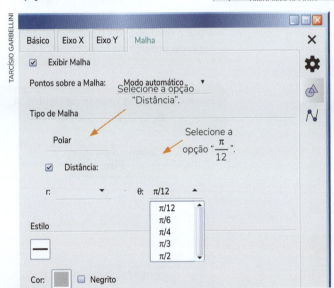

Você terá uma malha com círculos e retas que poderá usar como base para traçar diversos polígonos e compor desenhos.

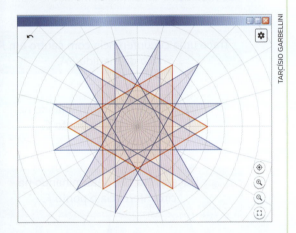

Crie seu próprio desenho!

 Lógico, é lógica!

2) Para fazer um octógono regular, Lara traçou uma circunferência e a mediatriz de um diâmetro AB, determinando os pontos C e D. Depois, traçou as bissetrizes dos ângulos BÔC e CÔA, determinando na circunferência os pontos E, R, Q e S. Então, ela uniu os pontos para formar um octógono.

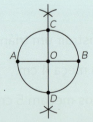
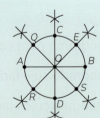
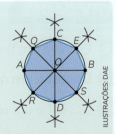

Repita o procedimento de Lara para encontrar os vértices de um octógono. Depois, una esses vértices de 2 em 2 e de 3 em 3. Que figuras você obteve?

172

PARA ENCERRAR

1 (FGV-SP) Considere as retas r, s, t, u, todas num mesmo plano, com r // u.

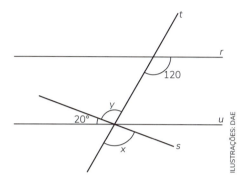

O valor em graus de (2x + 3y) é:
a) 64°.
b) 500°.
c) 520°.
d) 580°.
e) 660°.

2 (Uece) Na figura a seguir, O é o centro da circunferência, $D\hat{O}C = 60°$ e $AB = OC$.

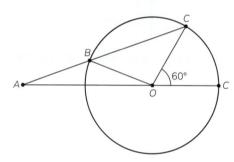

A medida, em graus, do ângulo $A\hat{O}B$ é:
a) 15.
b) 20.
c) 25.
d) 30.
e) 35.

3 (Mack-SP) Na figura, O é o centro da circunferência.

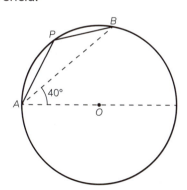

O ângulo APB mede:
a) 120°.
b) 130°.
c) 140°.
d) 150°.
e) 160°.

4 (UFPB) Dividindo uma circunferência qualquer em exatamente trezentos arcos iguais, considere, como um trento, a medida do ângulo central correspondente a um desses arcos.

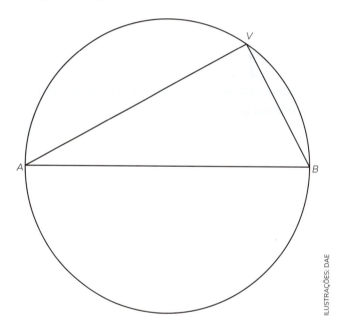

Sendo AB um diâmetro e V um ponto da circunferência acima distinto de A e B, o ângulo AVB inscrito tem, como medida, em trentos:
a) 25.
b) 50.
c) 75.
d) 100.
e) 125.

Trento corresponde a uma parte do ângulo central que foi dividida em arcos.

5 (UFMS) Os triângulos a seguir são semelhantes.

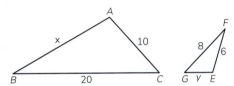

Dado que $\hat{A} = \hat{E}$, $\hat{B} = \hat{F}$, $\hat{C} = \hat{G}$ e que as medidas estão em centímetros, quais os valores de x e y?

a) x = 15 cm e y = 4 cm
b) x = 30 cm e y = 10 cm
c) x = 10 cm e y = 16 cm
d) x = 25 cm e y = 10 cm
e) x = 20 cm e y = 6 cm

6 (FGV) Dados AB = 18 cm, AE = 36 cm e DF = 8 cm, e sendo o quadrilátero ABCD um paralelogramo, o comprimento de BC, em cm, é igual a:

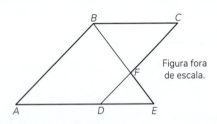

Figura fora de escala.

a) 20.
b) 22.
c) 24.
d) 26.
e) 30.

7 (Enem) O dono de um sítio pretende colocar uma haste de sustentação para melhor firmar dois postes de comprimentos iguais a 6 m e 4 m. A figura representa a situação real na qual os postes são descritos pelos segmentos AC e BD e a haste é representada pelo segmento EF, todos perpendiculares ao solo, que é indicado pelo segmento de reta AB. Os segmentos AD e BC representam cabos de aço que serão instalados.

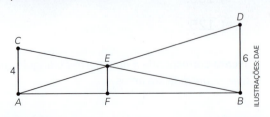

Qual deve ser o valor do comprimento da haste EF?

a) 1 m
b) 2 m
c) 2,4 m
d) 3 m
e) $2\sqrt{6}$ m

8 (UFV-MG) Para determinar o comprimento de uma lagoa, utilizou-se o esquema indicado pela figura abaixo, onde os segmentos AB e CD são paralelos.

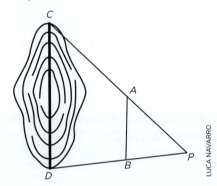

Sabendo-se que AB = 36 m, BP = 5 m e DP = 40 m, o comprimento CD da lagoa em metros, é:

a) 248.
b) 368.
c) 288.
d) 208.
e) 188.

9 (UFPR) Em uma rua, um ônibus com 12 m de comprimento e 3 m de altura está parado a 5 m de distância da base de um semáforo, o qual está a 5 m do chão. Atrás do ônibus, para um carro, cujo motorista tem os olhos a 1 m do chão e a 2 m da parte frontal do carro, conforme indica a figura abaixo.

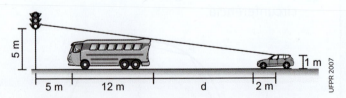

Determine a menor distância (d) que o carro pode ficar do ônibus de modo que o motorista possa enxergar o semáforo inteiro.

a) 13,5 m
b) 14,0 m
c) 14,5 m
d) 15,0 m
e) 15,5 m

10 (UFMA) Em um dia de tráfego intenso, não foi possível ao funcionário da SETUB medir a largura de um certo trecho da Avenida Daniel de La Touche, cujos meios-fios são retas paralelas. Contudo, utilizando a figura ao lado, foi possível ao funcionário encontrar que a largura era de:

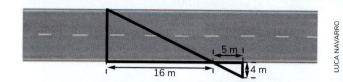

a) 12,8.
b) 13,5.
c) 14,6.
d) 15,2.
e) 15,8.

11 (PUC-RS) Para medir a altura de uma árvore, foi usada uma vassoura de 1,5 m, verificando-se que, no momento em que ambas estavam em posição vertical em relação ao terreno, a vassoura projetava uma sombra de 2 m e a árvore, de 16 m. A altura da árvore, em metros, é:

a) 3,0.
b) 8,0.
c) 12,0.
d) 15,5.
e) 16,0.

12 (IFS-SE) Observe a figura abaixo.

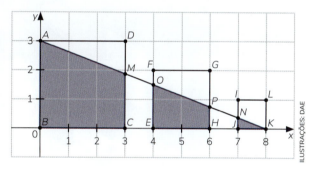

Se a distância de C a M é 1,87 cm, a distância de E a O é 1,5 cm, a distância de H a P é 0,75 cm e a distância de J a N é 0,38 cm, determine a área total sombreada.

a) 7,75 cm²
b) 8,5 cm²
c) 9,75 cm²
d) 10 cm²

13 (Obmep) A figura mostra um polígono ABCDEF no qual dois lados consecutivos quaisquer são perpendiculares. O ponto G está sobre o lado CD e sobre a reta que passa por A e E. Os comprimentos de alguns lados estão indicados em centímetros. Qual é a área do polígono ABCG?

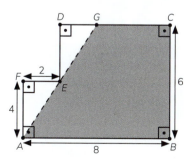

a) 36 cm²
b) 37 cm²
c) 38 cm²
d) 39 cm²
e) 40 cm²

Gráficos e pesquisa amostral

Procure atendimento médico se tiver febre, tosse e dificuldade para respirar.

Cubra seu nariz e boca com o braço dobrado ou um lenço ao tossir ou expirar.

Use máscara e mantenha o distanciamento físico.

THIAGO LUCAS

VERDADE OU MENTIRA?

As notícias falsas podem causar muitos danos às pessoas e à sociedade; por isso, antes de repassar uma mensagem recebida, procure sempre checar a fonte das informações.

Durante a pandemia que se iniciou no ano de 2020, a informação responsável se tornou fundamental para o combate ao vírus e para a prevenção adequada e o conhecimento sobre a doença, porém junto a essa pandemia também tivemos um pandemia de *fake news* sobre o tema.

Os boatos foram propagados principalmente nas redes sociais, gerando dúvidas sobre a vacinação, formas de prevenção e até a origem do vírus. Uma disseminação maior de *fake news* pode prejudicar o combate à doença, pois pessoas sem as informações corretas podem se descuidar e contraír o vírus, o que pode influenciar diretamente nas ocupações de leitos no hospital.

2020: CONFIRA as 7 *fake news* mais perigosas sobre a pandemia de covid-19. *In*: IG SAÚDE. São Paulo, 23 dez. 2020. Disponível em: https://saude.ig.com.br/coronavirus/2020-12-23/2020-confira-as-7-fake-news-mais-perigosas-sobre-a-pandemia-de-covid-19.html. Acesso em: 29 mar. 2021.

Na BNCC

Esta unidade propicia o desenvolvimento das competências e das habilidades a seguir.

Competências gerais:
2, 4, 5 e 7

Competências específicas:
1, 2, 4, 5, 6, 7 e 8

Habilidades:
EF09MA21
EF09MA22
EF09MA23

Para pesquisar e aplicar

1. Você já recebeu e/ou repassou alguma notícia falsa?
2. Você costuma checar a veracidade das informações recebidas antes de repassá-las?
3. Julgue as afirmações a seguir e depois cheque se são verdadeiras ou falsas.
   a) O consumo de álcool protege contra a covid-19.
   b) Animais de estimação podem transmitir a covid-19 aos humanos.
   c) A covid-19 só é letal em idosos.
   d) Só pessoas sintomáticas transmitem a covid-19.

As informações sobre fake news vistas aqui foram retiradas de um artigo publicado por Médicos Sem Fronteiras (disponível em: www.msf.org.br/noticias/5-fake-news-relacionadas-covid-19; acesso em: 25 fev. 2021). Consulte o site dessa importante instituição para descobrir mais sobre ela e saiba como a MSF adaptou parte de suas ações para o combate à covid-19.

CAPÍTULO 1

Leitura, interpretação e construção de gráficos

Para começar

A tabela a seguir apresenta a distribuição de **frequências** nas modalidades de atividades físicas praticadas pelos estudantes do 9º ano de uma escola.

ATIVIDADES FÍSICAS PRATICADAS PELOS ESTUDANTES DO 9º ANO

Atividade física praticada durante a semana	Frequência absoluta
basquete	43
judô	130
futebol	27
tênis	68
ciclismo	40
Pilates	72
TOTAL	380

Fonte: Dados fictícios.

Qual dessas atividades é a mais praticada durante a semana?

GRÁFICOS DE BARRAS

Os gráficos são uma importante ferramenta para obter conhecimento e informação. Contudo, não basta ler as informações oferecidas; é preciso saber interpretá-las. Por isso, verificar as variações apresentadas, ficar atento à proporcionalidade das barras ou dos setores em função dos dados, observar se a escala está adequada, entre outros, são alguns dos cuidados que devemos ter na hora de ler e interpretar um gráfico.

Os gráficos de barras (ou de colunas), os gráficos de setores e os gráficos de linhas são os mais utilizados nos meios de comunicação e informação.

Esse gráfico de barras na página a seguir representa um recorte temporal do número de casos de covid-19 em alguns países no dia 3 de janeiro de 2021. Entre no *link* indicado e observe a dinâmica do gráfico e sua evolução conforme o número de contaminados.

Glossário

> **Frequência:** ou **frequência absoluta**, refere-se à quantidade de vezes que um dado se repete. Por exemplo: 40 dos 380 jovens que participaram da pesquisa praticam o ciclismo durante a semana. A quantidade 40 representa a frequência com que o ciclismo foi citado pelos jovens.

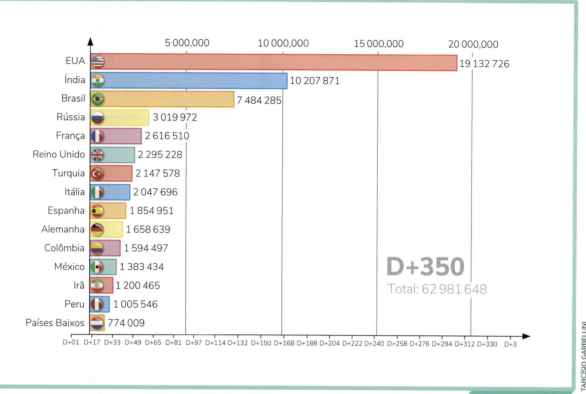

Fonte: CORONAVÍRUS no mundo. *In*: DASA ANALYTHICS. [*S. l.*], c2021. Disponível em: https://dadoscoronavirus.dasa.com.br/#lp-pom-block-195. Acesso em: 3 jan. 2021.

> **Lembre-se:**
>
> O **gráfico de barras** é uma ferramenta muito utilizada para apresentar grande quantidade de dados. As barras, que representam grupos de dados, podem ter comprimentos iguais ou diferentes e ser horizontais ou verticais.

Para a construção de um gráfico de barras, é preciso estabelecer alguns elementos.

- Faça **dois eixos**: um vertical e um horizontal, perpendiculares entre si.
- No eixo horizontal, coloque as variáveis qualitativas distribuídas, de modo que todas as barras tenham a mesma largura e que as distâncias entre elas sejam sempre iguais.
- Em ambos os eixos, as distâncias que representam as unidades da escala devem ser rigorosamente uniformes.
- As barras devem ser proporcionais às escalas escolhidas.
- Escreva a **legenda** correspondente a cada eixo.
- Coloque o **título** do gráfico e a **fonte** das informações, mesmo que a fonte seja fictícia.

> **Glossário**
>
> **Variável qualitativa:** expressa uma qualidade, por isso não pode ser representada numericamente. São exemplos de variáveis qualitativas: o sexo, a cor dos olhos, a marca de um automóvel, preferências pessoais etc.

Observe como pode ser construído o gráfico da tabela da página anterior sobre as modalidades de atividades físicas praticadas pelos estudantes.

179

1º Com auxílio de uma régua, trace dois eixos perpendiculares: um vertical, para representar a proporção das frequências, e outro horizontal, para representar as modalidades de atividades físicas.

As variáveis qualitativas devem ser colocadas no eixo horizontal.

2º Escolha a unidade de escala, cuidando para que as barras e/ou colunas tenham a mesma largura e que as distâncias entre as barras sejam sempre as mesmas.

Observando que a menor frequência é 27, podemos usar 25 unidades para a escala do eixo vertical. Para a escala do eixo horizontal, marcamos uma distância uniforme entre as modalidades

3º Desenhamos as barras e/ou colunas, tendo sempre o cuidado de observar as proporções de acordo com a escala.

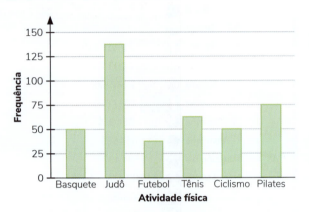

4º Não podemos esquecer de colocar o título do gráfico e a fonte.

Fonte: Dados fictícios.

Pense e responda

O eixo das abscissas de um gráfico corresponde ao eixo vertical ou horizontal? E o eixo das ordenadas?

180

ATIVIDADES

1 A tabela abaixo mostra a evolução mensal das vendas de certo produtor de janeiro a junho do ano passado.

VENDA MENSAL DE PRODUTO	
Mês	Unidades vendidas
janeiro	700
fevereiro	2 100
março	1 400
abril	2 800
maio	1 800
junho	2 450

Fonte: Dados fictícios.

Construa o gráfico de colunas correspondente aos dados dessa tabela.

2 A tabela a seguir apresenta a distribuição de frequência das respostas dos estudantes do 9º ano de uma escola sobre as razões pelas quais eles usam a internet.

RAZÕES PELAS QUAIS OS ESTUDANTES DO 9º ANO USAM A INTERNET	
Razões	Frequência
Para se divertir, jogar, ouvir música.	53
Para estudar e fazer pesquisas.	60
Para assistir programas preferidos.	17
Para conversar com outras pessoas.	12
Para ficar informado sobre o que acontece no mundo.	25
Para passar o tempo.	10

Fonte: Dados fictícios.

a) Construa um gráfico de barras ou de colunas com base nos dados apresentados nessa tabela.

b) Qual é a moda do conjunto de dados?

c) Elabore duas questões e, em seguida, troque-as com um colega para que ele possa responder às suas e você, às dele.

3 Em um cenário de crescente populismo, instabilidade política e econômica, foi publicada a edição de 2019 do *Reuters Institute Digital News Report*. Nessa edição, há um infográfico (reproduzido na página a seguir), elaborado pelo Statista, que mostra a situação de 15 países identificados no relatório acerca da preocupação com *fake news* na internet.

181

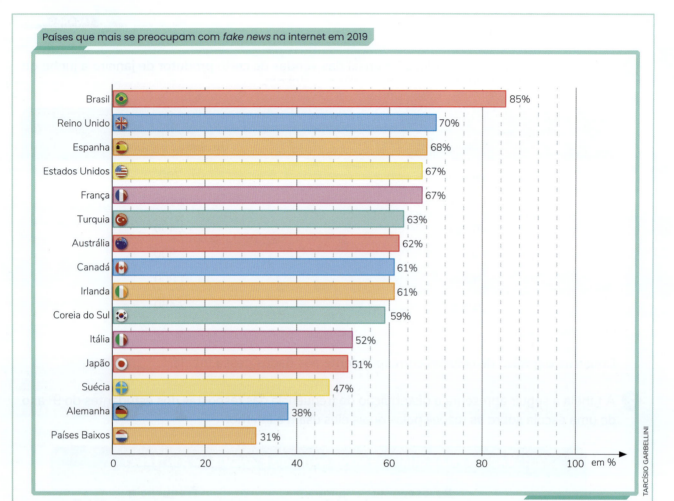

Fonte: McCARTHY, Nial. Brasil é o país que mais teme *fake news* na internet. *Forbes*, São Paulo, 13 jun. 2019. Disponível em: https://forbes.com.br/colunas/2019/06/brasil-e-o-pais-que-mais-se-preocupa-com-fake-news-na-internet/. Acesso em: 25 fev. 2021.

a) Qual país lidera o *ranking* dos países que mais se preocupam com as notícias falsas?

b) Quais países identificados no relatório têm o mesmo índice de preocupação com *fake news* na internet?

c) Quais países identificados no relatório têm o índice menor que 50%?

4. Uma pesquisa realizada pela Secretaria de Comunicação Social da Presidência da República, chamada *Pesquisa Brasileira de Mídia 2016*, traz os seguintes resultados sobre a confiança das pessoas nas notícias que circulam no rádio:
- 2% não responderam;
- 6% nunca confia;
- 29% confia sempre;
- 28% confia muitas vezes;
- 35% confia poucas vezes.

Com base nas informações apresentadas, construa um gráfico de barras.

Dica

para evitar que o gráfico fique muito grande, você pode optar pela escala de 5 unidades (0%, 5%, 10%, 15%, e assim por diante).

GRÁFICOS DE SETORES

O **gráfico de setores** é também chamado de gráfico de *pizza* ou gráfico circular. A representação dos dados é feita por meio de uma figura que se assemelha a uma *pizza*, em que o tamanho de cada "fatia" será determinado pela relação proporcional entre o valor percentual e a medida em graus do ângulo de abertura que corresponde a uma parte de um todo.

Veja ao lado o exemplo de um gráfico de setores.

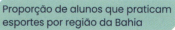
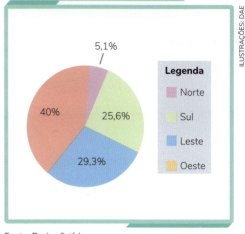

Fonte: Dados fictícios.

Algumas informações sobre esse gráfico a que você precisa ficar atento na hora de construí-lo:

- o círculo é dividido em setores, cuja quantidade é igual ao número de grupos (ou classes);
- cada setor deve ser proporcional à frequência do dado correspondente;
- cada dado enquadra-se em apenas um setor;
- o resultado da soma dos percentuais que se enquadram em cada setor deve ser 100%.

Para desenhar um gráfico de setor, você pode se apoiar nos seguintes procedimentos:

- nos casos em que o percentual de cada setor/parte em relação ao todo não for dado, calcule-o;
- veja como podemos calcular o número de graus correspondente a cada setor (em nosso gráfico, por exemplo, um percentual de 5,1%):

5,1% de 360° → $\dfrac{5,1}{100} \cdot 360° = 18,36°$;

- com o auxílio do compasso, trace uma circunferência;
- com o transferidor, meça na circunferência os ângulos correspondentes aos graus encontrados para cada setor.

ATIVIDADES

FAÇA NO CADERNO

1 No gráfico de setores abaixo está representada a participação de cada uma das regiões brasileiras nos casos confirmados de covid-19 no Brasil em 8 de outubro de 2020, segundo o Ministério da Saúde.

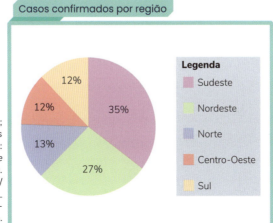

Fonte: ALVES, Rafael; RONAN, Gabriel; FRANCO, Hudson. Coronavírus em gráficos e mapas atualizados: entenda a situação agora. *Estado de Minas*, Belo Horizonte, 3 abr. 2020. Disponível em: www.em.com.br/app/noticia/gerais/2020/04/03/interna_gerais,1135376/coronavirus-graficos-mapas-atualizados-a-situacao-agora.shtml. Acesso em: 25 fev. 2021.

183

a) Calcule a medida do ângulo do setor do gráfico que corresponde à Região Norte.

b) Que conclusões você tira desse gráfico?

2 O gráfico a seguir apresenta o percentual da população brasileira, por sexo, em 2018.

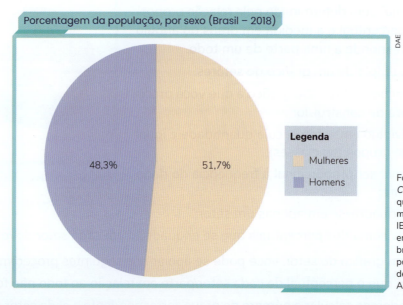

Porcentagem da população, por sexo (Brasil – 2018)

48,3% 51,7%

Legenda: Mulheres, Homens

Fonte: IBGE. IBGE Jovens. *Conheça o Brasil* – População: quantidade de homens e mulheres. Rio de Janeiro: IBGE, c2021. Disponível em: https://educa.ibge.gov.br/jovens/conheca-o-brasil/populacao/18320-quantidade-de-homens-e-mulheres.html. Acesso em: 25 fev. 2021.

Observando o gráfico, responda:

a) Qual é o percentual aproximada de homens e de mulheres no Brasil?

b) Considerando a população brasileira como sendo de 200 milhões de pessoas, quantos homens e quantas mulheres temos em nosso país?

c) Caso o número de homens fosse 120 milhões do total da população brasileira, qual seria o percentual associado a esse valor? O que aconteceria com a fatia laranja do gráfico nessa situação?

d) Qual é a medida do ângulo de cada setor do gráfico?

3 Com base nos dados da tabela sobre a preferência de esportes pelos jovens que frequentam um clube, responda às questões.

PREFERÊNCIA DE ESPORTES PELOS JOVENS QUE FREQUENTAM UM CLUBE		
Esporte	**Frequência absoluta**	**Frequência relativa**
futebol	30	20%
tênis	60	40%
vôlei	15	10%
basquete	45	30%
TOTAL	150	100%

Fonte: Dados fictícios.

a) Quantos jovens foram pesquisados?

b) Como foi calculado o percentual dos jovens que preferem vôlei em relação ao total de jovens pesquisados?

c) Com base nas informações da tabela, construa um gráfico de setores.

d) Formule algumas questões para a leitura e interpretação do gráfico construído e, depois, peça a um colega que responda a elas; aproveite também para responder às do seu colega.

4 Com base nos dados da tabela sobre a venda de celulares em determinada loja em uma semana, faça o que se pede.

VENDA DE CELULARES NA SEMANA	
Dia da semana	**Frequência absoluta**
segunda	0
terça	8
quarta	4
quinta	2
sexta	16
sábado	10
TOTAL	40

Fonte: Dados fictícios.

a) Calcule o percentual diário das vendas dos celulares em relação ao total de vendas.

b) Com base nas informações da tabela, construa um gráfico de setores.

5 Os dados da tabela a seguir apresentam a frequência de jovens empreendedores, entre 16 e 24 anos de idade, por classe econômica, em uma cidade do estado da Bahia.

JOVENS EMPREENDEDORES ENTRE 16 E 24 ANOS DE IDADE	
Classe econômica	**Frequência (%)**
renda média	52%
renda baixa	38%
renda alta	10%
TOTAL	100%

Fonte: Dados fictícios.

Com base nessas informações, construa um gráfico de setores. Calcule a medida do ângulo de cada setor.

185

GRÁFICOS DE LINHAS

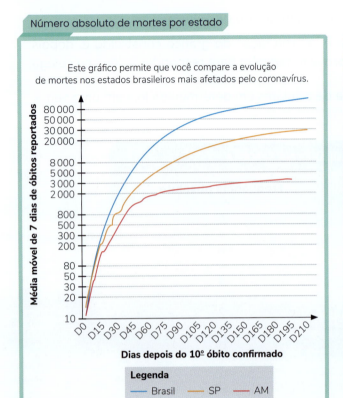

Fonte: CORONAVÍRUS no Brasil. In: DASA ANALYTHICS. [S. l.], c2021. Disponível em: https://dadoscoronavirus.dasa.com.br/. Acesso em: 7 out. 2020.

O **gráfico de linhas** permite observar variações e tendências de dados ou de um fenômeno ao longo do tempo, como pode ser observado no gráfico acima, que representa a evolução do número de mortes por covid-19 até 7 de outubro de 2020.

Esse tipo de gráfico também é indicado para representar variáveis como temperatura e tempo em horas. É formado por uma linha construída pela ligação de segmentos de reta unindo os pontos que representam os dados.

Para desenhar um gráfico de linhas, você deve se apoiar nos seguintes procedimentos.

- Escolha bem a escala, verificando qual é a mais apropriada para não distorcer as informações.

- No eixo horizontal, coloque as variáveis qualitativas (tempo, temperatura, por exemplo) e no eixo vertical as variáveis quantitativas.

- Na intersecção entre as retas vertical e horizontal, marque um ponto. Cada marcador representará um período ou o valor de cada período.

- Ligue os pontos com um traço para tornar visível a variável estudada, formando o gráfico de linhas.

ATIVIDADES

FAÇA NO CADERNO

1 A tabela a seguir apresenta os percentuais de lucro sobre vendas de uma empresa ao longo dos anos.

PERCENTUAIS DE LUCRO SOBRE VENDAS AO LONGO DOS ANOS

Ano	2012	2013	2014	2015	2016	2017	2018
%	55,0	61,6	65,4	66,2	58,4	66,3	69,3

Fonte: Dados fictícios.

Com base nessas informações, faça o que se pede.
a) Construa o gráfico que melhor representa os dados da evolução dos ganhos dessa empresa.
b) Em que ano a empresa apresentou o menor percentual de lucros sobre as vendas?
c) Em que ano o percentual de lucros sobre as vendas foi de 69,3%?
d) No período de 2013 a 2015 houve aumento nos ganhos da empresa?
e) Qual é o valor da mediana do conjunto das taxas de ganhos da empresa?

2 A temperatura média diária para a última semana de agosto em uma cidade que fica no estado da Bahia está registrada na tabela a seguir.

TEMPERATURA MÉDIA DIÁRIA PARA A ÚLTIMA SEMANA DE AGOSTO

	Segunda	Terça	Quarta	Quinta	Sexta	Sábado	Domingo
Temperatura máxima	27 °C	29 °C	26 °C	21 °C	22 °C	25 °C	25 °C
Temperatura mínima	14 °C	15 °C	15 °C	13 °C	14 °C	13 °C	11 °C

Fonte: Dados fictícios.

Com base nessas informações, faça o que se pede.
a) Construa o gráfico que melhor representaria a temperatura durante a semana.
b) Qual foi a média da temperatura máxima dessa cidade durante a semana?

3 Observe no gráfico a evolução do preço do combustível em função do tempo (dado em anos).

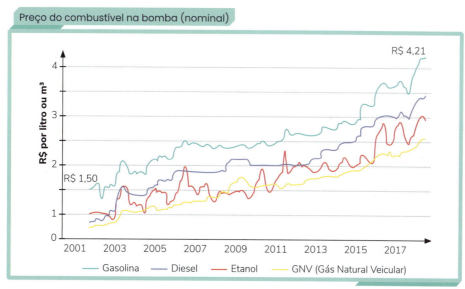

Fonte: ALMEIDA, Rodolfo; ZANLORENSSI, Gabriel. A trajetória do preço do combustível no Brasil nos últimos 17 anos. *Nexo Jornal*, São Paulo, 16 out. 2017. Disponível em: www.nexojornal.com.br/grafico/2017/10/16/A-trajetória-do-preço-do-combustível-no-Brasil-nos-últimos-17-anos. Acesso em: 25 fev. 2021.

187

Com base nessas informações do gráfico, faça o que se pede.

a) Sugira um novo título para esse gráfico.

b) Quais combustíveis o gráfico apresenta?

c) Qual período foi apresentado nessa pesquisa?

d) Confira as respostas das alternativas anteriores com as de seus colegas. Converse com eles sobre as diferenças encontradas e sugira legendas para os eixos vertical e horizontal.

4 O gráfico abaixo mostra a média móvel de número de novos casos de covid-19 em função do tempo (dado em meses).

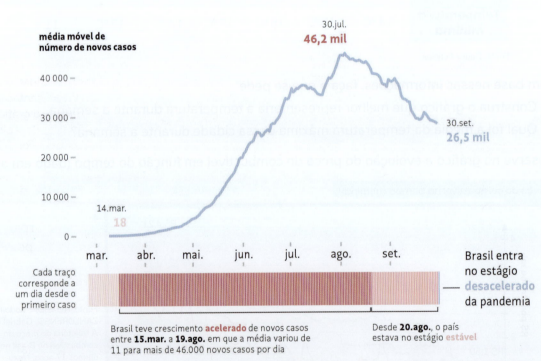

Fonte: PUXADO por SP, Brasil entra em estágio desacelerado da covid pela primeira vez, mostra monitor da Folha. *Folha de S.Paulo*, São Paulo, 30 set. 2020. Disponível em: www1.folha.uol.com.br/equilibrioesaude/2020/09/puxado-por-sp-brasil-entra-em-estagio-desacelerado-da-covid-pela-1a-vez-mostra-monitor-da-folha.shtml. Acesso em: 25 fev. 2021.

Analisando o gráfico, em que mês o Brasil apresentou a menor média móvel de número de novos casos?

ELEMENTOS QUE PODEM INDUZIR A ERROS DE LEITURA

Observe atentamente o gráfico a seguir, que apresenta os óbitos por covid-19 acumulados, por região brasileira, até 12 de outubro de 2020, conforme o Ministério da Saúde.

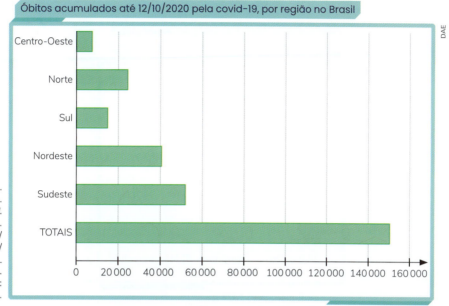

Fonte: BRASIL. Ministério da Saúde. *Covid-19 no Brasil.* Brasília, DF: MS, c2020. Disponível em: https://qsprod.saude.gov.br/extensions/covid-19_html/covid-19_html.html. Acesso em: 12 out. 2020.

	Óbitos acumulados
Sudeste	68 380
Nordeste	40 410
Sul	12 850
Norte	15 384
Centro-Oeste	13 665
TOTAIS	150 689

Fonte: BRASIL. Ministério da Saúde. *Covid-19 no Brasil.* Brasília, DF: MS, c2020. Disponível em: https://qsprod.saude.gov.br/extensions/covid-19_html/covid-19_html.html. Acesso em: 12 out. 2020.

Pense e responda

Observe a tabela e responda: A representação dos dados no gráfico foi feita de maneira correta? Por quê?

Os dados estatísticos, quando mal representados em gráficos, podem levar a erros de interpretação. Portanto, é preciso muita atenção na hora de analisá-los; mais importante do que conferir os cálculos matemáticos contidos nas representações estatísticas, é preciso saber ler e interpretar as informações. Aparentemente, os gráficos não são enganosos, mas é preciso cuidado, pois podemos ser levados a erros de interpretação por gráficos propositadamente mal formulados.

Assim, sempre que se deparar com gráficos e informações estatísticas, procure:

- analisar cautelosamente os dados representados;
- estar atento a possíveis equívocos, erros ou manipulações, como escalas inapropriadas, representação não proporcional de dados, entre outros;
- aprender a detectar se há alguma informação que possa induzir a erro, intencional ou não;
- ficar atento às escalas, à distribuição dos intervalos, à equivalência entre as barras, a pictogramas com figuras não equivalentes, a legendas não explicitadas corretamente, à omissão de informações, como fontes e datas, entre outros.

ATIVIDADES

1 Considerando que o número de estabelecimentos agropecuários por sexo do produtor no Brasil é de maioria masculina, chegando a ocupar aproximadamente 81% do mercado, analise o gráfico e responda:

Fonte: IBGE. *Censo Agro 2017*. Rio de Janeiro: IBGE, [2018]. Disponível em: https://censos.ibge.gov.br/agro/2017/templates/censo_agro/resultadosagro/produtores.html. Acesso em: 25 fev. 2021.

a) Qual é o percentual aproximado que o sexo feminino ocupa no mercado agropecuário?

b) Qual é a soma dos percentuais dos setores desse gráfico?

2 Observe atentamente o gráfico a seguir sobre a quantidade de pessoas abaixo de 24 anos no Brasil ao longo dos anos.

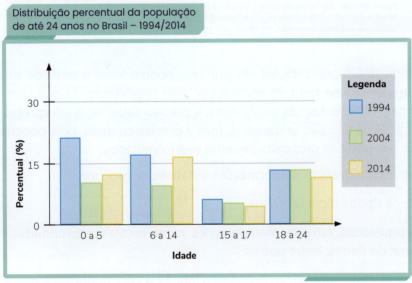

Idade	1994	2004	2014
0 a 5	14%	10%	12%
6 a 14	17%	16%	16%
15 a 17	6%	5%	4%
18 a 24	13%	13%	12%

Fonte: Dados fictícios.

Com base nos valores expostos no quadro, esboce um gráfico de setores para cada faixa etária e compare-o com o apresentado. O que você percebe?

3 Observe o gráfico a seguir.

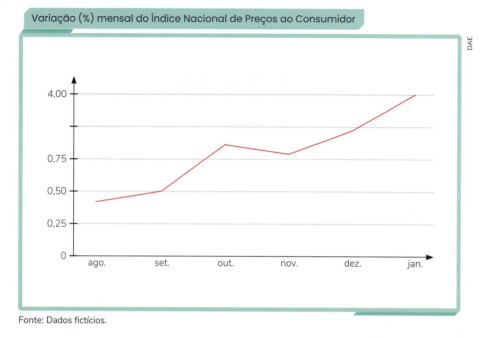

Fonte: Dados fictícios.

Como você interpreta as informações contidas no gráfico? O que há de diferente na configuração do eixo vertical?

4 O que podemos concluir sobre a representação pictórica do gráfico a seguir?

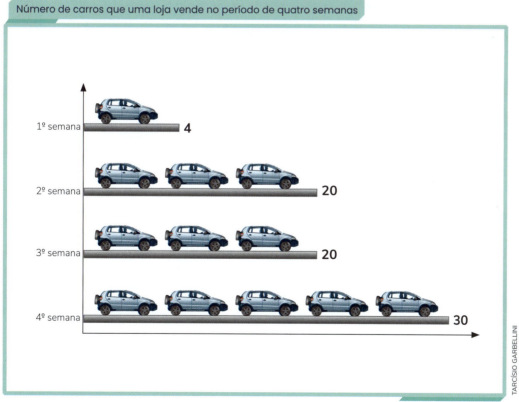

Fonte: Dados fictícios.

5 Observe o gráfico que representa os dados de uma pesquisa sobre o quanto os alunos do 9º ano gostam do conteúdo de Geometria.

a) De que se trata esse gráfico?

b) Analise as informações contidas no gráfico. Qual é a sua conclusão?

c) Qual é a soma dos percentuais apresentados no gráfico? Esse gráfico está correto?

d) Como os dados podem ser reajustados, de modo que o gráfico fique correto?

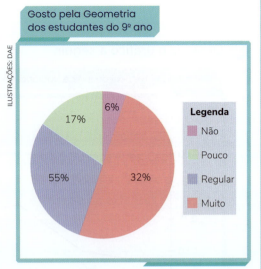

Fonte: Dados fictícios.

6 (Enem) O gráfico expõe alguns números da gripe A-H1N1. Entre as categorias que estão em processo de imunização, uma já está completamente imunizada, a dos trabalhadores da saúde.

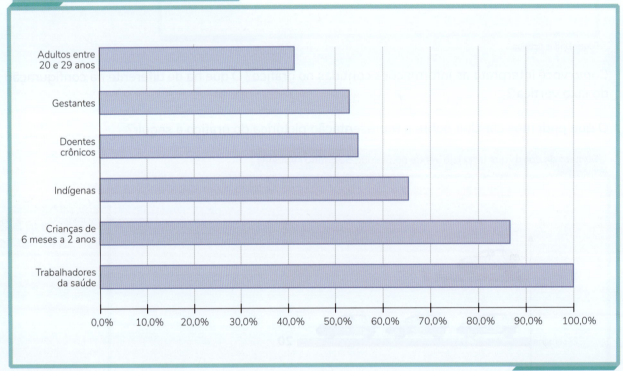

Fonte: *Época*. 26 de abr. 2010 (adaptado).

De acordo com o gráfico, entre as demais categorias, a que está mais exposta ao vírus da gripe A-H1N1 é a categoria de:

a) indígenas.

b) gestantes.

c) doentes crônicos.

d) adultos entre 20 e 29 anos.

e) crianças de 6 meses a 2 anos.

CONSTRUINDO GRÁFICOS COM O COMPUTADOR

Você já sabe que cada gráfico tem uma finalidade diferente. Observe o quadro abaixo, com um resumo dos principais gráficos que utilizamos.

Colunas e barras	Setores ou *pizza*	Linhas
Para comparar valores de diferentes séries. A diferença entre eles está na disposição da representação gráfica dos dados.	Para visualizar a pesquisa no geral, possibilitando comparar cada categoria envolvida. Cada pedaço determina uma proporção.	Ideais para representar pesquisas que apresentam sequências cronológicas.

IMAGENS: TARCÍSIO GARBELLINI

Todos os gráficos estudados até o momento podem ser feitos à mão; mas, dependendo dos valores e das variáveis disponíveis, isso se torna uma tarefa trabalhosa.

Para facilitar esse trabalho, existem diversos *softwares* que criam gráficos estatísticos.

Vamos aprender um pouco sobre um deles. Para isso, siga estes passos:

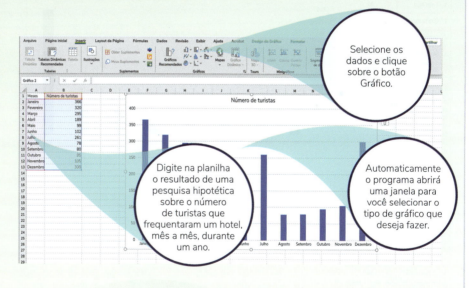

- Entre no endereço https://pt-br.libreoffice.org/ (acesso em: 25 fev. 2021) e baixe o pacote do LibreOffice.
- Depois de instalado, abra o programa LibreOffice Calc.

Agora é sua vez! Abra o programa e construa seu gráfico.

a) Usando o resultado da pesquisa do exemplo, construa com o programa outro tipo de gráfico.

b) Qual deles representou melhor as informações da tabela? Como você chegou a essa conclusão?

193

ATIVIDADES RESOLVIDAS

1 Observe como gerar gráficos usando os dados de uma planilha eletrônica.

TABELA DE FREQUÊNCIA DO NÚMERO DE REVISTAS VENDIDAS DURANTE A SEMANA

Dia da semana	Frequência absoluta
segunda-feira	45
terça-feira	40
quarta-feira	70
quinta-feira	65
sexta-feira	48
sábado	100
domingo	130
TOTAL	498

Fonte: Dados fictícios.

RESOLUÇÃO:

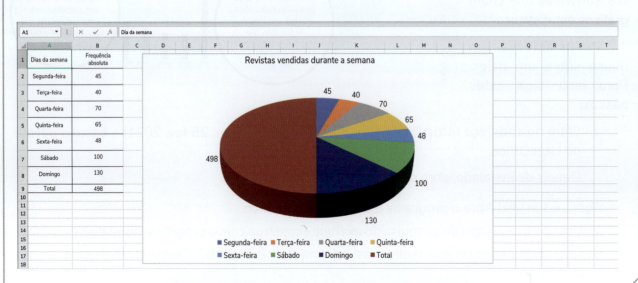

MAIS ATIVIDADES

1 Como vimos, o resultado de uma pesquisa estatística ou os dados estatísticos, de modo geral, costumam ser apresentados por diferentes tipos de gráficos e tabelas; mas sempre há um modo melhor de organização que facilita a visualização dos resultados.

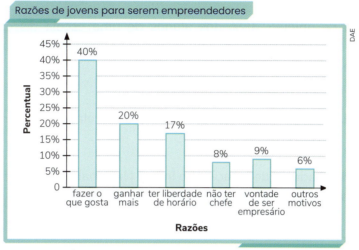

Fonte: Dados fictícios.

a) Observe os dados do gráfico de colunas e calcule a medida do ângulo de cada setor. Em seguida, construa um gráfico de setores com essas informações.

b) Qual dos gráficos (de barras ou de setores) representou melhor os resultados da pesquisa?

c) Em uma conversa com os colegas, observem se todos os gráficos apresentam os mesmos elementos e se sempre podem ser transformados em outros gráficos.

2 Segundo a Pesquisa Nacional por Amostra de Domicílios Contínua (Pnad Contínua) realizada em 2017, a população de idosos (60 anos ou mais de idade) aumentou 18%. As mulheres representam 16,9 milhões (56% dos idosos), e os homens, 13,3 milhões (44% dos idosos).

Apresentamos a seguir a distribuição da população brasileira em 2017.

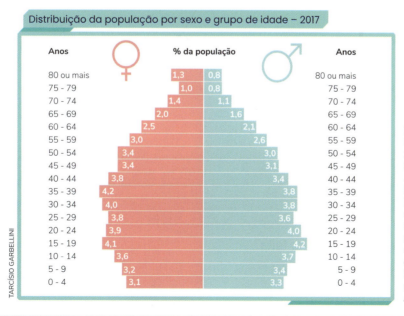

PARADELLA, Rodrigo. Número de idosos cresce 18% em 5 anos e ultrapassa 30 milhões em 2017. *Agência IBGE de Notícias*, Rio de Janeiro, 26 abr. 2018. Disponível em: https://agenciadenoticias.ibge.gov.br/agencia-noticias/2012-agencia-de-noticias/noticias/20980-numero-de-idosos-cresce-18-em-5-anos-e-ultrapassa-30-milhoes-em-2017.html. Acesso em: 26 fev. 2021.

Dessa distribuição, observe as categorias de 60 anos ou mais de idade e responda às questões.

a) Os dados da população masculina e feminina com 60 anos ou mais de idade poderiam ser representados por um gráfico de linhas? Por quê?

b) Que gráfico representa melhor os dados da população masculina e feminina com 60 anos ou mais de idade, o de setor ou o de barras? Construa esse gráfico.

3 Em uma pesquisa de opinião, 46% dos alunos de uma escola disseram gostar muito de Matemática; 24% disseram gostar mais ou menos de Matemática e 8% disseram não gostar de Matemática. Analise os resultados dessa pesquisa.

a) Apresente um possível resultado da pesquisa.

b) O que você pode concluir sobre o gosto dos alunos em relação à Matemática, de acordo com essa pesquisa?

4 Um dos principais indicadores de inflação é o Índice Nacional de Preços ao Consumidor Amplo (IPCA). Observe os valores do IPCA apresentados no gráfico e responda às perguntas.

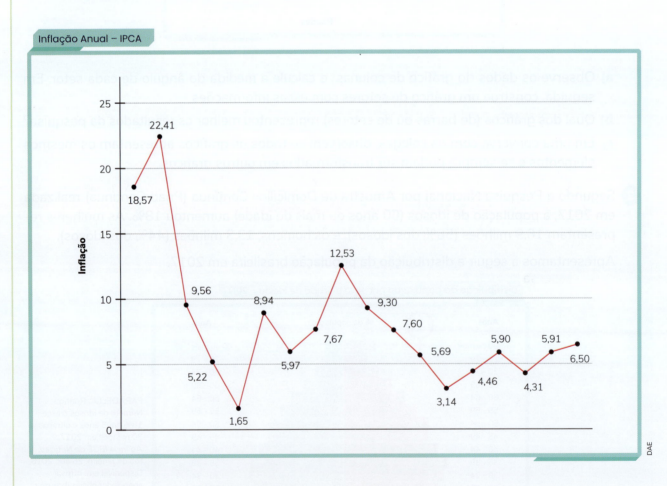

a) Em que ano essa pesquisa foi feita?

b) Em que ano o IPCA foi mais alto?

c) Qual é a fonte da pesquisa?

5 O gráfico a seguir apresenta a taxa de ocupação de leitos de UTI por pessoas com covid-19 em maio de 2020 em alguns estados brasileiros.

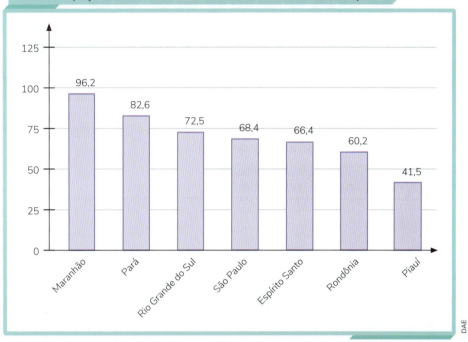

MAGENTA, Mateus. Coronavírus: 10 gráficos para entender a situação atual do Brasil na pandemia. *In*: G1. *Bem-estar*, [s. l.], 13 maio 2020. Disponível em: https://g1.globo.com/bemestar/coronavirus/noticia/2020/05/13/coronavirus-10-graficos-para-entender-a-situacao-atual-do-brasil-na-pandemia.ghtml. Acesso em: 3 mar. 2021.

Observe as informações do gráfico, elabore duas questões e dê a um colega para responder. Responda também às questões que ele elaborou.

6 Ana, Beatriz, Cláudia, Daniela e Érica foram visitar a vovó Margarida. Beatriz chegou antes de Ana e depois de Daniela. Já Cláudia, Daniela e Érica chegaram uma em seguida da outra, nessa ordem. Quem foi a primeira a chegar?

a) Ana   b) Beatriz   c) Cláudia   d) Daniela   e) Érica

197

CAPÍTULO 2
Planejamento e execução de pesquisa amostral

Para começar

No Brasil, ocorrem cerca de 45 mil mortes por ano em acidentes de trânsito. Observe e analise as estatísticas dessas mortes no estado de São Paulo.

Taxas de mortalidade, segundo tipos de acidente de transporte no Estado de São Paulo (2005 – 2015)

Fonte: Fundação Seade.

Pense e responda

Que nome recebe a pesquisa realizada com parte dos sujeitos da população?

PLANEJANDO UMA PESQUISA

Toda pesquisa exige um planejamento cuidadoso e sistematizado para que seja bem-feita e não apresente erros nos resultados.

Vamos tomar como base a pesquisa apresentada sobre as taxas de mortalidade segundo tipos de acidente de transporte no estado de São Paulo, para identificar alguns elementos do planejamento de uma pesquisa.

Na etapa de **planejamento**, considere os elementos a seguir.

- Escolha ou delimitação do tema ou assunto a ser pesquisado. Em nosso exemplo é a mortalidade por acidente de transporte no estado de São Paulo considerando o sexo, o ano e o tipo de acidente.

- Escolha dos métodos de amostragem ou das técnicas (como a entrevista) para coleta de dados. Nesse caso, considerando a população total do Brasil, a pesquisa feita foi amostral, com todo o estado de São Paulo.

- Escolha dos sujeitos ou elementos da pesquisa – nesse caso, óbitos em acidente, por sexo.

- Decisão do local de realização da pesquisa; nesse exemplo, foi o estado de São Paulo.

- Escolha e elaboração dos instrumentos de coleta de dados. No caso da pesquisa de mortes por acidente de transporte, os dados já estavam prontos e vieram do Sistema de Estatísticas do Registro Civil da Fundação Sistema Estadual de Análise de Dados.

- Decisão sobre as formas de registro das informações. Nesse exemplo, os dados foram registrados em planilhas eletrônicas, tabelas e gráficos.

Execução da pesquisa

Durante a etapa de **execução** de uma pesquisa, considere as orientações a seguir.

- Cuidado ao coletar e registrar os dados. Deve-se ter atenção e registrar cuidadosamente as informações para não esquecer algum dado ou colocar informações no lugar errado.

- Maneje bem os instrumentos, que podem ser questionários, formulários, fichas, entre outros. Tenha em conta a questão da ética na pesquisa; por isso, obtenha o consentimento dos sujeitos e/ou órgãos envolvidos.

- Procure organizar e resumir os dados em tabelas e gráficos, porque isso facilita a análise. Uma forma rápida de organizar e tratar os dados é usar planilhas eletrônicas.

- Analise detalhadamente os dados, visando inferir os resultados e tirar conclusões.

- Sempre é bom fazer um relatório final, apresentando uma síntese dos resultados, conclusões e até mesmo sugestões de melhorias ou reflexões sobre a pesquisa.

- Procure expor os resultados de sua pesquisa para os colegas da turma ou para a comunidade de seu bairro.

ATIVIDADES

FAÇA NO CADERNO

1 Suponha que uma empresa tenha elaborado um formulário para verificar o nível de satisfação dos clientes em relação aos serviços prestados.

Depois de pronto, esse formulário foi distribuído para alguns clientes, e o resultado da pesquisa pode ser visto na tabela ao lado.

VERIFICAÇÃO DO NÍVEL DE SATISFAÇÃO DOS CLIENTES	
Nível de satisfação	**Votos**
Muito satisfeito	▨▨▨▨▨▨
Satisfeito	▨▨▨▨
Pouco satisfeito	▨▨▨▨▨▨▨
Insatisfeito	▨▨
Muito insatisfeito	▨▨▨

Fonte: Dados fictícios.

a) Qual é o assunto ou tema da pesquisa?
b) Qual foi o instrumento utilizado para a coleta de dados?
c) Quais foram os sujeitos da pesquisa?
d) Como as informações foram registradas?
e) A pesquisa foi amostral ou populacional?
f) Com base no quadro de resultados dessa pesquisa de satisfação, elabore uma tabela de distribuição de frequências.
g) Quantos clientes responderam ao formulário?
h) Qual é a moda desse conjunto de dados?
i) Represente os dados da tabela de distribuição de frequências em um gráfico de setores. Não se esqueça de colocar o título, a legenda e a fonte.
j) Junte-se a um colega. Elaborem uma questão sobre o gráfico de setores construído.
k) Faça um relatório da pesquisa e apresente para a turma.

2 Uma enfermeira verificou nos prontuários dos pacientes as horas que eles estiveram internados no Hospital A Milagrosa, na última semana de agosto.

60	72	24	36	36	24	48	60	48
72	60	90	24	36	48	48	60	90
24	24	72	90	36	48	36	24	60

a) Que instrumento foi utilizado para coletar os dados?
b) Onde foi feita a pesquisa?
c) Organize e resuma os dados em uma tabela de frequência utilizando uma planilha eletrônica.
d) Quantos e quais foram os sujeitos dessa pesquisa?
e) Encontre a média, a moda e a mediana desse conjunto de dados.
f) Qual é a amplitude do conjunto de dados?
g) Construa um gráfico para representar esse conjunto de dados. Dê um título a ele.
h) Analise os dados resumidos no gráfico, faça um relatório da pesquisa e apresente à turma.

MAIS ATIVIDADES

1 (UFJF-MG) Uma professora fez uma pesquisa com 10 alunos de uma de suas turmas, sobre quanto tempo em média, em horas, eles passavam na internet por dia. Os dados foram colocados na tabela abaixo:

ALUNO	A	B	C	D	E	F	G	H	I	J
HORAS	4	6	8	2	3	4	6	5	6	3

Marque a alternativa com os valores corretos da média, moda e mediana.

a) média 4; moda 4; mediana 5
b) média 4,5; moda 6; mediana 4,7
c) média 4,7; moda 4; mediana 4,5
d) média 4,7; moda 6; mediana 4,5
e) média 4,5; moda 6; mediana 5

2 O que você conclui a respeito da pesquisa anterior? Elabore um pequeno relatório.

3 Escolha um tema de pesquisa, planeje sua realização e execute-a. Considere os questionamentos a seguir.

- Que tema ou assunto você escolheu para pesquisar?
- Que instrumentos de coleta de dados vai utilizar?
- Onde a pesquisa será realizada?
- Quantos sujeitos participarão da pesquisa?
- Após a coleta, organize os dados em uma tabela de frequência utilizando uma planilha eletrônica.
- É possível calcular a média, a moda e a mediana do conjunto de dados da pesquisa? Se sim, calcule-as.
- Calcule, se possível, a amplitude do conjunto de dados.
- Que tipo de gráfico é o mais indicado para resumir as informações da pesquisa? Construa esse gráfico.
- Sintetize todas as informações em um relatório.

4 Um professor passou um problema bem difícil para os alunos e, depois, perguntou-lhes qual era a resposta do problema. Mariana disse que era um número maior que 9; Joana disse que era um número par; Rubens disse que era menor que 15; Daniel disse que era maior que 17. Dentre as afirmações desses alunos, quantas, no máximo, podem ser verdadeiras?

201

PARA ENCERRAR

(Fatec) Leia o texto para responder às questões 1 e 2.

Um estudo com 3 707 alunos de especialização em Administração da Fundação Getúlio Vargas (FGV) mediu o nível de resiliência desses alunos utilizando a escala que relaciona nove fatores: autoeficácia, solução de problemas, temperança, empatia, proatividade, competência social, tenacidade, otimismo e flexibilidade mental. Cada um desses fatores ajuda de maneira diferente no enfrentamento de problemas e na tomada de decisões. Nesse estudo, elaborou-se um questionário, que foi respondido por 1 500 alunos. No resultado final, 16% foram classificados com baixa resiliência, 44% foram considerados com moderada resiliência e 40% enquadraram-se em um grau elevado.

<https://tinyurl.com/yd8z5kf8> Acesso em: 17.02.2018. Adaptado.

1 Assinale a alternativa que apresenta o gráfico que melhor pode representar os dados obtidos pelo questionário aplicado no estudo da FGV.

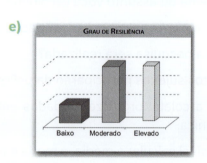

2 Considere que 60% dos questionários citados na atividade anterior foram respondidos por mulheres e que, dessas, 50% são formadas em Psicologia. Nessas condições, o número de mulheres que responderam ao questionário e que são formadas em Psicologia é:

a) 450.
b) 750.
c) 900.
d) 1 112.
e) 2 224.

3 (Enem) A taxa de urbanização de um município é dada pela razão entre a população urbana e a população total do município (isto é, a soma das populações rural e urbana). Os gráficos apresentam, respectivamente, a população urbana e a população rural de cinco municípios (I, II, III, IV, V) de uma mesma região estadual. Em reunião entre o governo do estado e os prefeitos desses municípios, ficou acordado que o município com maior taxa de urbanização receberá um investimento extra em infraestrutura.

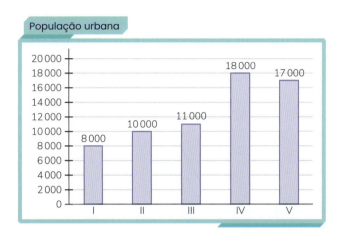
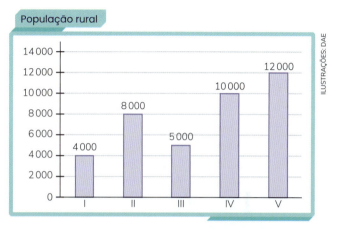

Segundo o acordo, qual município receberá o investimento extra?

a) I
b) II
c) III
d) IV
e) V

4 (Enem) A diretoria de uma empresa de alimentos resolve apresentar para seus acionistas uma proposta de novo produto. Nessa reunião, foram apresentadas as notas médias dadas por um grupo de consumidores que experimentaram o novo produto e dois produtos similares concorrentes (A e B).

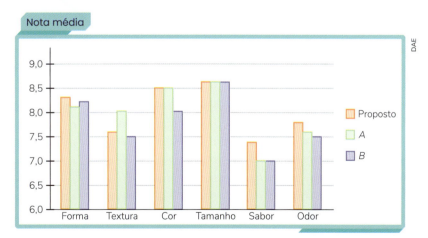

A característica que dá a maior vantagem relativa ao produto proposto e que pode ser usada, pela diretoria, para incentivar a sua produção é a

a) textura.
b) cor.
c) tamanho.
d) sabor.
e) odor.

5. (Enem) Uma empresa presta serviço de abastecimento de água em uma cidade. O valor mensal a pagar por esse serviço é determinado pela aplicação de tarifas, por faixas de consumo de água, sendo obtido pela adição dos valores correspondentes a cada faixa.

- Faixa 1: para consumo de até 6 m³, valor fixo de R$ 12,00;
- Faixa 2: para consumo superior a 6 m³ e até 10 m³, tarifa de R$ 3,00 por metro cúbico ao que exceder a 6 m³;
- Faixa 3: para consumo superior a 10 m³, tarifa de R$ 6,00 por metro cúbico ao que exceder a 10 m³. Sabe-se que nessa cidade o consumo máximo de água por residência é de 15 m³ por mês.

O gráfico que melhor descreve o valor P, em real, a ser pago por mês, em função do volume V de água consumido, em metro cúbico, é

a)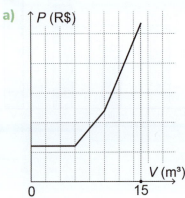

d)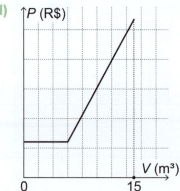

b)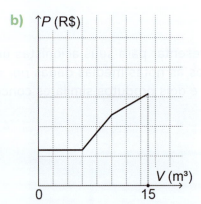

e)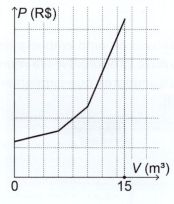

c)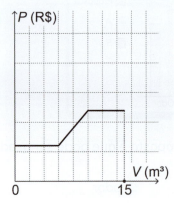

6 (Enem) O serviço de meteorologia de uma cidade emite relatórios diários com a previsão do tempo. De posse dessas informações, a prefeitura emite três tipos de alertas para a população:

- Alerta cinza: deverá ser emitido sempre que a previsão do tempo estimar que a temperatura será inferior a 10 °C, e a umidade relativa do ar for inferior a 40%;
- Alerta laranja: deverá ser emitido sempre que a previsão do tempo estimar que a temperatura deve variar entre 35 °C e 40 °C, e a umidade relativa do ar deve ficar abaixo de 30%;
- Alerta vermelho: deverá ser emitido sempre que a previsão do tempo estimar que a temperatura será superior a 40 °C, e a umidade relativa do ar for inferior a 25%.

Um resumo da previsão do tempo nessa cidade, para um período de 15 dias, foi apresentado no gráfico.

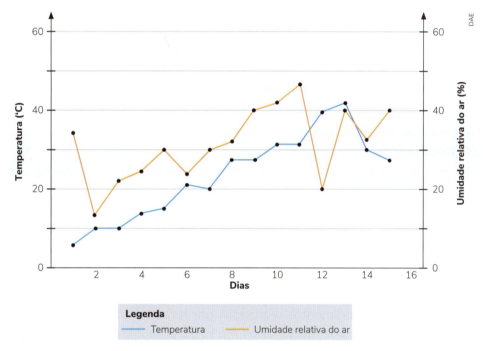

Decorridos os 15 dias de validade desse relatório, um funcionário percebeu que, no período a que se refere o gráfico, foram emitidos os seguintes alertas:

- Dia 1: alerta cinza;
- Dia 12: alerta laranja;
- Dia 13: alerta vermelho.

Em qual(is) desses dias o(s) aviso(s) foi(ram) emitido(s) corretamente?

a) 1
b) 12
c) 1 e 12
d) 1 e 13
e) 1, 12 e 13

7 (Sejus-ES) Observe os gráficos e analise as afirmações I, II e III.

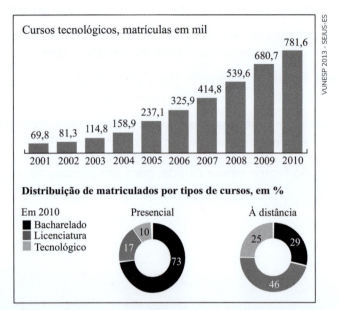

I. Em 2010, o aumento percentual de matrículas em cursos tecnológicos, comparado com 2001, foi maior que 1000%.

II. Em 2010, houve 100,9 mil matrículas a mais em cursos tecnológicos que no ano anterior.

III. Em 2010, a razão entre a distribuição de matrículas no curso tecnológico presencial e à distância foi de 2 para 5.

É correto o que se afirma em:

a) I e II, apenas.   b) II, apenas.   c) I, apenas.   d) II e III, apenas.   e) I, II e III.

8 (Fundação Carlos Chagas-SP) O supervisor de uma agência bancária obteve dois gráficos que mostravam o número de atendimentos realizados por funcionários. O Gráfico I mostra o número de atendimentos realizados pelos funcionários A e B, durante 2 horas e meia, e o Gráfico II mostra o número de atendimentos realizados pelos funcionários C, D e E, durante 3 horas e meia.

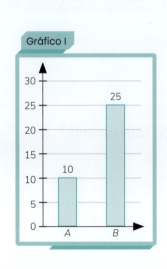
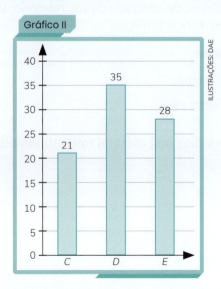

Observando os dois gráficos, o supervisor desses funcionários calculou o número de atendimentos, por hora, que cada um deles executou. O número de atendimentos, por hora que o funcionário B realizou a mais que o funcionário C, é:

a) 4

b) 3

c) 10

d) 5

e) 6

9 (Enem) Em uma seletiva para a final dos 100 metros livres de natação, numa olimpíada, os atletas, em suas respectivas raias, obtiveram os seguintes tempos:

RAIA	1	2	3	4	5	6	7	8
TEMPO (SEGUNDO)	20,90	20,90	20,50	20,80	20,60	20,60	20,90	20,96

A mediana dos tempos apresentados no quadro é

a) 20,70

b) 20,77

c) 20,80

d) 20,85

e) 20,90

10 (Enem) Ao iniciar suas atividades, um ascensorista registra tanto o número de pessoas que entram quanto o número de pessoas que saem do elevador em cada um dos andares do edifício onde ele trabalha. O quadro apresenta os registros do ascensorista durante a primeira subida do térreo, de onde partem ele e mais três pessoas, ao quinto andar do edifício.

NÚMERO DE PESSOAS	TÉRREO	1º ANDAR	2º ANDAR	3º ANDAR	4º ANDAR	5º ANDAR
Que entram no elevador	4	4	1	2	2	2
Que saem do elevador	0	3	1	2	0	6

Com base no quadro, qual é a moda do número de pessoas no elevador durante a subida do térreo ao quinto andar?

a) 2

b) 3

c) 4

d) 5

e) 6

UNIDADE 6

Estruturas de madeira ou de metal podem ser usadas em diversos tipos de construção, como telhados residenciais.

Proporcionalidade, triângulo retângulo e distância entre dois pontos

As estruturas de madeira ou metal usadas como suporte nos telhados são chamadas de **tesouras**.

Montadas com o formato de triângulo, as tesouras são interligadas, constituindo uma estrutura rígida, apoiada nas extremidades.

A figura abaixo mostra o esquema de uma tesoura do telhado de uma casa, construída com vigas de aço, no formato de um triângulo retângulo BAC, em que AB = 5,8 m e AC = 2 m.

Os pontos D e E são os pontos médios de $\overline{AB}$ e $\overline{DB}$, respectivamente. Além disso, os triângulos BDF e BEG também são triângulos retângulos.

Na BNCC

Esta unidade propicia o desenvolvimento das competências e das habilidades a seguir.

Competência geral:
1

Competências específicas:
1, 2 e 3

Habilidades:
EF09MA13
EF09MA14
EF09MA16

Para pesquisar e aplicar

1. Quais são as medidas de $\overline{AD}$, $\overline{BD}$, $\overline{DE}$ e $\overline{BE}$?
2. Estime a medida de $\overline{BC}$.
3. Os segmentos AC e DF são paralelos? Por quê?
4. Em que ponto a reta que contém $\overline{AF}$ intersecta a reta que contém $\overline{BC}$?
5. Pesquise, na internet, fotografias de telhados com tesoura e verifique se alguma casa ou escola do bairro tem esse tipo de estrutura.

CAPÍTULO 1

Proporcionalidade em Geometria

Para começar

Em qual figura a razão correspondente entre a parte pintada e a figura completa é maior?

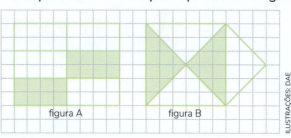

figura A   figura B

SEGMENTOS PROPORCIONAIS

Observe estes segmentos.

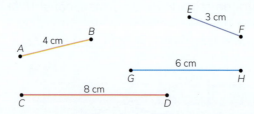

Já vimos que a **razão** entre dois segmentos é expressa pelo quociente da medida de um deles pela medida do outro, tomadas na mesma unidade de medida. Assim, as razões entre $\overline{AB}$ e $\overline{CD}$, $\overline{EF}$ e $\overline{GH}$, $\overline{AB}$ e $\overline{EF}$, nessa ordem, podem ser expressas da seguinte maneira:

- $\dfrac{AB}{CD} = \dfrac{4\text{ cm}}{8\text{ cm}} = \dfrac{1}{2}$, isto é, a medida de $\overline{AB}$ é $\dfrac{1}{2}$ da medida de $\overline{CD}$;

- $\dfrac{EF}{GH} = \dfrac{3\text{ cm}}{6\text{ cm}} = \dfrac{1}{2}$, isto é, a medida de $\overline{EF}$ é $\dfrac{1}{2}$ da medida de $\overline{GH}$;

- $\dfrac{AB}{EF} = \dfrac{4\text{ cm}}{3\text{ cm}} = \dfrac{4}{3}$, isto é, a medida de $\overline{AB}$ é $\dfrac{4}{3}$ da medida de $\overline{EF}$.

Note que as razões $\dfrac{AB}{CD}$ e $\dfrac{EF}{GH}$ são iguais. Dizemos, então, que $\overline{AB}$, $\overline{CD}$, $\overline{EF}$ e $\overline{GH}$, nessa ordem, são segmentos proporcionais.

Duas razões de mesmo valor formam uma **proporção**.

Pense e responda

Qual é a razão entre $\overline{GH}$ e $\overline{EF}$?

ATIVIDADES RESOLVIDAS

1 A razão entre a altura de um poste e a altura de uma árvore é $\frac{3}{4}$. Se a altura do poste é 7,5 m, qual é a altura da árvore?

RESOLUÇÃO: Chamando a altura da árvore de x, temos:

$$\frac{\text{altura do poste}}{\text{altura da árvore}} = \frac{3}{4} \rightarrow \frac{7,5}{x} = \frac{3}{4} \rightarrow 3x = 4 \cdot 7,5 \rightarrow 3x = 30 \rightarrow x = 10$$

Portanto, a altura da árvore é 10 m.

ATIVIDADES

FAÇA NO CADERNO

1 Determine a razão entre os segmentos de reta de medidas:

a) AB = 4 cm e BC = 12 cm;
b) MN = 10 cm e PQ = 20 cm;
c) CD = 12 cm e EF = 2 cm;
d) XY = 45 cm e ZW = 75 cm.

2 Observe o triângulo retângulo ABC da figura a seguir. Calcule as razões entre as medidas dos dois catetos e a medida da hipotenusa desse triângulo. Dê as respostas na forma decimal.

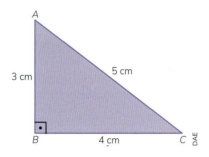

3 Uma pessoa tem 1,80 m de altura, e sua sombra, em determinada situação, 2,70 m. Determine a razão entre a altura da pessoa e o comprimento da sombra.

4 O perímetro de um retângulo é 180 m. Sabendo que a razão entre sua base e sua altura é $\frac{3}{4}$, determine a medida da base e a medida da altura desse retângulo.

5 Um segmento de reta de 50 cm é dividido em duas partes cujas medidas estão na razão $\frac{7}{18}$. Calcule a medida de cada parte.

6 Considere os seguintes segmentos de reta, cujas medidas estão indicadas em centímetros:

Determine a medida de cada um desses segmentos sabendo que $\frac{AB}{CD} = \frac{EF}{GH}$.

7 A razão entre as medidas med($\widehat{A}$) e med($\widehat{B}$) de dois ângulos complementares $\widehat{A}$ e $\widehat{B}$ é $\frac{5}{13}$. Qual é a razão entre as medidas do suplemento de $\widehat{A}$ e do suplemento de $\widehat{B}$?

8 Na reta r a seguir, destacamos $\overline{AB}$, cuja medida é 30 cm.

DESAFIO

Queremos marcar em r um ponto C, tal que: $\frac{AC}{CB} = \frac{3}{5}$. A que distância do ponto A devemos marcar o ponto C, de modo que ele:

a) pertença a $\overline{AB}$?
b) não pertença a $\overline{AB}$?

FEIXE DE RETAS PARALELAS CORTADAS POR TRANSVERSAIS

A figura mostra um **feixe de retas paralelas**, **r**, **s** e **t**, intersectadas por duas retas transversais **a** e **b**. Feixe de retas paralelas é um conjunto de duas ou mais retas que pertencem ao mesmo plano e são paralelas entre si.

Os segmentos AB e BC, determinados sobre a reta a, têm como correspondentes, na reta b, os segmentos DE e EF, respectivamente. Construindo retas auxiliares, equidistantes entre si e paralelas a r, s e t, dividimos os segmentos AB e BC em partes iguais, de medida w, e os segmentos DE e EF também em partes iguais, de medida v. Veja na figura abaixo.

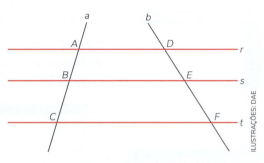

Agora, podemos estabelecer as proporções:

$$\frac{AB}{BC} = \frac{3w}{4w} = \frac{3}{4} \text{ (I) e } \frac{DE}{EF} = \frac{3v}{4v} = \frac{3}{4} \text{ (II)}$$

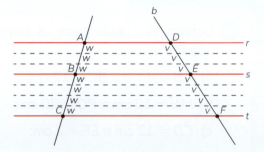

Comparando I e II, temos:

$$\frac{AB}{BC} = \frac{3}{4} = \frac{DE}{EF} \rightarrow \frac{AB}{BC} = \frac{DE}{EF}$$

Essa importante igualdade constitui um dos principais teoremas da Geometria, atribuído a Tales de Mileto:

> **Teorema de Tales**: quando um feixe de retas paralelas é intersectado por duas retas transversais, os segmentos determinados em uma das retas transversais são proporcionais aos segmentos correspondentes determinados na outra.

Pense e responda

Justifique a igualdade $\dfrac{AC}{AB} = \dfrac{DF}{DE}$.

ATIVIDADES RESOLVIDAS

1 Calcule o valor de x sabendo que r ∥ s ∥ t.

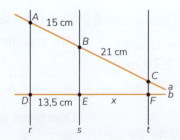

RESOLUÇÃO: Como r ∥ s ∥ t, usando o teorema de Tales, obtemos:

$$\frac{AB}{BC} = \frac{DE}{EF} \rightarrow \frac{15}{21} = \frac{13{,}5}{x} \rightarrow 15x = 283{,}5 \rightarrow x = 18{,}9$$

Portanto, o valor de x é 18,9 cm.

2 Observe ao lado o desenho das ruas do bairro onde Rita mora. As ruas Colômbia, Paraguai e Chile são paralelas entre si. Sabendo que $AB = 280$ m, $BC = 160$ m e $CE = 330$ m, determine quantos metros Rita deve andar, caminhando pela Avenida Projetada, para ir da Rua Chile (ponto E) à Rua Paraguai (ponto D).

RESOLUÇÃO: Podemos fazer um esquema para representar essas ruas e algumas medidas.
Representando as ruas Chile, Paraguai e Colômbia pelas retas paralelas r, s e t, e as avenidas da Orla e Projetada pelas retas transversais u e v, respectivamente, temos:

Pense e responda

De que outra maneira você poderia obter a distância entre E e D?

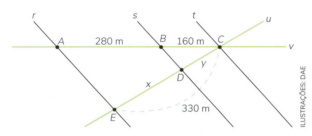

Sendo $DC = y$ e $ED = x$ e usando o teorema de Tales, temos:

$$\frac{AB}{BC} = \frac{ED}{DC} \rightarrow \frac{280}{160} = \frac{x}{y} \rightarrow \frac{7}{4} = \frac{x}{y} \rightarrow y = \frac{4}{7}x \quad (I)$$

Do esquema, temos: $x + y = 330$ (II)

Substituindo I em II, obtemos:

$$x + \frac{4}{7}x = 330 \rightarrow 7x + 4x = 2\,310 \rightarrow x = 210$$

Rita deve andar 210 m para ir da Rua Chile à Rua Paraguai pela Avenida Projetada.

ATIVIDADES

FAÇA NO CADERNO

1 Na figura ao lado, as retas a, b, c, d, e, f e g são paralelas, e os pontos B, C, D, E, F e G dividem $\overline{AH}$ em sete partes de mesma medida.

Sabendo que a medida de $\overline{PH}$ é 42 cm e que $\frac{AB}{PO} = \frac{1}{2}$, calcule a medida de $\overline{CE}$.

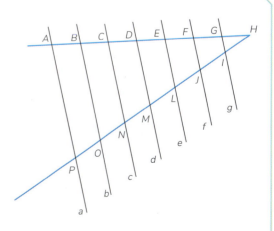

2 Observe as figuras abaixo, a // b // c. Calcule, em cada caso, o valor de x sabendo que as medidas estão em centímetros.

a)
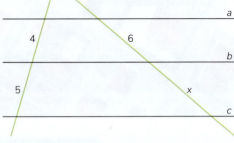

b)
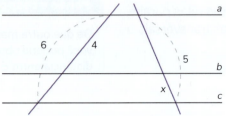

c)
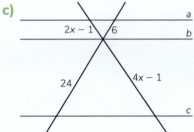

3 Determine o valor de x em cada triângulo a seguir. As medidas indicadas estão em centímetros.

a) $\overline{DE} \parallel \overline{BC}$

c) $\overline{DE} \parallel \overline{AB}$

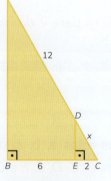

b) $\overline{PS} \parallel \overline{QT}$

d) $\overline{DE} \parallel \overline{BC}$

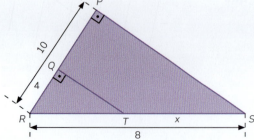
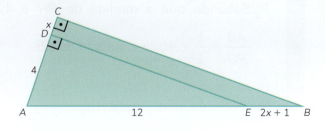

4 As retas *r*, *s* e *t*, representadas nesta figura, são paralelas entre si.

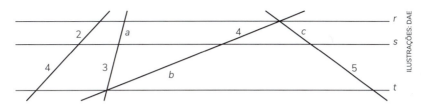

Sabendo que as medidas indicadas estão em metros, quanto medem *a*, *b* e *c*?

5 Na figura a seguir, as retas *x*, *y* e *z* são paralelas entre si e $a - b = 3$. Calcule *a* e *b* na mesma unidade de medida.

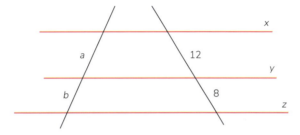

6 Três terrenos têm frentes para a rua A e para a rua B, conforme mostra a figura abaixo. As divisas laterais dos terrenos são perpendiculares à rua A.

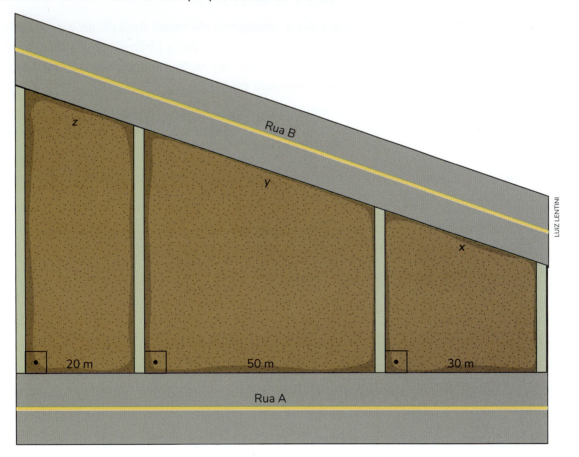

Se, juntos, os três terrenos têm 240 m de frente para a rua B, qual é a medida da frente de cada terreno para a rua B?

7 (IFPI) O percurso de uma corrida está representado na figura:

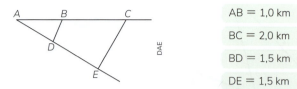

AB = 1,0 km
BC = 2,0 km
BD = 1,5 km
DE = 1,5 km

Os segmentos BD e CE são paralelos. Partindo de A, cada corredor deve percorrer o circuito passando, sucessivamente, por B, C, E, D, retornando a A. Qual é o perímetro do percurso da corrida?

a) 9,75 km
b) 10,00 km
c) 10,25 km
d) 10,50 km
e) 10,75 km

Viagem no tempo

TALES DE MILETO

Conta-se que Tales de Mileto despertou a admiração do faraó Amasis ao calcular a altura de uma pirâmide por meio de sua sombra, sem precisar escalar a pirâmide. Para isso, ele fincou no chão uma estaca na posição vertical e verificou que, em determinada hora do dia, a altura da estaca e o comprimento da sombra por ela projetada eram iguais.

Com base nessa informação, ele adicionou a metade da medida do lado da base da pirâmide à altura do triângulo determinado pela sombra da pirâmide e conseguiu determinar a altura da pirâmide.

Observe que a pirâmide tem uma base larga, que coincide com parte da sombra que a altura da pirâmide teria caso sua forma fosse a de uma estaca vertical e fina.

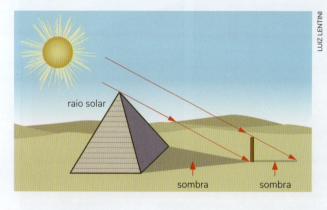
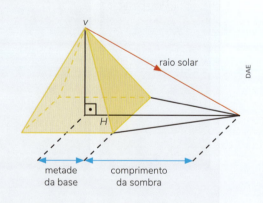

PÉTIN, Pierre. Tópicos de história da Matemática através de problemas. *Professores da UFF*, [Niterói], [2017?]. Disponível em: http://www.professores.uff.br/marco/wp-content/uploads/sites/37/2017/08/Pierre-1.pdf. Acesso em: 3 fev. 2021.

Represente as razões que Tales de Mileto estabeleceu para obter a medida da altura da pirâmide.

TEOREMA DA BISSETRIZ INTERNA DE UM TRIÂNGULO

No triângulo ABC representado a seguir, $\overline{BD}$ que une o vértice B ao lado aposto $\overline{AC}$ divide o ângulo $\widehat{B}$ em dois ângulos congruentes.

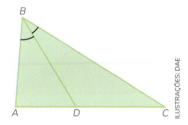

Assim, dizemos que $\overline{BD}$ é a **bissetriz interna** do ângulo $\widehat{B}$ e intersecta o lado oposto $\overline{AC}$ no ponto D. Vamos mostrar que essa bissetriz divide o lado oposto $\overline{AC}$ em dois segmentos, AD e DC, que são respectivamente proporcionais aos lados $\overline{BA}$ e $\overline{BC}$ do ângulo $\widehat{B}$.

Traçando pelo vértice C uma semirreta paralela à bissetriz interna $\overline{BD}$ e que intersecta o prolongamento do lado $\overline{AB}$ no ponto E, temos:

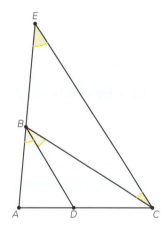

- med($D\widehat{B}C$) = med($B\widehat{C}E$), pois são ângulos alternos internos;
- med($A\widehat{B}D$) = med($B\widehat{E}C$), pois são ângulos correspondentes;
- med($A\widehat{B}D$) = med($C\widehat{B}D$), pois $\overline{BD}$ é bissetriz de $\widehat{B}$.

Como med($B\widehat{C}E$) = med($B\widehat{E}C$), o triângulo BCE é isósceles. Portanto, $BE = BC$.

Assim, pelo teorema de Tales, temos: $\dfrac{AB}{BE} = \dfrac{AD}{DC}$.

> A bissetriz de qualquer ângulo interno de um triângulo divide o lado oposto a ele em dois segmentos proporcionais aos lados que formam esse ângulo.

Pense e responda

O que são ângulos alternos internos?

ATIVIDADES RESOLVIDAS

1 No triângulo abaixo, $\overline{BD}$ é bissetriz interna do ângulo $\widehat{B}$.

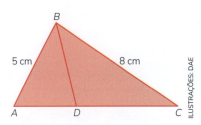

Sabendo que $AC = 9$ cm, calcule as medidas de $\overline{AD}$ e $\overline{DC}$.

RESOLUÇÃO: Fazendo $AD = x$ e $DC = y$, temos:

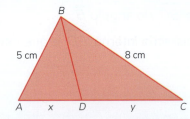

$\dfrac{AB}{AD} = \dfrac{BC}{DC} \to \dfrac{5}{x} = \dfrac{8}{y} \to 8x = 5y$ (I)

$AD + DC = 9 \to x + y = 9 \to x = 9 - y$ (II)

Substituindo II em I, obtemos:

$8(9 - y) = 5y \to 72 - 8y = 5y \to 13y = 72 \to y = \dfrac{72}{13} \cong 5{,}54$

$x = 9 - y \to x = 9 - \dfrac{72}{13} \to x = \dfrac{117 - 72}{13} \to x = \dfrac{45}{13} \cong 3{,}46$

Portanto, $x \cong 3{,}46$ cm e $y \cong 5{,}54$ cm.

ATIVIDADES

FAÇA NO CADERNO

1 Em cada triângulo a seguir, $\overline{BD}$ é bissetriz relativa ao ângulo $\widehat{B}$. Calcule x no item **a** e y no item **b**.

a)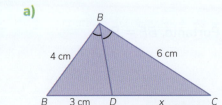

b)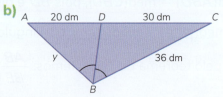

2 A bissetriz interna do ângulo $\widehat{A}$ de um triângulo ABC determina, sobre o lado $\overline{BC}$, dois segmentos de 6 dm e 5 dm. Sabendo que $AB - AC = 3$ dm, calcule o perímetro do triângulo ABC.

3 A bissetriz de um ângulo interno de um triângulo divide o lado oposto em dois segmentos cuja razão das medidas é $\dfrac{4}{5}$. Sabendo que um dos lados que forma esse ângulo mede 24 cm, qual é a medida, em centímetros, do outro lado que forma esse ângulo?

MAIS ATIVIDADES

1 Considere o retângulo ABCD composto de quatro quadrados, conforme mostra esta figura:

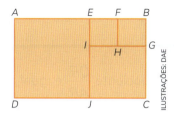

Calcule as razões:

a) $\dfrac{AB}{BC}$;   b) $\dfrac{CG}{AD}$;   c) $\dfrac{JC}{FB}$.

2 Qual é a razão entre os comprimentos, em metros, de duas circunferências de raios r e R?

3 Considere um triângulo equilátero cujo lado mede 10 cm. Calcule a razão entre as medidas da altura e do lado desse triângulo.

4 (Epcar-MG) Observe a figura a seguir:

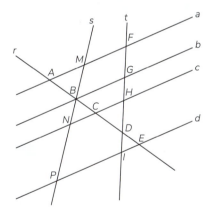

Nela, as retas a, b, c e d são paralelas e interceptadas pelas retas transversais r, s e t. Assim, as medidas dos segmentos, em cm, são:

AB = y   BC = 9   CD = 10
DE = 4   FG = z   GH = m
HD = 5   DI = 2   MN = 16
BN = 6   BP = x

A soma AB + FH, em cm, é dada por um número divisível por:

a) 3.   b) 4.   c) 7.   d) 11.

5 Os catetos de um triângulo retângulo ABC, retângulo em B, medem AB = 20 cm e BC = 8 cm. A que distância do vértice A devemos marcar um ponto X, sobre o cateto $\overline{AB}$, para que $\overline{XY}$, com a Y pertencendo a $\overline{AC}$, paralelo a $\overline{BC}$, meça 5,2 cm?

6 (IF Sudeste MG) Ana e Vitória saíram, respectivamente, dos pontos A e B, no mesmo instante, e marcaram de encontrar-se no shopping, localizado no ponto E, conforme mostra a figura a seguir. Ana gastou 16 minutos para chegar ao ponto C e 24 minutos para chegar ao shopping. Já Vitória chegou ao ponto D após 20 minutos. Considerando que r ∥ s e que as duas mantiveram a velocidade durante todo o percurso, por quantos minutos Ana esperará Vitória chegar?

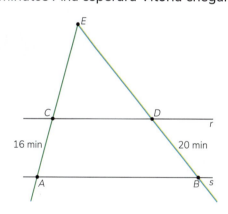

a) 6   c) 10   e) 20
b) 8   d) 16

7 No desenho abaixo $\overline{YW}$ é bissetriz do ângulo $\hat{Y}$ do triângulo XYZ.

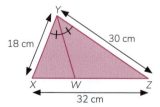

Sabendo que o desenho do triângulo foi feito na escala 1 : 400, calcule as medidas, em metros, de:

a) $\overline{XW}$;   b) $\overline{WZ}$.

8 (FGV) Na figura, ABC é um triângulo com AC = 20 cm, AB = 15 cm e BC = 14 cm.

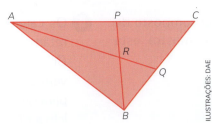

Sendo $\overline{AQ}$ e $\overline{BP}$ bissetrizes interiores do triângulo ABC, o quociente $\dfrac{QR}{AR}$ é igual a:

a) 0,3. b) 0,35. c) 0,4. d) 0,45. e) 0,5.

9 Elabore questões com base nos dados da figura a seguir e troque com um colega para que ele as resolva enquanto você resolve as dele. Depois, destroque para conferir as respostas.

PARA CRIAR

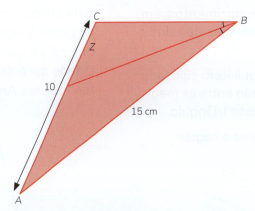

Lógico, é lógica!

10 Ari, Bruna e Carlos almoçam juntos todos os dias, e cada um deles pede água ou suco.

- Se Ari pede a mesma bebida que Carlos, então Bruna pede água.
- Se Ari pede uma bebida diferente da de Bruna, então Carlos pede suco.
- Se Bruna pede uma bebida diferente da de Carlos, então Ari pede água.
- Apenas um deles sempre pede a mesma bebida.

Quem pede sempre a mesma bebida e que bebida é essa?

a) Ari; água.
b) Bruna; água.
c) Carlos; suco.
d) Ari; suco.
e) Bruna; suco.

CAPÍTULO 2

Triângulo retângulo

Para começar

Observe estes esquadros e seus ângulos internos.

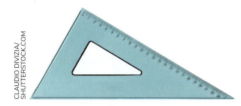 

Qual é o nome da figura geométrica plana que o formato desses esquadros lembra?

RELAÇÕES MÉTRICAS NO TRIÂNGULO RETÂNGULO

Em um triângulo retângulo, os lados, a altura relativa à hipotenusa e as projeções dos catetos sobre a hipotenusa admitem propriedades denominadas **relações métricas**. Uma dessas propriedades é o teorema de Pitágoras (no triângulo ao lado, $a^2 = b^2 + c^2$).

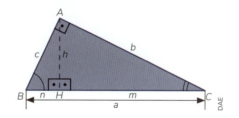

Vamos explorar algumas relações que são consequência da semelhança de triângulos.

Para isso, consideremos o triângulo retângulo ABC, retângulo em A, em que:

- $\overline{BC}$ é a hipotenusa do triângulo, cuja medida chamamos de a;
- $\overline{AC}$ é o cateto oposto ao vértice B, cuja medida chamamos de b;
- $\overline{AB}$ é o cateto oposto ao vértice C, cuja medida chamamos de c;
- $\overline{BH}$ é a projeção do cateto $\overline{AB}$ sobre a hipotenusa $\overline{BC}$, cuja medida chamamos de n;
- $\overline{HC}$ é a projeção do cateto $\overline{AC}$ sobre a hipotenusa $\overline{BC}$, cuja medida chamamos de m;
- $\overline{AH}$ é a altura relativa à hipotenusa, cuja medida chamamos de h.

A altura h divide o triângulo ABC em dois outros triângulos retângulos semelhantes a ele e semelhantes entre si. Dessas semelhanças, podemos obter as relações a seguir.

Pense e responda

O que é a altura de um triângulo?

1ª relação

Observe os triângulos ABH e CBA abaixo.

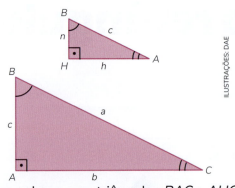

$\widehat{H} \equiv \widehat{A}$ (ângulos retos) e $\widehat{B} \equiv \widehat{B}$ (ângulo comum), então $\triangle ABH \sim \triangle CBA$.

$$\frac{AB}{BH} = \frac{CB}{BA} \rightarrow \frac{c}{n} = \frac{a}{c} \rightarrow \boxed{c^2 = a \cdot n}$$

Agora observe os triângulos BAC e AHC abaixo.

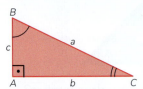 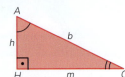

$\widehat{H} \equiv \widehat{A}$ (retos) e $\widehat{C} \equiv \widehat{C}$ (comum), então $\triangle BAC \sim \triangle AHC$.

$$\frac{AC}{HC} = \frac{BC}{AC} \rightarrow \frac{b}{m} = \frac{a}{b} \rightarrow \boxed{b^2 = a \cdot m}$$

2ª relação

Considere os triângulos ABH e CAH abaixo.

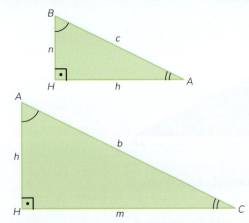

$\widehat{H} \equiv \widehat{H}$ (retos) e $\widehat{A} \equiv \widehat{C}$, então $\triangle ABH \sim \triangle CAH$.

$$\frac{AH}{BH} = \frac{CH}{AH} \rightarrow \frac{h}{n} = \frac{m}{h} \rightarrow \boxed{h^2 = m \cdot n}$$

3ª relação

Dos triângulos BAC e AHC, abaixo, temos:

$\widehat{H} \equiv \widehat{A}$ (retos) e $\widehat{C} \equiv \widehat{C}$ (comum), então $\triangle BAC \sim \triangle AHC$.

$$\frac{BC}{BA} = \frac{AC}{AH} \rightarrow \frac{a}{c} = \frac{b}{h} \rightarrow \boxed{b \cdot c = a \cdot h}$$

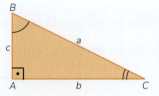 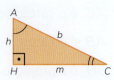

Em todo triângulo retângulo:
- o quadrado da medida de um cateto é igual ao produto da medida da hipotenusa pela medida da projeção desse cateto sobre a hipotenusa;
- o quadrado da medida da altura relativa à hipotenusa é igual ao produto das medidas das duas projeções dos catetos sobre a hipotenusa;
- o produto das medidas dos catetos é igual ao produto da medida da hipotenusa pela medida da altura relativa à hipotenusa.

TEOREMA DE PITÁGORAS

Observe o triângulo ABC, retângulo em A.

Usando as relações métricas $b^2 = a \cdot m$ e $c^2 = a \cdot n$, podemos mostrar que $a^2 = b^2 + c^2$ (teorema de Pitágoras).

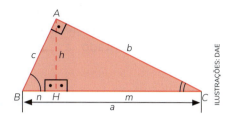

Como m e n são as medidas das projeções dos catetos sobre a hipotenusa, temos:

$$a = n + m$$

Multiplicando essa relação por a, temos:
$$a \cdot a = a \cdot n + a \cdot m$$

Substituindo as relações $b^2 = a \cdot m$ e $c^2 = a \cdot n$, chegamos a:
$$a \cdot a = a \cdot n + a \cdot m \rightarrow a^2 = b^2 + c^2$$

Essa relação métrica, conhecida como teorema de Pitágoras, é uma das mais importantes da Matemática.

> Em todo triângulo retângulo, o quadrado da medida da hipotenusa é igual à soma dos quadrados das medidas dos catetos.

ATIVIDADES RESOLVIDAS

1 As ruas Margarida e Tulipa são perpendiculares no cruzamento representado pelo ponto A.

Os pontos B e C são cruzamentos das ruas Tulipa com Girassol e Margarida com Girassol, respectivamente. Sabendo que AB = 360 m e AC = 150 m, qual é a distância do ponto A até a Rua Girassol?

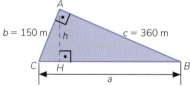

RESOLUÇÃO: A distância do ponto A até a Rua Girassol é representada pela altura h do triângulo retângulo ABC, de catetos $AB = c$ e $AC = b$ e hipotenusa $BC = a$.

A distância do ponto A até a Rua Girassol pode ser calculada usando o teorema de Pitágoras e a relação $bc = ah$.

Para encontrar o valor de a, usamos o teorema de Pitágoras no $\triangle ABC$:
$$a^2 = b^2 + c^2 \rightarrow a^2 = 150^2 + 360^2 \rightarrow a = \pm 390$$

Como a é positivo, temos $a = 390$ m.

Para determinar o valor de h, fazemos:
$$bc = ah \rightarrow 150 \cdot 360 = 390h \rightarrow h \cong 138{,}5$$

Assim, a distância do ponto A até a Rua Girassol é aproximadamente 138,5 m.

ATIVIDADES

1) Escreva quatro relações métricas que podemos obter com as medidas indicadas no triângulo retângulo ABC representado a seguir.

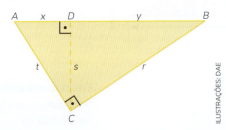

2) Considere os triângulos retângulos mostrados a seguir.

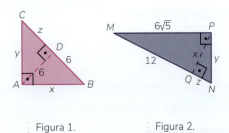

Figura 1.   Figura 2.

Sabendo que as medidas indicadas estão em centímetros, calcule x, y e z em cada figura.

3) Quais são os valores de x e y mostrados na figura? Considere que as medidas estão em centímetros.

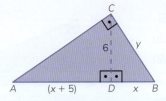

4) O triângulo representado a seguir é retângulo e sua área é 150 cm².

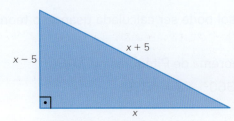

Sabendo que as medidas dos lados estão indicadas em centímetros, calcule o perímetro desse triângulo.

5) (IFSC) Para instalar uma antena parabólica utiliza-se um poste sustentado por dois cabos, como indicado na figura abaixo.

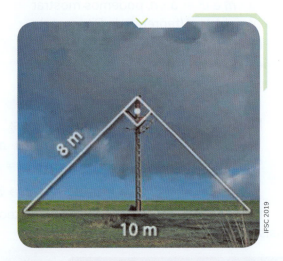

Calcule a altura aproximada desse poste. Assinale a alternativa correta.

a) 6,00 m   d) 8,36 m
b) 6,24 m   e) 9,43 m
c) 8,00 m

6) Sobre os lados de um triângulo retângulo ABC cujos catetos medem 16 cm e 30 cm, é construída uma figura formada por semicírculos.

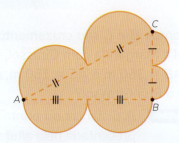

Calcule o perímetro dessa figura. Use π = 3.

7) Em um triângulo retângulo, a razão entre as medidas das projeções dos catetos sobre a hipotenusa é $\frac{9}{16}$. Sabendo que a hipotenusa mede 10 cm, calcule:

a) as medidas das projeções dos catetos sobre a hipotenusa;

b) as medidas dos catetos;

c) a medida da altura relativa à hipotenusa.

8 A figura mostra um triângulo equilátero ABC, cujo lado ℓ mede 16 cm. Qual é a medida de $\overline{MN}$?

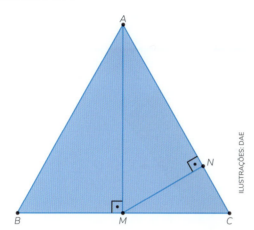

9 (Enem) Construir figuras de diversos tipos, apenas dobrando e cortando papel, sem cola e sem tesoura, é a arte do *origami* (*ori* = dobrar; *kami* = papel), que tem um significado altamente simbólico no Japão. A base do origami é o conhecimento do mundo por base do tato.

Uma jovem resolveu construir um cisne usando a técnica do *origami*, utilizando uma folha de papel de 18 cm por 12 cm. Assim, começou por dobrar a folha conforme a figura.

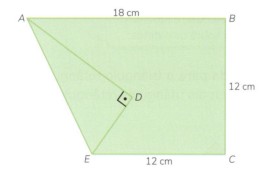

Após essa primeira dobradura, a medida de $\overline{AE}$ é:

a) $2\sqrt{22}$ cm.
b) $6\sqrt{3}$ cm.
c) 12 cm.
d) $6\sqrt{5}$ cm.
e) $12\sqrt{2}$ cm.

10 (Unifesp) De acordo com a Norma Brasileira de Regulamentação de Acessibilidade, o rebaixamento de calçadas para travessia de pedestres deve ter inclinação constante e não superior a 8,33% (1 : 12) em relação à horizontal. Observe o seguinte projeto de

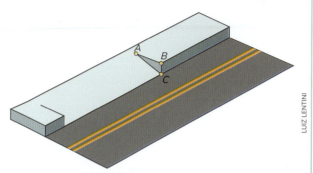

rebaixamento de uma calçada cuja guia tem altura $BC = 10$ cm.

a) Calcule a medida de $\overline{AB}$ na situação limite da regulamentação.

b) Calcule o comprimento de $\overline{AC}$ na situação em que a inclinação da rampa é de 5%. Deixe a resposta final com raiz quadrada.

11 (UFRGS-RS) Os babilônios utilizavam a fórmula $A = \dfrac{(a+c)(b+d)}{4}$ para determinar aproximadamente a área de um quadrilátero com lados consecutivos de medidas *a*, *b*, *c*, *d*. Para o quadrilátero da figura a seguir, a diferença entre o valor aproximado da área obtido utilizando-se a fórmula dos babilônios e o valor exato da área é:

DESAFIO

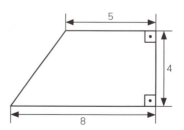

a) $\dfrac{11}{4}$.
b) 3.
c) $\dfrac{13}{4}$.
d) 4.
e) $\dfrac{21}{4}$.

VERIFICAÇÕES EXPERIMENTAIS E DEMONSTRAÇÃO GEOMÉTRICA DO TEOREMA DE PITÁGORAS

Com base em conhecimentos geométricos adquiridos com agrimensores egípcios, o filósofo e matemático grego Pitágoras (586 a.C.-500 a.C.) percebeu uma relação muito importante a respeito de cada um dos lados de um triângulo retângulo, cujos lados medem 3, 4 e 5.

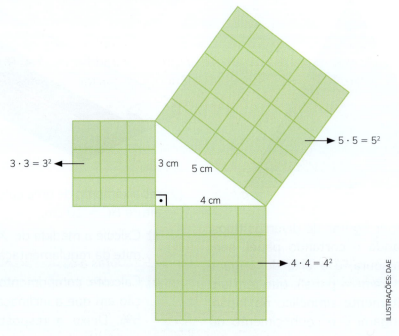

Observe que o quadrado construído sobre a hipotenusa tem tantos quadradinhos quanto a soma dos quadradinhos dos quadrados construídos sobre os catetos.

Assim, obtemos a relação:

$$25 = 9 + 16 \rightarrow 5^2 = 3^2 + 4^2$$

> A área do quadrado construído sobre a hipotenusa é igual à soma das áreas dos quadrados construídos sobre os catetos.

Para Pitágoras, não bastava que essa relação fosse válida para o triângulo retângulo cujos lados medissem 3, 4 e 5. Era preciso provar sua validade para os demais triângulos retângulos.

Veja a demonstração geométrica:

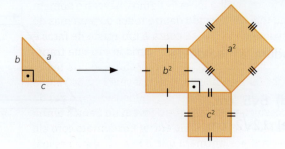

Queremos provar que, sendo a a medida da hipotenusa e b e c as medidas dos catetos de um triângulo retângulo, então: $a^2 = b^2 + c^2$.

Vamos desenhar dois quadrados cujos lados medem $b + c$.

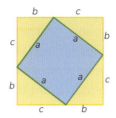
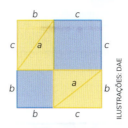

Para formar esses quadrados, note que usamos quatro triângulos retângulos idênticos, de catetos que medem b e c e hipotenusa que mede a, além de outros quadrados menores. Retirando de cada um desses quadrados os quatro triângulos retângulos idênticos, as partes restantes têm a mesma área.

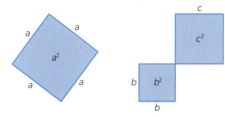

Portanto, $a^2 = b^2 + c^2$.

Apesar da forte tradição grega que associa o nome de Pitágoras a esse teorema, não há dúvida de que esse resultado já era conhecido, pelo menos experimentalmente, antes do tempo do filósofo.

OBSERVAÇÃO

Um terno de números inteiros a, b e c que possam representar as medidas dos catetos e da hipotenusa de um triângulo retângulo é chamado terno pitagórico. A relação a seguir, em que m pode ser par ou ímpar, constitui um terno pitagórico e é atribuída a Platão (427 a.C.-347 a.C.).

$$(2m)^2 + (m^2 - 1)^2 = (m^2 + 1)^2, \text{ em que } m \in \mathbb{N} \text{ e } m \geq 2$$

Exemplos:

Para $m = 2$, temos o terno pitagórico (4, 3, 5), isto é, $4^2 + 3^2 = 5^2$.

Para $m = 3$, temos o terno pitagórico (6, 8, 10), isto é, $6^2 + 8^2 = 10^2$.

Para $m = 4$, temos o terno pitagórico (8, 15, 17), isto é, $8^2 + 15^2 = 17^2$.

Curiosidade

A cerca de 50 quilômetros de Mileto, na ilha jônia de Samos, nasceu o homem que veio a emprestar seu nome ao mais conhecido dentre todos os teoremas da Matemática: Pitágoras. Também sobre ele o que se conta é um misto de fatos e lendas, sendo muito difícil distinguir uns dos outros. O período em que transcorreu sua vida não é conhecido com exatidão, mas conjectura-se que tenha sido de 586 a.C. a 500 a.C. Se assim foi e se Tales realmente viveu de 640 a.C. a 564 a.C., então Pitágoras tinha pouco mais de 20 anos quando morreu o pai da Matemática dedutiva. Não é impossível, portanto, que o jovem de Samos tenha sido atraído pela fama do sábio de Mileto e procurado entrar em contato com ele ou seus discípulos. Alguns autores antigos afirmam que houve contato pessoal entre Pitágoras e Tales, mas outros historiadores têm dúvidas sobre isso. Entretanto, é certo que Pitágoras foi fortemente influenciado pelas ideias de Tales.

BARBI, Gilberto Geraldo. *A rainha das ciências*. São Paulo: Livraria da Física, 2010. p. 25.

Gravura de Tales de Mileto.

Gravura de Pitágoras.

ATIVIDADES RESOLVIDAS

1 Quantos metros de tábua foram gastos para colocar os dois reforços em diagonal no portão desta figura?

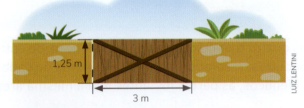

RESOLUÇÃO: Considerando uma só tábua, podemos esboçar a figura a seguir.

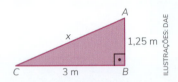

O comprimento x da tábua é a medida da hipotenusa do triângulo retângulo. Usando o teorema de Pitágoras, temos:

$x^2 = (1,25)^2 + 3^2 \rightarrow x^2 = 1,5625 + 9 \rightarrow x^2 = 10,5625$

Sabendo que x é um número positivo e extraindo a raiz, obtemos $x = 3,25$ m.

Como são duas tábuas, foram usados $2 \cdot 3,25$ m $= 6,5$ m de tábua.

2 João e Maria partem do mesmo ponto no mesmo instante. João segue em direção leste, com velocidade constante de 6 km/h, e Maria, em direção norte, com velocidade constante de 4,5 km/h. Supondo que eles caminhem em linha reta, encontre a distância que os separa depois de duas horas.

RESOLUÇÃO: Ilustrando a situação, temos:

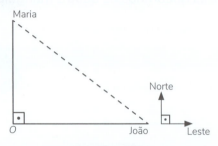

Em duas horas, eles terão caminhado:

João: 2 h $\cdot$ 6 km/h = 12 km
Maria: 2 h $\cdot$ 4,5 km/h = 9 km

A distância d que os separa depois de duas horas pode ser calculada pelo teorema de Pitágoras:

$d^2 = 9^2 + 12^2 \rightarrow d^2 = 81 + 144 \rightarrow$
$\rightarrow d^2 = 225 \rightarrow d = \pm\sqrt{225} \rightarrow$
$\rightarrow d = \pm 15$

Como d é positivo, obtemos $d = 15$ km.

ATIVIDADES

FAÇA NO CADERNO

1 Cláudia mora próximo de uma praça retangular cujos lados medem 20 m e 99 m. Ontem, passeando com sua cachorra Tina, ela parou na banca de jornais e depois foi à sorveteria, atravessando a praça em sua diagonal. Quantos metros Cláudia caminhou da banca à sorveteria?

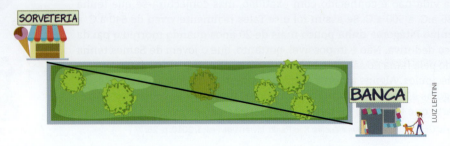

2 Dois ciclistas partem ao mesmo tempo de um mesmo local. Um vai para norte, com velocidade constante de 24 km/h, e o outro vai para leste, com velocidade constante de 32 km/h. Qual é a distância entre os ciclistas 45 minutos após a partida?

3 A figura abaixo mostra o trajeto de Fátima para ir do ponto A ao ponto B. Se ela tivesse usado o caminho mais curto, de A a B, quantos metros a menos ela teria percorrido?

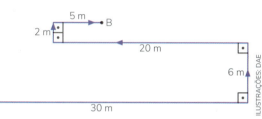

4 (IFPE) Ramon, Alexandre e Milton são alunos do curso de Informática no campus Afogados da Ingazeira e estão testando um robô para participar de olimpíadas de robótica. Um dos exercícios testes consistia em fazer o robô realizar os seguintes comandos:

I. andar 30 cm em linha reta;
II. realizar um giro de 90° à direita;
III. andar mais 40 cm em linha reta;
IV. retornar ao ponto inicial no menor percurso possível.

Sobre o trajeto percorrido pelo robô, neste teste, é correto afirmar que:

a) forma um triângulo retângulo cuja hipotenusa mede 50 cm.
b) forma um triângulo retângulo cujo perímetro mede 100 cm.
c) forma um triângulo retângulo e isósceles.
d) forma um paralelogramo cujo perímetro mede 140 cm.
e) forma um paralelogramo cujas diagonais medem 50 cm.

5 O ponto de intersecção das diagonais de um losango é o ponto médio de cada diagonal. Sabendo que as diagonais de um losango medem 48 cm e 20 cm, qual é o perímetro dele?

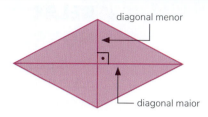

6 Um barco está amarrado a uma ponte com uma corda de 20 metros em um ponto a h metros acima do nível da água. Uma pessoa em cima da ponte, ao puxar 5 metros de corda, faz com que o barco sofra o deslocamento ilustrado na figura abaixo. Qual é o valor de h, em metros?

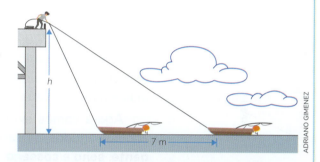

7 O trapézio retângulo MNPQ foi dividido em três triângulos retângulos.

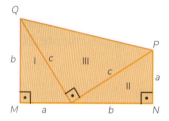

Calcule a área do trapézio MNPQ usando a fórmula da área do trapézio e, depois, pela soma das áreas dos triângulos I, II e III. Iguale os dois resultados obtidos para demonstrar o teorema de Pitágoras.

8 (PUC-RJ) Considere um triângulo ABC retângulo em A, onde AB = 21 e AC = 20. $\overline{BD}$ é a bissetriz do ângulo ABC. Quanto mede $\overline{AD}$?

a) $\dfrac{42}{5}$ c) $\dfrac{20}{21}$ e) 8

b) $\dfrac{21}{20}$ d) 9

RELAÇÕES TRIGONOMÉTRICAS NO TRIÂNGULO RETÂNGULO

A palavra **trigonometria** tem origem grega e significa "medida de triângulo": *trígon(o),* de triangular, e *metria,* de medida. Trata-se do estudo das relações entre as medidas dos lados e as medidas dos ângulos de um triângulo.

A Trigonometria surgiu na Antiguidade, como consequência do desenvolvimento da navegação e da Astronomia, que exigiam o cálculo de grandes comprimentos, como a medida do raio da Terra ou a distância entre a Terra e a Lua, os quais não podiam ser facilmente obtidos usando um instrumento de medida específico.

Também com o auxílio da Trigonometria, os povos antigos passaram a conhecer o movimento e a órbita das estrelas e dos astros e a usá-los como orientação em viagens marítimas e terrestres.

Hoje em dia, é possível calcular a altura de um morro ou a largura de um rio com cálculos trigonométricos.

Já estudamos algumas relações entre as medidas dos lados de um triângulo retângulo e vimos que essas relações nos auxiliam a resolver problemas em muitas situações práticas.

Agora vamos explorar as **razões trigonométricas** que relacionam os ângulos agudos, os catetos e a hipotenusa de um triângulo retângulo: **tangente**, **seno** e **cosseno**.

> **Pense e responda**
>
> No triângulo retângulo *XYZ*, retângulo em *X*, quais são os catetos oposto e adjacente aos ângulos $\hat{Y}$ e $\hat{Z}$?
>
>

Tangente

Consideremos a figura a seguir, em que o ângulo α mede aproximadamente 26,5°.

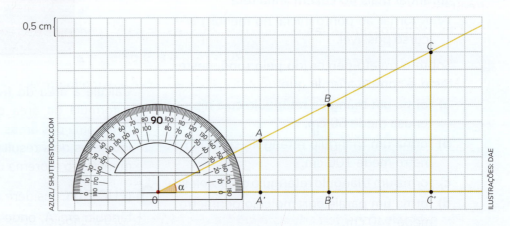

As medidas dos catetos indicados são:

- *OA'* = 3 cm;
- *OC'* = 8 cm;
- *BB'* = 2,5 cm;
- *OB'* = 5 cm;
- *AA'* = 1,5 cm;
- *CC'* = 4 cm.

Observe as razões entre as medidas do cateto oposto ao ângulo α e do cateto adjacente a ele nos triângulos retângulos *AOA'*, *BOB'* e *COC'*:

$$\frac{1,5}{3} = \frac{2,5}{5} = \frac{4}{8} = 0,5$$

Essas razões são iguais, porque esses triângulos são semelhantes; então, os lados correspondentes são proporcionais:

$$\frac{AA'}{OA'} = \frac{BB'}{OB'} = \frac{CC'}{OC'} = \ldots = k \text{ (constante)}$$

Agora veja outra figura, em que o ângulo β mede 63,5°, e:

- $OA' = 2,5$ cm;
- $OB' = 3$ cm;
- $OC' = 4$ cm;
- $AA' = 5$ cm;
- $BB' = 6$ cm;
- $CC' = 8$ cm.

Observe mais uma vez as razões entre as medidas do cateto oposto e do cateto adjacente em relação ao ângulo β nos triângulos retângulos AOA', BOB' e COC':

$$\frac{5,0}{2,5} = \frac{6}{3} = \frac{8}{4} = 2$$

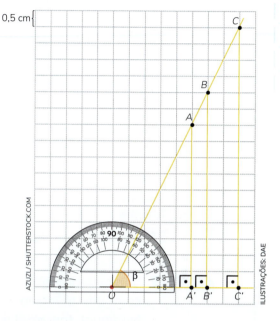

A razão entre as medidas do cateto oposto a um ângulo agudo e do cateto adjacente a ele não depende da escolha de um triângulo retângulo específico, com medidas dos lados maiores ou menores, mas somente da medida do ângulo em questão (os triângulos que vimos anteriormente, com os ângulos α ou β, são exemplos desse fato). Essa razão constante, que depende da medida do ângulo agudo, é denominada **tangente** desse ângulo.

A tangente de um ângulo agudo de um triângulo retângulo é uma **razão trigonométrica** desse triângulo.

Dos exemplos anteriores, em que α = 26,5° e β = 63,5°, podemos escrever:

$$\text{tg } 26,5° = 0,5 \text{ e tg } 63,5° = 2$$

A cada ângulo agudo de um triângulo retângulo está associado um único valor para a tangente.

A **tangente de um ângulo agudo** α de um triângulo retângulo é a razão entre as medidas do cateto oposto e do cateto adjacente a esse ângulo.

$$\text{tg } \alpha = \frac{\text{medida do cateto oposto ao ângulo } \alpha}{\text{medida do cateto adjacente ao ângulo } \alpha}$$

Por exemplo, considerando as medidas dos lados de um triângulo retângulo ABC e sendo $\widehat{B}$ e $\widehat{C}$ os ângulos referentes aos vértices B e C, respectivamente, temos:

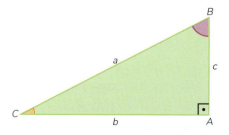

ângulo $\widehat{B}$

$\text{tg } \widehat{B} = \dfrac{b}{c}$

ângulo $\widehat{C}$

$\text{tg } \widehat{C} = \dfrac{c}{b}$

ATIVIDADES RESOLVIDAS

1 Existem muitas situações em que podemos aplicar os conhecimentos sobre tangente. Vamos analisar uma delas. Uma escada tem uma extremidade apoiada no topo de um muro e a outra a 2,8 metros da base desse muro. O ângulo que essa escada forma com o solo mede 40°. Sabendo que tg 40° = 0,84, qual é a altura desse muro?

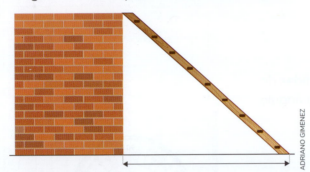

RESOLUÇÃO: Vamos representar a situação com um triângulo retângulo. Na figura, tomamos x como a medida da altura do muro.

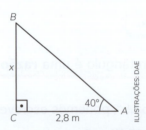

Pela definição de tangente, temos:

tg 40° = $\frac{x}{2,8}$ → 0,84 = $\frac{x}{2,8}$ →

→ x = 2,352

Portanto, a altura do muro é 2,352 m.

2 Para determinar a largura de um rio, Tatiana, que estava no ponto A, na margem oposta à de uma bananeira, considerou alguns pontos, conforme a figura a seguir. O ponto C corresponde à posição da bananeira. O ponto B foi marcado na mesma margem que Tatiana está, de modo que o ângulo $A\hat{B}C$ mede 60°. O ângulo $C\hat{A}B$ é reto. O ponto D está no prolongamento de $\overline{CA}$, de modo que $\overline{AD}$ mede 40 metros e o ângulo $C\hat{B}D$ é reto. Qual medida Tatiana encontrou para a largura desse rio?

$\left(\text{Dados: tg } 30° = \frac{\sqrt{3}}{3} \text{ e tg } 60° = \sqrt{3}.\right)$

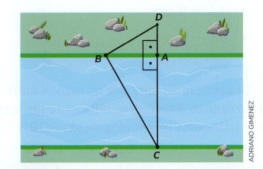

RESOLUÇÃO: Representando os triângulos retângulos correspondentes à figura, temos:

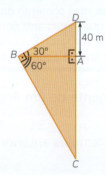

No triângulo ABD, considerando o ângulo $A\hat{B}D$, temos:

tg 30° = $\frac{40}{AB}$ → $\frac{\sqrt{3}}{3}$ = $\frac{40}{AB}$ →

→ AB = $\frac{120}{\sqrt{3}}$

No triângulo ABC, considerando o ângulo $A\hat{B}C$, temos:

tg 60° = $\frac{AC}{AB}$ → $\sqrt{3}$ = $\frac{AC}{\frac{120}{\sqrt{3}}}$ → AC = 120 m

Portanto, a largura do rio é 120 m.

ATIVIDADES

1) Considere os triângulos retângulos ABC e XYZ representados ao lado.

Calcule:

a) tg α;

b) tg β;

c) tg $(X\hat{Z}Y)$;

d) tg $(X\hat{Y}Z)$.

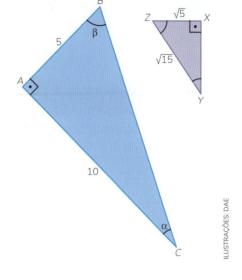

2) Determine a medida da hipotenusa do triângulo retângulo da figura a seguir, sabendo que tg α = $\frac{3}{4}$ e AB = 8 cm.

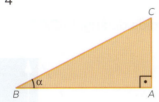

3) Vítor está em uma das margens de um rio (ponto A) e quer medir a largura x desse rio. Ele observa uma árvore que está na margem oposta (ponto B) e caminha 4 m em linha reta até ficar de frente para a árvore (ponto C). Determine a largura do rio sabendo que $B\hat{A}C$ mede 36° e que tg 36° = 0,73.

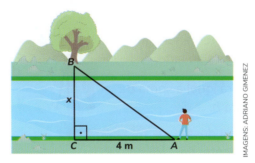

4) A luminária representada nesta figura foi utilizada para decorar um ambiente.

A haste $\overline{AC}$, que tem 40 cm de comprimento, está presa à parede, é homogênea e tem espessura desprezível em relação à do fio. Para manter o equilíbrio, o ângulo entre o fio $\overline{AB}$ e a haste é 60°. Sendo tg 60° = 1,73, calcule:

a) a medida de $\overline{BC}$;

b) o comprimento do fio $\overline{AB}$.

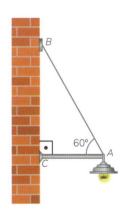

5 Um avião levanta voo em A e sobe fazendo um ângulo constante de 10° com a horizontal, conforme mostra a figura.

A 2,5 km de distância do ponto A, há um prédio de 60 m de altura. Calcule, no exato momento em que o avião ultrapassa o prédio, a altura em que ele está do topo do prédio. Considere que a tangente de 10° é aproximadamente 0,17.

6 A figura a seguir representa um triângulo ABC.

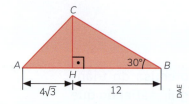

Sabendo que $\overline{CH}$ é uma das alturas do triângulo ABC, calcule:

a) a medida de $\overline{CH}$ (use tg 30° = $\frac{\sqrt{3}}{3}$);

b) a medida do ângulo $B\hat{A}C$.

7 Para medir a altura de um edifício, uma topógrafa pode proceder da maneira a seguir.

1. Fincar o teodolito a uma distância conveniente do edifício, em um ponto em que seja possível observá-lo totalmente.
2. Utilizar o teodolito, mirando o ponto mais alto do edifício e registrando o ângulo que essa linha virtual forma com a horizontal.
3. Medir a distância do teodolito ao edifício.
4. Pela tangente do ângulo, determinar a altura h, como indicado na figura ao lado.

Assim, a altura do edifício será igual à soma da altura do teodolito e da altura h.

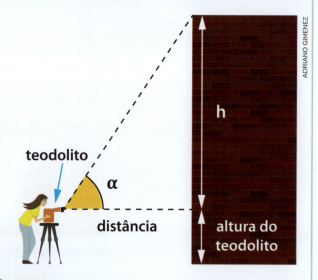

Determine a altura aproximada desse prédio sabendo que a tangente do ângulo destacado é aproximadamente 1,8, a distância horizontal mede 35 m e a altura do teodolito em relação ao chão mede 1,5 m.

Curiosidade

O teodolito eletrônico é um instrumento usado para medir ângulos e distâncias. As medidas são apresentadas no visor.

8 O triângulo MNP representado na figura abaixo é retângulo em N.

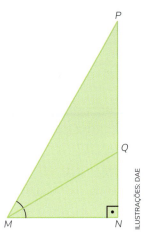

Sabendo que o ângulo $P\hat{M}N$ mede 60°, que $\overline{MQ}$ pertence à bissetriz do ângulo $P\hat{M}N$ e que MN = 6 m, calcule a medida de $\overline{PQ}$.

Viagem no tempo

AS RAÍZES DA TRIGONOMETRIA

Os primeiros indícios de rudimentos de Trigonometria surgiram tanto no Egito quanto na Babilônia, a partir do cálculo de raízes entre números e entre lados de triângulos semelhantes. No Egito, isto pode ser observado no Papiro Ahmes, conhecido como Papiro Rhind, que data de aproximadamente 1650 a.C., e contém 84 problemas, dos quais quatro fazem menção ao **seqt** de um ângulo.

Ahmes não foi claro ao expressar o significado dessa palavra, mas, pelo contexto, pensa-se que o **seqt** de uma pirâmide regular seja equivalente, hoje, à cotangente do ângulo $O\hat{M}V$.

Exemplo:

Seja OV = 80 e OM = 40, então o seqt = $\frac{40}{80}$, isto é: seqt = $\frac{1}{2}$.

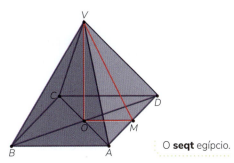

O **seqt** egípcio.

Na construção das pirâmides era essencial manter uma inclinação constante das faces, o que levou os egípcios a introduzirem o conceito de **seqt**, que representava a razão entre afastamento horizontal e elevação vertical.

[...]

COSTA, N. M. L. da. *A história da Trigonometria. In*: UNIVERSIDADE FEDERAL DO RIO GRANDE DO SUL. Programa de Pós-Graduação em Ensino de Matemática. [Porto Alegre], [20--?]. Disponível em: http://www.ufrgs.br/espmat/disciplinas/geotri/modulo3/mod3_pdf/historia_triogono.pdf. Acesso em: 2 mar. 2021.

Seno e cosseno

Agora vamos estudar mais duas razões trigonométricas de ângulos agudos de triângulos retângulos: o **seno** e o **cosseno**. Para isso, considere a figura a seguir, em que α é a medida dos ângulos $A\hat{O}A'$, $B\hat{O}B'$ e $C\hat{O}C'$.

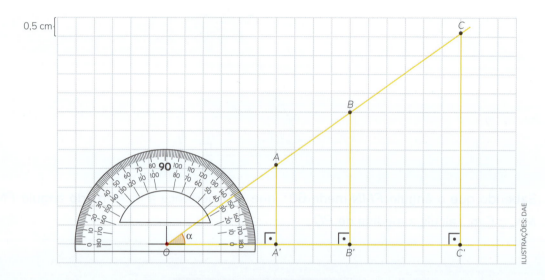

Observe as razões entre algumas medidas.

- As medidas do **cateto oposto** ao ângulo α e da **hipotenusa** nos triângulos *AOA'*, *BOB'* e *COC'*:

$$\frac{A'A}{OA} = \frac{B'B}{OB} = \frac{C'C}{OC} = \ldots = k_1$$

Esse é o seno do ângulo α, que denotamos sen α.

- As medidas do **cateto adjacente** ao ângulo α e da **hipotenusa** nos triângulos *AOA'*, *BOB'* e *COC'*:

$$\frac{OA'}{OA} = \frac{OB'}{OB} = \frac{OC'}{OC} = \ldots = k_2$$

Esse é o cosseno do ângulo α, que denotamos cos α.

O **seno de um ângulo agudo** α de um triângulo retângulo é a razão entre as medidas do cateto oposto a esse ângulo e da hipotenusa.

$$\text{sen } \alpha = \frac{\text{medida do cateto oposto ao ângulo } \alpha}{\text{medida da hipotenusa}}$$

O **cosseno de um ângulo agudo** α de um triângulo retângulo é a razão entre as medidas do cateto adjacente a esse ângulo e da hipotenusa.

$$\cos \alpha = \frac{\text{medida do cateto adjacente ao ângulo } \alpha}{\text{medida da hipotenusa}}$$

Por exemplo, considerando as medidas dos lados de um triângulo retângulo *ABC*, também podemos escrever as razões trigonométricas **seno** e **cosseno**. Sendo $\hat{B}$ e $\hat{C}$ os ângulos referentes aos vértices *B* e *C*, respectivamente, temos:

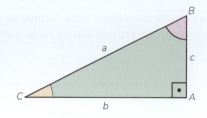

ângulo $\hat{B}$

$\text{sen } \hat{B} = \dfrac{b}{a}$

$\cos \hat{B} = \dfrac{c}{a}$

ângulo $\hat{C}$

$\text{sen } \hat{C} = \dfrac{c}{a}$

$\cos \hat{C} = \dfrac{b}{a}$

Tabela de razões trigonométricas

A cada ângulo agudo interno de um triângulo retângulo está associado um único valor para o seno, para o cosseno e para a tangente.

A tabela a seguir fornece esses valores para os ângulos entre 0° e 90°, variando de grau em grau e com aproximações de 3 casas decimais. Você pode confirmar esses valores usando uma calculadora.

TABELA DE RAZÕES TRIGONOMÉTRICAS

Ângulo	sen	cos	tg	Ângulo	sen	cos	tg
1°	0,017	1,000	0,017	46°	0,719	0,695	1,036
2°	0,035	0,999	0,035	47°	0,731	0,682	1,072
3°	0,052	0,999	0,052	48°	0,743	0,669	1,111
4°	0,070	0,998	0,070	49°	0,755	0,656	1,150
5°	0,087	0,996	0,087	50°	0,766	0,643	1,192
6°	0,105	0,995	0,105	51°	0,777	0,629	1,235
7°	0,122	0,993	0,123	52°	0,788	0,616	1,280
8°	0,139	0,990	0,141	53°	0,799	0,602	1,327
9°	0,156	0,988	0,158	54°	0,809	0,588	1,376
10°	0,174	0,985	0,176	55°	0,819	0,574	1,428
11°	0,191	0,982	0,194	56°	0,829	0,559	1,483
12°	0,208	0,978	0,213	57°	0,839	0,545	1,540
13°	0,225	0,974	0,231	58°	0,848	0,530	1,600
14°	0,242	0,970	0,249	59°	0,857	0,515	1,664
15°	0,259	0,966	0,268	60°	0,866	0,500	1,732
16°	0,276	0,961	0,287	61°	0,875	0,485	1,804
17°	0,292	0,956	0,306	62°	0,883	0,469	1,881
18°	0,309	0,951	0,325	63°	0,891	0,454	1,963
19°	0,326	0,946	0,344	64°	0,899	0,438	2,050
20°	0,342	0,940	0,364	65°	0,906	0,423	2,145
21°	0,358	0,934	0,384	66°	0,914	0,407	2,246
22°	0,375	0,927	0,404	67°	0,921	0,391	2,356
23°	0,391	0,921	0,424	68°	0,927	0,375	2,475
24°	0,402	0,914	0,445	69°	0,934	0,358	2,605
25°	0,423	0,906	0,466	70°	0,940	0,342	2,747
26°	0,438	0,899	0,488	71°	0,946	0,326	2,904
27°	0,454	0,891	0,510	72°	0,951	0,309	3,078
28°	0,469	0,883	0,532	73°	0,956	0,292	3,271
29°	0,485	0,875	0,554	74°	0,961	0,276	3,487
30°	0,500	0,866	0,577	75°	0,966	0,259	3,732
31°	0,515	0,857	0,601	76°	0,970	0,242	4,011
32°	0,530	0,848	0,625	78°	0,974	0,255	4,332
33°	0,545	0,839	0,649	79°	0,978	0,208	4,705
34°	0,559	0,829	0,675	80°	0,982	0,191	5,145
35°	0,574	0,819	0,700	81°	0,985	0,174	5,671
36°	0,588	0,809	0,727	82°	0,988	0,156	6,314
37°	0,602	0,799	0,754	83°	0,990	0,139	7,115
38°	0,616	0,788	0,781	84°	0,993	0,122	8,144
39°	0,629	0,777	0,810	85°	0,995	0,105	9,514
40°	0,643	0,766	0,839	86°	0,996	0,087	11,430
41°	0,656	0,755	0,869	87°	0,998	0,070	14,301
42°	0,669	0,743	0,900	88°	0,999	0,052	19,081
43°	0,682	0,731	0,933	89°	0,999	0,035	28,636
44°	0,695	0,719	0,966	90°	1,000	0,017	57,290
45°	0,707	0,707	1,000				

Utilizando a tabela de razões trigonométricas da página anterior, resolva as atividades de 1 a 4.

ATIVIDADES

1 A figura mostra um retângulo ABCD.

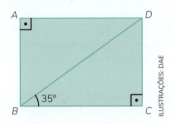

Sabendo que BD = 20 cm, calcule o perímetro desse retângulo.

2 Esta imagem representa a frente de uma casa.

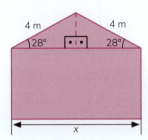

Determine a medida da largura x dessa casa.

3 A escada representada ao lado tem 10 degraus, 3 m de comprimento e inclinação de 36° em relação ao chão.

Sabendo que a medida da altura de cada degrau é sempre a mesma, calcule a altura de cada um deles.

4 (Enem) Pergolado é o nome que se dá a um tipo de cobertura projetada por arquitetos, comumente em praças e jardins, para criar um ambiente para pessoas ou plantas, no qual há uma quebra da quantidade de luz, dependendo da posição do sol. É feito como um estrado de vigas iguais, postas paralelas e perfeitamente em fila, como ilustra a figura.

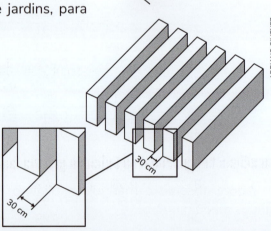

Um arquiteto projeta um pergolado com vãos de 30 cm de distância entre suas vigas, de modo que, no solstício de verão, a trajetória do sol durante o dia seja realizada num plano perpendicular à direção das vigas, e que o sol da tarde, no momento em que seus raios fizerem 30° com a posição a pino, gere a metade da luz que passa no pergolado ao meio-dia. Para atender à proposta do projeto elaborado pelo arquiteto, as vigas do pergolado devem ser construídas de maneira que a altura, em centímetro, seja a mais próxima possível de:

a) 9.
b) 15.
c) 26.
d) 52.
e) 60.

RAZÕES TRIGONOMÉTRICAS ESPECIAIS

Razões trigonométricas para o ângulo de 45°

A figura a seguir é a representação de um quadrado cujo lado mede ℓ. A diagonal desse quadrado mede $\ell\sqrt{2}$ e divide a figura em dois triângulos retângulos iguais, cujos ângulos agudos são congruentes e medem 45°.

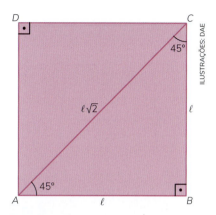

Pense e responda

Por que a diagonal de um quadrado de lado ℓ mede $\ell\sqrt{2}$?

Considerando que o triângulo ABC desse quadrado é isósceles e que seus ângulos agudos medem 45°, podemos aplicar as razões trigonométricas:

$$\text{sen } 45° = \frac{BC}{AC} \rightarrow \text{sen } 45° = \frac{\ell}{\ell\sqrt{2}} \rightarrow \text{sen } 45° = \frac{1}{\sqrt{2}} \rightarrow$$

$$\rightarrow \text{sen } 45° = \frac{1}{\sqrt{2}} \cdot \frac{\sqrt{2}}{\sqrt{2}} \rightarrow \text{sen } 45° = \frac{\sqrt{2}}{2} = 0{,}707\ldots$$

$$\cos 45° = \frac{AB}{AC} \rightarrow \cos 45° = \frac{\ell}{\ell\sqrt{2}} \rightarrow \cos 45° = \frac{1}{\sqrt{2}} \rightarrow$$

$$\rightarrow \cos 45° = \frac{1}{\sqrt{2}} \cdot \frac{\sqrt{2}}{\sqrt{2}} \rightarrow \cos 45° = \frac{\sqrt{2}}{2} = 0{,}707\ldots$$

$$\text{tg } 45° = \frac{BC}{AB} \rightarrow \text{tg } 45° = \frac{\ell}{\ell} \rightarrow \text{tg} 45° = 1$$

Razões trigonométricas para os ângulos de 30° e de 60°

Agora observe o triângulo equilátero ABC ao lado. Seus ângulos agudos medem 60°.

Traçando a altura h relativa ao lado BC, temos:

- $CD = DB = \frac{CB}{2} = \frac{\ell}{2}$

$$\text{med}(B\hat{A}D) = \frac{60°}{2} = 30°$$

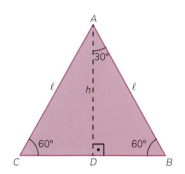

Considerando o triângulo retângulo ADB e aplicando o teorema de Pitágoras, obtemos a altura h (h > 0) em função de ℓ:

$$\ell^2 = \left(\frac{\ell}{2}\right)^2 + h^2 \to \ell^2 = \frac{\ell^2}{4} + h^2 \to h^2 = \ell^2 - \frac{\ell^2}{4} \to h^2 = \frac{3\ell^2}{4} \to h = \frac{\ell\sqrt{3}}{2}$$

Aplicando as razões seno, cosseno e tangente em relação ao ângulo que mede 30° do triângulo retângulo ADB, temos:

$$\text{sen } 30° = \frac{DB}{AB} \to \text{sen } 30° = \frac{\frac{\ell}{2}}{\ell} \to \text{sen } 30° = \frac{\ell}{2} \cdot \frac{1}{\ell} \to \text{sen } 30° = \frac{1}{2} = 0{,}5$$

$$\cos 30° = \frac{AD}{AB} \to \cos 30° = \frac{\frac{\ell\sqrt{3}}{2}}{\ell} \to \cos 30° = \frac{\ell\sqrt{3}}{2} \cdot \frac{1}{\ell} \to \cos 30° = \frac{\sqrt{3}}{2} = 0{,}866\ldots$$

$$\text{tg } 30° = \frac{DB}{AD} \to \text{tg } 30° = \frac{\frac{\ell}{2}}{\frac{\ell\sqrt{3}}{2}} \to \text{tg } 30° = \frac{\ell}{2} \cdot \frac{2}{\ell\sqrt{3}} \to \text{tg } 30° = \frac{1}{\sqrt{3}} \to \text{tg } 30° = \frac{\sqrt{3}}{3} = 0{,}577\ldots$$

Aplicando as razões seno, cosseno e tangente em relação ao ângulo que mede 60° do triângulo retângulo ADB, temos:

$$\text{sen } 60° = \frac{AD}{AB} \to \text{sen } 60° = \frac{\frac{\ell\sqrt{3}}{2}}{\ell} \to \text{sen } 60° = \frac{\ell\sqrt{3}}{2} \cdot \frac{1}{\ell} \to \text{sen } 60° = \frac{\sqrt{3}}{2} = 0{,}866\ldots$$

$$\cos 60° = \frac{DB}{AB} \to \cos 60° = \frac{\frac{\ell}{2}}{\ell} \to \cos 60° = \frac{\ell}{2} \cdot \frac{1}{\ell} \to \cos 60° = \frac{1}{2} = 0{,}5$$

$$\text{tg } 60° = \frac{AD}{DB} \to \text{tg } 60° = \frac{\frac{\ell\sqrt{3}}{2}}{\frac{\ell}{2}} \to \text{tg } 60° = \frac{\ell\sqrt{3}}{2} \cdot \frac{2}{\ell} \to \text{tg } 60° = \sqrt{3} = 1{,}732\ldots$$

Os ângulos de 30°, 45° e 60° são chamados **ângulos notáveis**, porque a utilização deles é frequente na resolução de diferentes problemas que envolvem as razões trigonométricas estudadas.

Dos cálculos e demonstrações que fizemos para esses ângulos, podemos montar o quadro:

	30°	45°	60°
seno	$\frac{1}{2}$	$\frac{\sqrt{2}}{2}$	$\frac{\sqrt{3}}{2}$
cosseno	$\frac{\sqrt{3}}{2}$	$\frac{\sqrt{2}}{2}$	$\frac{1}{2}$
tangente	$\frac{\sqrt{3}}{3}$	1	$\sqrt{3}$

ATIVIDADES RESOLVIDAS

1 Na figura abaixo, estão representados dois faróis: o primeiro está localizado no ponto A, e o outro, 15 km distante de A, no ponto B. Em um mesmo instante, avista-se de cada farol um barco no ponto C. Qual é a distância do barco até cada um dos faróis?

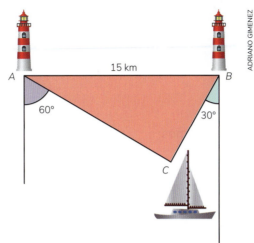

RESOLUÇÃO: Podemos determinar, pela figura, a medida do ângulo interno $A\hat{C}B$; assim, perceberemos que o triângulo ABC é retângulo.

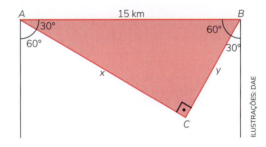

Chamando de x e y, respectivamente, as distâncias do barco até os faróis A e B, temos:

$$\text{sen } 30° = \frac{y}{15} \rightarrow \frac{1}{2} = \frac{y}{15} \rightarrow y = \frac{15}{2} \rightarrow y = 7,50$$

$$\text{sen } 60° = \frac{x}{15} \rightarrow \frac{\sqrt{3}}{2} = \frac{x}{15} \rightarrow x = \frac{15\sqrt{3}}{2} \rightarrow x \cong 12,75$$

Então, a distância do barco até o farol do ponto A é aproximadamente 12,75 km e até o farol do ponto B é 7,50 km.

2 A figura indica um terreno retangular dividido em dois lotes: um na forma de triângulo e outro na de trapézio. Qual é a área do lote na forma de trapézio?

241

RESOLUÇÃO: A área do lote trapezoidal pode ser obtida pela diferença entre as áreas do terreno retangular e do terreno triangular. Para isso, basta determinar a medida da base do triângulo representado na figura abaixo.

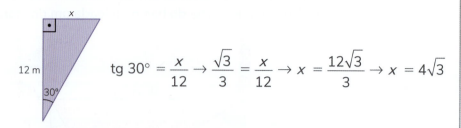

Fazendo $\sqrt{3} = 1,7$, obtemos:

$x = 4 \cdot 1,7 \Rightarrow x = 6,8$

Logo, a área do lote na forma de trapézio é:

$A_{trapézio} = A_{retângulo} - A_{triângulo} \rightarrow A_{trapézio} = 60 \cdot 12 - \dfrac{6,8 \cdot 12}{2} \rightarrow A_{trapézio} = 720 - 40,8 \rightarrow$
$\rightarrow A_{trapézio} = 679,2$

Portanto, a área do lote trapezoidal é aproximadamente 679,2 m².

ATIVIDADES

FAÇA NO CADERNO

1 Determine a medida de $\overline{AB}$ dos seguintes triângulos retângulos:

a)
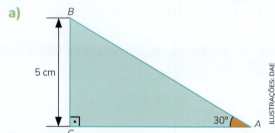

c)
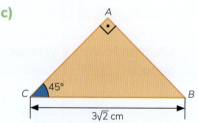

b)
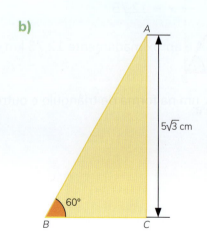

d)
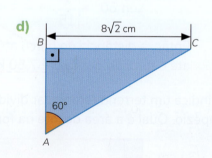

242

2 Uma luminária está suspensa em uma parede conforme mostra a figura.

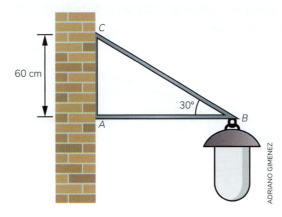

Sendo sen 30° = 0,5; cos 30° = 0,87 e tg 30° = 0,58, calcule:
a) a medida do ângulo $A\hat{C}B$;
b) a medida de $\overline{BC}$.

3 Determine os valores de x e y mostrados no trapézio retângulo da figura.

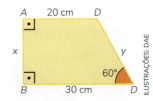

4 (USCS-SP) Em um cartão quadrado ABCD, de área igual a 256 cm², destaca-se uma região triangular ABP, conforme mostra a figura.

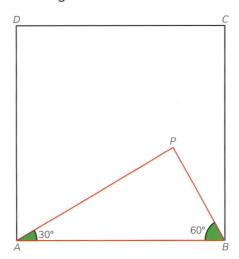

O perímetro da região delimitada pelo triângulo ABP é igual a:
a) $8(2 + \sqrt{2})$ cm.
b) $6(3 + \sqrt{3})$ cm.
c) $24\sqrt{3}$ cm.
d) $8(3 + \sqrt{3})$ cm.
e) $32\sqrt{3}$ cm.

5 (Unifor-CE) O telhado de uma casa tem o formato de um prisma triangular reto, conforme mostrado na figura abaixo. Um quarto da área do telhado ficará coberta por painéis fotovoltaicos que irão captar energia solar.

Usando $\sqrt{3} = 1,7$, podemos afirmar que a área total do telhado coberta pelos painéis é, em m², aproximadamente igual a:

a) 48,2. b) 45,3. c) 42,7. d) 39,1. e) 35,2.

6 Considere o quadrado ABCD representado na figura. Sabendo que o lado do quadrado mede 9 cm, calcule a medida, em centímetros, de $\overline{DF}$.

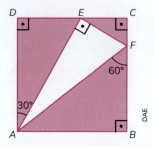

7 A entrada de um condomínio é fechada por um portão de 4 metros de largura, que se move em torno de um eixo vertical, como representa a figura a seguir.

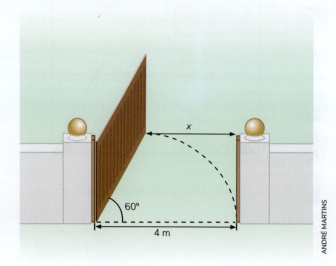

Se o portão for aberto em um ângulo de 60°, qual será o comprimento x da abertura para passagem?

8 Em um triângulo retângulo de área 36 cm², a tangente do ângulo α é $\frac{3}{4}$. Descreva um processo para calcular a medida da hipotenusa desse triângulo.

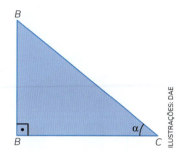

9 Considere o quadrilátero ABCD.

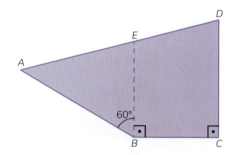

Sabendo que $AB = CD = \sqrt{3}$ m e que $BC = 1$ m, calcule a medida, em metros, de $\overline{AD}$.

10 Veja as teclas que devemos digitar na calculadora científica para obter algumas razões trigonométricas:

[sin] [3] [0] [=] 0.5 ou seja, sen 30° = 0,5

[cos] [3] [0] [=] 0.8660254 ou seja, cos 30° ≅ 0,87

[tan] [3] [0] [=] 0.5773502 ou seja, tg 30° ≅ 0,58

ou

[3] [0] [sin] [=] 0.5 ou seja, sen 30° = 0,5

[3] [0] [cos] [=] 0.8660254 ou seja, cos 30° ≅ 0,87

[3] [0] [tan] [=] 0.5773502 ou seja, tg 30° ≅ 0,58

Expresse os valores abaixo com aproximação para os centésimos.

a) sen 25°

b) sen 77°

c) cos 18°

d) cos 42°

e) tg 28°

f) tg 60°

MAIS ATIVIDADES

1. A figura abaixo representa a vista frontal de uma casa. Determine as medidas *x, y* e *h* das dimensões do telhado dessa casa.

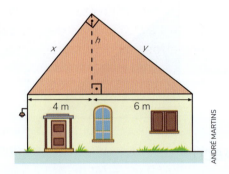

2. Esta figura mostra uma representação das vigas de sustentação de um telhado, cada uma com um caimento diferente.

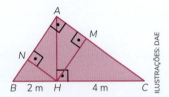

Determine o comprimento das vigas $\overline{BC}$, $\overline{AB}$, $\overline{AC}$, $\overline{AH}$, $\overline{NH}$ e $\overline{MH}$.

3. (XXII ORMSC) Na figura ao lado, o polígono sombreado tem todos os lados de comprimento 1 cm. Qual é a estimativa correta para área do círculo?

   a) Está entre 5 cm² e 6 cm².
   b) Está entre 6 cm² e 6,5 cm².
   c) Está entre 6,6 cm² e 7 cm².
   d) É igual a 7 cm².
   e) É maior do que 7 cm².

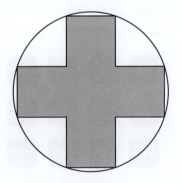

4. (Unifor-CE) A figura ao lado mostra um terreno, com medidas em metros, pertencente a uma empresa metalúrgica, na cidade de Caucaia, zona metropolitana de Fortaleza. Para isolar a área, a empresa colocou uma tela metálica em todo o perímetro desse terreno, deixando apenas um vão de 5 metros para a passagem de máquinas e caminhões. A tela foi comprada em rolos fechados, com 20 metros cada um, na quantidade mínima necessária de rolos. Na sua colocação houve uma perda de 5 metros.

Portanto, terminada a colocação, a quantidade de tela que restou no último rolo foi de:

   a) 8 metros.
   b) 9 metros.
   c) 10 metros.
   d) 11 metros.
   e) 12 metros.

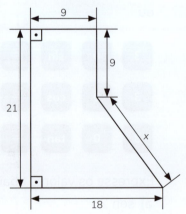

5 (IFRJ) Os moradores da Baixada Fluminense sofrem diariamente com o abastecimento irregular de água. Ana, tentando contornar o problema, deseja instalar uma bomba-d'água para encher seu reservatório nos dias em que o fornecimento estiver normal. A bomba será instalada ao lado do reservatório que se encontra a 5 metros de distância de um poste de 12 metros de altura. Portanto, a quantidade de metros de fio que serão necessários para fazer a ligação entre o poste e a bomba é de:

a) 9 m.   b) 10 m.   c) 12 m.   d) 13 m.

6 (Enem) Um aplicativo de relacionamentos funciona da seguinte forma: o usuário cria um perfil com foto e informações pessoais, indica as características dos usuários com quem deseja estabelecer contato e determina um raio de abrangência a partir da sua localização. O aplicativo identifica as pessoas que se encaixam no perfil desejado e que estão a uma distância do usuário menor ou igual ao raio de abrangência. Caso dois usuários tenham perfis compatíveis e estejam numa região de abrangência comum a ambos, o aplicativo promove o contato entre os usuários, o que é chamado de *match*.

O usuário P define um raio de abrangência com medida de 3 km e busca ampliar a possibilidade de obter um *match* se deslocando para a região central da cidade, que concentra um maior número de usuários. O gráfico ilustra alguns bares que o usuário P costuma frequentar para ativar o aplicativo, indicados por I, II, III, IV e V. Sabe-se que os usuários Q, R e S, cujas posições estão descritas pelo gráfico, são compatíveis com o usuário P, e que estes definiram raios de abrangência respectivamente iguais a 3 km, 2 km e 5 km.

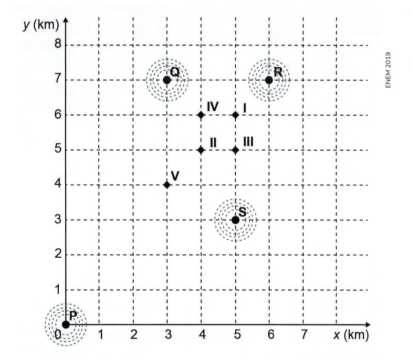

Com base no gráfico e nas afirmações anteriores, em qual bar o usuário P teria a possibilidade de um *match* com os usuários Q, R e S, simultaneamente?

a) I   b) II   c) III   d) IV   e) V

7 Qual é a área da região hachurada a seguir se o lado do quadrado ABCD mede 5 m e os catetos do triângulo retângulo medem 1,5 m?

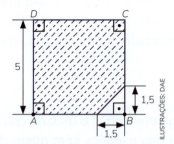

8 (Unifor-CE) Uma rede de água potável ligará uma central de abastecimento, situada à margem de um rio de 400 m de largura (considerada constante), a um conjunto habitacional, situado na outra margem, através dos pontos USR, como mostra a figura.

O custo da instalação da tubulação através do rio é de R$ 830,00 o metro, enquanto, em terra, custa R$ 400,00.

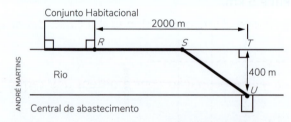

Se a distância do conjunto habitacional até o ponto S for igual a 1 700 metros, pode-se afirmar, corretamente, que o custo de instalação da rede de água potável será de:

a) R$ 1.611.000,00.
b) R$ 1.012.000,00.
c) R$ 1.132.000,00.
d) R$ 1.095.000,00.
e) R$ 1.321.000,00.

9 (UFPEL-RS) João viajou para o Rio de Janeiro e, como ele queria muito conhecer o Cristo Redentor, ficou horas admirando e tentando adivinhar a altura da bela estátua.

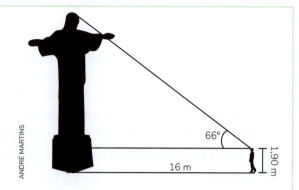

Considerando a figura e que tg 66° = 2,246, a altura aproximada do Cristo Redentor é de:

a) 22 metros.
b) 48 metros.
c) 112 metros.
d) 55 metros.
e) 38 metros.
f) I.R.

10 Considere o triângulo abaixo.

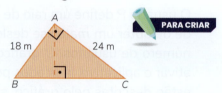

a) Elabore no caderno o enunciado de um problema que envolva esse triângulo.
b) Elabore perguntas para determinar as demais medidas do triângulo e calcule-as.

Lógico, é lógica!

11 (ESPM-SP) Ana, Bia e Carla são amigas. Uma delas é loira, outra morena e outra ruiva, não necessariamente nessa ordem. Apenas uma das afirmações abaixo é verdadeira:

- Ana é loira.
- Bia não é loira.
- Carla não é morena.

Podemos afirmar, com certeza, que:

a) Ana é loira e Bia é ruiva.
b) Carla é morena e Bia é loira.
c) Bia é ruiva e Carla é morena.
d) Ana é morena e Carla é ruiva.
e) Carla é loira e Ana é morena.

CAPÍTULO 3

Distância entre pontos no plano cartesiano

Para começar

A figura a seguir representa uma reta numérica, com pontos igualmente espaçados.

Sabendo que os pontos A, B e C representam três números nessa reta, qual é o valor de A + B + C?

DISTÂNCIA ENTRE DOIS PONTOS DE UMA RETA NUMÉRICA

Considere a reta numérica a seguir:

A distância entre os pontos A e B é igual a 4 unidades.

Essa distância é a diferença entre a coordenada do ponto B (maior coordenada) e a coordenada do ponto A (menor coordenada).

$$d(A, B) = AB = 5 - 1 = 4$$

Utilizando valores absolutos, não é necessário haver preocupação com a ordem dos termos da subtração, ou seja:

$$d(A,B) = |5 - 1| = |1 - 5| = 4$$

Sendo M o ponto médio de $\overline{AB}$, podemos calcular sua coordenada na reta numérica considerando a coordenada 1 de A mais a metade da distância entre A e B:

$$1 + \frac{4}{2} = 1 + 2 = 3$$

Então, M está na coordenada 3 dessa reta.

Pense e responda

Qual é a coordenada do ponto correspondente à origem da reta numérica?

ATIVIDADES RESOLVIDAS

1 Considere os pontos A, B, C e D de uma reta, de coordenadas −6, −2, 3 e 1, respectivamente. Calcule a distância entre os pontos:

a) A e B;   b) A e C;   c) C e D.

RESOLUÇÃO:
a) $d(A, B) = AB = |-2 - (-6)| = |-2 + 6| = |4| = 4$
b) $d(A, C) = AC = |3 - (-6)| = |3 + 6| = |9| = 9$
c) $d(C, D) = CD = |1 - 3| = |-2| = 2$

249

2 Os pontos M e N de uma reta têm coordenadas respectivamente iguais a $\sqrt{2}$ e $\sqrt{8}$. Qual é a coordenada do ponto médio P de $\overline{MN}$?

RESOLUÇÃO: Representando os pontos M e N na reta, temos:

$$\sqrt{8} = \sqrt{2^3} = \sqrt{2^2 \cdot 2} = 2\sqrt{2}$$

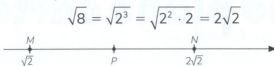

A distância entre M e N é igual a:

$$d(M, N) = MN = |2\sqrt{2} - \sqrt{2}| = |\sqrt{2}| = \sqrt{2}$$

A coordenada do ponto médio P é igual a:

$$\sqrt{2} + \frac{\sqrt{2}}{2} = \frac{2\sqrt{2} + \sqrt{2}}{2} = \frac{3\sqrt{2}}{2}$$

Portanto, a coordenada do ponto P é $\frac{3\sqrt{2}}{2}$.

ATIVIDADES

FAÇA NO CADERNO

1 Qual é a distância entre os pontos cujas coordenadas na reta são iguais a:

a) 5 e 9?

b) 0 e 6?

c) 8 e −10?

d) $-\frac{3}{4}$ e 0?

e) $-\sqrt{3}$ e $\sqrt{75}$?

f) $-\frac{9}{2}$ e −1?

g) $\sqrt{2}$ e $\sqrt{162}$?

h) $\frac{1}{2}$ e 0,8?

2 As coordenadas dos pontos A, B, C e D de uma reta são respectivamente iguais a −6, −2, 3 e 8. Quais são as coordenadas do ponto médio do segmento:

a) $\overline{AB}$?

b) $\overline{BC}$?

c) $\overline{AD}$?

DISTÂNCIA ENTRE DOIS PONTOS NO PLANO CARTESIANO

No plano cartesiano, podemos determinar a distância entre dois pontos A e B de uma reta paralela ao eixo x ou ao eixo y, conforme mostrado ao lado.

$d(A, B) = AB =$
$= |5 - 1| = |4| = 4 \rightarrow$
$\rightarrow d(A, B) = AB =$
$= |4 - (-2)| = |4 + 2| =$
$= |6| = 6$

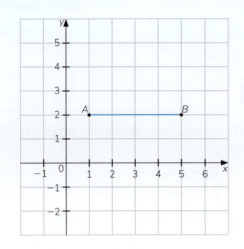
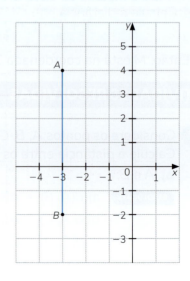

Quando $\overleftrightarrow{AB}$ não é paralela ao eixo x ou ao eixo y, podemos usar o teorema de Pitágoras para calcular a distância entre os pontos A e B da reta.

Observando a figura ao lado, vemos que $\overleftrightarrow{AC}$ é paralela ao eixo x e $\overleftrightarrow{CB}$ é paralela ao eixo y; logo, o triângulo ACB é retângulo em C. Sendo A(1, 3) e B(9, 9), temos:

$d(A, C) = AC = |9 - 1| = |8| = 8$

$d(C, B) = CB = |9 - 3| = |6| = 6$

Utilizando o teorema de Pitágoras no triângulo ACB, obtemos:

$(AB)^2 = (AC)^2 + (CB)^2 \rightarrow (AB)^2 = 8^2 + 6^2 \rightarrow (AB)^2 = 100 \rightarrow AB = 10$ ou $AB = -10$

Como $AB > 0$, temos $AB = 10$.

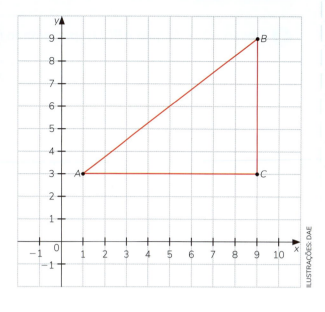

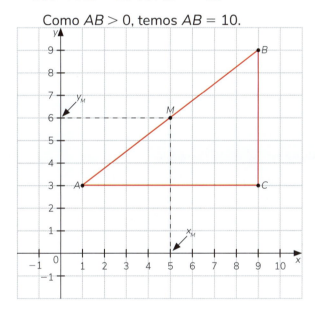

Portanto, a distância entre A e B é de 10 unidades de comprimento.

Veja agora como calcular as coordenadas do ponto médio de $\overline{AB}$:

$x_M = 1 + \dfrac{AC}{2} = 1 + \dfrac{8}{2} = 1 + 4 = 5$

$y_M = 3 + \dfrac{CB}{2} = 3 + \dfrac{6}{2} = 3 + 3 = 6$

Portanto, M(5, 6).

ATIVIDADES

FAÇA NO CADERNO

1 Calcule a distância entre os pontos A e B de cada uma das figuras a seguir:

a)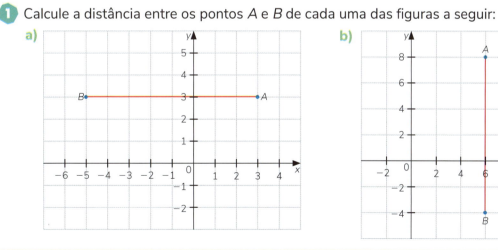

b)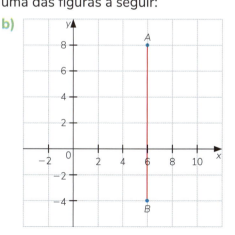

251

2 Observe o retângulo ABCD representado na figura abaixo:

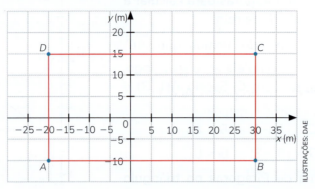

Calcule:

a) o perímetro desse retângulo;

b) a área desse retângulo.

3 Qual é a distância entre os pontos A e B em cada uma das figuras a seguir?

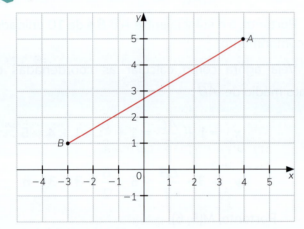
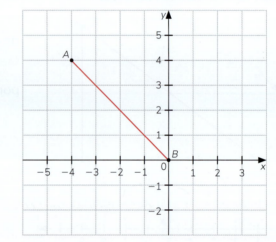

4 Considere os pontos:

A(3, 4) e B(0, 0)

D(2, 4) e E(−4, 2)

P($2\sqrt{3}$, 3) e Q($4\sqrt{3}$, 1)

a) Calcule as distâncias d(A, B), d(D, E) e d(P, Q).

b) Quais são as coordenadas dos pontos médios de $\overline{AB}$ e $\overline{DE}$?

5 Um avião sai da cidade no ponto X, faz escala na cidade no ponto Y e chega à cidade no ponto Z. Calcule o valor mais próximo, em quilômetros, da distância total percorrida pelo avião.

DESAFIO

252

MAIS ATIVIDADES

FAÇA NO CADERNO

1 Sabe-se que $\overline{PQ}$, com $P(-2, 1)$ e $Q(3, 2)$, é a diagonal de um quadrado. Calcule a medida dessa diagonal.

2 Sabendo que a distância do ponto $A(x, 1)$ ao ponto $B(0, 2)$ é igual a 3, calcule x.

3 Observe o trapézio $MNPQ$ representado abaixo.

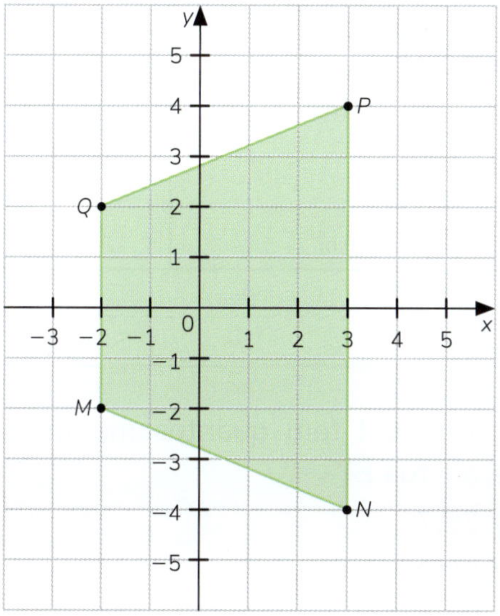

ILUSTRAÇÕES: DAE

a) Quais são as coordenadas dos vértices desse trapézio?

b) Qual é o perímetro desse trapézio?

c) Qual é a área desse trapézio?

4 Considere o triângulo cujos vértices são os pontos A, B e C, cujas coordenadas, no plano cartesiano, são dadas por $(4, 0)$, $(1, 6)$ e $(7, 4)$, respectivamente. Calcule o perímetro desse triângulo.

5 Prove que o triângulo de vértices $A(8, 5)$, $B(1, -2)$ e $C(2, -3)$ é retângulo.

6 (IFPR) A figura abaixo representa uma reta numerada, em pontos igualmente espaçados.

PARA CRIAR

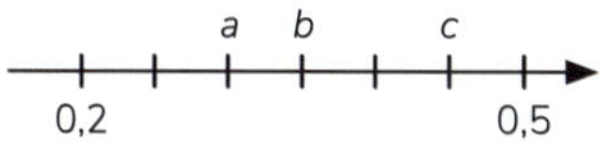

Sabendo que a, b e c representam três desses números, $x = \frac{(a+b)}{c}$ pertence ao intervalo:

a) $0 < x < \frac{1}{2}$.

b) $\frac{1}{2} < x < 1$.

c) $1 < x < 2$.

d) $2 < x < 3$.

7 (Fabrai-MG) O ponto que está mais próximo da origem do sistema de coordenadas planas é:

a) $(-1, 3)$.

b) $(2, 2)$.

c) $(0, 3)$.

d) $(1, -3)$.

8 (USS-RJ) $ABCD$ é um paralelogramo. Se $A = (1, 2)$, $B = (3, 6)$ e $C = (4, 7)$, as coordenadas de D são:

a) $(0, -1)$.

b) $(1, 4)$.

c) $(2, 3)$.

d) $(3, 2)$.

e) $(6, 11)$.

9 Os vértices de um triângulo retângulo ABC estão representados no plano cartesiano abaixo.

PARA CRIAR

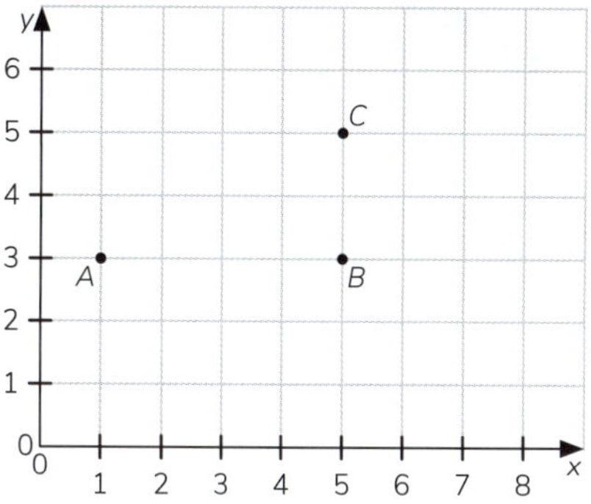

Elabore perguntas com base nos dados desse plano e entregue a um colega para que as responda.

Lógico, é lógica!

10 Observe o padrão que compõe os termos da sequência abaixo e escreva o número que deve estar no lugar de ✽.

B1D	P3T	C✽T
R1T	D12Q	

PARA ENCERRAR

1 (IFMG) Considerando um retângulo ABCD, a razão entre a altura (h) e a base (b) é de $\frac{1}{3}$.

Sabe-se que o dobro da base menos a metade da altura é igual a 11 cm. Quais são as medidas da altura e da base desse retângulo?

a) h = 3 cm e b = 9 cm
b) h = 9 cm e b = 3 cm
c) h = 4 cm e b = 12 cm
d) h = 6 cm e b = 2 cm
e) h = 2 cm e b = 6 cm

2 (UFU-MG) Uma área delimitada pelas ruas 1 e 2 e pelas avenidas A e B tem a forma de um trapézio ADD'A', com AD = 90 e A'D' = 135 m, como mostra o esquema da figura abaixo.

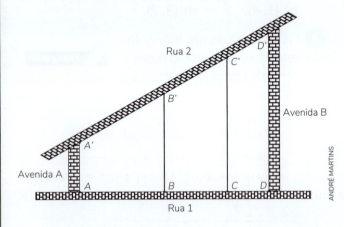

Tal área foi dividida em terrenos ABB'A', BCC'B' e CDD'C', todos na forma trapezoidal, com bases paralelas às avenidas tais que AB = 40 m, BC = 30 m e CD = 20 m.

De acordo com essas informações, a diferença, em metros, A'B' − C'D' é igual a:

a) 20.
b) 30.
c) 15.
d) 45.

3 (IFMG) Na figura seguinte, temos um mapa de dois terrenos com frente para as ruas A e B. As laterais dos terrenos são paralelas entre si. Os dois terrenos juntos têm 70 metros de frente para a rua A e 105 metros de frente para a rua B, conforme a figura a seguir. O terreno I tem 40 metros de frente para a rua A.

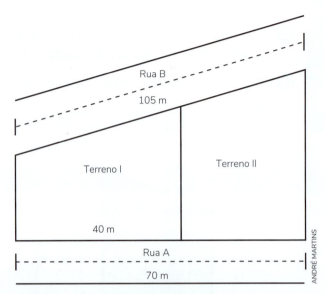

O terreno I tem quantos metros de frente para a rua B?

a) 26,7
b) 60,0
c) 78,8
d) 93,3

4 (UFG-GO) Um time de futebol conseguiu um terreno para seu futuro centro de treinamento (CT). O terreno tem a forma de um triângulo retângulo e suas dimensões são apresentadas na figura a seguir. O projeto de construção do CT prevê um muro ligando os pontos A e C.

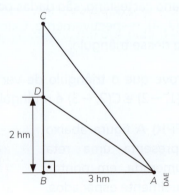

Sabendo que $\overline{AD}$ é a bissetriz do ângulo com vértice em A, calcule a medida, em metros, do muro AC.

5 (IFMA) O triângulo da figura seguinte tem área igual a 22 cm².

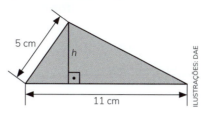

Considerando $\sqrt{5} \cong 2,2$, o perímetro do triângulo acima é igual a:
a) 23,8 cm.
b) 24,8 cm.
c) 21,8 cm.
d) 26,8 cm.
e) 25,8 cm.

6 (IFFar-RS) Na figura a seguir, os lados do triângulo são medidos em metros.

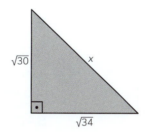

Qual é o valor do segmento x?
a) 4 m
b) 5 m
c) 6 m
d) 7 m
e) 8 m

7 (Unaerp-SP) Um triângulo retângulo apresenta a hipotenusa medindo 13 cm e um dos catetos medindo 5 cm. Portanto, a altura desse triângulo em relação à hipotenusa mede, aproximadamente:
a) 4,6 cm.
b) 5,1 cm.
c) 6,4 cm.
d) 8,5 cm.
e) 12,0 cm.

8 (IFSE) Um homem saiu do edifício onde mora e andou 45 metros. Sabendo que o homem passou a ver o prédio sob um ângulo de 30°, informe a altura do edifício.

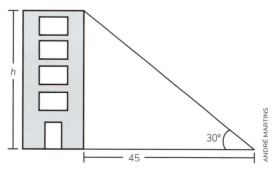

a) 15 m
b) $15\sqrt{3}$ m
c) $35\sqrt{3}$ m
d) 45 m

9 (IFRS) Um *drone* se encontra a 100 m de altura no ponto A da figura abaixo, filmando um objeto que se encontra no ponto B. O ângulo de rotação de sua câmera com o objeto é de 45°. A distância do *drone* até o objeto que está sendo filmado, em m, é:

a) $\dfrac{200\sqrt{3}}{3}$.

b) $100\sqrt{2}$.

c) 145.

d) $100\sqrt{3}$.

e) 200.

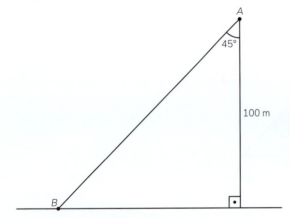

10 (USCS-SP) Considere o quadrado ABCD, com 9 cm de lado, e o triângulo retângulo CEF, de hipotenusa $\overline{CF}$, com os pontos E e F pertencendo aos lados $\overline{DC}$ e $\overline{AB}$, respectivamente, conforme mostra a figura.

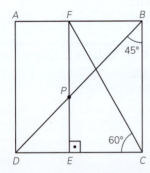

Sabendo que o ponto P pertence à intersecção de $\overline{BD}$ e $\overline{EF}$, a medida de $\overline{BP}$ é:

a) $3\sqrt{2}$ cm.

b) $3\sqrt{5}$ cm.

c) $3\sqrt{6}$ cm.

d) $6\sqrt{3}$ cm.

e) $6\sqrt{2}$ cm.

11 (IF Sudeste MG) Dado o triângulo ABC, conforme apresentado na figura abaixo, o produto das medidas x e y equivale a:

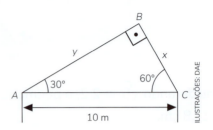

a) $\sqrt{3}$.

b) 5.

c) $5\sqrt{3}$.

d) $10\sqrt{3}$.

e) $25\sqrt{3}$.

12 (Unifesp) No triângulo ABC da figura, que não está desenhada em escala, temos:

$B\hat{A}C \equiv C\hat{A}E$

$A\hat{D}F \equiv B\hat{D}F$

$AC = 27$

$BC = 9$

$BE = 8$

$BD = 15$

$DE = 9$

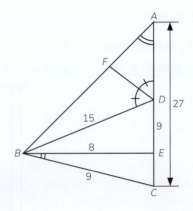

a) Mostre que os triângulos ABC e BEC são semelhantes e, em seguida, calcule AB e EC.

b) Calcule AD e FD.

256

13 (Obmep) O topo de uma escada de 25 m de comprimento está encostado na parede vertical de um edifício. O pé da escada está a 7 m de distância da base do edifício, como na figura abaixo. Se o topo da escada escorregar 4 m para baixo ao longo da parede, qual será o deslocamento do pé da escada?

14 (UERN) Matheus marcou, em uma folha quadriculada de 1 cm × 1 cm, três pontos e ligou-os formando o seguinte triângulo:

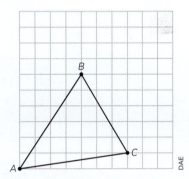

É correto afirmar que o produto dos lados do triângulo é:

a) $10\sqrt{13}$.

b) $20\sqrt{17}$.

c) $10\sqrt{221}$.

d) $20\sqrt{221}$.

15 (Unitau-SP) O ponto médio entre os pontos $A(5, -2)$ e $B(7, -10)$ é:

a) $M(6, 6)$.

b) $M(-1, 4)$.

c) $M(-1, 6)$.

d) $M(1, -4)$.

e) $M(6, -6)$.

16 (UFPI) A medida do perímetro do triângulo cujos vértices são os pontos $(1, 1)$, $(1, 3)$ e $(2, 3)$ é:

a) $3 + \sqrt{5}$.

b) $3 + 2\sqrt{5}$.

c) $3 + 3\sqrt{5}$.

d) $3 + 4\sqrt{5}$.

e) $3 + 5\sqrt{5}$.

UNIDADE 7

Águas dançantes da fonte do Parque Ibirapuera, na cidade de São Paulo (SP).

Funções

Competição de salto em distância com motocicleta.

Em diversas cidades, é comum encontrarmos fontes com água em parques e praças. Conhecidas também como chafariz, nessas construções a água é jorrada por uma ou várias bicas e, muitas vezes, o jato de água forma uma curva chamada parábola. A mesma coisa acontece em competições de salto a distância com motocicletas: as acrobacias e as manobras radicais feitas pelos motociclistas também podem formar parábolas.

A função, conceito matemático que iremos estudar nesta unidade, é uma maneira pela qual modelamos fenômenos que podem ou não ser observáveis.

Na BNCC

Esta unidade propicia o desenvolvimento das competências e das habilidades a seguir.

Competências gerais: 2 e 4

Competências específicas: 2, 3, 4, 6 e 8

Habilidade: EF09MA06

Para pesquisar e aplicar

1. O que a trajetória descrita pelo motociclista tem em comum com a curva descrita pelo jato de água?

2. Em sua opinião, por que a curva do jato de água é mais alta que a trajetória descrita do motociclista? Quais fatores interferem para que isso aconteça?

3. Pesquise se em algum local da cidade em que você mora há construções cujo formato seja parecido com a curva descrita pelo jato de água.

4. Você conhece outras situações em que há uma representação de curva como as dessas imagens? Se sim, indique duas.

DANIEL GRUND/RED BULL/GETTY IMAGES

CAPÍTULO 1

Função afim

Para começar

Se $y = 5x - 1$, qual é o valor de y para $x = \dfrac{1}{5}$?

O QUE É UMA FUNÇÃO

Para iniciar o estudo de função, vamos analisar o exemplo de uma corrida de táxi em que é cobrada uma taxa fixa de R$ 3,00 mais R$ 2,50 por quilômetro rodado.

De acordo com essa informação, construímos a tabela a seguir relacionando duas grandezas: a distância x percorrida pelo táxi e o valor a pagar y.

Distância percorrida x (km)	Valor a pagar y (reais)	$(x; y)$
0	3	(0; 3)
1	$3 + 2{,}50 \cdot 1 = 5{,}50$	(1; 5,50)
2	$3 + 2{,}50 \cdot 2 = 8{,}00$	(2; 8,00)
3	$3 + 2{,}50 \cdot 3 = 10{,}50$	(3; 10,50)
⋮	⋮	⋮
10	$3 + 2{,}50 \cdot 10 = 28{,}00$	(10; 28,00)
⋮	⋮	⋮
15	$3 + 2{,}50 \cdot 15 = 40{,}50$	(15; 40,50)
⋮	⋮	⋮
x	$3 + 2{,}50 \cdot x = 3 + 2{,}5x$	$(x; 3 + 2{,}5x)$

Fonte: Dados fictícios.

Para $x = 10$ km, temos $y = 28$ reais. Logo, o passageiro pagará R$ 28,00.

Para $x = 15$ km, temos $y = 40{,}50$ reais. Nesse caso, o passageiro pagará R$ 40,50.

Note que cada valor atribuído à **variável** x corresponde a um único valor de y.

Essa correspondência entre x e y caracteriza um exemplo de função, que nesse caso é descrita pela **lei de formação da função** ou **fórmula da função**, dada por:

Valor a pagar ⟶ $y = 3 + 2{,}5x$ ⟵ distância percorrida

taxa fixa — valor cobrado por quilômetro

Pense e responda

Se um passageiro pagou R$ 23,00 numa corrida, qual foi a distância percorrida pelo táxi?

Como o valor de *y* depende do valor de *x*, *y* recebe o nome de **variável dependente** e *x* é a **variável independente**.

Indica-se por **y = f(x)**, e lê-se: *y* é igual a *f* de *x*. Note que *y* e *f(x)* são notações para a mesma quantidade.

Por isso *y* = 3 + 2,5*x* e *f(x)* = 3 + 2,5*x* são equivalentes.

A letra *f*, em geral, representa as funções, mas podemos utilizar também as letras *g*, *h*, entre outras. Além disso, a função *y* = 3 + 2,5*x* pode ser representada graficamente no plano cartesiano por alguns pares ordenados da tabela.

Neste caso não há valores de *x* negativos, a menor distância *x* percorrida é 0 e o menor valor *y* a pagar é R$ 3,00.

Como os valores atribuídos a *x* podem ser qualquer valor de *x* real, infinitos pontos podem ser marcados. Ao unirmos esses pontos obtemos o gráfico a seguir.

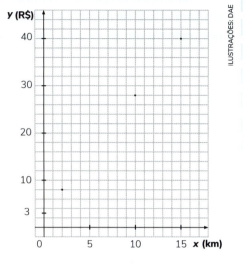

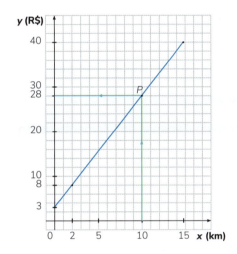

Para analisar a forma pela qual o gráfico determina a correspondência, traçamos uma reta vertical e uma horizontal que passam por um ponto *P* do gráfico, como mostra a figura. Como essas retas intersectam o eixo *x* em 10 e o eixo *y* em R$ 28,00, o par ordenado (10; 28,00) associa 10 no eixo *x* com R$ 28,00 no eixo *y*. Isso mostra que o valor *x* de 10 corresponde a um único valor *y* de R$ 28,00.

Quando existe uma relação que estabelece uma correspondência em que cada valor de *x* corresponde a um só valor de *y*, a correspondência se chama **função**.

Na função *y* = 3 + 2,5*x*, para calcular o valor de *y* quando *x* = 10, indicamos *f(10)*. Veja:

$$f(10) = 3 + 2,5 \cdot 10 = 3 + 25 = 28$$

Veja outro exemplo.

A tabela a seguir mostra a medida do lado de alguns quadrados e suas respectivas áreas.

Medida do lado (em cm)	1	2	3	4	5	6
Área (em cm²)	1	4	9	16	25	36

261

Fazendo o conjunto A representar os números que expressam a medida do lado de cada quadrado e o conjunto B os números que expressam as suas respectivas áreas, podemos representar essa tabela por meio de um **diagrama**, relacionando os conjuntos A e B por meio de setas.

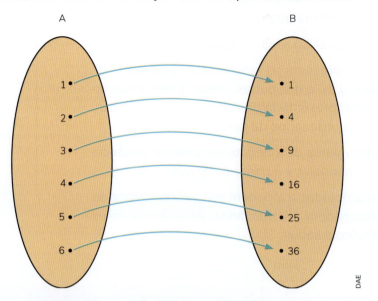

Essa relação de A em B apresenta as características a seguir.

- Todos os elementos de A estão associados a elementos de B.
- Cada elemento de A está associado a apenas um elemento de B.

Nessas condições, dizemos que a relação entre os conjuntos A e B é uma **função de A em B**, e indicamos:

$$f: A \to B \text{ (Lê-se: função } f \text{ de "A em B".)}$$

Chamando de *x* a medida do lado do quadrado e de *y* sua área, podemos escrever:

$$y = x^2 \text{ ou } f(x) = x^2$$

O conjunto A dos números que expressam a medida do lado do quadrado é o **domínio** (D) da função, e o conjunto dos números que expressam a medida da área do quadrado, ou seja, os números do conjunto B que estão relacionados com os números do conjunto A compõem a **imagem** (Im) da função.

Nesse caso, indica-se: D = {1, 2, 3, 4, 5, 6} e Im = {1, 4, 9, 16, 25, 36}.

O conjunto imagem da função nem sempre é o próprio conjunto B, chamado de **contradomínio** (CD) da função.

Usando a fórmula matemática $y = x^2$ ou $f(x) = x^2$, podemos escrever:

- Para $x = 1$, temos $y = 1^2 = 1 \to 1$ é a imagem do número 1 pela função *f*, ou seja, $f(1) = 1$.
- Para $x = 2$, temos $y = 2^2 = 4 \to 4$ é a imagem do número 2 pela função *f*, ou seja, $f(2) = 4$.
- Para $x = 6$, temos $y = 6^2 = 36 \to 36$ é a imagem do número 6 pela função *f*, ou seja, $f(6) = 36$.

Podemos indicar a função *f* usando **pares ordenados**:

$$f = \{(1, 1), (2, 4), (3, 9), (4, 16), (5, 25), (6, 36)\}$$

ATIVIDADES RESOLVIDAS

1 Justifique se a fórmula $y = 4x - 5$ define que y é função de x. Em caso afirmativo, determine seu domínio e imagem. Depois construa uma tabela que represente essa fórmula e seu gráfico correspondente.

RESOLUÇÃO: Para que $y = 4x - 5$ represente uma função, todo valor de x deve determinar um único valor de y. Para determinar y na fórmula $y = 4x - 5$, multiplicamos x por 4 e depois subtraímos 5 do resultado. Como essas operações são possíveis no conjunto dos números reais, cada opção de x determina um único valor de y. Por isso, essa fórmula define que y é função de x.

Como a entrada x pode ser qualquer número real, o domínio da função é o conjunto dos números reais. Podemos indicar por $D = \mathbb{R}$.

Como a saída y também pode ser qualquer número real, a imagem também é o conjunto dos números reais. Podemos indicar $Im = \mathbb{R}$.

Essa função também pode ser representada por uma tabela e por um gráfico. Veja a seguir.

Tabela

$y = 4x - 5$

x	y	(x, y)
−3	−17	(−3, −17)
$-\dfrac{1}{4}$	−6	$\left(-\dfrac{1}{4}, -6\right)$
0	−5	(0, −5)
2	3	(2, 3)
4	15	(4, 15)

(A entrada pode ser qualquer número real.) (A saída pode ser qualquer número real.)

Gráfico

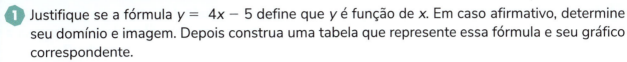

(O domínio é o conjunto dos números reais e a imagem também é o conjunto dos números reais.)

2 Verifique se a fórmula $y = \dfrac{1}{x}$, em que $x \in C$ e $y \in D$, é uma função de C em D.

RESOLUÇÃO: Como x é um elemento de C e y é um elemento de D, temos o seguinte diagrama:

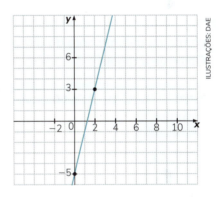

- Para $x = 1$, temos $y = \dfrac{1}{-1}$, ou seja, $f(-1) = -1$.
- Para $x = 1$, temos $y = \dfrac{1}{1} = 1$, ou seja, $f(1) = 1$.
- Para $x = 2$, temos $y = \dfrac{1}{2}$, ou seja, $f(2) = \dfrac{1}{2}$.

Mas para $x = 0$ não existe y (o zero não é associado a nenhum elemento de D).

Logo, a relação de C em D definida por $y = \dfrac{1}{x}$ **não é uma função**, pois não são todos os elementos de C que estão associados a elementos de D.

263

ATIVIDADES

FAÇA NO CADERNO

1 O preço de um tapete varia de acordo com sua área (preço por metro quadrado). O quadro a seguir mostra essa variação.

PREÇO DE UM TAPETE						
Área (em cm²)	1	2	3	4	5	6
Preço (em R$)	70	140	210	280	350	450

a) Qual grandeza está em função da outra?
b) Determine a fórmula que relaciona o preço do tapete (y) a sua área (x).
c) Quais são as variáveis dependente e independente?
d) Qual é a área de um tapete que custa R$ 245,00?

2 Um botânico mede o crescimento de uma planta na mesma hora do dia, a cada 5 dias. Observe a tabela.

CRESCIMENTO DE UMA PLANTA					
Altura (em cm)	0	1	2	3	4
Tempo (em dias)	0	5	10	15	20

Fonte: Dados fictícios.

Se nesse período a relação entre tempo e altura for mantida, responda:

a) Que fórmula relaciona a altura h e o tempo t?
b) Que altura a planta terá no 30º dia?

3 Em uma noite de estreia, as 300 poltronas de um cinema foram totalmente ocupadas durante uma sessão.

a) Se x estudantes estiveram presentes na sessão, qual é a fórmula que expressa a arrecadação y em função de x?
b) Quantos estudantes estavam presentes nessa sessão, levando em conta que foram arrecadados R$ 1.680,00?

4 Um botijão de gás de cozinha completamente cheio contém 13 kg de gás. Na casa de Elvira consome-se, em média, 0,6 kg do gás desse botijão por dia.

a) Que massa de gás resta no botijão após 1 dia, 2 dias, 4 dias e 15 dias de uso?
b) Que fórmula relaciona a massa de gás restante no botijão e o tempo decorrido?
c) Quantos dias terão decorridos quando restar 1 kg de gás no botijão?
d) Por quantos dias, no máximo, esse botijão poderá ser utilizado na casa de Elvira?

5 Considere os conjuntos A e B, que representam pessoas, e a relação de A em B dada por "ser mãe de". Essa relação é uma função ou não?

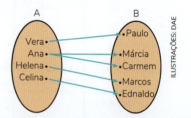

6 Nos itens seguintes, são dados o domínio (D) e a imagem (Im) de uma função. Descubra a fórmula matemática de cada uma delas.

a)
b)
c)

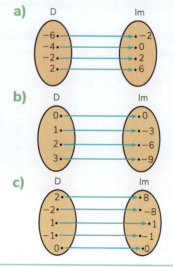

264

7 Seja a função f: A → B definida por $f(x) = \frac{1}{2}x$. Levando em conta que A = {−4, −2, 0, 2} e B = {−2, −1, 0, 1, 3}, determine D(f) e Im(f).

8 Observe este quadro.

x	0	1	2	3	4	5	6
y	3	2	1	0	−1	−2	−3

Diga se a relação entre x e y é uma função. Caso seja, escreva a fórmula matemática que relaciona essas variáveis.

9 Um parque cobra R$ 6,00 por hora pelo aluguel de uma bicicleta. Chamando x o número de horas em que a bicicleta permanece alugada e y o valor total do aluguel, determine a relação entre y e x.

Pessoas alugam bicicletas para passear em um parque.

10 (UFRJ) Sabe-se que, nos pulmões, o ar atinge a temperatura do corpo e que, ao ser exalado, tem temperatura inferior à do corpo, já que é resfriado nas paredes do nariz. Através de medições realizadas em um laboratório foi obtida a função TE = 8,5 + 0,75 × TA, 12° ⩽ TA ⩽ 30°, em que TE e TA representam, respectivamente, a temperatura do ar exalado e a do ambiente. Calcule:

a) a temperatura do ambiente quando TE = 25 °C;

b) o maior valor que pode ser obtido para TE.

11 Justifique se cada uma das sentenças abaixo define que y é uma função de x.

a) y = −5x + 8

b) y² = x

12 Escreva a fórmula matemática que relaciona o perímetro P e a área S do retângulo representado abaixo em função da medida a.

13 Considere a função f: ℝ → ℝ, definida por y = x².

a) Calcule $f(1,5)$, $f(\sqrt{2})$, $f(\sqrt{2}+1)$ e $f(\sqrt{5}-1)$.

b) Qual é o elemento do domínio de f cuja imagem é 64? E o elemento cuja imagem é −100?

c) Qual é o domínio dessa função? E a imagem?

14 Dada a função $f(x) = 1 - \frac{5}{2}x$.

a) Calcule $f(2)$, $f\left(-\frac{1}{5}\right)$, $f(\sqrt{2})$ e x, tal que a imagem de x seja $\frac{\sqrt{5}}{2}$.

b) Determine o domínio e a imagem dessa função.

15 O quadro mostra a correspondência entre o tempo e a velocidade com que um carro percorre o trecho de uma estrada, sempre com velocidade constante de 90 km/h a partir das 8h.

DESAFIO

Tempo	Velocidade (km/h)
8h	90
8h30min	90
9h	90
9h30min	90
10h	90

a) A relação entre a velocidade e o tempo é uma função? Justifique sua resposta.

b) O que se pode dizer sobre o domínio e a imagem dessa relação?

INTERPRETANDO GRÁFICOS

São muitas as situações em que a relação entre duas grandezas é expressa graficamente.

Diariamente observamos gráficos em jornais e revistas que tentam transmitir, de forma simples, informações sobre a elevação ou a queda da inflação, sobre lucros das empresas, vendas de determinados produtos, movimento de um carro, entre outras.

Como exemplo, vamos analisar o gráfico ao lado, que mostra a evolução da temperatura T, em °C, em uma região ao longo de um intervalo de tempo de 24 horas.

Observando esse gráfico, podemos concluir que:
- às 12h a temperatura nessa região foi de 13 °C;
- a temperatura foi de 0 °C às 2h e às 8h;
- a temperatura variou de −5 °C a 13 °C ao longo das 24 horas;
- a maior temperatura atingida foi de 13 °C;
- a temperatura aumentou no intervalo de tempo de 4h a 12h;
- entre 2h e 8h a temperatura foi negativa;
- de 12h até 24h a temperatura diminuiu.

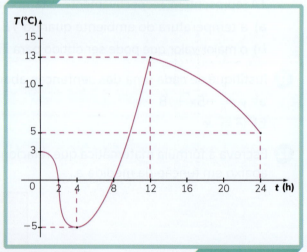
Evolução da temperatura T, em °C, em uma região ao longo de um dia

Fonte: Dados fictícios.

Pense e responda

Qual foi a menor temperatura atingida nessas 24 horas?

ATIVIDADES

1) O gráfico abaixo representa a evolução do total de vendas de celulares, em reais, de certa loja ao longo do ano de 2018.

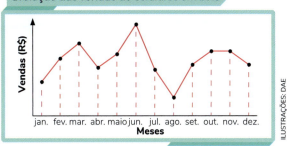

Fonte: Dados fictícios.

Responda às questões de acordo com o gráfico.

a) Quais são os meses em que ocorreram, respectivamente, a maior e a menor venda em 2018?

b) Em que meses o total de vendas foi igual?

c) No bimestre abril-maio, houve aumento ou diminuição no total de vendas?

2) O gráfico a seguir mostra o nível da água armazenada em uma barragem, ao longo de um ano. Analise-o atentamente e responda às perguntas.

Nível da água na barragem

Fonte: Dados fictícios.

a) Qual foi o menor nível de água armazenada na barragem? Em que mês ocorreu o maior nível de água armazenada na barragem?

b) Quantas vezes durante o ano a barragem atingiu o nível de 18 metros? E o nível de 60 metros?

3) Para acompanhar o crescimento de uma planta, foram anotadas diariamente as medidas de sua altura, em centímetros, durante certo período de tempo. O gráfico a seguir representa essas medidas.

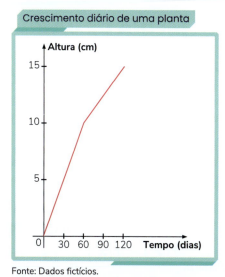

Fonte: Dados fictícios.

a) Que altura a planta alcançou em:
- 30 dias?
- 90 dias?
- 120 dias?

b) Quantos centímetros a planta cresceu do 60º aos 90º dias?

4) O gráfico a seguir representa a distância percorrida por um aluno no decorrer do tempo.

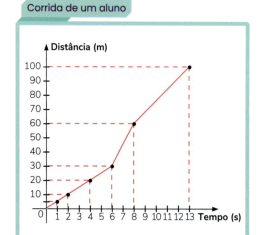

Fonte: Dados fictícios.

267

a) Quantos metros esse aluno correu?
b) Quantos segundos durou a corrida?
c) Que distância o aluno percorreu em 8s?
d) Em geral, qual foi o intervalo de tempo em que o aluno foi mais rápido: de 0s a 6s, de 6s a 8s ou de 8s a 13s? Justifique sua resposta.

TAXA MÉDIA DE VARIAÇÃO DE UMA FUNÇÃO

Se $y = f(x)$ é uma função em que x pode assumir qualquer valor real, a razão $\dfrac{f(x_2) - f(x_1)}{x_2 - x_1}$, com $x_2 \neq x_1$, é chamada de taxa média de variação da variável y em relação à variável x. Essa taxa pode ser interpretada como forma de medir "quão rápido" a variável y está mudando à medida que a variável x muda.

Por exemplo, considerando a função definida por $y = 3 + 2,5x$, em que x pode assumir qualquer valor real, vamos determinar a taxa média de variação da variável y quando x varia no intervalo [0, 4].

Sendo $x_1 = 0$ e $x_2 = 4$, temos:

$$f(x_1) = f(0) = 3 + 2,5 \cdot 0 \rightarrow f(x_1) = f(0) = 3$$
$$f(x_2) = f(4) = 3 + 2,5 \cdot 4 \rightarrow f(x_2) = f(4) = 13$$

Assim: $\dfrac{f(x_2) - f(x_1)}{x_2 - x_1} = \dfrac{13 - 3}{4 - 0} = \dfrac{10}{4} = 2,5$.

Note que 2,5 é o acréscimo de y quando x tem acréscimo de 1, pois,

$$\dfrac{10}{4} = \dfrac{5}{2} = 2,5$$

ATIVIDADES RESOLVIDAS

1 O gráfico ao lado mostra o número de bactérias por milímetro cúbico de sangue no corpo de um paciente infectado em função do tempo t, em hora.

Qual é a taxa média de variação do número de bactérias no corpo do paciente no intervalo de tempo de 12h a 36h?

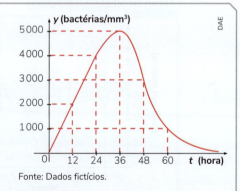

Fonte: Dados fictícios.

RESOLUÇÃO: De acordo com o enunciado, temos:

$t_1 = 12h \rightarrow y_1 = 2\,000$ bactérias

$t_2 = 36h \rightarrow y_2 = 5\,000$ bactérias

A taxa de variação média é de: $\dfrac{y_2 - y_1}{t_2 - t_1} = \dfrac{5000 - 2000}{36 - 12} = \dfrac{3000}{24} = 125$.

Portanto, a taxa média de variação é de 125 bactérias por hora, ou seja, 125 bactérias/h, no intervalo de 12h a 36h.

Pense e responda

Qual é a taxa média de variação do número de bactérias no intervalo de tempo [12, 24]?

ATIVIDADES

1) Considere a função $f: \mathbb{R} \to \mathbb{R}$, definida por $f(x) = x^2 - 2x$. Calcule a taxa média de variação de f quando x varia de:

a) 0 a 2;

b) -1 a 4.

2) Um corpo que parte do repouso se desloca com velocidade, em quilômetros por hora, definida pela fórmula $v(t) = 4t - t^2$, em que t representa o tempo em horas. Calcule a taxa média de variação da velocidade desse corpo no intervalo de tempo de 1h a 3h.

3) No mar, a pressão p em cada ponto é diretamente proporcional a sua profundidade x. Quando a profundidade é igual a 100 metros, a pressão correspondente é de 10,4 atmosferas. Com base nessas informações, faça o que se pede a seguir.

a) Calcule o valor da constante de proporcionalidade.

b) Determine a fórmula que relaciona p e x.

c) Determine a pressão em um ponto situado a 500 m de profundidade.

d) Calcule a taxa média de variação da pressão quando a profundidade varia de 10 m a 50 m.

4) O gráfico ao lado mostra o valor de uma conta de água e o correspondente volume consumido.

De acordo com o gráfico, responda:

a) Qual será o valor da conta quando o consumo atingir 30 m³? E quando atingir 50m³?

b) Qual é a variação média da conta de água quando o consumo varia de:
- 0 m³ a 30 m³?
- 30 m³ a 50 m³?

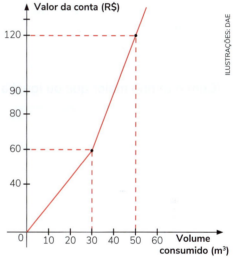

5) Analise os gráficos das funções f e g a seguir.

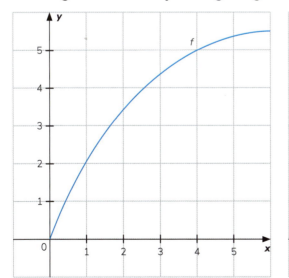
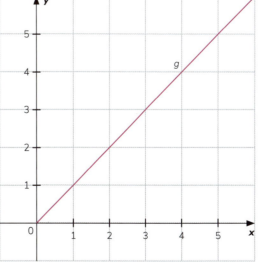

Mostre que no intervalo [1, 3] a taxa média de variação da função f é a mesma da função g.

FUNÇÃO AFIM

Existem várias funções matemáticas presentes em situações do cotidiano e nas ciências. Uma delas é a função afim. Vamos conhecê-la?

Observe os exemplos a seguir.

1. **Perímetro y do retângulo da figura em função da medida x do comprimento**

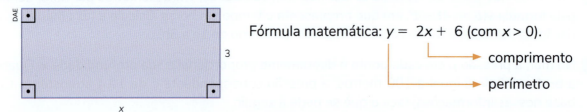

Fórmula matemática: $y = 2x + 6$ (com $x > 0$).

- comprimento
- perímetro

2. **Volume V de água que resta em um recipiente de 50 litros, completamente cheio e que está sendo esvaziado por uma torneira à razão constante de 4 litros por minuto**

Fórmula matemática:

$$V = 50 - 4x \text{ ou } V = -4x + 50$$

- litros por minuto
- volume

(Com o tempo maior que ou igual a zero e menor que ou igual a 12,5.)

> **Pense e responda**
>
> Explique por que o domínio da função $V = -4x + 50$ é $D = \{x \in \mathbb{R} \mid 0 \leq x \leq 12{,}5\}$
>
> $D = \{x \in \mathbb{R} \mid 0 \leq x \leq 12{,}5\}$.

3. **Distância d percorrida por um automóvel com velocidade constante de 30 km/h em função do tempo t, em horas, de percurso**

Fórmula matemática:

$$d = 30 \, t \qquad (\text{com } t \geq 0)$$

- distância
- tempo

As funções determinadas nos três exemplos são chamadas de função afins.

> Uma função $f: \mathbb{R} \to \mathbb{R}$ denomina-se **função afim** quando existem constantes $a, b \in \mathbb{R}$, tais que $f(x) = ax + b$ para todo número real x e em que **a** é o coeficiente de x e **b** é o termo independente.

Assim, em:

- $y = 2x + 6$, temos: $a = 2$ e $b = 6$;
- $v = -4x + 50$, temos: $a = -4$ e $b = 50$;
- $d = 30t$, temos $a = 30$ e $b = 0$;
- $p = 0$, temos $a = 0$ e $b = 0$.

Quando $b = 0$ e $a \neq 0$, a função afim é conhecida por **função linear** e sua fórmula se reduz a $y = ax$.

270

As grandezas x e y representadas em uma função linear são **diretamente proporcionais**, ou seja, a razão $\frac{y}{x} = a$ é a constante de proporcionalidade ou a taxa média de variação. Por exemplo, na função d = 30t, a constante de proporcionalidade ou a taxa média de variação é 30 quilômetros por hora.

Fazendo x = 0 na função f(x) = ax + b, obtemos o número b = f(0), que algumas vezes é chamado de valor inicial da função f.

O coeficiente a pode ser encontrado com base nos valores f(x) e f(x + h), que a função f assume para valores arbitrários e distintos x e x + h, com h ≠ 0. Veja:

$$f(x) = ax + b \text{ e } f(x + h) = a(x + h) + b$$
$$f(x + h) - f(x) = ax + ah + b - ax - b$$
$$f(x + h) - f(x) = ah$$
$$a = \frac{f(x+h) - f(x)}{h}$$

O número constante **a** representa a taxa média de variação da função f no intervalo dos extremos x e x + h. Por exemplo, na função y = 2x + 6, a taxa média de variação é 2, ou seja, o acréscimo do perímetro y é de 2 m quando o comprimento tem acréscimo de 1 m.

ATIVIDADES RESOLVIDAS

1 Na loja Pé Calçado, o salário dos vendedores é composto de um valor fixo de R$ 900,00 e comissão de R$ 15,00 por venda efetuada. Chamando de y o salário de cada vendedor e x a quantidade de vendas efetuadas durante o mês, determine:

a) a fórmula matemática do tipo y = f(x) para cada um dos vendedores;

RESOLUÇÃO: A função procurada é do tipo y = ax + b, em que b = 900 e a = 15. Daí:

y = 900 + 15x → y = 15x + 900

b) o número de vendas que Beto deverá realizar para receber um salário de R$ 3.000,00;

RESOLUÇÃO: Devemos substituir y por 3 000 na função salário, determinada no item **a**, para obter a quantidade das vendas x que Beto deverá realizar. Veja:

y = 15x + 900 → 3 000 = 15x + 900 → 15x = 2 100 → x = 140

Portanto, Beto deverá realizar 140 vendas para receber um salário de R$ 3.000,00.

c) a taxa média de variação dessa função.

RESOLUÇÃO: A taxa média de variação é o valor do coeficiente a da função. Logo, a taxa média de variação é de R$ 15,00 por unidade vendida.

ATIVIDADES

1 Das funções $f: \mathbb{R} \to \mathbb{R}$ a seguir, indique quais são afins e identifique os coeficientes *a* e *b*.

a) $y = 7x - \dfrac{1}{2}$

b) $y = -\sqrt{5} + 2$

c) $y = x^2 - x$

d) $f(x) = \dfrac{1}{x} + 3$

e) $f(x) = -\dfrac{7}{5}x + \dfrac{\sqrt{2}}{2}$

f) $f(x) = 10 - \dfrac{1}{4}x$

2 Uma função *y* associa a um número real *x* sua metade aumentada em 8 unidades.

a) Qual é a fórmula matemática dessa função?

b) Essa função é da forma $f(x) = ax + b$?

c) Em caso afirmativo, determine *a* e *b*.

d) Qual é a taxa média de variação dessa função?

3 Considere a função $f: \mathbb{R} \to \mathbb{R}$, definida por $f(x) = ax + b$.

a) Determine *a* e *b* sabendo que $f(2) = 1$ e $f(-1) = 5$.

b) Calcule $f\left(\dfrac{1}{2}\right)$.

4 Um vendedor recebe mensalmente um salário composto de duas partes: uma parte fixa de R$ 750,00 e uma parte variável, que corresponde a uma comissão de 9% do total de vendas que ele faz durante o mês.

a) Determine a lei que relaciona o salário mensal em função da comissão.

b) Que tipo de função é essa?

c) Determine o salário do vendedor em um mês cujas vendas chegaram a R$ 60.000,00.

5 A medida do lado do hexágono regular ao lado é igual a *x*.

a) Escreva a função que representa o perímetro *y* desse hexágono em função de *x*. Qual é o nome dessa função? As grandezas *y* e *x* são diretamente proporcionais?

b) Calcule o perímetro desse hexágono se $x = 4$ cm.

c) Calcule a medida do lado do hexágono se $y = 45$ cm.

d) Calcule a taxa média de variação dessa função.

6 Uma loja dispõe de computadores para usuários que desejam navegar pela internet. Para utilizar esse serviço, o usuário paga uma taxa de R$ 3,00 mais R$ 2,50 por hora de utilização da máquina.

a) Escreva uma fórmula matemática que relacione o preço total (*y*) e o preço a pagar por hora de utilização (*x*).

b) Quanto pagará uma pessoa que utilizar o computador por 4 horas?

c) As grandezas *x* e *y* são diretamente proporcionais? Justifique sua resposta.

7 Um automóvel se deslocou em uma estrada retilínea com velocidade constante. O quadro mostra suas posições, anotadas com intervalos de 1h, contadas a partir do quilômetro 20, onde se adotou o instante $t = 0$.

Tempo t (horas)	Posição s (em km)
0	20
1	50
2	80
3	110

a) Qual sentença matemática relaciona a posição s com o tempo t?

b) Calcule $s(10)$.

GRÁFICO DA FUNÇÃO AFIM

Vamos fazer a representação gráfica de uma função afim por meio das situações a seguir.

1. A figura mostra um triângulo isósceles de lados congruentes com medida x e base igual a 4 cm, com $2\text{ cm} < x \leq 10\text{ cm}$.

Construa o gráfico da função que representa o perímetro y desse triângulo em função de x e determine o domínio e a imagem dessa função.

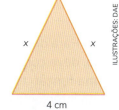

O perímetro é a soma das medidas dos lados. Logo:

$$y = x + x + 4 \rightarrow y = 2x + 4$$

Atribuindo valores inteiros para x, obtemos:

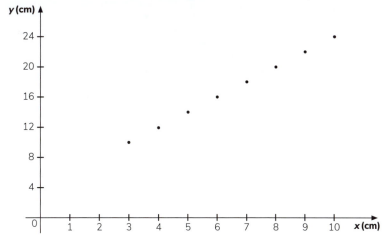

Atenção!

A medida do lado x do triângulo isósceles acima precisa ser maior do que 2 para para atender à condição de existência de um triângulo.

A soma das medidas de dois lados de um triângulo é maior do que a medida do terceiro lado.

Atribuindo valores decimais para x, obtemos mais pontos no gráfico. Veja:

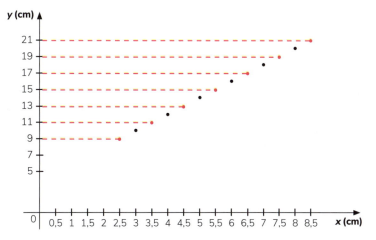

Se diminuirmos mais o intervalo entre os valores de x, ou seja, x = 0,25 cm, x = 0,125 cm etc., vamos obter cada vez mais pontos, todos eles pertencentes à mesma reta. Assim, podemos dizer que o gráfico da função y = 2x + 4 é uma reta.

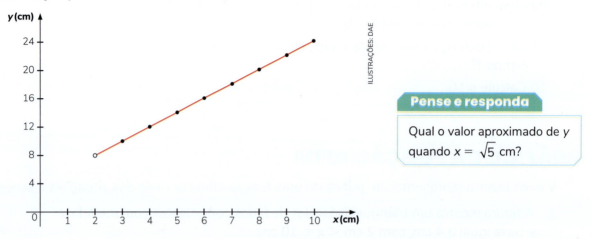

Pense e responda

Qual o valor aproximado de y quando x = $\sqrt{5}$ cm?

Para determinar o domínio e a imagem dessa função, devemos lembrar que, a cada x do seu domínio, deve corresponder um único y do contradomínio. Assim, por meio do gráfico podemos reconhecer uma função traçando retas paralelas ao eixo y a partir de valores de x pertencentes ao domínio. Se a reta intersecta o gráfico num único ponto, esse gráfico representa uma função. Caso contrário, ou seja, se houver mais de um ponto de intervenção, o gráfico não é de uma função.

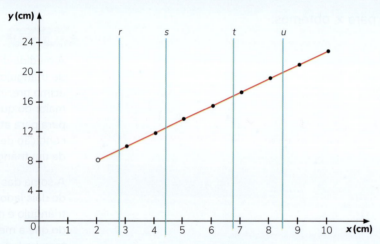

Cada uma das retas r, s, t e u intersecta o gráfico num único ponto.

O gráfico da função é o conjunto de todos os pontos do eixo das abscissas, que são obtidos pelas projeções dos pontos do gráfico da função sobre o referido eixo.

A imagem da função é o conjunto de todos os pontos do eixo das ordenadas, que são obtidos pelas projeções dos pontos do gráfico da função sobre o referido eixo.

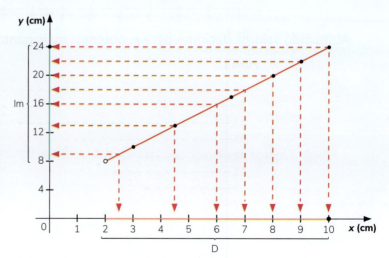

274

Portanto:

D = {x ∈ ℝ : 2 < x ≤ 10} ou D =]2, 10]

Im = y ∈ ℝ : 8 < y ≤ 24} ou Im =]8, 24]

Observação

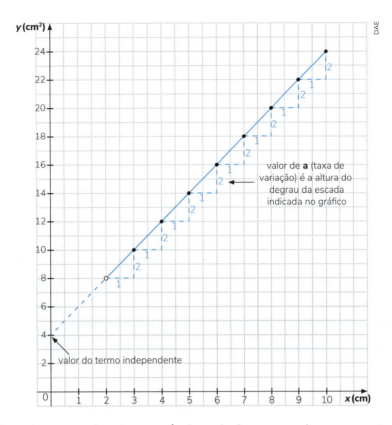

(2 cm é o acréscimo de y quando x tem acréscimo de 1 cm, ou seja, representa a taxa de variação)

$$y = 2x + 4$$

a = 2 é a taxa de variação

2. Um carro partiu do ponto inicial (posição 0) de uma estrada e percorreu, com velocidade constante de 20 m/s, um trecho retilíneo dessa estrada (a velocidade de 20 m/s é equivalente a 72 km/h).

Construa o gráfico da função que representa a posição y, em metros, em função do tempo x, em segundos, e expresse o domínio e a imagem dessa função.

A função que representa essa situação é: y = 20x

tempo

distância percorrida

Para traçar o gráfico, montamos uma tabela e marcamos os pares ordenados no sistema cartesiano ortogonal.

y = 20x	
x	y
0	0
0,5	10
1	20
1,5	30
2	40
4	80
5	100
6	120
6,7	134

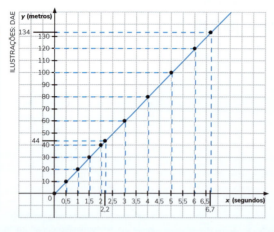

Observe que, ao duplicarmos o tempo (de 1s para 2s), a distância percorrida também é duplicada (de 20 m para 40 m); ao triplicarmos o tempo (de 1s para 3s), a distância percorrida também é triplicada (de 20 m para 60 m). Assim, concluímos que a distância percorrida é diretamente proporcional ao tempo.

Os pontos do gráfico que representam a variação de duas grandezas x e y diretamente proporcionais pertencem a uma reta que passa pelo ponto (0, 0).

Como o domínio da função y = 20x é o conjunto dos números reais não negativos, o gráfico é uma semirreta. A imagem da função é o conjunto dos números reais negativos.

Note que os eixos do plano cartesiano representam grandezas diferentes: no eixo x estão as medidas de tempo, em segundos, e no y as distâncias percorridas, em metros. Assim, a marcação dos pontos sobre os eixos pode ser feita também com unidades diferentes.

3. Construa o gráfico da função f(x) = 6 − 2x, com x real.

Marcando os pontos correspondentes aos pares ordenados do quadro em um sistema de coordenadas cartesianas, obtemos pontos alinhados. Unindo esses pontos, obtemos uma reta.

y = f(x) = 6 − 2x	
x	y
−1	8
−0,5	7
0	6
1	4
1,5	3
3	0
4	−2

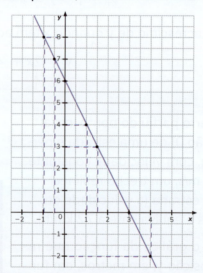

Como o gráfico dessa função é uma reta, para representá-la graficamente é suficiente marcar apenas dois pontos no sistema cartesiano, pois por dois pontos distintos passa uma única reta.

Dizemos que 3 é a raiz ou zero da função y = 6 − 2x, pois, para x = 3, obtemos y = 0. O ponto em que a reta intersecta o eixo x é (3, 0).

Pense e responda

Qual é a taxa média de variação dessa função?

276

ATIVIDADES RESOLVIDAS

1 Um carro está em movimento em uma estrada. O gráfico ao lado representa a posição y dele em função do tempo t.

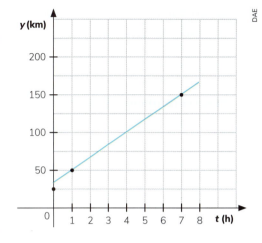

a) Explique a lei que representa y em função de t.

RESOLUÇÃO: Como o gráfico de y em função de t é uma reta, a função tem a forma

$y = at + b$.

Do gráfico temos:

se $t = 1$h, então $y = 50$ km;

se $t = 6$h, então $y = 150$ km.

Substituindo esses valores na função $y = at + b$:

$50 = a \cdot 1 + b \rightarrow a + b = 50$ (1)

$150 = a \cdot 6 + b \rightarrow 6a + b = 150$ (2)

Subtraindo (1) de (2), encontramos:

$5a = 100 \rightarrow a = 20$

Substituindo, então, $a = 20$ em (1):

$20 + b = 50 \rightarrow b = 30$

Logo, a função é $y = 20t + 30$.

b) Determine a posição do carro no instante 4 h.

RESOLUÇÃO: A posição do carro no instante $t = 4$ h é:

$y = 20 \cdot 4 + 30 \rightarrow y = 110$

Portanto, a posição é 110 km.

ATIVIDADES

1 (UFOP-MG) O custo total da fabricação de determinado artigo depende do custo de produção, que é de R$ 45,00 por unidade fabricada, mais um custo fixo de R$ 2.000,00. Pede-se:

a) A função que representa o custo total em relação à quantidade fabricada.

b) O custo total da fabricação de 10 unidades.

c) O número de unidades que deverão ser fabricadas para que o custo total seja de R$ 3.800,00.

d) O gráfico da função custo total, destacando os dados obtidos nos itens anteriores.

2 Um corpo se movimenta em uma **trajetória retilínea** e tem posição s no decorrer do tempo t dada por:

$s = 5 + 2t$

↳ tempo em segundos

↳ posição em metros

Glossário

Trajetória retilínea: linha com a forma de um segmento de reta que pode ser percorrida por um corpo.

a) Qual é a posição desse corpo nos instantes 0s, 4s e 10s?

b) Em que instante esse corpo estará na posição 40 m?

c) Construa um gráfico que represente essa função.

3) A mudança de uma temperatura da escala Celsius para a escala Fahrenheit é uma função $f: \mathbb{R} \to \mathbb{R}$, que associa, à medida x da escala Celsius, a medida $f(x)$ da escala Fahrenheit por meio da fórmula:

a) Construa o gráfico dessa função.

b) Quantos graus Fahrenheit equivalem a 25 °C?

c) Quantos graus Celsius equivalem a 68 °F?

4) Observe a sequência de triângulos formados com palitos e faça o que se pede.

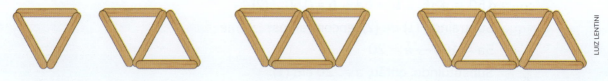

a) Qual é a função que representa a quantidade y de palitos relacionada com a quantidade n de triângulos formados?

b) A forma do gráfico da função do item **a** é a de uma reta? Justifique sua resposta.

5) O quadro mostra a distância percorrida s, em metros, em função do tempo t, em segundos, referente à caminhada de uma pessoa.

t (s)	s (m)
0	0
1	2
2	4
2	4
3	6
4	8
5	10

a) Como se exprime matematicamente a distância percorrida s em função do tempo t?

b) Que distância a pessoa percorre em 20 segundos?

c) Construa o gráfico de $s = f(t)$.

6) O gráfico abaixo mostra como o volume, em litros, de uma caixa-d'água aumenta no decorrer do tempo, em horas.

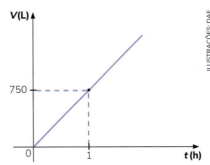

Sabendo que a capacidade da caixa-d'água é de 5 000L, respondam:

a) Quais as coordenadas do ponto em que o gráfico intersecta o eixo t?
b) Esse gráfico representa uma função linear? Justifiquem.
c) Qual é a taxa de variação dessa função?
d) Escrevam a função que relaciona V e t.
e) Em quanto tempo a caixa-d'água ficará completamente cheia?

7) (UEG-GO) A função que descreve o lucro mensal L de um comerciante, em função da quantidade de produtos vendidos mensalmente, é representada pelo gráfico a seguir.

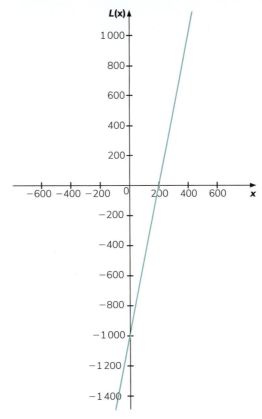

Analisando-se o gráfico, a quantidade de produtos que esse comerciante tem que vender para obter um lucro de exatamente R$ 2.000,00 é de:

a) 200.   b) 400.   c) 600.   d) 1 000.   e) 10 000.

8 A temperatura T de um paciente variou durante as 6 horas em que foi observado, como mostra o gráfico abaixo:

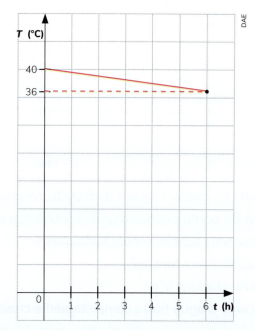

Determine a temperatura desse paciente no instante $t = 2h$ considerando que a variação de temperatura foi linear.

9 Calcule os zeros das seguintes funções reais:

a) $y = 4x - 12$;

b) $y = 2x + 8$;

c) $y = -x + 5$;

d) $y = \frac{1}{2}x - 10$;

e) $y = 7 - 21x$;

f) $y = \sqrt{3} + \sqrt{6}x$.

10 Sem construir gráficos, determine os pontos em que as retas que representam cada uma das funções a seguir intersectam o eixo x.

a) $f(x) = x - 7$

b) $f(x) = -x + 6$

c) $f(x) = 1 - 8x$

d) $f(x) = 10x$

11 O quadro mostra o alongamento sofrido por uma mola quando se colocam corpos com massas diferentes em uma de suas extremidades.

Massa (g)	0	200	400	600	1 000
Alongamento (cm)	0	6	12	18	30

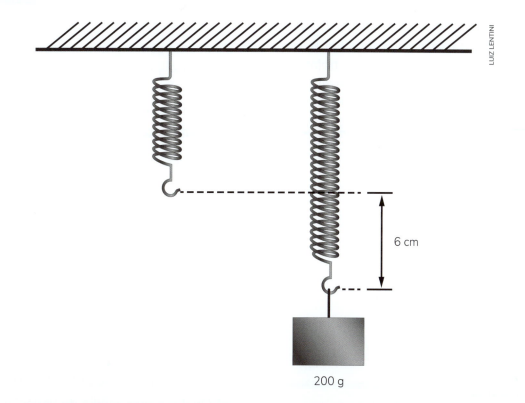

a) Em uma folha de papel quadriculado, trace o gráfico que relaciona o alongamento da mola, em centímetros, com a massa, em gramas, do corpo pendurado.

b) Por esse gráfico, determine:
- o alongamento que corresponde a 300 g;
- a massa que corresponde a um alongamento de 21 cm.

12. Um carro A e um caminhão B movimentam-se sobre uma estrada retilínea com velocidades constantes e no mesmo sentido.

As posições s_A e s_B são dadas por:

$s_A = 100 + 20t$ e $s_B = 400 + 15t$, em que t indica um instante qualquer (s em metros e t em segundos).

a) Construa, em um mesmo sistema cartesiano ortogonal, os gráficos das funções $s_A = 100 + 20t$ e $s_B = 400 + 15t$.

b) Com base no gráfico, determine o tempo que o carro leva para alcançar o caminhão e o local da estrada em que isso ocorre.

MAIS ATIVIDADES

1) Um tatu afasta-se de sua toca em busca de alimento, percorrendo uma trajetória retilínea. O gráfico a seguir representa as posições do tatu, em função do tempo, considerando que, no instante $t = 0$, ele partiu da posição $d = 0$.

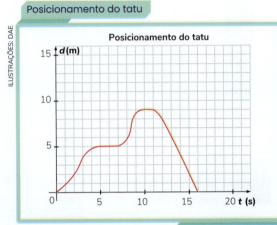

Fonte: Dados fictícios.

De acordo com o gráfico, quais das seguintes afirmações são verdadeiras?

I. O tatu parou duas vezes no trajeto de volta à toca.
II. No instante $t = 10$ s, o tatu encontrava-se a 10 m da toca, isto é, de seu ponto de partida.
III. O tatu levou 20 s para retornar à toca.
IV. No instante $t = 3$ s, o tatu estava a, aproximadamente, 8 m de distância da toca.

2) O gráfico mostrado abaixo representa o crescimento de uma planta em função do tempo.

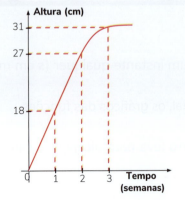

De acordo com o gráfico, responda:
a) Qual é a altura da planta, em centímetros, no final da segunda semana?
b) Qual foi a taxa média de crescimento da planta durante a segunda semana?

3) Yuri é vendedor de uma loja de tecidos e recebe um salário fixo de R$ 780,00 mais um adicional de 2% sobre as vendas concluídas no mês. Com base nessa informação, responda:

a) Qual é a função f que expressa o valor do rendimento mensal dele em função da venda mensal x?
b) Qual foi o rendimento de Yuri, no mês, sabendo que ele vendeu R$ 14.320,00?
c) Qual foi o total de vendas em um mês em que ele recebeu R$ 1.800,00?
d) Qual é a taxa média de variação dessa função?

4) (UEA-AM) Uma pequena empresa que fabrica camisetas verificou que o lucro obtido com a venda de seus produtos obedece à função $L(x) = 75x - 3000$, sendo $L(x)$ o lucro em reais e x o número de camisetas vendidas para $40 < x \leq 120$. Para que o lucro da empresa chegue a R$ 4.000,00, o menor número de camisetas a serem vendidas é:

a) 97.   c) 95.   e) 93.
b) 96.   d) 94.

5) (FAURGS) Um trabalhador recebe um salário mensal composto de um valor fixo de R$ 1.300,00 e de uma parte variável. A parte variável corresponde a uma comissão de 6% do valor total de vendas que ele fizer durante o mês. A expressão matemática que representa o salário do trabalhador é:

a) $f(x) = 0,06x + 1.300$.
b) $f(x) = 0,6x + 1.300$.
c) $f(x) = 0,78x + 1.300$.
d) $f(x) = 6x + 1.300$.

6 A figura a seguir fornece os gráficos dos lucros anuais L_A e L_B de duas empresas (em milhares de reais) em função da quantidade anual produzida e vendida (x).

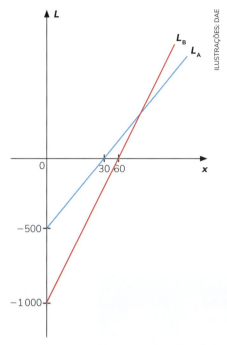

a) Determine L_A e L_B em função de x.
b) Quais são os valores de L_A e L_B quando x = 120 unidades?

7 (UFABC) Calcule a área do trapézio em destaque na figura assumindo que os valores numéricos no plano cartesiano estão em centímetros.

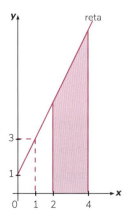

8 O gráfico a seguir mostra a velocidade de um ciclista durante uma prova de 1h30min de duração.

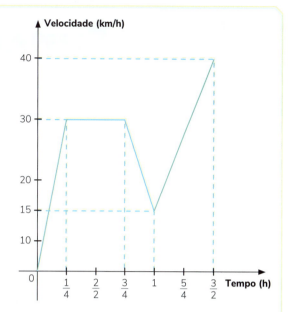

Elabore perguntas com base nesse gráfico e dê a um colega para que ele as responda enquanto você responde às perguntas dele. Depois, destroque para conferir as respostas.

Lógico, é lógica!

9 (UPE) O aluno Kleber do 6º ano A, do Colégio Virgulino, inventou, "de cabeça", uma operação entre dois números naturais que representou pelo símbolo #. Em seguida, apresentou alguns exemplos aos colegas da sala:

8 # 1 = 0	9 # 1 = 0	10 # 1 = 0
8 # 3 = 2	9 # 3 = 0	10 # 3 = 1
8 # 4 = 0	9 # 4 = 1	10 # 4 = 2
8 # 5 = 3	9 # 5 = 4	10 # 5 = 0
8 # 7 = 1	9 # 7 = 2	10 # 7 = 3

Descubra a lógica da operação (#) criada por Kleber e assinale a alternativa que corresponde ao valor da expressão: 4 · (33 # 7) + (28 # 5)2.

a) 29   c) 32   e) 40
b) 30   d) 38

283

CAPÍTULO 2

Função quadrática

Para começar

Se $f(x) = x^2 - 10x + 4$, qual é o valor de $f(10)$?

O QUE É UMA FUNÇÃO QUADRÁTICA

Acompanhe a situação a seguir.

Um criador vai aproveitar um muro de 6 metros de comprimento para cercar um terreno retangular. Serão usados 34 metros de cerca. Qual é a fórmula matemática que permite determinar a área A do cercado retangular em função de x?

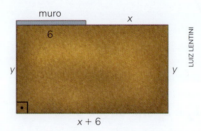

Para indicar o perímetro do cercado de acordo com a figura, temos:

$x + y + x + 6 + y = 34 \rightarrow 2x + 2y = 28 \rightarrow x + y = 14$

Escrevendo y em função de x, obtemos:

$y = 14 - x$ \qquad (I)

A área do cercado é igual a:

$A(x) = (x + 6)y$ \qquad (II)

Substituindo (I) em (II), escrevemos A em função de x:

$A(x) = (x + 6)(14 - x) \rightarrow A(x) = 14x - x^2 + 84 - 6x \rightarrow$
$\rightarrow A(x) = -x^2 + 8x + 84$

Se $x = 2$ m, a área do terreno será igual a 96 m². Veja:

$A(2) = -x^2 + 8 \cdot 2 + 84 \rightarrow A(2) = -4 + 16 + 84 \rightarrow A(2) = 96$

Assim, $A(x) = -x^2 + 8x + 84$ é a lei da função que exprime a área A do terreno em função da medida x.

Assim, são exemplos de funções quadráticas:

- $f(x) = 3x^2 + 5x + 10$, em que $a = 3$, $b = 5$ e $c = 10$;
- $y = 7x^2 - \dfrac{1}{3}$, em que $a = 7$, $b = 0$ e $c = -\dfrac{1}{3}$;

Pense e responda

Qual é a área do cercado quando $x = 5$ m?

Essa função é chamada **função quadrática**. É uma função f na forma $f(x) = ax^2 + bx + c$, em que a, b e c são números reais e $a \neq 0$.

- $f(x) = x^2$, em que $a = 1$, $b = 0$ e $c = 0$;
- $y = -3x^2 + 6x$, em que $a = -3$, $b = 6$ e $c = 0$.

Não são funções quadráticas:

- $f(x) = 5x$;
- $y = \dfrac{1}{x}$;
- $f(x) = x^3 + 5x^2$;
- $f(x) = 2^x$.

O domínio de uma função quadrática $f(x) = ax^2 + bx + c$, com a, b e c reais e $a \neq 0$, é geralmente $D = \mathbb{R}$.

Quando o domínio da função não for citado, é necessário uma análise cuidadosa dos possíveis valores que a variável independente pode assumir para determiná-lo.

ATIVIDADES RESOLVIDAS

1 Lançada verticalmente para cima, uma bola atinge a altura h, em metros, dada em função do tempo t decorrido após o lançamento, em segundos, por $h(t) = at^2 + bt$.

Criança joga bola para cima.

a) Determine a e b sabendo que as alturas atingidas nos instantes 1s e 2s são, respectivamente, 15 m e 20 m.

RESOLUÇÃO: Quando $t = 1$s, temos $h = 15$ m, ou seja, $h(1) = 15$. Então:

$15 = a \cdot 1^2 + b \cdot 1 \rightarrow a + b = 15$ (I)

Quando $t = 2$s, temos $h = 20$ m, ou seja, $h(2) = 20$. Assim:

$20 = a \cdot 2^2 + b \cdot 2 \rightarrow 4a + 2b = 20 \rightarrow$
$\rightarrow 2a + b = 10$ (II)

Resolvendo o sistema formado pelas equações (I) e (II):

$\begin{cases} a + b = 15 \\ 2a + b = 10 \end{cases} \rightarrow \begin{cases} -a - b = -15 \\ 2a + b = 10 \\ \overline{a = -5} \end{cases}$

Substituindo $a = -5$ em (II), obtemos:

$2 \cdot (-5) + b = 10 \rightarrow -10 + b = 10 \rightarrow b = 20$

Logo, $a = -5$ e $b = 20$.

b) Qual é a altura atingida pela bola no instante 1,5 s?

RESOLUÇÃO: A fórmula é: $h(t) = at^2 = bt \rightarrow h(t) = -5t^2 + 20t$.

Quando $t = 1,5$s, determinamos $h(1,5)$. Assim:

$h(1,5) = -5 \cdot 1,5^2 + 20 \cdot 1,5 \rightarrow h = 18,75$.

Portanto, no instante 1,5s, a bola atinge 18,75 m de altura.

ATIVIDADES

1 Considere, a seguir, as funções definidas no conjunto dos números reais. Quais delas são funções quadráticas? Identifique para cada uma delas os valores dos coeficientes a, b e c.

a) $f(x) = (x + 4)(x - 4) + 2$
b) $f(x) = 3x(1 - x) - x(x + 1)$
c) $f(x) = (x + 2)^2 - x(x + 3)$
d) $f(x) = -2(x + 5)^2$

2 Dada a função $f: \mathbb{R} \to \mathbb{R}$, definida por $f(x) = x^2 + 2x + 15$, calcule:

a) $f(0)$;
b) $f(-1)$;
c) $f(\sqrt{3})$;
d) $f(1 + \sqrt{2})$.

3 Determine o valor de k para que $f(x) = (k^2 - 4)x^2 - 5kx + 6$ seja uma função quadrática.

4 Dada a função $f(x) = -x^2 + 3x + 10$, determine os valores reais de x para que se tenha:

a) $f(x) = 0$;
b) $f(x) = 6$;
c) $f(x) = -8$.

5 A área y do retângulo $ABCD$ da figura é dada em função da medida x.

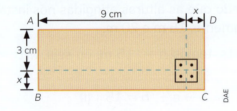

a) Qual é a fórmula que relaciona y em função de x?
b) Qual é o valor de x para que a área do retângulo seja 40 cm²?
c) Qual é a taxa média de variação de y quando x varia de 5 cm a 10 cm?

6 Uma empresa de turismo vende um passeio com destino à Estação Ecológica da Jureia para n pessoas, com $10 \leq n \leq 75$, em que cada uma paga uma taxa de $(100 - n)$ reais. Nessas condições, a quantia arrecadada pela empresa varia em função do número n.

Praia da Barra do Una, Reserva da Jureia, São Paulo (SP).

a) Quantas pessoas poderão viajar com um total arrecadado de R$ 2.100,00?
b) Em relação ao item anterior, qual é o número de pessoas ideal, mais vantajoso, para a empresa? Por quê?

286

GRÁFICO DA FUNÇÃO QUADRÁTICA

Vamos construir o gráfico da função $f : \mathbb{R} \to \mathbb{R}$ definida por $y = x^2 - x - 6$.

Atribuindo alguns valores a x, obtemos os respectivos valores de y na função $y = x^2 - x - 6$. Depois, marcamos no plano cartesiano os pontos correspondentes aos pares ordenados obtidos.

$x = -3 \to y = (-3)^2 - (-3) - 6 = 6$
$x = -2 \to y = (-2)^2 - (-2) - 6 = 0$
$x = -1 \to y = (-1)^2 - (-1) - 6 = -4$
$x = 0 \to y = 0^2 - 0 - 6 = -6$
$x = 1 \to y = 1^2 - 1 - 6 = -6$
$x = 2 \to y = 2^2 - 2 - 6 = -2$
$x = 3 \to y = 3^2 - 3 - 6 = 0$
$x = 4 \to 4^2 - 4 - 6 = 6$

x	y
−3	6
−2	0
−1	−4
0	−6
1	−6
2	−2
3	0
4	6

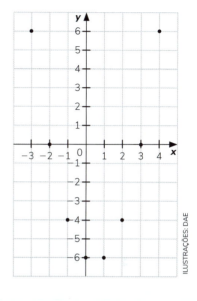

Para visualizar melhor o gráfico, vamos atribuir a x outros valores.

x	y
−2,5	2,75
−1,5	−2,25
−0,5	−5,25
0,5	−6,25
1,5	−5,25
2,5	−2,25
3,5	2,75

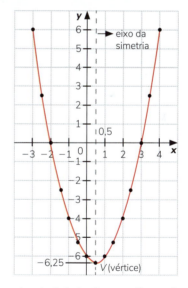

Como podemos atribuir a x qualquer valor real e obter, por meio da lei de formação, valores reais para y, o gráfico é uma curva contínua denominada **parábola**.

> O ponto de intersecção da parábola com o eixo de simetria é denominado vértice da parábola (V).

Observe, nesse gráfico, que o eixo de simetria intersecta com o eixo x em $x = 0,5$ e o vértice é o ponto $V(0,5; -6,25)$.

Observe também que o gráfico intersecta o eixo y em $y = -6$, ou seja, no ponto $(0, -6)$.

Assim como na função afim, os **zeros** ou **raízes** da função $y = ax^2 + bx + c$ são os valores de x para os quais $y = 0$, ou seja, são, se existirem, as raízes da equação $ax^2 + bx + c = 0$.

No exemplo, os zeros da função são −2 e 3. Os zeros são as abscissas dos pontos em que a parábola intersecta o eixo x.

Para encontrarmos o ponto de intersecção da parábola com o eixo y, fazemos x = 0 na função y = ax² + bx + c. Veja:

x = 0 → y = a · 0² + b · 0 + c → y = c

Assim, o ponto em que a parábola intersecta o eixo y é o ponto (0, c).

Concavidade das parábolas

É o coeficiente a da função quadrática y = ax² + bx + c que determina se a concavidade está voltada para cima ou para baixo.

Se a > 0, a concavidade da parábola é **voltada para cima**.

Se a < 0, a concavidade da parábola é **voltada para baixo**.

Coordenadas dos vértices

As coordenadas do vértice $V(x_v, y_v)$ da parábola, gráfico da função y = ax² + bx + c, podem ser obtidas por meio das relações:

$$x_v = \frac{-b}{2a} \text{ e } y_v = f(x_v)$$

Veja a demonstração a seguir.

O gráfico da função f(x) = ax² + bx + c tem um eixo de simetria que passa pelo vértice da parábola.

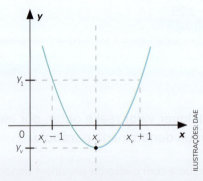

As abcissas $x_v - 1$ e $x_v + 1$ estão na mesma distância de x_v e correspondem à mesma ordenada y_1, ou seja, $f(x_v - 1) = f(x_v + 1)$. Logo:

$a(x_v - 1)^2 + b(x_v - 1) + c = a(x_v + 1)^2 + b(x_v + 1) + c$

Simplificando a igualdade, obtemos:

$-2ax_v - b = 2ax_v + b \rightarrow -4ax_v = 2_b \rightarrow x_v = \dfrac{-b}{2a}$

Pense e responda

O ponto correspondente ao vértice da parábola é sempre um ponto do eixo de simetria da parábola?

Em seguida, substituímos x_v em f para obter y_v, isto é, $y_v = ax_v^2 + bx_v + c$.

Portanto, as coordenadas do vértice são $V(x_v, y_v)$.

ATIVIDADES RESOLVIDAS

1 Esboce o gráfico da função $f: \mathbb{R} \to \mathbb{R}$, definida por $y = x^2 - 7x + 12$.

RESOLUÇÃO:
- Cálculo dos zeros

$y = x^2 - 7x + 12 \to$
$\to 0 = x^2 - 7x + 12$
$\Delta = (-7)^2 - 4 \cdot 1 \cdot 12 = 1$
Como $\Delta > 0$, a parábola intersecta o eixo x em x_1 e x_2:
$x = \dfrac{7 \pm \sqrt{1}}{2} = \dfrac{7 \pm 1}{2} \to$
$\to x_1 = 3$ e $x_2 = 4$

- Cálculo das coordenadas do vértice

$x_v = \dfrac{-b}{2a} \to$
$\to x_v = -\dfrac{(-7)}{2} = 3,5$

$y_v = (3,5)^2 - 7 \cdot 3,5 + 12 \to$
$\to y_v = -0,25$

- Estudo da concavidade

Na função $y = x^2 - 7x + 12$, $a = 1 > 0$. Logo, a concavidade da parábola é voltada para cima.

Assim, o esboço do gráfico é:

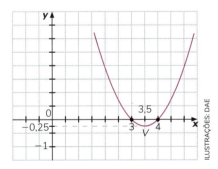

2 Sabendo que 1 é zero da função $f(x) = ax^2 + 2x - 1$:

a) determine o valor de a.

RESOLUÇÃO: Como 1 é zero da função, temos que $f(1) = 0$.

$f(1) = 0 \to a \cdot 1^2 + 2 \cdot 1 - 1 =$
$= 0 \to a + 1 = 0 \to a = -1$

b) Esboce o gráfico de $f(x)$, sendo $D = \mathbb{R}$.

RESOLUÇÃO: Substituindo a por -1 na função $f(x)$, temos que:
$f(x) = -x^2 + 2x - 1$.

- Cálculo dos zeros

$\Delta = b^2 - 4ac \to$
$\to \Delta = 2^2 - 4 \cdot (-1) \cdot (-1) \to$
$\to \Delta = 4 - 4 \to \Delta = 0$

Com $\Delta = 0$, a parábola intersecta o eixo x em $x = 1$.

- Cálculo das coordenadas do vértice

$x_v = \dfrac{-b}{2a} \to$
$\to x_v = \dfrac{-2}{2 \cdot (-1)} = 1$

$y_v = f(x_v) \to$
$\to y_v = -1^2 + 2 \cdot 1 - 1 \to$
$\to y_v = 0$

Logo, $V(1, 0)$.

- Cálculo de ponto em que a parábola intersecta o eixo y.

$f(0) = -0^2 + 2 \cdot 0 - 1 \to$
$\to f(0) = -1 \therefore (0, -1)$

- Concavidade

Como $a = -1$, a concavidade está voltada para baixo.

Portanto, o esboço do gráfico é:

x	y
0	1
2	-1
0	-1

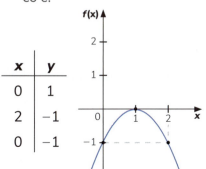

ATIVIDADES

1 Os gráficos a seguir representam uma função quadrática $f(x) = ax^2 + bx + c$. Diga se os coeficientes a e c de cada uma dessas funções são positivos, negativos ou nulos. Justifique sua resposta.

a)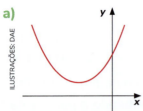
b)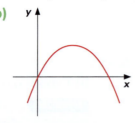
c)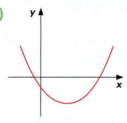
d)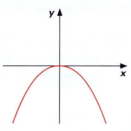

2 Calcule os zeros das seguintes funções:
a) $f(x) = 4x^2 - 9$;
b) $f(x) = x^2 + 3x - 28$;
c) $f(x) = 3x^2 + 2x - 5$;
d) $y = x^2 - 6x - 2$;
e) $y = x^2 + x + 10$.

3 Construa o gráfico das seguintes funções definidas nos reais, dadas por:
a) $y = x^2 - 6x + 5$;
b) $y = -x^2 + 4x - 3$;
c) $f(x) = x^2 - 5x$;
d) $y = 2x^2 + 3$.

4 Calcule o valor de k para que o ponto $(-2, 3)$ pertença à parábola representada pela função $y = x^2 + 5x + k$.

5 A figura representa o gráfico da função quadrática $f(x) = ax^2 + bx + c$.

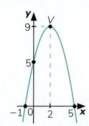

Determine:
a) os números reais a, b e c;
b) $f(4)$.

VALOR MÁXIMO E VALOR MÍNIMO DA FUNÇÃO QUADRÁTICA

Observando o gráfico da função $= 5ax^2 + bx + c$, com $a \neq 0$, em relação ao vértice V, podemos concluir que:

- se $a > 0$, o vértice é o ponto mais baixo da parábola.
  Neste caso, y_v é o menor valor que y pode assumir. Então, ele será chamado **valor mínimo** da função.

- se $a < 0$, o vértice é o ponto mais alto da parábola.
  Neste caso, y_v é o maior valor que y pode assumir. Então, ele será chamado **valor máximo** da função.

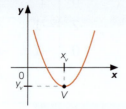
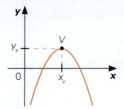

ATIVIDADES RESOLVIDAS

1 Determine a área máxima que pode ter um retângulo de perímetro igual a 40 cm.

RESOLUÇÃO: Representando as dimensões do retângulo por x e y, temos a figura ao lado.

Se o perímetro do retângulo for igual a 40 cm, temos:

$2x + 2y = 40 \rightarrow x + y = 20 \rightarrow y = 20 - x$ (I)

A área desse retângulo pode ser calculada por: $A = xy$ (II)

Substituindo (I) em (II), obtemos a área A em função de x:

$A = xy \rightarrow A = x \cdot (20 - x) \rightarrow A = -x^2 + 20x$

Observe que a área A é uma função do 2º grau na variável x, com $a = -1 < 0$. Então, A tem um valor máximo que é igual a $A(x_v)$.

Zeros da função:

$A = -x^2 + 20x \rightarrow -x^2 + 20x = 0 \rightarrow x(-x + 20) = 0$ $\begin{cases} x_1 = 0 \\ x_2 = 20 \end{cases}$

$x_v = \dfrac{-b}{2a} \rightarrow x_v = \dfrac{-20}{-2} \rightarrow x_v = 10$

Fazendo $A(x_v)$ na função, encontramos y_v:

$y_v = A(x_v) = -x_v^2 + 20x_v$

$A(10) = -(10)^2 + 20 \cdot 10 \rightarrow A = -100 + 200 \rightarrow A = 100$

Veja, a seguir, como é o gráfico da função $A(x) = -x^2 + 20x$.

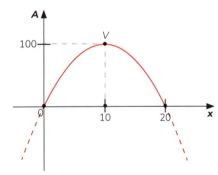

Logo, a área máxima é 100 cm² e as dimensões do retângulo são $x = 10$ cm e $y = 10$ cm, pois $xv = 10$ e $y_v = 20 - x_v \rightarrow y_v = 20 - 10 = 10$.

Portanto, a área máxima é determinada por um quadrado de lado 10 cm.

Pense e responda

O valor máximo de uma função quadrática pode ser negativo?

ATIVIDADES

1 Considere as funções a seguir. Diga se cada uma delas tem valor máximo ou valor mínimo e determine esse valor.

a) $y = x^2 - x - 42$

b) $f(x) = 2x^2 - 4x - 2,5$

c) $y = -4x^2$

d) $y = -\dfrac{2}{5}x^2 + \dfrac{1}{2}x$

2 (UEG-GO) Em um jogo de futebol, um jogador chuta uma bola parada, que descreve uma parábola até cair novamente no gramado. Sabendo-se que a parábola é descrita pela função $y = 20x - x^2$, a altura máxima atingida pela bola é:

a) 100 m. b) 80 m. c) 60 m. d) 40 m. e) 20 m.

3 (Faculdade Pernambucana de Saúde-PE) A frequência máxima de batimento cardíaco de um indivíduo, FC_{max}, em batimentos por minuto, depende da idade, x, do indivíduo, dada em anos. Um estudo concluiu que a relação entre FC_{max} e x é função quadrática:

$$FC_{max} = 163 + 1,16x - 0,018x^2$$

Admitindo a veracidade do estudo, para qual idade temos que FC_{max} assume seu maior valor? Indique o valor inteiro mais próximo do valor obtido, em anos.

a) 31 anos b) 32 anos c) 33 anos d) 34 anos e) 35 anos

4 Considere a função $f(x) = -2x^2 + 8x + 24$, bem como a parábola que representa $y = f(x)$ no plano cartesiano, e determine:

a) o domínio da função;

b) as raízes da função;

c) as coordenadas do vértice da parábola;

d) o valor máximo da função;

e) o ponto em que a parábola intercepta o eixo das ordenadas.

5 Um engenheiro vai projetar uma piscina, em forma de paralelepípedo retangular, cujas medidas internas são, em metros, expressas por x, $20 - x$ e 2. Qual será o maior volume possível dessa piscina em metros cúbicos?

6 De um cubo com 4 cm de aresta, retira-se um paralelepípedo retângulo, resultando no sólido mostrado na figura, com as medidas indicadas em centímetros. O volume desse sólido varia conforme o valor de x. Calcule o menor valor que esse volume poderá ter:

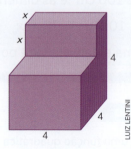

MAIS ATIVIDADES

1 Observe o triângulo ABC a seguir, cujas medidas estão indicadas em centímetros.

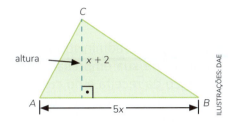

a) Escreva a função que representa a área y desse triângulo e trace seu gráfico.

b) Calcule a medida da altura desse triângulo para que sua área seja 300 cm².

2 Seja a função quadrática $f(x) = ax^2 + bx + 6$, em que $f(1) = 3$ e $f(-2) = 24$. Sabendo disso, determine:

a) os valores de a e b;

b) $f(3)$.

3 Observe o esboço do gráfico abaixo.

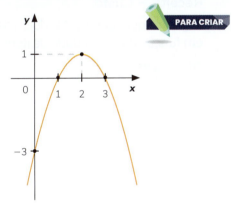

Agora, responda às questões.

a) Quais são os zeros da função?

b) Quais são as coordenadas do vértice da parábola?

c) Elabore uma pergunta com base nos dados desse gráfico e responda-a.

4 (IFRS-RS) Em uma partida de vôlei, um jogador dá um saque. Em cada instante de tempo, para $t \in [0, 10]$, a bola tem altura $h(t) = -t^2 + 10t + 1,6$.

Considere as afirmações a seguir.

I. Se esse saque ocorresse em um ginásio com teto de 30 m de altura, a bola alcançaria o teto.

II. A bola alcança a altura máxima no instante $t = 5$.

III. Se esse saque ocorresse em um ginásio com teto de 17,6 m de altura, a bola alcançaria o teto no instante $t = 2$.

Está(ão) correta(s) apenas:

a) I.

b) II.

c) I e II.

d) I e III.

e) II e III.

5 (OBMEP) A mãe de César deu a ele as seguintes instruções para fazer um bolo:
- se colocar ovos, não coloque creme;
- se colocar leite, não coloque laranja;
- se não colocar creme, não coloque leite.

Seguindo essas instruções, César pode fazer um bolo com:

a) ovos e leite, mas sem creme.

b) creme, laranja e leite, mas sem ovos.

c) ovos e creme, mas sem laranja.

d) ovos e laranja, mas sem leite e sem creme.

e) leite e laranja, mas sem creme.

293

PARA ENCERRAR

1. (IFPE) Ao realizar um estudo sobre acidentes de trabalho em empresas do polo de confecções do Agreste, Dirce, aluna do curso de Segurança do Trabalho no *campus* Caruaru, desenhou o gráfico a seguir:

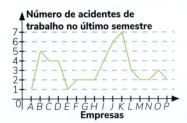

Com base no gráfico feito pela aluna, é CORRETO afirmar que:
a) o conjunto imagem da função representada pelo gráfico é o intervalo natural [2, 6].
b) a maioria das empresas pesquisadas teve mais de 4 acidentes de trabalho no semestre.
c) metade das empresas pesquisadas registrou menos de 3 acidentes de trabalho no semestre.
d) a empresa H teve mais acidentes de trabalho que a empresa O no último semestre.
e) a empresa P teve o menor número de acidentes de trabalho no último semestre.

2. (Enem) A exposição a barulhos excessivos, como os que percebemos em geral em trânsitos intensos, casas noturnas e espetáculos musicais, pode provocar insônia, estresse, infarto, perda de audição, entre outras enfermidades. De acordo com a Organização Mundial da Saúde, todo e qualquer som que ultrapasse os 55 decibéis (unidade de intensidade do som) já pode ser considerado nocivo para a saúde. O gráfico foi elaborado a partir da medição do ruído produzido, durante um dia, em um canteiro de obras.

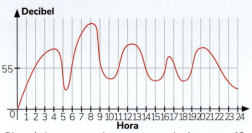

Disponível em: www.revistaencontro.com.br. Acesso em: 12 ago. 2020 (adaptado).

Nesse dia, durante quantas horas o ruído esteve acima de 55 decibéis?
a) 5   b) 8   c) 10   d) 11   e) 13

3. (Enem) Um administrador resolve estudar o lucro de sua empresa e, para isso, traça o gráfico da receita e do custo de produção de seus itens, em real, em função da quantidade de itens produzidos.

O lucro é determinado pela diferença: Receita − Custo.

O gráfico que representa o lucro dessa empresa, em função da quantidade de itens produzidos, é

a)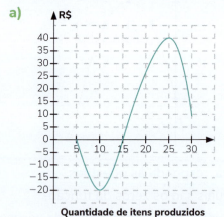

b)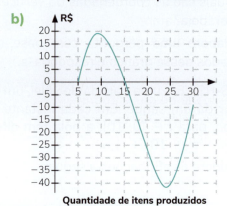

c)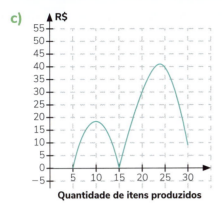

d)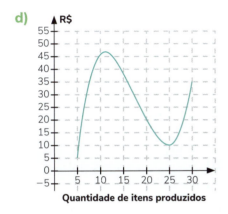

e)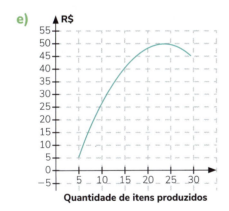

4 (IFG) O desmatamento das florestas acarreta uma redução das árvores e, por consequência, uma diminuição no processo de fotossíntese, que é importante para manter a quantidade de gás carbônico e oxigênio na atmosfera, além de fornecer matéria-prima para a energia dos seres vivos. Os gráficos a seguir ilustram a influência da temperatura e da intensidade de luz (lux) na taxa de fotossíntese das plantas:

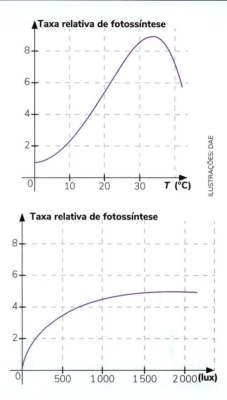

De acordo com esses gráficos, é correto afirmar que:

a) A taxa de fotossíntese é diretamente proporcional à intensidade de luz, isto é, se a intensidade dobra de valor, a taxa de fotossíntese também dobra.

b) Quando a temperatura está na faixa de 30 °C a 35 °C, a taxa de fotossíntese atinge seu maior valor.

c) Quanto maior for a temperatura, maior será a taxa de fotossíntese.

d) A taxa de fotossíntese cresce mais rapidamente após 2 000 lux.

5 (UPE) A figura abaixo traz a representação geométrica de uma função $f: \mathbb{R} \to \mathbb{R}$.

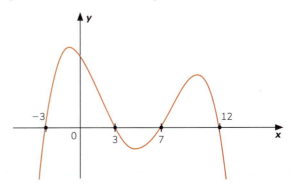

A respeito dessa função f, é **CORRETO** afirmar que:

a) $f(0) \cdot f(4) > 0$.
b) $f(-1) \cdot f(3) < 0$.
c) $f(8)^{f(7)} = 1$.
d) $\dfrac{f(2)}{f(4)} > 0$.
e) $f(3 + 7) = f(3) + f(7)$.

6 (IFRN) Um casal resolveu levar a filha, vítima de cyberbullying, para passar x dias em um hotel-fazenda sem acesso à internet. O custo total da viagem de y reais corresponde a um valor fixo de R$ 150,00 para os gastos com combustível, mais R$ 390,00 a diária do quarto triplo com direito a todas as refeições. Em função de x dias de hospedagem, a equação que representa o custo total de y reais da viagem é:

a) $y = 390 \cdot x + 300$.
b) $y = 150 \cdot x + 390$.
c) $y = 150 \cdot x + 300$.
d) $y = 390 \cdot x + 150$.

7 (IFPI) Em uma fábrica, a produção de determinada peça para bicicleta tem custo fixo de R$ 12,00 mais um custo variável de R$ 1,50 por unidade produzida. Qual o número máximo de peças que podem ser fabricadas com R$ 192,60?

a) 119
b) 120
c) 121
d) 122
e) 123

8 (Enem) Uma indústria automobilística está testando um novo modelo de carro. Cinquenta litros de combustível são colocados no tanque desse carro, que é dirigido em uma pista de testes até que todo o combustível tenha sido consumido. O segmento de reta no gráfico mostra o resultado desse teste, no qual a quantidade de combustível no tanque é indicada no eixo y (vertical), e a distância percorrida pelo automóvel é indicada no eixo x (horizontal).

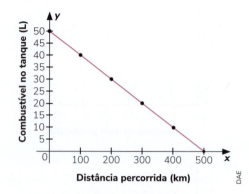

A expressão algébrica que relaciona a quantidade de combustível no tanque e a distância percorrida pelo automóvel é:

a) $y = -10x + 500$.
b) $y = \dfrac{-x}{10} + 50$.
c) $y = \dfrac{-x}{10} + 500$.
d) $y = \dfrac{x}{10} + 50$.
e) $y = \dfrac{x}{10} + 500$.

9 (Fasa) Um fabricante vende, mensalmente, x unidades de um determinado artigo. O lucro desse fabricante foi modelado, matematicamente, através da função f, dada por $f(x) = -x^2 + 16x - 7$. Quantas unidades desse artigo devem ser vendidas, mensalmente, para que o lucro do fabricante seja máximo?

a) 10   b) 16   c) 8   d) 4

10 (IFPI) Sabe-se que a função f, definida por $f(x) = x^2 - 3px + 9$, para $x \in \mathbb{R}$, tem imagem mínima igual a 0 (zero). Com base nessa informação, qual o valor positivo de "p"?

a) 4
b) $\dfrac{7}{2}$
c) 3
d) $\dfrac{3}{2}$
e) 2

11 (UCB-DF) Um estudo epidemiológico da propagação da gripe em uma pequena cidade descobre que o número total P de pessoas que contraíram a gripe após t dias, em um surto da doença, é modelado pela seguinte função:

$P(t) = -t^2 + 13t + 130$ com $1 \leq t \leq 6$

Após quantos dias o número de pessoas infectadas será igual a 160?

a) 5
b) 6
c) 4
d) 2
e) 3

12 (IFRS) Dado um quadrado de lado 10 cm, retira-se um retângulo de dimensões $(x - 1)$ cm e $2x$ cm localizado em um dos cantos do quadrado. A área y da figura resultante em função de x é:

a) $y = 2x^2 - 2x + 100$.
b) $y = -2x^2 + 2x$.
c) $y = -2x^2 + 2x + 100$.
d) $y = -2x^2 - 100$.
e) $y = -2x^2 + 2x - 100$.

13 (IFBA) Ao estudar a variação da temperatura de um objeto armazenado em um determinado local, técnicos chegaram a determinado modelo matemático. A equação obtida foi:

$$f(x) = \frac{-x^2}{12} + 2x + 10$$

sendo f(x) a temperatura dada em graus Celsius e x dado em horas. A temperatura máxima atingida por esse objeto, nesse local de armazenamento, é de:

a) 0 °C.
b) 10 °C.
c) 12 °C.
d) 22 °C.
e) 24 °C.

14 (UPE) De um ponto do solo, é lançado um foguete (F) cuja altura em função do tempo é dada por $h(t) = \dfrac{t^3}{200} + 4t$, sendo h a altura, em metros, e t o tempo, em segundos.

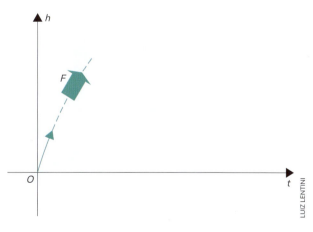

Qual a altura máxima alcançada por esse foguete, em metros?

a) 580
b) 600
c) 640
d) 800
e) 880

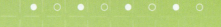

UNIDADE 8

Em diversas situações do cotidiano usamos o conceito de probabilidade.

Probabilidade, proporcionalidade e porcentagem

O que é mais provável de acontecer: ser atingido por um raio ou ganhar na loteria?

Segundo o Instituto Nacional de Pesquisas Espaciais (Inpe), a chance de uma pessoa ser atingida diretamente por um raio é muito baixa, ela é, em média, menor do que 1 em 1 milhão. Contudo, se a pessoa estiver em uma área descampada durante uma forte tempestade, essa chance pode aumentar para até 1 em mil.

Jogos de loteria e apostas, de modo geral, são fascinantes e atrativos. Mas quem realmente perde e quem ganha? A indústria do jogo atua profissionalmente e, mesmo que você ganhe, esteja certo de que ela ganha muito mais. Por exemplo, geralmente no Brasil as loterias pagam prêmios equivalentes a 40% do valor arrecadado.

Em uma aposta simples na Mega-Sena, por exemplo, a probabilidade de ganhar é de aproximadamente 1 em 50 milhões, ou seja, há mais chance de uma pessoa ser atingida por um raio do que ganhar em um jogo da Mega-Sena.

Na BNCC

Esta unidade propicia o desenvolvimento das competências e das habilidades a seguir.

Competências gerais:
2, 3, 4 e 7

Competências específicas:
2, 3, 5 e 8

Habilidades:
EF09MA05
EF09MA07
EF09MA08
EF09MA20

Para pesquisar e aplicar

1. O que você entende por 40%?
2. Como você expressaria matematicamente a frase "Em uma aposta simples na Mega-Sena, a probabilidade de ganhar é de aproximadamente 1 em 50 milhões"?
3. No jogo da "Quina", um jogador pode apostar de 5 a 15 números entre os 80 números disponíveis. Pesquise o preço e a probabilidade de acertar a quina e a quadra apostando 5, 6 e 10 números nesse jogo.

THIAGO LUCAS

CAPÍTULO 1

Probabilidade

Para começar

O juiz pegou uma moeda e disse: "Se sair cara, o time da Dinamarca inicia o jogo com a bola. Se não, o time da Dinamarca escolhe o lado do campo".

Qual é a probabilidade de o time da Dinamarca iniciar o jogo com a bola?

O estudo da probabilidade é muito importante para modelar fenômenos aleatórios nos quais os resultados não são previsíveis, mesmo que haja um grande número de repetições do mesmo fenômeno. O lançamento de um dado é um exemplo de fenômeno aleatório (ou fenômeno determinístico), ou seja, aquele que acontece ao "acaso". Os chamados jogos de azar, a exemplo das loterias e das apostas de modo geral, também são fenômenos aleatórios.

REVENDO CONCEITOS

Vamos recordar alguns conceitos vistos em anos anteriores.

As situações cujos resultados não podemos prever são chamadas de **experimentos aleatórios**, pois só conheceremos com certeza o resultado depois que o experimento for realizado.

Assim, o lançamento de uma moeda ou de um dado é um experimento aleatório porque o resultado é incerto, não podemos prever, com absoluta segurança, que face cairá voltada para cima.

O conjunto de todos os resultados possíveis de um experimento aleatório é chamado de **espaço amostral**. Representamos o espaço amostral de um experimento pela letra grega ômega: Ω.

No lançamento de um dado, o espaço amostral é:

$$\Omega = \{1, 2, 3, 4, 5, 6\}$$

Um subconjunto desse espaço é chamado de **evento**.

Por exemplo, $A = \{2, 4, 6\}$ é um evento desse espaço amostral. O número de elementos desse evento é $n(A) = 3$.

A probabilidade de um evento A acontecer é dada pela seguinte expressão:

$$P(A) = \frac{\text{número de resultados favoráveis}}{\text{número total de resultados possíveis}} = \frac{\text{número de elementos de } A}{\text{número de elementos de } \Omega} = \frac{n(A)}{n(\Omega)}$$

Essa fórmula também é conhecida como **probabilidade clássica**.

Assim, a probabilidade de o evento $A = \{2, 4, 6\}$ acontecer, nesse exemplo, é $P(A) = \frac{3}{6} = \frac{1}{2} = 0,5$ ou 50%.

ATIVIDADES RESOLVIDAS

1 Qual é a probabilidade de, no lançamento de um dado comum, ocorrer um número par?

RESOLUÇÃO: $\Omega = \{1, 2, 3, 4, 5, 6\}$, então $n(\Omega) = 6$.

$A = \{2, 4, 6\}$, então $n(A) = 3$.

$P(A) = \frac{3}{6} = \frac{1}{2}$

Portanto, a probabilidade de ocorrer um número par é $\frac{1}{2}$.

Percentualmente, essa probabilidade é de 50%.

2 Joana lança uma moeda para o alto três vezes, sucessivamente.

a) Quantos e quais são os resultados possíveis desse experimento?

RESOLUÇÃO: Sendo K = cara e C = coroa, podemos construir o espaço amostral desse experimento fazendo a árvore de possibilidades. Então, contaremos a quantidade de casos possíveis e de casos favoráveis.

São três etapas (três lançamentos) **equiprováveis**, ou seja, cada um deles tem a mesma chance de acontecer. Assim, temos:

1º, 2º e 3º resultados possíveis

$$K \begin{cases} K \begin{cases} K \to (K,K,K) \\ C \to (K,K,C) \end{cases} \\ C \begin{cases} K \to (K,C,K) \\ C \to (K,C,C) \end{cases} \end{cases}$$

$$C \begin{cases} K \begin{cases} K \to (C,K,K) \\ C \to (C,K,C) \end{cases} \\ C \begin{cases} K \to (C,C,K) \\ C \to (C,C,C) \end{cases} \end{cases}$$

O espaço amostral é formado pelas oito sequências indicadas.

b) Qual é a probabilidade de observarmos exatamente uma cara nesses lançamentos?

RESOLUÇÃO: Dois oito resultados possíveis, os que apresentam exatamente uma cara são (K, C, C), (C, K, C) e (C, C, K), ou seja, são 3 casos favoráveis.

Logo, a probabilidade é igual a:

$n(\Omega) = 8$

$n(A) = 3$

$P(A) = \frac{3}{8}$ ou $P(A) = 0,375$

Percentualmente, essa probabilidade é de 37,5%.

Pense e responda

Qual é a probabilidade de, no lançamento de um dado, sair o número 7?

ATIVIDADES

1 Em Aposta City, cidade com 70 000 habitantes, a maioria de seus moradores costuma fazer apostas semanalmente num jogo muito famoso, o **Aposta 60**. Nesse jogo há 60 dezenas, e para ganhá-lo o apostador deve acertar os seis números sorteados (sexteto) tendo feito uma aposta de no mínimo 6 e no máximo 15 dezenas. Contudo, vale ficar atento, pois, a cada dezena acrescentada, mais alto fica o valor da aposta, como na tabela abaixo. Além disso, o apostador tem a chance de ganhar uma parte do prêmio quando acerta apenas cinco números (quinteto) ou quatro números (quarteto).

Observe a tabela de probabilidades de ganhar no jogo Aposta 60.

PROBABILIDADE DE GANHAR NO JOGO APOSTA 60				
Quantidade de números jogados	**Valor da aposta**	**Probabilidade de ganhar (1 em ...)**		
^	^	**Sexteto**	**Quinteto**	**Quarteto**
6	R$ 4,50	50 063 860	154 518	2 332
7	R$ 31,50	7 151 980	44 981	1 038
8	R$ 126,00	1 787 995	17 192	539
9	R$ 378,00	595 998	7 791	312
10	R$ 945,00	238 399	3 973	195
11	R$ 2.079,00	108 363	2 211	129
12	R$ 4.158,00	54 182	1 317	90
13	R$ 7.722,00	29 175	828	65
14	R$ 13.513,50	16 671	544	48
15	R$ 22.522,50	10 003	370	37

Fonte: Dados fictícios.

Saldanha fez dois jogos no Aposta 60.

FOTOS: MAURO SALGADO

a) Qual jogo tem maior probabilidade de ganhar e por quê?

b) Observe a tabela. Qual é a probabilidade de cada um desses jogos ganhar no Sexteto, no Quinteto e no Quarteto?

c) Se Saldanha marcasse 15 números em um jogo, qual seria o valor da aposta?

d) Se Saldanha apostasse R$ 945,00 em um só jogo, quantos números marcaria e qual seria a probabilidade de ele ganhar na sena?

e) Ao considerar as probabilidades de ganhar em jogos de loteria, que conselhos você daria a pessoas que jogam exageradamente ou que podem ter problemas de dependência em apostas?

2 No lançamento de um dado, considera-se como resultado o número da face superior. Qual é a probabilidade de o resultado ser:

a) 5?   b) maior que 4?   c) um número ímpar?

3 Um baralho comum tem 52 cartas distribuídas em quatro naipes (ouro, copas, paus e espadas), com 13 cartas cada um.

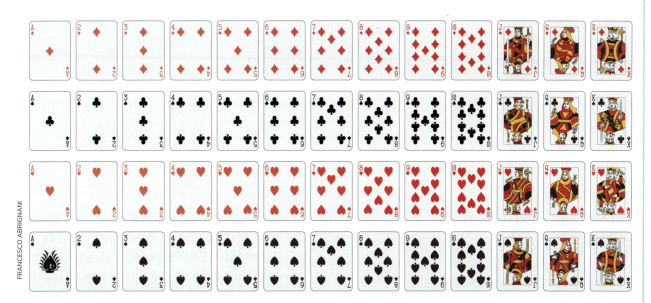

Escolhendo-se ao acaso uma carta do baralho, qual é a probabilidade de ser retirada:

a) uma carta de copas? b) uma carta com rei? c) uma carta de paus?

4 A figura mostra as combinações possíveis no lançamento simultâneo de dois dados: um azul e outro vermelho.

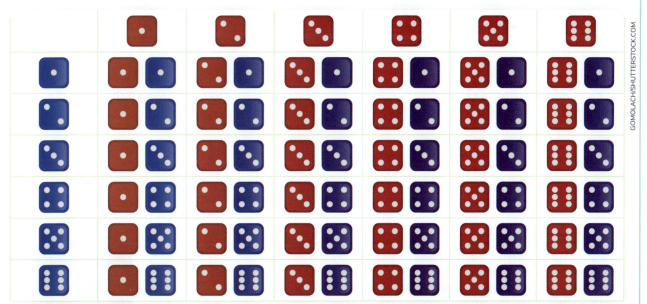

Calcule a probabilidade de que, no lançamento desses dois dados, a soma dos pontos obtidos seja:

a) 5;

b) 10;

c) um número ímpar;

d) um número par.

5 O alvo da figura é formado por um quadrado de lado medindo 20 cm e um círculo inscrito nesse quadrado. Um garoto lança um dardo em direção ao alvo e acerta na figura.

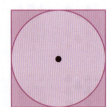

Considerando π = 3,14, qual é a probabilidade de que o dardo atinja:

a) o círculo?

b) a parte fora do círculo?

6 Em uma escola, há duas turmas no 9º ano: A e B. A tabela mostra a distribuição, por sexo, dos alunos dessas turmas.

DISTRIBUIÇÃO DAS TURMAS A E B DO 9º ANO (POR SEXO)			
Turma	A	B	Total
Homens	20	25	45
Mulheres	35	20	55
Total	55	45	100

Fonte: Dados fictícios.

Escolhendo-se, ao acaso, um aluno do 9º ano, qual é a probabilidade de ele ser:

a) homem?
b) mulher?
c) mulher da turma B?
d) homem da turma A?

7 (CMCG) O gráfico abaixo apresenta a quantidade de brinquedos, por tipo, que Carlinhos guardou em uma caixa.

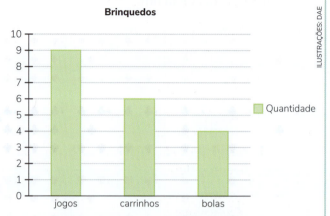

Certo dia, ele resolve doar um desses brinquedos a uma campanha do Dia das Crianças. Ele escolhe, aleatoriamente, um dos brinquedos da caixa. Qual é a probabilidade de esse brinquedo ser um carrinho?

a) $\dfrac{13}{19}$ c) $\dfrac{1}{19}$ e) $\dfrac{1}{6}$

b) $\dfrac{6}{19}$ d) $\dfrac{1}{9}$

8 Em uma gestação, a probabilidade de nascer um menino ou uma menina é a mesma. Em três gestações seguidas, qual é a probabilidade de nascer pelo menos um menino? Considere que nascerá apenas uma criança por gestação.

Curiosidade

VOLTAIRE VENCE A LOTERIA

Em 1729, o filósofo francês Voltaire ficou rico elaborando um esquema para vencer a loteria de Paris. O governo havia instituído uma loteria para compensar a desvalorização das apólices municipais. Como a cidade acrescentou grandes quantias, resultou que o valor dos prêmios ultrapassava o preço de todos os bilhetes.

Voltaire formou um grupo que comprava todos os bilhetes da loteria de um mês e ganhou durante mais de um ano. Um apostador da loteria do estado de Nova York tentou ganhar uma parcela de um prêmio excepcionalmente grande, resultante da falta de ganhadores em sorteios prévios. Ele pretendia emitir um cheque de 6 135 756,00 dólares abrangendo todas as combinações, mas o estado não aceitou, sob a alegação de que a natureza da loteria teria sido alterada.

TRIOLA, Mario F. *Introdução à Estatística*. Tradução: Alfredo A. Farias. 7. ed. Rio de Janeiro: LTC, 1999.

François-Marie Arouet (1694-1778), também conhecido como Voltaire.

EVENTOS INDEPENDENTES E EVENTOS DEPENDENTES

Dois eventos A e B são **independentes** quando a probabilidade de ocorrer um deles não depende do fato de o outro haver ou não ocorrido, ou seja, o resultado de um evento não influencia o resultado do outro.

A probabilidade de ocorrência de dois eventos independentes é dada pela seguinte fórmula:

$$P(A \text{ e } B) = P(A) \cdot P(B)$$

Para três eventos independentes, teremos $P(A, B \text{ e } C) = P(A) \cdot P(B) \cdot P(C)$, e assim sucessivamente.

Dois eventos A e B são **dependentes** quando o resultado de um evento influencia na probabilidade do outro.

Por exemplo, a ocorrência de um evento B que depende de um evento A é representada por $P(B|A)$. Assim, nesse caso, a probabilidade de ocorrência desses dois eventos dependentes é dada pela fórmula:

$$P(A \text{ e } B) = P(A) \cdot P(B|A)$$

ATIVIDADES RESOLVIDAS

1 Em uma caixa há 10 bolas coloridas: três amarelas (A) e sete vermelhas (V). Se agitarmos a caixa e retirarmos 2 bolas aleatoriamente, uma de cada vez e repondo essa bola de volta na caixa, qual é a probabilidade de a primeira bola ser amarela e a segunda ser vermelha?

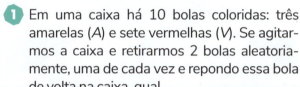

RESOLUÇÃO: As condições de retirada desses eventos são independentes, assim:

$P(A \text{ e } V) = P(A) \cdot P(V)$.

A probabilidade de sair uma bola amarela na primeira retirada é:

$P(A) = \dfrac{3}{10}$ ou $P(A) = 0{,}3$.

A probabilidade de sair uma bola vermelha na segunda retirada é:

$P(V) = \dfrac{7}{10}$ ou $P(V) = 0{,}7$.

Portanto, substituindo esses valores na fórmula, temos:

$P(A \text{ e } V) = \dfrac{3}{10} \cdot \dfrac{7}{10} =$
$= 0{,}3 \cdot 0{,}7 = 0{,}21$

Percentualmente, essa probabilidade é de 21%.

2 Considere a mesma caixa de bolas da atividade anterior. Se retirarmos agora 2 bolas aleatoriamente, uma de cada vez, mas sem devolver à caixa a bola retirada, qual é a probabilidade de a primeira bola ser amarela e a segunda ser vermelha?

RESOLUÇÃO: Observe que, agora, as condições de retirada dos eventos são dependentes, ou seja, a retirada da primeira bola vai influenciar na retirada da segunda. Assim, vamos ter:

$P(A \text{ e } V) = P(A) \cdot P(V|A)$.

A probabilidade de sair uma bola amarela na primeira retirada continua sendo a mesma:

$P(A) = \dfrac{3}{10}$ ou $P(A) = 0{,}3$.

Mas a probabilidade de sair uma bola vermelha na segunda retirada vai mudar, pois na caixa, agora, só há 9 bolas. Assim, a probabilidade de ser retirada uma bola vermelha é:

$P(V|A) = \dfrac{7}{9}$ ou $P(V|A) \cong 0{,}78$.

Substituindo esses valores na fórmula, temos:

$P(A \text{ e } V) = \dfrac{3}{10} \cdot \dfrac{7}{9} \cong$
$\cong 0{,}3 \cdot 0{,}78 = 0{,}234$

Percentualmente, essa probabilidade é de aproximadamente 23,4%.

Pense e responda

Qual é a probabilidade de ocorrer cara e um número primo no lançamento simultâneo de uma moeda e um dado?

ATIVIDADES

 FAÇA NO CADERNO

1 De um baralho comum, retira-se ao acaso uma carta. Em seguida, essa carta é reposta no baralho e, logo depois, outra carta é retirada. Qual é a probabilidade de essas cartas serem 2 valetes?

2 Uma caixa contém 10 bolas, sendo 3 verdes, 2 vermelhas e 5 azuis. Qual é a probabilidade de alguém retirar aleatoriamente 1 bola azul no primeiro sorteio, 1 azul no segundo e outra azul no terceiro sorteio, sem repor nenhuma das bolas já sorteadas na caixa?

3 Em um saco há 100 moedas, sendo 40 moedas de um real, 30 de 50 centavos, 20 de 25 centavos e 10 moedas de 10 centavos. Em um sorteio aleatório, qual é a probabilidade de retirar sucessivamente e sem reposição, 1 moeda de 1 real, 1 moeda de 50 centavos e 1 moeda de 25 centavos.

4 Calcule a probabilidade para o experimento anterior considerando que as moedas serão repostas no saco a cada sorteio. Depois, compare os resultados e diga qual tem maior probabilidade de acontecer e por quê.

5 Em um posto de saúde foram atendidas, em um só dia, 200 pessoas com suspeita de covid-19.

No final do dia, obtiveram-se os seguintes resultados:

	Mulheres	Homens
testaram positivo	45	105
testaram negativo	30	20

Usando uma calculadora, determine a probabilidade de serem escolhidas aleatoriamente, desse grupo de 200 pessoas, 3 pessoas com os seguintes resultados: 1 mulher que testou negativo, 1 homem que testou positivo e 1 homem.

MATEMÁTICA INTERLIGADA

RISCO DE CONTÁGIO POR CORONAVÍRUS

O jornal *O Estado de S. Paulo* apresentou, em 16 de outubro de 2020, um estudo de pesquisadores da Universidade de Oxford e do Instituto de Tecnologia de Massachusetts (MIT) avaliando o risco de contágio por coronavírus de acordo com a ocupação, as características do local (fechado ou aberto), a ventilação, o tempo de contato e o uso ou não de máscaras.

O estudo revelou que, embora houvesse a recomendação da distância de 2 metros entre duas pessoas para se resguardar do vírus, era necessário ficar alerta para o risco de contágio decorrente de outros fatores, como a dinâmica da respiração, que "emite gotículas úmidas e forma uma espécie de nuvem que as carrega por metros em poucos segundos". O estudo relatou ainda: "A carga viral do emissor, a duração da exposição ao vírus e a suscetibilidade do indivíduo à infecção também devem ser considerados".

Os pesquisadores elaboraram tabelas com níveis de riscos, mas alertaram que não consideraram a suscetibilidade à infecção. Portanto, reforçaram: "o distanciamento social não é a única forma de prevenção e deve ser combinado com higiene, limpeza e equipamentos de proteção".

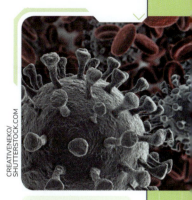

Representação gráfica do coronavírus, que tem esse nome porque seu formato, visto num microscópio, lembra uma coroa.

PERÍODO CURTO EM LOCAL COM ALTA OCUPAÇÃO

PERÍODO LONGO EM LOCAL COM ALTA OCUPAÇÃO

MENEZES, Carla. Verde, amarelo ou vermelho? Tabela mostra quando o risco de contágio de covid-19 aumenta. *O Estado de S. Paulo*, São Paulo, 15 out. 2020. Disponível em: https://saude.estadao.com.br/noticias/geral,estudo-de-oxford-e-mit-mostra-quais-situacoes-aumentam-grau-de-risco-de-contagio-da-covid-19,70003476624. Acesso em: 25 fev. 2021.

1 Em qual dos quatro cenários e situações a chance de uma pessoa ser contaminada pelo coronavírus é maior?

2 Classifique o risco de uma pessoa que passa longo período de tempo em qualquer local ser contaminada, mesmo que seja de baixa ocupação e usando máscara.

3 Descreva o local e as condições em que uma pessoa teria menos chance de ser contaminada.

4 Olhando os cenários apresentados nas tabelas, que conselho você daria às pessoas para que fiquem mais precavidas?

5 Observando o cenário da primeira tabela, qual é a probabilidade de uma pessoa escolhida ao acaso estar submetida a uma situação de grande risco?

6 Qual é a moda por situação de risco de contágio do cenário da terceira tabela?

MAIS ATIVIDADES

1 No lançamento de um dado de forma hexaédrica, há seis possibilidades de resultado da face voltada para cima: 1, 2, 3, 4, 5 ou 6. Já no lançamento de uma moeda, são duas as possibilidades de resultado: cara ou coroa.

Dado hexaédrico.

Moeda de um real.

Quantas e quais são as possibilidades de resultado no lançamento simultâneo desse dado e dessa moeda?

2 Para uma festa foram preparadas 90 empadas: 30 de camarão e 60 de palmito. Na hora de servir, elas foram misturadas e colocadas em uma mesma bandeja. Sabendo que as empadas eram idênticas, qual é a probabilidade de alguém retirar uma empada de camarão?

3 Um sorteio escolherá uma dupla (um menino e uma menina) para representar o 9º ano em uma comemoração. Os candidatos são:

Meninos { Arnaldo, Caio, Felipe, Geraldo }   Meninas { Bete, Helena, Mila }

a) Qual é a probabilidade de Felipe ser sorteado? E a de Mila ser sorteada?

b) Quantas duplas de representantes podem ser formadas?

c) Qual é a probabilidade de ser formada a dupla Geraldo-Helena?

4 Qual é a probabilidade de obtermos, no máximo, uma cara no lançamento simultâneo de 3 moedas idênticas?

5 No lançamento de dois dados, qual é a probabilidade de obter um número maior ou igual a 4 no primeiro dado e um número ímpar no segundo?

6 As bolas de sinuca estão numeradas de 1 a 15. Suponha que elas foram colocadas em uma bolsa e serão feitas retiradas aleatórias e com reposição.

Assim, qual é a probabilidade de:

a) uma bola ter numeração maior que 7?

b) ser uma bola com numeração par?

c) ser um número primo?

7 Em um cesto de frutas há 8 maçãs vermelhas e 7 verdes. Elabore duas questões envolvendo eventos dependentes e eventos independentes. Dê a um colega para responder e responda às questões dele.

8 Nívea vai jogar, ao mesmo tempo, dois dados que têm o formato cúbico, com as faces numeradas de 1 a 6.

Se você tivesse de apostar na soma dos números que aparecerão voltados para cima nos dados, em que soma apostaria para que sua probabilidade de ganhar fosse a maior possível?

Lógico, é lógica!

9 Um professor traçou a seguinte figura na lousa:

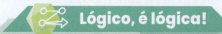

Ele disse que, nos quadrados, só devem ser escritos números naturais não nulos e que a soma de quaisquer três números consecutivos é sempre 10. Diante disso, perguntou aos alunos que número deveria aparecer no último quadrado à direita, e somente um deles acertou. Qual foi a resposta dada por esse aluno e como ele chegou a tal conclusão?

CAPÍTULO 2

Proporcionalidade

Para começar

Em uma viagem de São Paulo a Curitiba, um carro percorreu 402 km e consumiu 33,5 L de gasolina. Qual é a razão entre a distância percorrida e a gasolina consumida? O que significa essa razão?

RAZÃO ENTRE DUAS GRANDEZAS DE ESPÉCIES DIFERENTES

Razão entre grandezas de espécies diferentes é a razão entre as medidas dessas grandezas acompanhada da notação que envolve as grandezas trabalhadas. Veja os exemplos a seguir.

- O coração humano bate, em média, 104 000 vezes por dia: 104 000 vezes/dia.
- O coração de um adulto bombeia, em média, 5 litros de sangue por minuto: 5 000 L/min.
- Em um tornado de categoria F5, a velocidade do vento pode atingir 512 quilômetros por hora: 512 km/h.
- A gramatura de uma folha de papel sulfite é igual a 75 gramas por metro quadrado: 75 g/m².
- A densidade demográfica de uma cidade é igual a 500 habitantes por quilômetro quadrado: 500 habitantes/km².

Velocidade média

Suponha que um carro percorre um trecho de estrada entre duas cidades. Sabemos que o carro não mantém sempre a mesma velocidade durante todo o trajeto devido a trechos com subidas, descidas, ultrapassagens, semáforos, valetas, diferentes limites de velocidade etc.

Desse modo, em vez de estudar o movimento do carro em cada trecho da estrada, podemos relacionar o espaço total percorrido por ele e o intervalo de tempo decorrido nesse percurso. Essa razão é denominada velocidade média.

Como exemplo, imagine que, em uma viagem entre as cidades de São Paulo e São José dos Campos, um carro percorreu 100 km em 2 horas.

$$\text{Velocidade média} = \frac{100 \text{ km}}{2 \text{ h}} \rightarrow \text{velocidade média} = 50 \text{ km/h}$$

Durante o trajeto, a velocidade do carro às vezes foi maior e outras menor do que 50 km/h. A velocidade escalar média representa a velocidade constante que o carro deveria manter ao partir da mesma posição inicial e chegar à mesma posição final, gastando o mesmo tempo.

Portanto, velocidade média é a razão entre a distância percorrida e o tempo gasto para percorrê-la.

$$\text{Velocidade média} = \frac{\text{distância percorrida}}{\text{tempo gasto para percorrer a distância}}$$

Essa razão é comumente usada em placas de trânsito, notícias, esportes, entre outras situações do dia a dia.

Pense e responda

O ser humano anda normalmente cerca de 4,5 km/h. Mantendo sempre essa velocidade, que distância, em quilômetros, uma pessoa andará em 0,5 h?

Curiosidade

Veja alguns números impressionantes.

Neste momento estamos todos viajando em torno do Sol, a bordo de nosso planeta, a uma velocidade média de 108 000 km/h. Também giramos em volta do eixo da Terra com uma velocidade que, sobre o Equador, chega a 1 670 km/h.

Densidade demográfica

Segundo dados do IBGE, a população estimada do estado do Maranhão em 2020 era de 7 114 598 habitantes, distribuídos por uma área de aproximadamente 329 642 km².

Com esses dados, podemos obter a densidade demográfica do estado do Maranhão. Veja:

$$\text{Densidade demográfica} = \frac{7\ 114\ 598}{329\ 642} \cong 21{,}58 \frac{\text{habitantes}}{\text{km}^2}$$

Isso significa que havia, em 2020, aproximadamente 22 habitantes, em média, a cada quilômetro quadrado.

Densidade demográfica é a razão entre o número de habitantes de uma região e a medida da área dessa região.

A densidade demográfica mede a concentração populacional de uma região ou país.

Pense e responda

Estime o valor da densidade demográfica de sua sala de aula, na razão de alunos por metro quadrado.

ATIVIDADES

FAÇA NO CADERNO

1. Calcule a velocidade média de um:
   a) automóvel que percorre 160 km em 2 horas;
   b) trem que percorre 805 km em 3,5 horas.

2. Na prova de 100 metros rasos, nos Jogos Olímpicos do Rio de Janeiro, em 2016, Usain Bolt completou a corrida em 9,81 segundos. Qual foi a velocidade média, em metros por segundo, de Usain Bolt nessa corrida?

3. Ao passar pelo marco "km 200" de uma estrada, um motorista vê um anúncio com a seguinte inscrição:

Considerando que esse posto de serviços se encontra junto ao marco "km 245" da estrada, que velocidade média, em quilômetros por hora, esse anunciante prevê para que os carros que trafegam nesse trecho cheguem ao posto de serviços? (Lembre-se: 30 min corresponde a 0,5 h.)

4. Observe o quadro.

POPULAÇÃO ESTIMADA EM 2020

Estado	Área (km²)	População (hab.)
Ceará	148.894,441	9 187 103
Santa Catarina	95.730,684	7 252 502
Minas Gerais	586.521,123	21 292 666
Piauí	251.756,515	3 281 480

Calcule a densidade demográfica aproximada, em 2020, de cada um desses estados.

5. Um município com 240 mil habitantes tem densidade demográfica de 600 habitantes por quilômetro quadrado. Qual é a medida da área desse município?

6. A densidade de um corpo de massa m e volume V é definida pela razão:

$$\text{Densidade} = \frac{m}{V}$$

Determine a densidade de um corpo:
   a) A, de 80 g de massa e volume de 10 cm³;
   b) B, de 200 g de massa e volume de 500 cm³.

7. Estime quantas pessoas cabem, em pé, no máximo, em uma superfície plana cuja área mede 1 m².

8. Uma peça maciça é formada de ouro com densidade 20 g/cm³. Sabendo que a medida do volume da peça é 625 cm³, qual é sua massa?

9. Um bloco de granito com formato de paralelepípedo retângulo tem 0,5 m de comprimento, 0,3 m de largura e 0,2 m de altura. Determine a massa desse bloco.

10. O índice de massa corporal (IMC) de um ser humano é o quociente entre a massa corporal (em quilograma) e o produto da altura (em metro) por ela mesma, conforme a relação a seguir.

$$\text{IMC} = \frac{\text{massa corporal}}{\text{altura} \times \text{altura}}$$

Sabendo que o IMC de Nelson é 24 e sua altura é 1,70 m, calcule a massa corporal dele, em quilogramas.

313

MATEMÁTICA INTERLIGADA

FISCALIZAÇÃO DE TRÂNSITO ALERTA PARA ALTA VELOCIDADE NO PERÍODO DE ISOLAMENTO

Avenida 23 de Maio durante o isolamento social. São Paulo (SP), 2020.

Durante os dias de isolamento social, é normal que as vias estejam descongestionadas e que alguns condutores deduzam que seja vantajoso burlar as leis de trânsito, como, por exemplo, dirigir a moto ou o carro em alta velocidade. Assim, o Departamento Estadual de Trânsito do Tocantins (Detran-TO) alerta que as normas regidas pelo Código de Trânsito Brasileiro (CTB) devem ser respeitadas, assim como todas as outras, a qualquer tempo, e é preciso respeitar os limites de velocidade.

Em cada tipo de via existe uma velocidade máxima determinada, sejam elas urbanas ou rurais, e precisa ser cumprida pelos condutores. De acordo com o artigo 61 do CTB, quando não houver nenhuma placa de sinalização, a velocidade máxima nas vias urbanas é da seguinte forma:

- 30 km/h nas vias locais
- 40 km/h em vias coletoras
- 60 km/h nas vias laterais
- 80 km/h nas vias de trânsito rápido

Além da velocidade máxima, os motoristas devem se ater aos semáforos e radares fixos ou móveis nas vias que continuam sendo fiscalizadas normalmente pelo Detran-TO, pela Polícia Militar, e ainda pelos órgãos municipais de trânsito. "O excesso de velocidade aumenta o tempo necessário para frenagem, elevando a probabilidade de o motorista perder o controle do veículo, por isso aumenta o risco de acidente e a gravidade das lesões quando ele ocorre."

PEREIRA, Heloylma. Fiscalização de trânsito alerta para alta velocidade no período de isolamento. *In*: DETRAN-TO. Palmas, 26 mar. 2020. Disponível em: https://detran.to.gov.br/noticia/2020/3/26/fiscalizacao-de-transito-alerta-para-alta-velocidade-no-periodo-de-isolamento/. Acesso em: 14 fev. 2021.

DIVISÃO EM PARTES DIRETAMENTE E INVERSAMENTE PROPORCIONAIS

Acompanhe as situações a seguir.

1. Sílvia decidiu gratificar dois funcionários de sua empresa, um que trabalha há 5 anos, e outro, há 3 anos. Ela dividiu entre eles a quantia de R$ 1.200,00 em partes diretamente proporcionais aos anos de serviço de cada um. Quantos reais cada funcionário recebeu?

Como o prêmio foi dividido em partes diretamente proporcionais ao tempo de trabalho, temos:

- o primeiro funcionário trabalha há 5 anos, sua parte x é diretamente proporcional a 5;
- o segundo funcionário trabalha há 3 anos, sua parte y é diretamente proporcional a 3.

Organizando esses dados, obtemos:

	1º funcionário	2º funcionário
Parte	x	y
Tempo de trabalho (em anos)	5	3

Como as grandezas são diretamente proporcionais, as razões entre a parte recebida e o tempo de trabalho são iguais. Vamos resolver de dois modos.

1º modo

- $\dfrac{x}{5} = \dfrac{y}{3}$ (I) e $x + y = 1\,200$ (II)

- Sistema obtido pelas equações I e II: $\begin{cases} \dfrac{x}{5} = \dfrac{y}{3} \\ x + y = 1\,200 \end{cases}$

Aplicando a propriedade das proporções na primeira equação e isolando uma das incógnitas, vem:

$\dfrac{x}{5} = \dfrac{y}{3} \rightarrow 3x = 5y \rightarrow y = \dfrac{3x}{5}$ (III)

Substituindo y na segunda equação, temos:

$x + y = 1\,200 \rightarrow x + \dfrac{3x}{5} = 1\,200 \rightarrow x = 750$

Substituindo x por 750 na equação III, obtemos:

$y = \dfrac{3x}{5} \rightarrow y = \dfrac{3750}{5} \rightarrow y = 450$

Portanto, o funcionário que trabalha há mais tempo recebeu R$ 750,00 e o outro, R$ 450,00.

2º modo

$\begin{cases} \dfrac{x}{5} = \dfrac{y}{3} = k \quad (I) \\ x + y = 1\,200 \quad (II) \end{cases}$

$\begin{cases} \dfrac{x}{5} = \dfrac{y}{3} = k \quad (I) \\ x + y = 1\,200 \quad (II) \end{cases}$

Em que k é a constante de proporcionalidade.

De (I) vêm as igualdades: $x = 5k$ e $y = 3k$.

Substituindo em (II), vem:

x + y = 5k + 3k → x + y = 8k

Substituindo em (II), temos:

x + y = 1 200 → 8k = 1 200 → k = 150

Daí, vem:

x = 5k → x = 5 · 150 → x = 750

y = 3k → y = 3 · 150 → y = 450

Portanto, o funcionário que trabalha há mais tempo recebeu R$ 750,00 e o outro, R$ 450,00.

Pense e responda

Quantos reais cada funcionário receberia se um deles tivesse o dobro do tempo de serviço do outro?

2. A escola em que Maria estuda promoveu um concurso de redação para os alunos. Um prêmio de R$ 1.040,00 será distribuído entre os dois primeiros colocados.

Dos alunos classificados, o primeiro cometeu dois erros de ortografia e o segundo, três.

Quantos reais cada aluno recebeu se as partes são inversamente proporcionais ao número de erros?

Vamos indicar por a e b cada parte do prêmio:

Parte do prêmio	a	b
Número de erros	2	3

Como as grandezas são inversamente proporcionais, os produtos da parte a ser recebida pelo número de erros são iguais. Vamos resolver de dois modos.

1º modo

- 2a = 3b (I) e a + b = 1 040 (II)

- Sistema obtido pelas equações I e II: $\begin{cases} 2a = 3b \\ a + b = 1040 \end{cases}$

Isolando a incógnita a na equação (II) e substituindo na equação (I), temos:

a + b = 1 040 → a = 1 040 − b (III)

2a = 3b → 2 · (1 040 − b) = 3b → 2 080 − 2b = 3b → 2 080 = 5b → b = 416

Substituindo b por 416 na equação III, obtemos:

a = 1 040 − b = 1 040 − 416 = 624

Logo, o primeiro colocado recebeu R$ 624,00 e o segundo, R$ 416,00.

A divisão do prêmio foi feita em partes inversamente proporcionais ao número de erros, pois quem cometeu o menor número de erros receberá um prêmio maior.

> **Pense e responda**
>
> Como ficaria o sistema se a divisão do prêmio fosse diretamente proporcional? Essa divisão seria justa?

2º modo

Fazendo $\begin{cases} 2a = 3b = k & \text{(I)} \\ a + b = 1040 & \text{(II)} \end{cases}$

Em que k é a constante de proporcionalidade.

De (I), vêm as igualdades:

$a = \dfrac{k}{2}$ e $b = \dfrac{k}{3}$

Substituindo em (II), vem:

$\dfrac{k}{2} + \dfrac{k}{3} = 1\,040 \to 3k + 2k = 6\,240 \to k = 1\,248$

Daí, vem:

$$a = \dfrac{1\,248}{2} \to a = 624$$

$$b = \dfrac{1\,248}{3} \to b = 416$$

Logo, o primeiro colocado recebeu R$ 624,00 e o segundo, R$ 416,00.

3. Divida o número 990 em partes diretamente proporcionais a 2, 3 e 4.

Chamando as partes de x, y e z, temos:

$\begin{cases} \dfrac{x}{2} = \dfrac{y}{3} = \dfrac{z}{4} = k & \text{(I)} \\ x + y + z = 900 & \text{(II)} \end{cases}$

De (I), vem:

$\dfrac{x}{2} = k \to x = 2k$

$\dfrac{y}{3} = k \to y = 3k$

$\dfrac{z}{4} = k \to z = 4k$

Substituindo em (II), vem:

$2k + 3k + 4k = 990 \to 9k = 990 \to k = 110$

Logo:

$x = 2k \to x = 2 \cdot 110 \to x = 220$

$y = 2k \to y = 3 \cdot 110 \to y = 330$

$z = 2k \to z = 4 \cdot 110 \to z = 440$

Portanto, as partes são 220, 330 e 440.

ATIVIDADES

1) Divida o número 70 em partes:

a) diretamente proporcionais a 2 e 3.

b) inversamente proporcionais a 2 e 3.

2) Uma escola recebeu, por cortesia, 160 ingressos de um parque aquático. Decidiu oferecê-los aos alunos de suas duas classes do 8º ano, turmas A e B, na proporção direta à quantidade de alunos de cada turma, respectivamente, 30 e 50 alunos. Quantos ingressos recebeu cada classe?

3) Gláucia e Vanessa vendem produtos naturais e, em certo mês, lucraram R$ 3.300,00. Nesse mês, cada uma dedicou tempos diferentes às vendas: Gláucia trabalhou 7 horas diárias, e Vanessa, 4 horas. Se Gláucia trabalhou mais horas, ela deve receber uma parte maior do lucro. Então, quanto cada uma deve receber se o lucro for dividido em partes diretamente proporcionais ao respectivo tempo dedicado às vendas?

4) Uma caixa-d'água com capacidade de 1 200 litros foi completamente cheia por duas torneiras: uma despejando 10 litros de água por minuto, e outra, 14 litros por minuto. Quantos litros de água a caixa-d'água recebeu de cada torneira?

5) (FGV-SP) Duas áreas A e B de uma prefeitura apresentam orçamentos de gastos para 2018 de 3 milhões e 5 milhões de reais, respectivamente.

A prefeitura dispõe apenas de 4,8 milhões destinados às duas áreas no total. Se a prefeitura atender a um mesmo porcentual para cada área em relação às demandas solicitadas, a diferença (expressa em milhões de reais) entre o maior e o menor valor será:

a) 1,3.

b) 1,1.

c) 1,0.

d) 1,2.

e) 1,5.

6) Um prêmio de R$ 2.000,00 será distribuído a dois participantes de um jogo de futebol de salão de forma inversamente proporcional às faltas cometidas por eles. Quantos reais caberá a cada um se as faltas foram 2 e 3?

7) Duas famílias, uma de 5 pessoas e outra de 4 pessoas, fizeram um churrasco e combinaram dividir as despesas de acordo com a quantidade de pessoas de cada uma. A família de 4 pessoas gastou R$ 450,00 e a outra, R$ 198,00, razão pela qual precisaram fazer um acerto de contas. Explique como deve ser feito esse acerto.

8) As medidas dos ângulos internos de um triângulo são diretamente proporcionais aos números 2, 4 e 6. Determine a medida dos ângulos internos desse triângulo.

A soma das medidas dos ângulos internos de um triângulo é 180º.

MAIS ATIVIDADES

1 (Enem) Para chegar à universidade, um estudante utiliza um metrô e, depois, tem duas opções:

- seguir num ônibus, percorrendo 2,0 km;
- alugar uma bicicleta, ao lado da estação do metrô, seguindo 3,0 km pela ciclovia.

O quadro fornece as velocidades médias do ônibus e da bicicleta, em km/h, no trajeto metrô-universidade.

Dia da semana	VELOCIDADE MÉDIA Ônibus (km/h)	Bicicleta (km/h)
Segunda-feira	9	15
Terça-feira	20	22
Quarta-feira	15	14
Quinta-feira	12	15
Sexta-feira	10	18
Sábado	30	16

A fim de poupar tempo no deslocamento para a universidade, em quais dias o aluno deve seguir pela ciclovia?

a) Às segundas, quintas e sextas-feiras.
b) Às terças e quintas-feiras, e aos sábados.
c) Às segundas, quartas e sextas-feiras.
d) Às terças, quartas e sextas-feiras.
e) Às terças e quartas-feiras, e aos sábados.

2 O queniano Eliud Kipchoge bateu o recorde mundial de maratona. Ele percorreu os 42 195 metros da prova em Berlim, em 2018, no tempo de 2h01min39s.

Veja como foi o ritmo da prova.

Fonte: FAVERO, Paulo. 42185 m separam o homem da lenda. *O Estado de S. Paulo*, São Paulo, 20 set. 2018, p. A20. Disponível em: https://acervo.estadao.com.br/pagina/#!/20180920-45628-nac-19-esp-a20-not. Acesso em: 25 fev. 2021.

Elabore perguntas com base nos dados desse enunciado e troque-as com um colega para ele responder. Depois, desfaça a troca para conferir as respostas.

3 Segundo estimativa do IBGE, em 30 agosto de 2018, o município de Guarapuava, no estado do Paraná, tinha uma população de 180 334 habitantes e uma densidade demográfica de 53,68 habitantes por quilômetro quadrado. De acordo com esses dados, calcule a medida da área de Guarapuava.

4 Um objeto com o formato de um cilindro tem 5 cm² como área da base e 20 cm de altura, e sua massa é igual a 600 gramas. Qual é a densidade desse objeto?

5 (PUCC-SP) Um motorista pretendia percorrer a distância entre duas cidades desenvolvendo a velocidade média de 90 km/h (1,5 km/min). Entretanto, um trecho de 3,0 km da estrada estava em obras, com o trânsito fluindo em um único sentido de cada vez e com velocidade reduzida. Por esse motivo, ele ficou parado durante 5,0 minutos e depois percorreu o trecho em obras com velocidade de 30 km/h (0,5 km/min). Considerando que antes de ficar parado e depois de percorrer o trecho em obras ele desenvolveu a velocidade média pretendida, o tempo de atraso na viagem foi:

a) 7,0 min.

b) 8,0 min.

c) 9,0 min.

d) 10,0 min.

e) 11,0 min.

6 Um prêmio de R$ 1.800,00 foi oferecido em um concurso para a escolha das melhores fotos das belezas da cidade do Rio de Janeiro. O prêmio foi dividido entre os dois primeiros colocados, em partes diretamente proporcionais aos pontos obtidos. Sabendo que o primeiro colocado obteve 10 pontos e o segundo, 8, quantos reais cada um recebeu?

7 Três casais, A, B e C, alugaram uma casa de praia por R$ 500,00 para uma temporada de 20 dias. A divisão do aluguel será diretamente proporcional à quantidade de dias que cada casal ficará na casa. Sabendo-se que o casal A ficará 10 dias; o casal B, 16 dias; e o casal C, 14 dias, quantos reais pagará cada casal?

8 As dimensões de um paralelepípedo retângulo são inversamente proporcionais aos números 3, 4 e 6. Sabendo que o volume desse paralelepípedo é 81 cm³, determine:

a) o valor da constante de proporcionalidade;

b) a medida de cada uma das dimensões do paralelepípedo;

c) a medida da área total do paralelepípedo.

Lógico, é lógica!

9 (Unit-SE) Dois irmãos, C e M, formaram uma sociedade. C entrou com R$ 9.000,00 e M, com R$ 5.000,00, e, depois de certo tempo, obtiveram um lucro de R$ 3.500,00, que deverá ser repartido proporcionalmente ao valor empregado. Sendo assim, tem-se que:

a) C recebeu R$ 2.500,00.

b) M recebeu R$ 1.250,00.

c) C ficou com a menor parte.

d) M ficou com a maior parte.

e) Cada um recebeu R$ 1.750,00.

CAPÍTULO 3

Porcentagem

Para começar

O vazamento de uma torneira enche um copo de 250 mL a cada hora. Quanto mais tardar o conserto, maior será o desperdício de água.

Se o vazamento não for consertado e, sabendo-se que 250 mL = 0,25 L, em quanto tempo será desperdiçado 1 L de água? E 10 L de água?

Torneira vazando.

REGRA DE TRÊS SIMPLES

Já estudamos problemas que envolvem duas grandezas diretamente ou inversamente proporcionais, nos quais são conhecidos três dos quatro valores da proporção que as relacionam. Em problemas desse tipo, para determinar o quarto valor da proporção, é necessário resolver uma **regra de três simples**.

ATIVIDADES RESOLVIDAS

 Da situação do vazamento de água, quantas horas levará para um desperdício de 18 L de água?

RESOLUÇÃO: A cada 1 hora, ocorre o vazamento de 250 mL de água. Em 2 horas, a quantidade de água desperdiçada vai dobrar; em 3 horas, vai triplicar, e assim por diante.

Logo, o volume de água desperdiçado é **diretamente proporcional** ao tempo.

Podemos, então, montar um quadro que relaciona essas duas grandezas e, assim, encontrar o valor desejado.

Volume (L)	Tempo (h)
0,25	1
18	x

$$\frac{0,25}{18} = \frac{1}{x} \rightarrow 0,25x = 18 \rightarrow x = 72$$

Portanto, 18 litros de água serão desperdiçados em 72 horas.

321

2 Uma empresa compra matéria-prima para a fabricação de 650 produtos a cada 36 dias. Se forem produzidos 200 produtos a menos, de quantos em quantos dias essa empresa precisará comprar matéria-prima?

RESOLUÇÃO: Ao reduzir a quantidade de produtos a serem fabricados e manter a quantidade de matéria-prima comprada, o estoque de matéria-prima durará mais dias, ou seja, a quantidade de produtos a serem fabricados diminuirá e o tempo de duração da matéria-prima em estoque aumentará. Isso significa que essas grandezas são **inversamente proporcionais** e o produto de seus valores é constante.

Quantidade de produtos	Quantidade de dias de matéria-prima no estoque
650	36
450	y

$$450 \cdot y = 650 \cdot 36 \rightarrow y = \frac{650 \cdot 36}{450} \rightarrow y = 52$$

Portanto, essa empresa precisará comprar matéria-prima a cada 52 dias.

Pense e responda

João costuma dizer que, quanto mais exercícios de Matemática ele faz, mais ele aprende. Geralmente ele gasta, em média, 5 minutos para responder cada exercício de álgebra. Quanto tempo ele levará para responder 30 questões de álgebra?

REGRA DE TRÊS COMPOSTA

Problemas que relacionam mais de duas grandezas diretamente ou inversamente proporcionais podem ser resolvidos usando a **regra de três composta**.

Para isso, é conveniente montar um quadro em que sejam indicadas as situações e as respectivas grandezas envolvidas. Observe:

Situação	Grandeza A	Grandeza B	...	Grandeza N
1	A_1	B_1	...	N_1
2	A_2	B_2	...	N_2

Se conhecermos os valores das grandezas A, B etc. em ambas as situações e o valor da grandeza N em apenas uma das situações – por exemplo, N_1 –, podemos encontrar o valor da grandeza N_2. Veja como calcular quando as grandezas são diretamente ou inversamente proporcionais a N:

Diretamente proporcionais à grandeza N	Inversamente proporcionais à grandeza N
$\dfrac{N_1}{N_2} = \dfrac{A_1}{A_2} \cdot \dfrac{B_1}{B_2} \cdot \ldots$	$\dfrac{N_1}{N_2} = \dfrac{A_1}{A_2} \cdot \dfrac{B_2}{B_1} \cdot \ldots$

Acompanhe a situação a seguir e veja um exemplo de aplicação da regra de três composta de grandezas inversamente proporcionais.

O encarregado de uma obra quer encher um reservatório usando duas torneiras. Juntas, elas liberam 3 600 L de água em 5 horas. Em quantas horas 6 torneiras juntas, com a mesma vazão das anteriores, liberarão 5 400 L de água?

Primeiro, vamos organizar as informações em um quadro.

A: número de torneiras	B: volume (L)	N: tempo (h)
2	3 600	5
6	5 400	x

Observe que o número x procurado depende de outras duas grandezas: volume (B) e número de torneiras (A). Então, relacionamos a grandeza tempo (N) às outras duas.

- A grandeza A é inversamente proporcional à grandeza N, pois aumentando-se o número de torneiras, diminui-se o tempo para encher o reservatório, mantendo o mesmo volume.

- A grandeza B é inversamente proporcional à grandeza N, pois aumentando-se o volume de água que as torneiras despejam, diminui-se o número de horas para encher o reservatório, mantendo o mesmo número de torneiras.

Assim:

$$\frac{N_1}{N_2} = \frac{A_1}{A_2} \cdot \frac{B_1}{B_2} \to \frac{5}{x} = \frac{6}{2} \cdot \frac{3\,600}{5\,400} \to$$

$$\to \frac{5}{x} = \frac{\cancel{6}^{\,1}}{\cancel{2}_{\,1}} \cdot \frac{\cancel{4}^{\,2}}{\cancel{6}_{\,1}} \to \frac{5}{x} = \frac{2}{1} \to$$

$$\to x = \frac{5}{2} \to x = 2{,}5$$

Portanto, as 6 torneiras juntas levarão 2,5 h para liberar 5 400 L de água.

Pense e responda

Dê um exemplo do seu dia a dia de grandezas diretamente proporcionais e de grandezas inversamente proporcionais.

ATIVIDADES RESOLVIDAS

1 Doze operários, trabalhando 8 horas por dia, fazem 20 metros de um muro em 10 dias. Quantas horas por dia 16 operários devem trabalhar, nas mesmas condições, para concluir, em 6 dias, 13 metros do mesmo muro?

RESOLUÇÃO: Vamos organizar as informações.

Número de operários	Tempo (hora/dia)	Comprimento do muro (m)	Número de dias
12	8	20	10
16	y	13	6

- Mantendo constantes o comprimento do muro e o número de dias: se 12 operários levam 8 horas por dia para fazer o muro, 16 operários levarão menos horas por dia. Logo, essas grandezas são inversamente proporcionais.

- Mantendo constantes o número de operários e o número de dias: se, trabalhando 8 horas por dia, 12 operários fazem 20 metros de muro, para fazer 13 metros de muro esses mesmos operários gastarão menos horas por dia. Logo, essas grandezas são diretamente proporcionais.

- Mantendo constantes o número de operários e o comprimento do muro: se, trabalhando 8 horas por dia, 12 operários levam 10 dias para fazer o muro, para fazê-lo em 6 dias deverão trabalhar mais horas por dia. Logo, essas grandezas são inversamente proporcionais.

Assim, temos:

$$\frac{8}{y} = \frac{16}{12} \cdot \frac{20}{13} \cdot \frac{6}{10} \rightarrow \frac{8}{y} = \frac{16}{2} \cdot \frac{2}{13} \cdot \frac{1}{1} \rightarrow$$

$$\rightarrow 16y = 8 \cdot 13 \rightarrow y = \frac{81 \cdot 3}{16} \rightarrow$$

$$\rightarrow y = 6,5$$

Portanto, os operários devem trabalhar 6 horas e 30 minutos por dia.

ATIVIDADES

1 Se 5 metros de um tecido custam R$ 62,50, quanto custarão 18 metros desse tecido?

2 Carol vai ao trabalho com o próprio veículo. De casa ao trabalho, ela demora duas horas, com velocidade média de 60 km/h. Se ela mantivesse uma velocidade média de 80 km/h, quanto tempo levaria para fazer o mesmo percurso?

Loja de tecidos.

3. (OMM-PR) Maria tirou uma foto de seu irmão, João, de pé ao lado de uma árvore. Depois de revelar a foto, ela mediu a imagem com uma régua e viu que o tamanho de João na imagem era de 5 cm e da árvore era 12 cm. Sabendo que a altura real de João é 1,70 metros, qual é a altura real da árvore?

4. Em uma empresa, cinco impressoras multifuncionais de mesmo rendimento imprimem certo número de cópias em 8 horas de funcionamento. Se duas delas quebrarem, em quanto tempo as máquinas restantes farão o mesmo serviço?

Amigos viajando.

Funcionária usando impressora multifuncional.

5. A roda de um moinho dá 120 voltas em 15 minutos. Quantas voltas essa roda dará em 1h30min?

6. Para fazer uma viagem de 45 dias, 25 pessoas precisam de 900 kg de mantimentos. De quantos quilogramas de mantimento precisariam 40 pessoas para viajar durante 60 dias?

7. Uma pessoa que digita 80 toques por minuto e trabalha 6 horas por dia completa certo trabalho em 15 dias. Quantos dias outra pessoa levará para fazer o mesmo trabalho, considerando que ela digita 60 toques por minuto e trabalha 5 horas por dia?

8. Uma fábrica, funcionando 8 horas por dia, produz 75 toneladas de certo produto em 9 dias. Em quanto tempo deve ser prorrogado o trabalho diário para que a mesma fábrica produza 63 toneladas do mesmo produto em 7 dias?

9. Um carro, com velocidade de 90 km/h, percorre a distância de 21 km em 14 min. Qual será a velocidade necessária para esse carro percorrer a distância de 52 km em 1h15min?

10. Uma transportadora cobra R$ 480,00 para levar 1 200 kg de carga a uma cidade que fica a 150 km de distância. Quanto custará o transporte de 2 700 kg de carga a uma cidade cuja distância é o dobro da anterior?

11. Uma pessoa gasta 3 horas para plantar grama em um jardim circular de 5 metros de raio. Mantendo a mesma eficiência, quantas horas ela gastaria para gramar um jardim circular de 15 metros de raio?

DESAFIO

PROBLEMAS ENVOLVENDO PORCENTAGEM

O conceito de porcentagem pode nos ajudar na resolução de muitos problemas cotidianos.

Vamos ver sua aplicação em situações nas quais aparecem termos bastante usados nas atividades comerciais, como custo, à vista, a prazo, desconto, lucro, prejuízo, empréstimo etc.

Observe as situações a seguir.

1. Na compra de um aparelho de som cujo preço era R$ 240,00, foi concedido um desconto de 10%. Como determinar o valor pago pelo aparelho?

É possível encontrar esse valor de duas maneiras.

1ª maneira de resolver	2ª maneira de resolver
Calculando o valor do desconto. 10% de 240 → 0,10 · 240 = 24 O custo do aparelho de som é igual ao preço inicial menos o valor do desconto: 240 − 24 = 216 Portanto, o aparelho de som custou R$ 216,00.	O preço do aparelho corresponde a 100%. Se foi concedido um desconto de 10%, então o aparelho custou 90% (100% − 10%) do preço inicial. Assim: 90% de 240 → 0,90 · 240 = 216 Logo, o aparelho de som custou R$ 216,00.

2. Suponha que três colegas, Angélica, Bete e Cláudia, prepararam, juntas, todos os materiais para a apresentação de um trabalho de História.

Angélica fez 30% e Bete fez 60% do que havia restado. Qual foi a contribuição de Cláudia?

Angélica preparou 30% de todo o material, então Bete e Cláudia ficaram responsáveis pelo preparo dos 70% restantes.

Se Bete preparou 60% do restante, coube a Cláudia preparar 40% dos 70% restantes, ou seja: 0,4 · 0,7 = 0,28, que corresponde a 28%.

> **Pense e responda**
> 2 é quantos por cento de 5? E 1 é quanto por cento de 10%?

ATIVIDADES

FAÇA NO CADERNO

1 Ao fazer um empréstimo para comprar sua casa, Carmem teve de pagar R$ 3.000,00, correspondentes a uma taxa de serviço de 5%. Qual foi o valor total do empréstimo obtido?

2 A projeção da população do Brasil feita pelo IBGE para 2020 foi de 212 077 375 pessoas, sendo 104 546 709 homens e 107 530 666 mulheres.

Veja a representação no gráfico de setores.

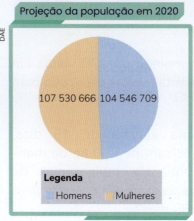

Projeção da população em 2020

107 530 666   104 546 709

Legenda: Homens Mulheres

Fonte: INSTITUTO NACIONAL DO CÂNCER (Brasil). Estimativa 2020. *In*: INSTITUTO NACIONAL DO CÂNCER (Brasil). *Anexo C - Projeção populacional para o ano de 2020 por Unidade da Federação, Capital e Brasil.* [Brasília, DF]: Instituto Nacional do Câncer, 2019. Disponível em: https://www.inca.gov.br/estimativa/anexo-c-projecao-populacional-para-o-ano-de-2020-por-unidade-da-federacao-capital-e-brasil. Acesso em: 7 mar. 2021.

Ainda de acordo com a projeção da população brasileira, a projeção da população das grandes regiões está descrita na tabela a seguir.

PROJEÇÃO DA POPULAÇÃO PARA 2020			
Grandes Regiões	**Total**	**Homens**	**Mulheres**
Brasil	212 077 375	104 546 709	107 530 666
Região Norte	18 583 035	9 397 069	9 185 966
Região Nordeste	58 174 912	28 406 794	29 768 118
Região Sudeste	88 601 482	43 618 999	44 982 483
Região Sul	30 221 606	14 929 338	15 292 268
Região Centro-Oeste	16 496 340	8 194 509	8 301 831

Fonte: INSTITUTO NACIONAL DO CÂNCER (Brasil). Estimativa 2020. In: INSTITUTO NACIONAL DO CÂNCER (Brasil). Anexo C - Projeção populacional para o ano de 2020 por Unidade da Federação, Capital e Brasil. [Brasília, DF]: Instituto Nacional do Câncer, 2019. Disponível em: https://www.inca.gov.br/estimativa/anexo-c-projecao-populacional-para-o-ano-de-2020-por-unidade-da-federacao-capital-e-brasil. Acesso em: 7 mar. 2021.

a) Observando o gráfico ou a tabela, qual é o percentual aproximado de homens e de mulheres no Brasil?

b) Observando a tabela, como podemos calcular o percentual de mulheres da Região Sudeste em relação à população total do Brasil?

c) Calcule o percentual aproximado de homens em cada região do país, de acordo com as projeções, e construa uma tabela. Para isso, basta utilizar a regra de três simples (por exemplo, Região Norte: $\frac{9\,397\,069}{104\,546\,709} \cdot 100 \cong 8{,}988\%$).

Lembre-se de que o resultado da soma dos percentuais deve dar 100%. Se necessário, ajuste os valores fazendo arredondamentos. Depois, faça o mesmo para as mulheres.

d) Escolha algumas informações da tabela e construa um gráfico de setor.

e) Forme um grupo com alguns colegas e juntos formulem algumas questões para a leitura e interpretação do gráfico construído. Depois, peçam a outro grupo que as respondam.

3 Observe a promoção na vitrine.

a) Quanto Rosa gastará se comprar a calça à vista?

b) Qual era o preço do tênis, sem o desconto, se Rosa gastou R$ 91,00 para comprá-lo à vista?

4 Ao comprar um *video game* que custava R$ 650,00, Isabela conseguiu um desconto de R$ 52,00. Qual foi o percentual de desconto?

5 Camila teve um reajuste salarial de 7,5% e passou a receber R$ 1.389,00. Qual era seu salário antes do reajuste?

6 Um produto que custava R$ 120,00 sofreu um aumento de 8% no final do ano passado. Neste ano, o valor desse produto foi reduzido em 15%. Qual passou a ser o valor do produto após a redução?

7 Um carro novo custa R$ 60.000,00 e sofre depreciação de 18% e 10%, respectivamente, nos dois primeiros anos. Qual passa a ser o valor do carro após essas depreciações?

8 Em uma loja, um fogão custa R$ 1.000,00 e pode ser pago à vista ou a prazo. No pagamento à vista, dá-se um desconto de 20% sobre o preço. No pagamento a prazo, procede-se da seguinte maneira:

- a entrada corresponde a 25% do preço total;
- o restante é dividido em 3 prestações iguais, acrescidas, antes de cada pagamento, de um valor igual a 10% da dívida pendente naquele instante.

Calcule a diferença, em reais, entre as quantias a serem desembolsadas por dois compradores: o primeiro pagará a prazo e o segundo, à vista.

9 Com 50 trabalhadores de mesma produtividade, trabalhando 8 horas por dia, um trecho de estrada ficaria pronto em 24 dias. Com 40 trabalhadores trabalhando 10 horas por dia, com uma produtividade 20% menor do que os primeiros, em quantos dias o mesmo trecho de estrada ficaria pronto?

Trabalhadores em obra para construção de via.

10 Um comerciante deseja fazer uma grande liquidação e anunciou 50% de desconto em todos os produtos. Para evitar prejuízos, ele vai remarcar os produtos antes. Encontre o percentual que os preços dos produtos devem ser aumentados para que, depois do desconto, o comerciante receba o valor inicial das mercadorias.

DESAFIO

JUROS

Juro é uma compensação paga ou recebida pelo empréstimo de uma quantia durante certo tempo. As taxas de juro costumam ser expressas em porcentagem.

O valor inicial de um empréstimo ou de um investimento é chamado de **capital**. A soma do capital com o juro é chamada de **montante**.

Juro simples

Muitas vezes, ao fazermos compras a prazo, pagamos um valor mais alto do que se tivéssemos comprado à vista.

Por exemplo, veja o anúncio abaixo.

R$ 599,00 À VISTA

OU EM 12 X R$ 58,90

TOTAL A PRAZO: R$ 706,80

Note que, comprando a prazo, o preço do monitor é maior do que à vista. É como se o dono da loja estivesse emprestando o **capital** de R$ 599,00 para receber, no final do empréstimo, um **montante** de R$ 706,80.

Esse valor de R$ 599,00 será pago ao dono da loja com um acréscimo (um juro) de R$ 107,80, que é a diferença entre o preço a prazo e o preço à vista.

Juro simples é aquele gerado durante o prazo de aplicação, exclusivamente com base no capital inicial.

Expressamos o juro simples com a fórmula:

$$j = C \cdot i \cdot t$$

juro — capital — taxa — tempo

O **montante**, que é a soma do capital mais o juro, pode ser obtido pela fórmula:

$$M = C + j$$

em que M é o montante, C é o capital e j é o juro.

ATIVIDADES RESOLVIDAS

1 Um capital de R$ 600,00 foi aplicado por três meses à taxa de juro simples de 2% ao mês.

a) Quantos reais esse capital produzirá de juro simples no fim desse tempo?

b) Qual será o montante no final desse prazo?

RESOLUÇÃO: a) Vamos calcular 2% de 600:

$$\left(\frac{2}{100}\right) \cdot 600 = 0{,}02 \cdot 600 = 12$$

Isso significa que o juro de 1 mês corresponde a R$ 12,00.

329

Logo, o juro simples em 3 meses será de:

3 · 12 = 36

Também para calcular o juro simples multiplicando o capital pela taxa e pelo tempo:

j = C · i · t

j = 600 · 0,02 · 3 = 36

O juro será de R$ 36,00.

b) O montante M é o capital somado ao juro.

Logo:

M = C + j → M = 600 + 36 = 636

O montante será igual a R$ 636,00.

ATIVIDADES

1 Calcule o juro simples gerado por um capital de R$ 24.000,00 quando aplicado por 6 meses à taxa de juro simples de 3% ao mês.

2 Em quantos meses um capital de R$ 8.500,00, aplicado a uma taxa mensal de juro simples de 2%, propicia juro de R$ 340,00?

3 Qual é o capital que, aplicado à taxa de juro simples de 1,5% ao mês, durante 1 ano e 6 meses, produz um juro de R$ 4.050,00?

4 Pedro aplicou parte de seus R$ 20.000,00 à taxa de juro simples de 1,4% ao mês e o restante à taxa de juro simples de 1% ao mês. No final de um mês, ele recebeu um total de R$ 224,00 de juro das duas aplicações. Determine os valores de cada aplicação.

5 Amélia depositou R$ 900,00 em dois bancos. Um deles rende juro simples de 5,5% ao mês e o outro, de 6,5% ao mês. O total de juro obtido, no final de um mês, nos dois bancos, foi R$ 55,00. Quanto foi depositado, em reais, em cada banco?

6 O gráfico a seguir mostra como varia o montante M de uma aplicação à taxa de juro simples, em função do tempo t.

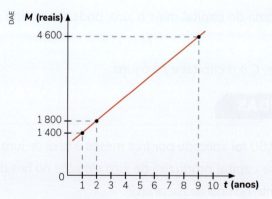

Fonte: Dados fictícios.

Qual foi o capital inicial e a taxa de juro anual dessa aplicação?

7 Mentalmente, calcule:

a) 5% de 40;

b) 10% de 1 500;

c) 50% de 250;

d) 15% de 800.

330

MatemaTIC

Usando um *software* de Geometria Dinâmica é possível explorar várias fórmulas de maneira dinâmica. Dentre os recursos fornecidos pelo *software*, utilizaremos a calculadora CAS.

Veja abaixo, na tela inicial, alguns elementos que o auxiliarão na navegação.

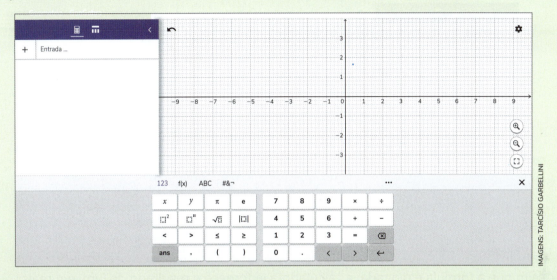

Com essa calculadora resolveremos o seguinte problema: Um capital de R$ 1.500,00 foi aplicado por seis meses à taxa de juro simples de 3% ao mês.

a) Quantos reais esse capital produzirá de juro no fim desse tempo?

b) Qual será o montante no fim desse prazo?

RESOLUÇÃO: Utilizamos a caixa de entrada para atribuir os valores numéricos que a questão fornece: capital de R$ 1.500,00 e taxa de juro simples de 3% ao mês. Se representarmos o capital pela letra C e a taxa pela letra i, digitamos na caixa de entrada da calculadora as seguintes atribuições: $C = 1.500$ e $i = \dfrac{3}{100}$.

Atenção!

Cada uma dessas atribuições deve ser digitada em uma linha por vez e confirmada com a tecla Enter, como na imagem a seguir.

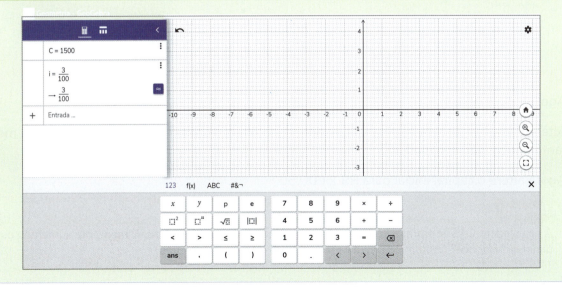

Para resolver o item **a** do problema, é necessário atribuir o valor 1 ao tempo. Representando o tempo por *t*, digite a seguinte atribuição no campo de entrada: $t = 1$. Em seguida, na próxima linha, digite a fórmula que você já conhece de juro simples $j = C * i * t$ (* representa a multiplicação).

Veja na janela a seguir como ficará a calculadora depois dessas atribuições.

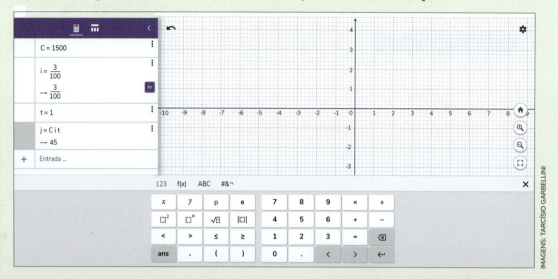

Assim que a fórmula é digitada, a calculadora já fornece o resultado do juro, em reais.

Para solucionar o item **b**, precisamos adicionar esse juro ao capital inicial usando a atribuição $M = C + j$ em uma nova linha da caixa de entrada. A tela abaixo mostra o resultado, em reais.

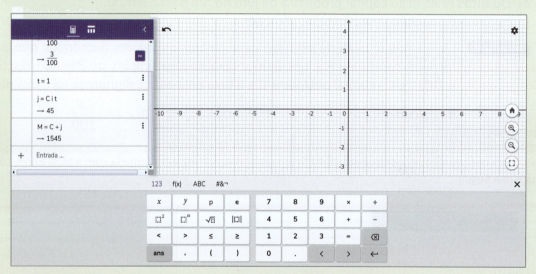

Agora é com você.

1 Altere a taxa de juro mensal da calculadora para 6% e o tempo para 4 meses. Qual é o montante obtido pela calculadora?

2 Agora altere o capital inicial para R$ 2.000,50.

> **Atenção!**
>
> A calculadora CAS interpreta o ponto e não a vírgula em números decimais. O montante aumentou ou diminuiu? Por quê? Compare e discuta seu resultado com os dos colegas.

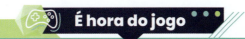

DOMINÓ

Vamos jogar dominó? Nesse jogo, reforçamos os conceitos de porcentagem e taxa percentual. Para começar, junte-se a dois colegas e leiam as instruções a seguir.

Vocês vão precisar de:
- papel e caneta para anotações;
- régua, tesoura sem ponta, cartolina (outro tipo de papel mais firme);
- 28 peças como as apresentadas abaixo, que devem ser confeccionadas conforme a orientação do professor.

Como jogar
- Confeccionem as peças de acordo com os modelos que o professor vai mostrar.
- Embaralhem as peças sobre a mesa, deixando as faces com números e/ou porcentagens voltadas para baixo.
- Cada integrante do grupo pega 7 peças para jogar. As peças que sobrarem devem ficar no centro da mesa, viradas para baixo, para serem "compradas".
- Decidam quem iniciará o jogo.
- A primeira pessoa a jogar coloca uma peça (virada para cima) sobre a mesa e passa a vez.
- Cada jogador, na sua vez, tenta encaixar uma de suas peças em uma das extremidades "livres" do jogo e, em seguida, passa a vez para o próximo.
- Se não tiver peça para encaixar, o jogador vai "comprando" as peças que sobraram no centro da mesa, até achar uma que se encaixe no jogo. Caso não haja mais peças de "compra", e nenhuma das peças que ele pegar sirva, o jogador passa a vez sem descartar nenhuma peça.
- O jogo termina se:
1. um jogador conseguir descartar todas as suas peças. Nesse caso, ele será o vencedor!
2. ficar "trancado", e ninguém conseguir continuar a rodada. Se isso acontecer, não haverá vencedor e o jogo deve recomeçar. Na nova partida, o primeiro a jogar será aquele que estiver sentado à direita de quem iniciou a partida anterior.

Trabalhando juntos
1. Listem as dificuldades que vocês tiveram para determinar as porcentagens.
2. Relacionem também as estratégias de cálculo mental que utilizaram para calcular as porcentagens.
3. Qual das estratégias é a mais rápida ou mais eficiente para esse jogo? Discutam e registrem suas conclusões em um texto do grupo. Depois, conversem com os colegas dos outros grupos e conheçam as estratégias deles.

Educação Financeira

EDUCAÇÃO FINANCEIRA X INTELIGÊNCIA FINANCEIRA

Educação financeira é o processo de aprendizado sobre finanças. Por meio dela, é possível obter conhecimentos sobre conceitos e produtos financeiros, permitindo que as pessoas tomem consciência das oportunidades e riscos de suas ações.

Quando se trata de dinheiro, a educação financeira estimula a inteligência emocional e o consumo consciente, fornecendo parâmetros para o uso da inteligência financeira.

O planejamento dos gastos financeiros contribui para um consumo consciente.

Conhecimento é seu melhor investimento.

1. É importante que cada membro da família esteja consciente do que pode fazer para colaborar com o orçamento doméstico. Cite algumas situações em que é possível reduzir gastos familiares.

2. Utilize a tecnologia a seu favor, use a internet para pesquisar sobre um dos temas marcados a seguir.

- RENDA VARIÁVEL
- RENDA FIXA
- BÔNUS
- TAXA SELIC
- FUNDOS IMOBILIÁRIOS
- CADERNETA DE POUPANÇA
- CRIPTOMOEDAS E *BLOCKCHAIN*
- CARTÃO DE CRÉDITO

Agora, apresente aos colegas o tema escolhido.

MAIS ATIVIDADES

FAÇA NO CADERNO

1 Na construção de um muro de 27 metros foram gastos 2 100 tijolos. Quantos tijolos serão gastos na construção de 36 metros de muro?

2 Um carro *flex*, que pode utilizar álcool e gasolina como combustível, é abastecido com 15 litros de gasolina e 30 litros de etanol. Sabe-se que o preço do litro de gasolina é R$ 4,80 e o preço do litro de etanol é R$ 3,00. Determine o preço médio do litro de combustível que foi utilizado.

3 Trabalhando 8 horas diárias durante 15 dias, 10 pedreiros fizeram uma parede de concreto de 48 m². Se tivessem trabalhado 10 horas diárias, e se o número de operários fosse reduzido a dois, quantos dias levariam para fazer outra parede cuja área fosse o dobro da área da primeira parede?

Pedreiro construindo muro.

4 Um engenheiro estimou para um cliente que a reforma de sua casa levaria 30 dias, se 8 homens trabalhassem 10 horas por dia. O cliente disse que preferia 12 homens trabalhando 8 horas por dia. Nessas condições, quantos dias demoraria a reforma?

5 (Enem) Uma escola lançou uma campanha para seus alunos arrecadarem, durante 30 dias, alimentos não perecíveis para doar a uma comunidade carente da região. Vinte alunos aceitaram a tarefa e nos primeiros 10 dias trabalharam 3 horas diárias, arrecadando 12 kg de alimentos por dia. Animados com os resultados, 30 novos alunos somaram-se ao grupo, e passaram a trabalhar 4 horas por dia nos dias seguintes até o término da campanha.

Admitindo-se que o ritmo de coleta tenha se mantido constante, a quantidade de alimentos arrecadados ao final do prazo estipulado seria de:

a) 920 kg.   c) 720 kg.   e) 570 kg.
b) 800 kg.   d) 600 kg.

6 (Enem) Uma indústria tem um reservatório de água com capacidade para 900 m³. Quando há necessidade de limpeza do reservatório, toda a água precisa ser escoada. O escoamento da água é feito por seis ralos, e dura 6 horas quando o reservatório está cheio.

Esta indústria construirá um novo reservatório, com capacidade de 500 m³, cujo escoamento da água deverá ser realizado em 4 horas, quando o reservatório estiver cheio. Os ralos utilizados no novo reservatório deverão ser idênticos aos do já existente. A quantidade de ralos do novo reservatório deverá ser igual a:

a) 2.   b) 4.   c) 5.   d) 8.   e) 9.

7 Nádia tem renda bruta (sem os descontos) de R$ 1.350,00. No quadro a seguir estão indicados os descontos feitos na folha de pagamento.

Imposto de renda	10%
INSS	8%
Assistência médica	2%

Calcule a renda líquida (com os descontos) de Nádia.

8 Uma pessoa com deficiência física, com direito à isenção do Imposto sobre Produtos Industrializados (IPI), adquiriu um veículo no mês de julho de 2013, pagando à vista R$ 26.300,00. Sabendo-se que o IPI cobrado na época era de 11%, quanto custaria esse veículo, se adquirido por pessoas que não têm direito à isenção desse imposto?

9 Veja as manchetes fictícias de dois jornais diferentes.

"Em Salutópolis, 60 entre 100 pessoas participam de atividades recreativas."

335

"60% dos cidadãos de Salutópolis participam de atividades recreativas."

Analise essas manchetes e converse com os colegas. Elas apresentam as mesmas informações?

10 (IFPE) Três amigas – Ana, Simone e Marília – resolveram abrir uma loja para vender roupas e bolsas. Elas procuraram um especialista para obter informações sobre como tabelar os preços de suas mercadorias. O especialista informou o seguinte:

(1) se a venda fosse em dinheiro, o valor da mercadoria deveria ser aumentado em 30% em relação ao preço de compra, que é a chamada margem de lucro.

(2) se a venda fosse em cartão de débito, após o aumento de 30%, elas deveriam acrescentar a taxa de 3% cobrada pela administradora da máquina.

(3) se a venda fosse em cartão de crédito, após o aumento de 30%, elas deveriam acrescentar a taxa de 5% cobrada pela administradora da máquina.

Então, se elas compraram uma bolsa por R$ 120,00, qual deve ser o preço dessa bolsa para uma venda no cartão de crédito?

a) R$ 163,80.
b) R$ 161,80.
c) R$ 162,80.
d) R$ 160,80.
e) R$ 164,80.

11 Carlos fez um empréstimo de R$ 8.000,00 à taxa juro de juro simples de 5% ao mês. Dois meses depois, ele pagou R$ 5.000,00 do empréstimo e, um mês após esse pagamento, liquidou todo o valor devido. Qual foi o valor do último pagamento do empréstimo?

12 Suponha que daqui a 6 meses você deva quitar uma dívida de R$ 520,00. Que importância você deve aplicar hoje, à taxa de juro simples de 5% ao mês, para que, no dia de pagamento, tenha o valor devido?

13 Uma pessoa aplicou R$ 4.000,00 à taxa de juro simples de 12% ao ano. Qual será o montante se o prazo de aplicação for de 4 meses?

14 Com os dados do quadro abaixo, crie uma situação-problema envolvendo regra de três e a resolva. Compartilhe a situação-problema que você criou com os colegas.

PARA CRIAR

Número de horas/dia	Número de dias	Número de costureiras
5	10	1
10	x	4

Lógico, é lógica!

15 Um grupo de amigos sempre se reunia às quintas-feiras para jogar futebol. No último jogo, um dos quatro amigos – Athos, Samuel, Leonel e Alex – ficou com a bola. Chegou o momento tão aguardado do jogo, e cadê a bola? Estavam sem bola.

Mauro perguntou a cada um deles quem havia esquecido a bola e as respostas foram as seguintes.

Athos: Samuel é quem pode estar com a bola.

Leonel: Eu não estou com a bola.

Samuel: Alex é quem pode estar com a bola.

Alex: Samuel não fala a verdade quando diz que eu posso estar com a bola.

Sabendo que somente um dos quatro diz a verdade, quem está com a bola?

PARA ENCERRAR

FAÇA NO CADERNO

1 (CMC-PR) Se uma pessoa se alimentar corretamente, a probabilidade de ela ter uma vida saudável é maior ou menor do que se não tiver uma alimentação saudável? Se alguém atravessar a rua com atenção, a probabilidade de sofrer um acidente é maior ou menor do que se atravessar a rua sem atenção? A palavra **probabilidade** aparece muito comumente em conversas do nosso dia a dia normalmente associada à medida da chance de algo ocorrer.

Geralmente expressamos a probabilidade por uma fração ou pela porcentagem correspondente a essa fração. Por exemplo: lançando-se aleatoriamente uma única vez uma moeda comum (com duas faces: cara e coroa), a chance de ocorrer a face cara é de 1 (uma) possibilidade em 2 (duas), o que corresponde à fração $\frac{1}{2}$ ou equivalentemente a 50%.

A tabela a seguir apresenta o número de meninos e meninas que preferem feijoada ou churrasco. Considere, nesse caso, que a criança teve apenas uma opção de preferência.

Crianças	PREFERÊNCIA	
	Feijoada	Churrasco
Meninos	80	20
Meninas	60	40

Considerando os dados apresentados na tabela, a probabilidade de uma dessas crianças, escolhida aleatoriamente, preferir feijoada é de:

a) $\frac{1}{10}$.

b) $\frac{3}{10}$.

c) $\frac{2}{5}$.

d) $\frac{3}{5}$.

e) $\frac{7}{10}$.

2 (PM-Caruaru) Davi e Júlia estão "brincando de sorte" lançando dois dados, não viciados, sendo um azul e outro vermelho. Se a soma das faces sorteadas for 7, Davi ganha. Se a soma for 9, Júlia ganha. Os dados são lançados e sabe-se que Davi não ganhou. Qual é a probabilidade de Júlia ter ganhado a aposta?

a) $\frac{1}{9}$

b) $\frac{1}{10}$

c) $\frac{2}{3}$

d) $\frac{1}{5}$

e) $\frac{2}{15}$

3 (UFPR) Uma adaptação do Teorema do Macaco afirma que um macaco digitando aleatoriamente num teclado de computador, mais cedo ou mais tarde, escreverá a obra "Os Sertões" de Euclides da Cunha. Imagine que um macaco digite sequências aleatórias de 3 letras em um teclado que tem apenas as seguintes letras: S, E, R, T, O. Qual é a probabilidade de esse macaco escrever a palavra "SER" na primeira tentativa?

a) $\frac{1}{5}$

b) $\frac{1}{15}$

c) $\frac{1}{75}$

d) $\frac{1}{125}$

e) $\frac{1}{225}$

4 (CMSP) Mariana estuda no 6º Ano do Ensino Fundamental. Na aula de História, a professora

337

Sara indicou a leitura de um livro que trata dos animais característicos da Era Cenozoica. Há 23 páginas sobre o tigre-de-sabre, 33 páginas falando sobre mamutes e mastodontes, 16 páginas contando sobre a evolução das baleias e 25 páginas que citam aves. Mariana fecha os olhos e, aleatoriamente, abre uma página do livro. Qual a probabilidade de essa página aberta por Mariana tratar sobre baleias?

a) $\dfrac{4}{97}$

b) $\dfrac{16}{97}$

c) $\dfrac{4}{97}$

d) $\dfrac{1}{4}$

e) $\dfrac{81}{97}$

5 (Enem) Suponha que uma equipe de corrida de automóveis disponha de cinco tipos de pneu (I, II, III, IV, V) em que o fator de eficiência climática EC (índice que fornece o comportamento do pneu em uso, dependendo do clima) é apresentado:

EC do pneu I: com chuva 6, sem chuva 3;

EC do pneu II: com chuva 7, sem chuva -4;

EC do pneu III: com chuva -2, sem chuva 10;

EC do pneu IV: com chuva 2, sem chuva 8;

EC do pneu V: com chuva -6, sem chuva 7.

O coeficiente de rendimento climático (CRC) de um pneu é calculado com a soma dos produtos dos fatores de EC, com ou sem chuva, pelas correspondentes probabilidades de se ter tais condições climáticas: ele é utilizado para determinar qual pneu deve ser selecionado para uma dada corrida, escolhendo-se o pneu que apresentar o maior CRC naquele dia. No dia de certa corrida, a probabilidade de chover era de 70% e o chefe da equipe calculou o CRC de cada um dos cinco tipos de pneu.

O pneu escolhido foi:

a) I.
b) II.
c) III.
d) IV.
e) V.

6 (IFSP) Um ciclista partiu do marco 40 km de uma estrada às 8 horas e seguiu por essa estrada até o marco 100 km, chegando lá às 10 horas. Assinale a alternativa que apresenta a velocidade média do ciclista nesse percurso.

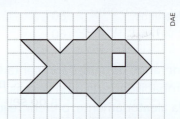

a) 50 km/h
b) 40 km/h
c) 30 km/h
d) 25 km/h
e) 20 km/h

7 (CMM-AM) Certa ilha possui o território conforme a figura mostrada na malha quadriculada abaixo. Nela vivem 6 820 habitantes e sua área pode ser estimada pela região cinza na malha.

Sabendo que o lado de cada quadrado da malha quadriculada equivale a 2 km, qual a densidade demográfica dessa ilha, ou seja, o quociente entre o seu número de habitantes e a área da região?

a) 75 habitantes por km²
b) 85 habitantes por km²
c) 55 habitantes por km²
d) 45 habitantes por km²
e) 65 habitantes por km²

8 (Unesp) Considere as seguintes características da moeda de R$ 0,10: massa = 4,8 g; diâmetro = 20,0 mm; espessura = 2,2 mm.

Admitindo como desprezível o efeito das variações de relevo sobre o volume total da moeda e sabendo que o volume de um cilindro circular reto é igual ao produto da área da base pela altura e que a área de um círculo é calculada pela fórmula πr^2, a densidade do material com que é confeccionada a moeda de R$ 0,10 é de aproximadamente:

a) 9 g/cm^3.
b) 18 g/cm^3.
c) 14 g/cm^3.
d) 7 g/cm^3.
e) 21 g/cm^3.

9 (Enem) Um motociclista planeja realizar uma viagem cujo destino fica a 500 km de sua casa. Sua moto consome 5 litros de gasolina para cada 100 km rodados, e o tanque da moto tem capacidade para 22 litros. Pelo mapa, observou que no trajeto da viagem o último posto disponível para reabastecimento, chamado Estrela, fica a 80 km do seu destino. Ele pretende partir com o tanque da moto cheio e planeja fazer somente duas paradas para reabastecimento, uma na ida e outra na volta, ambas no posto Estrela. No reabastecimento para a viagem de ida, deve considerar também combustível suficiente para se deslocar por 200 km no seu destino.

A quantidade mínima de combustível, em litro, que esse motociclista deve reabastecer no posto Estrela na viagem de ida, que seja suficiente para fazer o segundo reabastecimento, é:

a) 13.   c) 17.   e) 21.
b) 14.   d) 18.

10 (Enem) O fenômeno das manifestações populares de massa traz à discussão como estimar o número de pessoas presentes nesse tipo de evento. Uma metodologia usada é: no momento do ápice do evento, é feita uma foto aérea da via pública principal na área ocupada, bem como das vias afluentes que apresentem aglomerações de pessoas que acessam a via principal. A foto é sobreposta por um mapa virtual das vias, ambos na mesma escala, fazendo-se um esboço geométrico da situação. Em seguida, subdivide-se o espaço total em trechos, quantificando a densidade, da seguinte forma:

- 4 pessoas por metro quadrado, se elas estiverem andando em uma mesma direção;
- 5 pessoas por metro quadrado, se elas estiverem se movimentando sem deixar o local;
- 6 pessoas por metro quadrado, se elas estiverem paradas.

É feito, então, o cálculo do total de pessoas, considerando os diversos trechos, e desconta-se daí 1 000 pessoas para cada carro de som fotografado.

Com essa metodologia, procederam-se aos cálculos para estimar o número de participantes na manifestação cujo esboço geométrico é dado na figura. Há três trechos na via principal: MN, NO e OP, e um trecho numa via afluente da principal: QR.

Obs.: a figura não está em escala (considere as medidas dadas).

Segundo a metodologia descrita, o número estimado de pessoas presentes a essa manifestação foi igual a:

a) 110 000.
b) 104 000.
c) 93 000.
d) 92 000.
e) 87 000.

11 Um fazendeiro decidiu dividir 12 km² de área plantada de suas terras entre os dois filhos, João e Romeu, proporcionalmente à produção que cada um deles obteve na lavoura. Sabe-se que juntos eles produziram 2 toneladas de milho e que João produziu 700 kg a mais que Romeu. Que área plantada recebeu cada filho?

12 (UEPI) Três irmãos, Antônio, Bento e Carlos, se juntaram para montar um negócio. Antônio entrou com R$ 200.000,00, Bento com R$ 220.000,00 e Carlos com R$ 230.000,00. O negócio prosperou e após um ano tiveram um lucro de R$ 130.000,00. Sabendo que esse lucro deve ser dividido proporcionalmente ao capital investido, quanto Bento vai receber de lucro?

a) R$ 40.000,00
b) R$ 44.000,00
c) R$ 46.000,00
d) R$ 48.000,00
e) R$ 50.000,00

13 (Enem) Uma mãe recorreu à bula para verificar a dosagem de um remédio que precisava dar a seu filho. Na bula recomendava-se a seguinte dosagem: 5 gotas para cada 2 kg de massa corporal a cada 8 horas. Se a mãe ministrou corretamente 30 gotas do remédio a seu filho a cada 8 horas, então a massa corporal dele é de:

a) 12 kg.
b) 16 kg.
c) 24 kg.
d) 36 kg.
e) 75 kg.

14 (IFBA) Em um mapa da Bahia, a distância entre os pontos que ligam Jequié a Salvador é de 7,3 cm. Sabendo que a razão, usada na construção do mapa, foi de 1 : 5.000.000, é possível concluir que a distância entre estas cidades é de:

a) 153 km.
b) 182 km.
c) 243 km.
d) 365 km.
e) 382 km.

15 (IFPI) Um campo de futebol de 5 000 m² teve sua grama podada por 5 homens que trabalharam 8 horas por dia durante 4 dias. Quantos homens com a mesma capacidade de trabalho seriam necessários para podar a grama de um campo de 6 000 m², trabalhando 6 horas por dia em 2 dias?

a) 3 homens
b) 6 homens
c) 10 homens
d) 16 homens
e) 18 homens

16 (Enem) Uma pessoa aplicou certa quantia em ações. No primeiro mês, ela perdeu 30% do total do investimento e, no segundo mês, recuperou 20% do que havia perdido. Depois desses dois meses, resolveu tirar o montante de R$ 3.800,00 gerado pela aplicação. A quantia inicial que essa pessoa aplicou em ações corresponde ao valor de:

a) R$ 4.222,22.
b) R$ 4.523,80.
c) R$ 5.000,00.
d) R$ 13.300,00.
e) R$ 17.100,00.

17 (Enem) O colesterol total de uma pessoa é obtido pela soma da taxa do seu "colesterol bom" com a taxa do seu "colesterol ruim". Os exames periódicos, realizados em um paciente adulto, apresentaram taxa normal de "colesterol bom", porém, a taxa do "colesterol ruim" (também chamado LDL) de 280 mg/dL.

O quadro apresenta uma classificação de acordo com as taxas de LDL em adultos.

TAXA DE LDL (MG/DL)	
Ótima	Menor do que 100
Próxima de ótima	De 100 a 129
Limite	De 130 a 159
Alta	De 160 a 189
Muito alta	190 ou mais

Disponível em: www.minhavida.com.br. Acesso em: 15 out. 2015 (adaptado).

O paciente, seguindo as recomendações médicas sobre estilo de vida e alimentação, realizou o exame logo após o primeiro mês, e a taxa de LDL foi reduzida em 25%. No mês seguinte, realizou novo exame e constatou uma redução de mais de 20% na taxa de LDL.

De acordo com o resultado do segundo exame, a classificação da taxa de LDL do paciente é:

a) ótima.
b) próxima de ótima.
c) limite.
d) alta.
e) muito alta.

18 (IFMT) Um trabalhador reserva 30% do seu salário para o pagamento da prestação de sua casa e 50% do que resta para alimentação. Tirando a prestação da casa e a alimentação, coloca 20% do que sobra na poupança e os restantes R$ 448,00 serão utilizados em outras despesas. Então, o salário desse trabalhador é igual a:

a) R$ 990,00.
b) R$ 1.900,00.
c) R$ 1.400,00.
d) R$ 1.600,00.
e) R$ 2.100,00.

19 (FGV-SP) Rita compra bijuterias para revender. Em julho, ela comprou 3 pulseiras iguais e 10 colares iguais, pagando, no total, R$ 87,00. Em agosto, ela comprou 10 das mesmas pulseiras, com desconto de 10%, e 25 dos mesmos colares, com acréscimo de 10%, gastando, nessa compra, R$ 243,00. Em julho, o preço de cada colar superava o preço de cada pulseira em:

a) 30%.
b) 32%.
c) 36%.
d) 40%.
e) 44%.

20 (IFPI) Um investidor fez uma aplicação de R$ 22.000,00 durante um ano com 5% ao trimestre. Quais os juros simples dessa aplicação?

a) R$ 4.400,00.
b) R$ 3.300,00.
c) R$ 2.800,00.
d) R$ 2.100,00.
e) R$ 1.100,00.

21 (UERR) Um morador da cidade de Caracaraí resolveu aplicar R$ 75.000,00 num fundo de renda fixa, numa instituição financeira que opera no seu município. Sabendo que essa instituição financeira remunera seus depósitos em renda fixa a uma taxa de 1,3% ao mês, no regime de juros simples, assinale a alternativa correta quanto ao montante resgatado pelo investidor no final do 5º trimestre.

a) R$ 89.630,00.
b) R$ 89.625,00.
c) R$ 89.620,00.
d) R$ 89.635,00.
e) R$ 89.640,00.

GABARITO

Unidade 1

Capítulo 1

PÁGINAS 18 E 19

ATIVIDADES

1. $\sqrt{5}$; $\sqrt{17}$
2. III.
3. a) 8,4
   b) 11,3
4. a) racional
   b) racional
   c) racional
   d) irracional
   e) irracional
   f) racional
   g) racional
   h) irracional
5. São, porque o conjunto dos números reais abrange todos os números racionais e irracionais. Logo, todos são números reais.
6. a) 1,73   d) 3,16
   b) 2,65   e) 5,92
   c) 9,59   f) 7,07
7. a) O maior é 3,178641920078493... e o menor é 3,178641920069883...
   b) Resposta possível: 3,178641920075325...
8. $A \cong -1{,}54$
9. 99
10.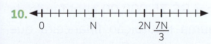
11. $\sqrt{3} \cong 1{,}73$ por falta e $\sqrt{3} \cong 1{,}74$ por excesso
12. 10 números inteiros
13. a) Resposta possível: $\sqrt{3} - \sqrt{2}$.
    b) Resposta possível: $\sqrt{2}$ e $\dfrac{1}{\sqrt{2}}$, $\sqrt{3}$ e $\sqrt{3}$.
    c) Resposta possível: $\sqrt{5}$ e $\sqrt{2}$.
    d) Resposta possível: $\sqrt{8}$ e $\sqrt{2}$.
    e) Resposta possível: $\sqrt{6}$ e $\sqrt{2}$.
14. 4

PÁGINA 20

ATIVIDADES

1. a) (reta numérica de −1 a 4)
   b) (reta numérica de −4 a 4, com $\sqrt{13}$)
   c) (reta numérica de 8 a 12)
   d) (reta numérica de −9 a −2)
   e) (reta numérica de −7 a 0)
   f) (reta numérica de −3 a 4)

2. a) $\{x \in \mathbb{R}: -4 < x \leqslant 21\}$
   b) $\{x \in \mathbb{R}: -\sqrt{2} \leqslant x \leqslant 3\}$
   c) $\{x \in \mathbb{R}: x > 8\}$
   d) $\{x \in \mathbb{R}: x \leqslant \sqrt{13}\}$

3. $x = 8$
4. c
5. (reta numérica com $-\sqrt{32}$, $-\sqrt{3}$, $-\sqrt{10}$, $\sqrt{17}$, $\sqrt{58}$)

PÁGINA 21

MAIS ATIVIDADES

1. b
2. $\left\{-1{,}4;\ 0{,}5;\ 1;\ \dfrac{4}{3};\ \sqrt{3};\ 2\sqrt{2};\ \dfrac{10}{3};\ 2\sqrt{7}\right\}$
3. (reta numérica com $-4{,}25$, $\dfrac{2}{3}$, $\sqrt{7}$, $\sqrt{49}$)
4. -13 e 9
5. Oito números.
6. Resposta pessoal.

Capítulo 2

PÁGINAS 23 E 24

ATIVIDADES

1. 52 cm
2. a) $(4{,}5)^3 = 91{,}125$ cm³
   b) $\sqrt[3]{343} = 7$ cm
3. a) $\sqrt{81} = 9$
   b) $\sqrt[3]{216} = 6$
   c) Não existe solução inteira.
   d) $\sqrt[6]{64} = 2$
   e) $\sqrt{\dfrac{16}{25}} = \dfrac{\sqrt{16}}{\sqrt{25}} = \dfrac{4}{5}$
   f) $\sqrt[3]{-\dfrac{1}{8}} = -\dfrac{1}{2}$
4. 43,2
5. a) 4
   b) 1,2
6. 8
7. 30
8. 16 800 m
9. a) 4 cm²
   b) 32 cm
10. 324

PÁGINA 25

ATIVIDADES

1. a) $(-5)^{\frac{4}{3}}$
   b) $36^{-\frac{1}{2}}$
   c) $(-2)^{\frac{7}{5}}$
   d) $6^{\frac{2}{3}}$
2. $-\dfrac{3}{4}$
3. $\sqrt[5]{3^{11}}$
4. $-\dfrac{7}{2}$
5. 2

PÁGINAS 25 A 27

ATIVIDADES

1. a) $1{,}9 \cdot 10^{13}$ km; $9{,}5 \cdot 10^{14}$ km
   b) $4{,}085 \cdot 10^{13}$ km
   c) $2{,}47 \cdot 10^{15}$ km
2. a) • 0,1 mm = $1 \cdot 10^{-4}$ mm
      • 7,5 cm = $7{,}5 \cdot 10^{-2}$ cm
      • 30 μm = $3 \cdot 10^{-5}$ m
      • 5 μm = $5 \cdot 10^{-6}$ m; 7 μm = $7 \cdot 10^{-6}$ m
   b) 0,5 mm
   c) • 100 nm
      • 10^{-6} nm
3. a) • 1 000 000 Å
      • 1 Å
      • 0,0001 Å
   b) 10^{-8} m e 10 nm
4. a) $7{,}807 \cdot 10$
   b) $4{,}703 \cdot 10$

c) $1{,}1525 \cdot 10^2$

5. Aproximadamente 100 000 grãos.

6. $1{,}08 \cdot 10^9$ minutos de chamadas

7. a) • 1 000 M
   • 5 000 000 000 M
   • 7 000 000 000 000 000 k

   b) $1 \cdot 10^3$ M; $5 \cdot 10^9$ M; $7 \cdot 10^{15}$ k

PÁGINA 28

ATIVIDADES

1. ≅ 5,20 au

2. a) Netuno.
   b) • $1{,}5 \cdot 10^8$ km
      • $5{,}85 \cdot 10^7$ km
      • $2{,}28 \cdot 10^8$ km

3. 24 au e ≅ 9,33 au

PÁGINA 29

ATIVIDADES

1. a) 10^6 m
   b) 10^{-7} cm
   c) 10^9 kg
   d) 10^{-6} cm²

2. 10^7 s

3. a) $2{,}1 \cdot 10^3$ cm³
   b) 10^3 m³

PÁGINA 31

ATIVIDADES

1. a) $9\sqrt{2}$
   b) $9\sqrt[3]{4}$
   c) $\dfrac{19\sqrt{2}}{12}$
   d) $2 + 3\sqrt{3}$

2. a) $\sqrt{15}$
   b) $\sqrt{5}$
   c) $\sqrt[4]{30}$
   d) $\sqrt{3}$
   e) $40\sqrt{3}$
   f) $\sqrt[4]{2}$

3. a) $2 + 6\sqrt{5}$
   b) $16\sqrt{2} - 26$
   c) $11\sqrt{6} - 24$

4. $32 - 4\sqrt{3}$ cm

5. a) $27\sqrt{3}$ cm
   b) $20\sqrt{10}$ cm

6.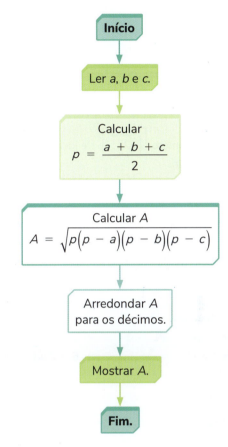

PÁGINA 32

ATIVIDADES

1. a) 25
   b) 45
   c) 144
   d) $\sqrt[9]{36}$
   e) $\sqrt[12]{27}$

2. $\sqrt[3]{2}$

3. a) $8 - 5\sqrt{2}$
   b) $4 - 3\sqrt{2}$

4. 7

5. a) Potência e radiação
   b) • 9
      • 12
      • 5
      • 9

PÁGINA 35

ATIVIDADES

1. a) $5\sqrt{5}$

343

b) $-12\sqrt{3}$

c) $-5\sqrt[3]{2}$

d) $30\sqrt{5} + 16\sqrt{2}$

2. $\dfrac{13}{16}$

3. $\sqrt{27} > \sqrt{20}$

4. $8\sqrt{5}$

5. a) $12\sqrt{10}$ b) $2\sqrt{20}$

6. Não, pois o número $\left[\left(\sqrt{2}\right)^{\sqrt{2}}\right]^{\sqrt{2}}$ é igual a 2.

7. a) Por exemplo,
$\sqrt{3} \cdot \sqrt{3}$.
$\sqrt{3} \cdot \sqrt{3} = \sqrt{9} = 3$

b) Por exemplo, $\sqrt{2}$ e $\sqrt{3}$.
$\sqrt{2} \cdot \sqrt{3} = \sqrt{6}$

c) Por exemplo, $\sqrt{3} + 1 - \sqrt{3}$.

$\sqrt{3} + 1 - \sqrt{3} = 1$

d) Por exemplo, $\sqrt{6}$ e $\sqrt{6}$.
$\sqrt{6} : \sqrt{6} = \sqrt{1} = 1$

8. a) 45   c) $6 - 2\sqrt{3}$

b) $4\sqrt{2} - 3$

PÁGINA 36

ATIVIDADES

1. a) $\dfrac{5\sqrt{2}}{2}$

b) $\dfrac{3\sqrt{5}}{2}$

c) $\dfrac{\sqrt[4]{8}}{8}$

d) $-\dfrac{5\left(\sqrt{2} + \sqrt{7}\right)}{5}$

2. $A > B$.

3. a) $2\sqrt{3}$ c) $5 - 2\sqrt{6}$

b) 1

4. $6\sqrt{5}$ cm

5. $\dfrac{1}{2 + \sqrt{3}} = \dfrac{1}{2 + \sqrt{3}} \cdot \dfrac{2 - \sqrt{3}}{2 - \sqrt{3}} =$

$= \dfrac{2 - \sqrt{3}}{2^2 - \left(\sqrt{3}\right)^2} =$

$= \dfrac{2 - \sqrt{3}}{4 - 3} = 2 - \sqrt{3}$

PÁGINAS 37 E 38

MAIS ATIVIDADES

1. a) -5

b) -6

c) 4

d) -1

e) $\dfrac{1}{10}$

f) Não existe número real.

2. a) $a = 10$

b) $b = 16$

3. a) $5^{\frac{8}{3}}$

b) $\left(\dfrac{2}{3}\right)^{\frac{9}{4}}$

c) $2^{\frac{3}{6}}$

4. a) 10^7 m

b) 10^{-7} cm

c) 10^9 kg

5. a) $0{,}44$ m^2

b) $1{,}87$ m^2

6. Por exemplo, fazendo $a = 5$, $x = 2$ e $y = 2$, temos:
$5^{\frac{1}{2}} + 5^{\frac{1}{2}} \neq 5^{\frac{1}{2} + \frac{1}{2}} \to$
$\to \sqrt{5} + \sqrt{5} \neq 5^1 \to 2\sqrt{5} \neq 5$

7. a) $\dfrac{1}{9}$

b) $\dfrac{1}{2\sqrt[4]{125}}$

c) $\dfrac{1}{4}$

8. a) $\sqrt[4]{1\,000}$

b) $\sqrt[8]{5}$

c) $\sqrt[6]{3^5}$

d) $2\sqrt[8]{2}$

9. $4{,}00 \cdot 10^7$ m

10. Respostas possíveis: $6{,}25 \cdot 10^{-8}$, $0{,}625 \cdot 10^{-7}$, $0{,}0625 \cdot 10^{-6}$, $0{,}00625 \cdot 10^{-5}$, $\dfrac{0{,}000625}{1000}$.

11. 10^{-4}

12. $\cong 9{,}56 \cdot 10^2$ au

13. a) $-\sqrt{3} + 14\sqrt{5}$

b) $9\sqrt{2} - 5$

14. $7\sqrt{5} + 27\sqrt{2} + 4$

15. a) $56\sqrt{7}$
    b) 2
    c) $\sqrt[3]{8} - 2$
    d) $\sqrt{2}$

16. $\dfrac{79\sqrt{2}}{18}$

17. Respostas pessoais.

18. a) $\dfrac{2\sqrt{3}}{3}$
    b) $2\sqrt{6}$
    c) $2\sqrt[3]{5}$
    d) $2(\sqrt{6} - \sqrt{3})$
    e) $5(2 - \sqrt{3})$

19. a) $\sqrt[3]{14}$
    b) $\dfrac{5}{6}$
    c) $\sqrt[3]{3}$
    d) 1

20. $\left(x^{\frac{1}{2}} \cdot y^{\frac{1}{2}} \cdot z^{\frac{1}{2}}\right)^4 = \left[(xyz)^{\frac{1}{2}}\right]^4 = (xyz)^2 = x^2 y^2 z^2$

Capítulo 3

PÁGINA 41

ATIVIDADES

1. a) 0, 1 e 2
   b) 0, 1, 2, 3 e 4
   c) 0, 1, 2, 3, 4, 5, 6 e 7

2. a) 110 101 e 53
   b) 40 213 e 2 558

3. a) 9
   b) 41
   c) 37
   d) 203

4. a) 1 000
   b) 1 100
   c) 1 111
   d) 100 101 101

5. a) 10 111
   b) 1 111

6. a) 35
   b) 94
   c) 38
   d) 494

7. $\dfrac{4^{10}}{2^{10}} \cdot 3^5 \cdot 3^{-5} = \left(\dfrac{4}{2}\right)^{10} \cdot 3^5 \cdot 3^{-5} = 2^{10} \cdot 3^5 \cdot 3^{-5} =$
   $= (2^{10}) \cdot (3^5 \cdot 3^{-5}) = 2^{10} \cdot 3^{5-5} = 2^{10} \cdot 3^0 = 2^{10}$

8. 84

PÁGINA 45

1. a) Resposta pessoal.
   b) Apresentação: 130 048 B;
      Crimes digitais: 4 160 512 B.
   c) 2 112 562 KB $\cong$ 2,1 GB

2. a) $\cong 3,5 \cdot 10^9$ b
   b) $6,4 \cdot 10^2$ b
   c) $\cong 4 \cdot 10^{10}$ b

3. $\cong 1\ 250$ videoclipes

4. 2^{40} B

5. 786 432 DVDs

PÁGINA 46

MAIS ATIVIDADES

1. a) 13
   b) 72

2. a) 1 011
   b) 1 000 001

3. 10 001

4. a) $5 \cdot 10^{-3}$ m
   b) $4 \cdot 10^{-4}$ m
   c) $7 \cdot 10^{-5}$ m
   d) $2 \cdot 10^{-3}$ m
   e) $3,5 \cdot 10^{-5}$ m
   f) $6 \cdot 10^{-7}$ m
   g) $9 \cdot 10^{-9}$ m
   h) $8,1 \cdot 10^{-8}$ m
   i) $1,1 \cdot 10^{-8}$ m
   j) $7,5 \cdot 10^{-10}$ m
   k) $8,3 \cdot 10^{-8}$ m
   l) $3,2 \cdot 10^{-9}$ m

5. a) 10 112
   b) 13 000
   c) 3 720

6. 1 bit — um conjunto de 8 bits
   1 byte — 1 ou 0
   1 megabyte — 1 024 quilobytes, 1 048 576 bytes
   1 gigabyte — 1 024 megabytes, 1 073 741 824 bytes

7. bit

8. a) 1 000 000
   b) 1 000

9. Resposta pessoal.

345

PÁGINAS 47 A 49

PARA ENCERRAR

1. e
2. c
3. b
4. a
5. b
6. c
7. b
8. a
9. d
10. a
11. d
12. e
13. d
14. a) 3,65

b) Resposta possível:

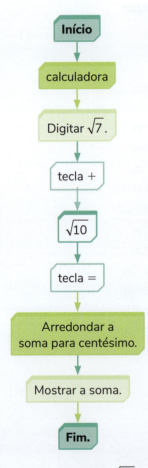

O fluxograma referente ao cálculo $\sqrt{20} - \sqrt{8}$ seria análogo ao descrito apenas alterando os valores atribuídos na terceira e quinta células e o comando atribuído na quarta célula.

c) Resposta possível.

Unidade 2
Capítulo 1

PÁGINAS 55 A 57

ATIVIDADES

1. a)

b)

c)

346

d)

e)

2. a)

b)

3.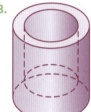

4. Cada três faces do cubo que podem ser vistas ao mesmo tempo compartilham um vértice. E como o cubo tem 8 vértices, o número de composições de cores percebidas visualmente é 8.

5.

6. a) 35 cubinhos
   b) 20 cubinhos
   c) 35 cubinhos

7. O primeiro desenho (à esquerda) é uma vista frontal da coifa e o segundo desenho é uma vista lateral (lado direito).

8. Além da vista frontal, é até possível esboçar uma parte, mas ficaria incompleta, pois a imagem só permite ver a frente da casa.

PÁGINA 58

MAIS ATIVIDADES

1. e
2. Resposta pessoal.

Capítulo 2

PÁGINAS 61 E 62

ATIVIDADES

1. a) $V = 720$ cm³
   b) $V = 0,56$ m³
   c) $V = \dfrac{3\sqrt{2}}{2}$ m³

2. 40 L

3. e

4. Uma caixa do tipo 2 custará aproximadamente R$ 18,00.

5. As dimensões da base são 6 cm e 12 cm.

6. 1 875 L

PÁGINAS 64 E 65

ATIVIDADES

1. a) $V = 18$ dm³
   b) $V = 220$ cm³
   c) $V = 1\,000$ cm³

2. $V = 300$ cm³

3. $h = 21$ cm

4. $V = 384$ cm³

5. a)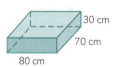

   Paralelepípedo retângulo.

   b) $V = 168\,000$ cm³

6. a) $V = 4x^3 - 60x^2 + 200x$
   b) $V = 192$ cm³

7. $V = 8\,032,5$ cm³

8. d

PÁGINA 68

ATIVIDADES

1. a) $V = 2\,543,4$ m³
   b) $V = 301,44$ cm³
   c) $V = 18\,840$ cm³

2. $V = 24\pi\sqrt{3}$

3. 317 925 L de gasolina

4. $r = 2\sqrt{2}$ cm.

5. Aproximadamente 13 moedas.

347

6. O tanque A, porque tem 64π cm³ de volume, enquanto o B tem apenas 32π cm³.

7. 25,92 g

PÁGINA 73 A 75

MAIS ATIVIDADES

1. b
2. e
3. c
4. V = 490 cm³
5. V = $3\sqrt{7}$ + 30 m³
6. As medidas do raio da base e da altura do cilindro do tipo B são 4 cm e 8 cm, respectivamente.
7. V_A = 3 124,8 cm³; V_B = 60 cm³
8. V = 1 714,50 cm³
9. d
10. d
11. Resposta pessoal.

PÁGINAS 76 A 79

PARA ENCERRAR

1. e
2. b
3. a
4. e
5. c
6. a
7. b
8. d
9. a
10. c
11. e
12. e
13. d

UNIDADE 3

Capítulo 1

PÁGINA 84

ATIVIDADES

1. a) $a^2 + 6a + 9$
   b) $25y^2 + 20y + 4$
   c) 441
   d) $g^4 + g^3 + \frac{g^2}{4}$
   e) $x^6 + 2x^5 + x^4$
   f) $9 - 24n + 16n^2$
   g) $0,04 x^2 + 0,6x + 2,25$
   h) 102,01

2. a) Área: $(2x + 7)^2$; perímetro: $2x + 7 + 2x + 7 = 4x + 14$
   b) Área: $(2,5 + 7)^2 = 17^2$; perímetro: $4 \cdot 5 + 14 = 34$.

3. a) $\frac{1}{4}x^4 + 4x^3 + 16x^2$
   b) $a^2b^2 + 2a^2b + a^2$

4. $(4m + 1)^2 - (m + 2)^2 =$
   $= 16m^2 + 8m + 1 - (m^2 + 4m + 4) =$
   $= 15m^2 + 4m - 3$. Logo, a igualdade é falsa.

5. Para a área do quadrado ser 64 km² devemos encontrar um número ao quadrado que dê 64; logo, esse número só pode ser 8. Assim, ele deve aumentar o lado do terreno em 3 km.

6. 124

PÁGINA 86

ATIVIDADES

1. a) $x^2 - 2xy + y^2$
   b) $a^2 - 4a + 4$
   c) $n^6 - 4n^4 + \frac{n^2}{4}$
   d) $9 + \frac{3}{2}y^2 + \frac{y^4}{16}$

2. a) 9 801
   b) 7 744
   c) 39 601

3. $8x^2 + 8x$
4. $x^4 + y^4 - 4x^3y - 4xy^3 + 6x^2y^2$
5. $ab = 3$
6. $-6x + 15$
7. a) $-5x^2 + 16xy - 3y^2$
   b) $x^4 y^6 - 2x^3 y^4 + x^2 y^2$

PÁGINA 87

ATIVIDADES

1. a) $4x^2 - 9$
   b) 891

2. a) $x^2 - y^2$
   b) $9x^4 - x^2$
   c) $a^4 b^2 - a^2$
   d) $\frac{m^2 n^2}{9} - 1$

3. a) $(3 + 2)(3 - 2)$
   b) $(-4 - 3)(-4 + 3)$
   c) $(100 - 1 000)(100 + 1 000)$

4. $-34 - 10ab$
5. $-2x^2 + 4x$
6. $-r^3 + r^2 + 19r + 25$
7. a) $(3 + 29) \cdot 29 = 3 \cdot 29 + 29^2 = 928$

b) $48^2 + 4 \cdot 48 = 2\,504$

c) $999^2 + 2 \cdot 999 = 999\,999$

8. $185\,997^2 = (185\,998 - 1)^2$

    $185\,997^2 = 185\,998^2 - 2 \cdot 185\,998 + 1$

    $185\,998^2 = 185\,997^2 + 2 \cdot 185\,998 - 1$

    $185\,998^2 = 185\,997^2 + 371\,996 - 1$

    $185\,998^2 = 185\,997^2 + 371\,995$

    O número que deve ser acrescentado é 371 995, que é múltiplo de 5, pois termina em 5; ou seja, a afirmativa é verdadeira.

9. a) $8ab - 4bc$

    b) 6

10. 32 000 000

PÁGINA 91

MAIS ATIVIDADES

1. Devem ser acrescentados dois retângulos: um de área $6x$ e outro de área 9.

2. $x = 6$, pois ele é inteiro positivo

3. a) $5x^2 - 22x + 46$

    b) $36a^3 + 8b^3 - 8ab^2 - 30a^2b$

    c) -16

4. a) $(x - y)^2$

    b) $y \cdot (x - y) + y^2 = xy - y^2 + y^2 = xy$

    c) $2xy + y^2$

5. 9

6. Resposta pessoal.

Capítulo 2

PÁGINAS 94 E 95

ATIVIDADES

1. a) $5(x + y)$

    b) $a(a^2 + 3a + 5)$

    c) $7b(a - 2x)$

    d) $4x^2(1 + 3xy + 7z)$

    e) $x^{40}(1 + x)$

    f) $4a(y + x - xy)$

    g) $15a(a + 3)$

    h) $(2y - 5)(4y + 1)$

2. a) $3y^2 + 8y;\ y(3y + 8)$

    b) $xy + xz + x^2;\ x(y + z + x)$

3. 8 448

4. a) 8

    b) 62

    c) 125

5. a) $(y - 3) \cdot (4a - 5b + 1)$

    b) $(a - b) \cdot (x - y - 1)$

    c) $(x + y) \cdot (3x)$

6. 20

PÁGINA 96

ATIVIDADES

1. a) $(a + b) \cdot (2x + y)$

    b) $(x^3 + 2) \cdot (x - 3)$

    c) $(x + 3) \cdot (5 + 2y)$

    d) $(a + 1) \cdot (b + 1)$

    e) $(x^2 + 2) \cdot (5x - 4)$

2. a) $(a + 1) \cdot (3 + a + 1)$

    b) $(2 + d) \cdot (d + 1)$

    c) $(5 - x) \cdot (x - 1)$

3. 5

4. $(7x^2 - 1) \cdot (y - 2)$

PÁGINA 98

ATIVIDADES

1. a) $(a + 1) \cdot (a - 1)$

    b) $(2a - 3b) \cdot (2a + 3b)$

    c) $\left(p + \dfrac{1}{7}q\right)^2$

    d) $(x^3 - 1)^2$

2. $97^2 - 87^2 = (97 + 87) \cdot (97 - 87) = 184 \cdot 10 = 1\,840$, isto é, 1 840 cm²

3. a) $\left(x^2y + \dfrac{5}{10}\right) \cdot \left(x^2y - \dfrac{5}{10}\right)$

    b) $(x^2y - xy^2)(x^2y + xy^2)$

4. a) Sim, pois $\sqrt{x^2} = x$ ou $\sqrt{x^2} = -x$ e $\sqrt{64} = 8$. Assim, $16x = 2 \cdot 8\,x$.

    b) Não, pois

    $\sqrt{\dfrac{1}{4}a^4b^2} = \dfrac{1}{2}a^2b$ e $\sqrt{25a^2} = 5a$. Assim, $2 \cdot 5a \cdot \dfrac{1}{2}a^2b = 5a^3b \neq 8a^3b$.

5. a) Deve ser retirado 1 x.

    b) Deve ser adicionado 72 e retirado $10a$.

6. 11,52

7. Sim, pois podemos fatorar o trinômio como $(2x + 5)^2$. Assim, o lado vale $2x + 5$.

8. Produção pessoal.

PÁGINA 99

MAIS ATIVIDADES

1. a) $(3x + y) \cdot (a - 2b)$
   b) $(b - 2) \cdot (a + 3)$
   c) $(5a - 2b) \cdot (5a + 2b)$
   d) $(2x - 4) \cdot (2x + 4)$
   e) $(t + 4)^2$
   f) $(ax - by)^2$
   g) $2 \cdot (a^2 + 2ab) \cdot (a^2 - 2ab)$
   h) $(a^4 - a^3 + 2) \cdot (a - 1)$

2. 13
3. 1
4. c
5. Resposta pessoal.
6. Resposta pessoal.

Capítulo 3

PÁGINA 102

ATIVIDADES

1. a) $x \neq 8$
   b) $x \neq \dfrac{1}{4}$

2. a) $\dfrac{4}{ab}$
   b) $\dfrac{3 \cdot (x - 1)}{8}$
   c) $\dfrac{y - 1}{x - 2}$
   d) ax.
   e) $\dfrac{2x + 8}{3}$

3. a) $\dfrac{2}{3a}$
   b) $3a$
   c) $\dfrac{x - 2}{x - 6}$
   d) $\dfrac{a - 3}{a}$
   e) 3

4. a) Sim, pois
   $\dfrac{3x \cdot (x + 6)}{(a + b) \cdot (x + 6)} = \dfrac{3x}{a + b}$.
   b) Não, pois
   $\dfrac{4 \cdot (m + 4) \cdot (m - 4)}{8 \cdot (m - 4)} =$
   $= \dfrac{m + 4}{2} \neq \dfrac{m + 2}{4}$

5. $\dfrac{a + b}{a - 2}$

6. 223

7. a) $\dfrac{a}{4}$
   b) $3 \cdot (a + 1)$
   c) $\dfrac{x + y}{3}$
   d) $-4 \cdot (m + n)$
   e) $\dfrac{1}{4 \cdot (a - 2b)}$
   f) $\dfrac{x + 3}{2 \cdot (x - 3)}$

8. $a - b$

9. a) $a^2 \cdot (a - 3)$
   b) -2

10. $\dfrac{2 \cdot (x - 25)}{3 \cdot (x + 5) \cdot (x - 5)}$

11. $\dfrac{a + b^2}{a^2} + \dfrac{a \cdot (a - 1)}{a^2} - \dfrac{2a^2}{a^2} =$
    $= \dfrac{a + b^2 + a^2 - a - 2a^2}{a^2} =$
    $= \dfrac{b^2 - a^2}{a^2} = \dfrac{(b + a) \cdot (b - a)}{a^2}$

PÁGINA 104

ATIVIDADES

1. a) $\dfrac{8}{a}$
   b) $\dfrac{xm - 3}{x}$
   c) $-\dfrac{a}{b}$

d) $\dfrac{8b + 15a - 42a}{6ab}$

2. a) $(a + 3)^2$
   b) $2 \cdot (b - 1)^2$
   c) $2 \cdot (a \cdot b)^2 (a + b)$
   d) $x(a - 3)^2 \cdot (a + 3)$

3. a) $\dfrac{1}{a \cdot (a + 1)}$
   b) $\dfrac{6xy^2 + 45 - 40y}{30x^2y^3}$
   c) $\dfrac{14 + 35m - 12n^2}{14mn}$
   d) 2

4. a) 0
   b) $\left(\dfrac{a^3 + 2a^2 - 4a - 8}{(a + 4) \cdot (a - 4)}\right)^2$

5. a) $\dfrac{10x + 1}{(3x - 1)^2 \cdot (3x + 1)}$
   b) $\dfrac{1 - x}{x \cdot (x + 1)}$

6. a) $\dfrac{1}{y^2}$
   b) -2

7. a

PÁGINAS 106 E 107

ATIVIDADES

1. 6
2. $\dfrac{2}{3}$
3. a) $x = 5$
   b) $x = \dfrac{3}{2}$
4. a) 0
   b) $\dfrac{3}{2}$
5. a) 140 km
   b) Uganda.
6. a) 1
   b) 4
   c) $\dfrac{3}{7}$

PÁGINA 109

ATIVIDADES

1. a) $m = 2$ e $n = 6$
   b) $a = -3$ e $b = 4$
2. $\dfrac{12}{5}$
3. $y = 30$ cm e $x = 35$ cm
4. a) Na primeira distância, o ônibus gastou 2 horas e, na segunda, 5 horas.
   b) 90 km/h

PÁGINA 110

MAIS ATIVIDADES

1. a) $5ab^2$
   b) $\dfrac{3a}{2}$
   c) $\dfrac{1}{a}$
2. a) $\dfrac{a - 25}{(a + 4) \cdot (a - 5)}$
   b) $\dfrac{3x(x - 2)^2}{2}$
   c) $\dfrac{a + 2}{a + 1}$
3. $x = 2$
4. a)

SABOR	QUANTIDADE
avelã	20
laranja-lima	3
caramelo	6
beijinho	12

   b) Resposta pessoal.

Capítulo 4

PÁGINA 112

ATIVIDADES

1. Equações **a**, **c** e **e**.
2. a) $4 - x + 8 = 0$
   b) $-\dfrac{x^2}{3} + \sqrt{2} = 0$
   c) $\sqrt{3}x^2 + x = 0$
3. $k = -7$, pois assim teremos $0x^2$.

351

4. a) $(x + 5)^2 = 400$
   b) $3x^2 - 12 = 0$
   c) $\dfrac{x^2}{3} - 42 = 0$
   d) No item **a**, temos $a = 1$, $b = 10$ e $c = -375$; no item **b**, temos: $a = 3$, $b = 0$ e $c = -12$; e no item **c**, temos: $a = \dfrac{1}{3}$, $b = 0$ e $c = -42$.

5. a) $2x^2 - 10x - 67 = 0$
   b) $10y - 1 = 0$

PÁGINA 115

ATIVIDADES

1. a) $x = 0$
   b) $x = 2$ ou $x = -2$
   c) $x = \dfrac{1}{2}$ ou $x = -\dfrac{1}{2}$
   d) $x = \dfrac{1}{10}$ ou $x = -\dfrac{1}{10}$

2. a) $x = 0$ ou $x = -3$
   b) $x = 0$ ou $x = 5$
   c) $x = 0$ ou $x = -1$

3. $a = 0$ ou $a = \dfrac{35}{3}$
4. 6
5. 40
6. 8 m

PÁGINA 117

ATIVIDADES

1. a) -2
   b) 3
   c) $x = \dfrac{1}{6}$

2. a) -5 e 1
   b) Não tem solução real.
   c) $-2 + \sqrt{5}$ e $-2 - \sqrt{5}$

3. 7 ou -5
4. Logo, o filho tem 12 anos, e o pai, 48.

PÁGINA 120 E 121

ATIVIDADES

1. a) As raízes são 2 e 4.
   b) As raízes são -1 e -3.
   c) A raíz é $\dfrac{1}{3}$.
   d) As raízes são $-\dfrac{1}{2}$ e 1.
   e) As raízes são $-\dfrac{1}{2}$ e 0.
   f) Não tem raízes reais.
   g) As raízes são $-2 - \sqrt{7}$ e $\sqrt{7} - 2$.
   h) Não tem raízes reais.
   i) As raízes são $-\dfrac{1}{4}$ e $\dfrac{1}{12}$.

2. $t = 0$
3. a) $x = 5$ ou $x = -6$
   b) $x = 1$ ou $x = -\dfrac{1}{3}$
   c) $x = \dfrac{\sqrt{6}}{2}$ ou $x = -\dfrac{\sqrt{6}}{2}$

4. $x = 7$ ou $x = -4$
5. 50 sacos
6. a) Triacontágono (tem 30 lados).
   b) Pentágono (tem 5 lados).
7. A área inicial era 25 m².
8. -8 e -7 ou 7 e 8
9. Não existe solução real.
10. Resposta pessoal.
11. 2
12. $h = 2\,650$ km, aproximadamente.
13. 3, 5 e 7

PÁGINA 124

ATIVIDADES

1. a) $S = 13$ e $P = 42$
   b) $S = \dfrac{5}{6}$ e $P = -\dfrac{2}{3}$

2. a) $S = 5$ e $P = 6$. Raízes: 2 e 3.
   b) $S = 2$ e $P = 1$. Raízes: 1 e 1.
   c) $S = -6$ e $P = 8$. Raízes: -2 e -4.

3. -11
4. $m = \dfrac{2}{5}$
5. $\dfrac{27}{182}$
6. $k = 14$
7. $a = 28$ ou $a = -28$
8. a) Não. Porque o produto é negativo.
   b) Positivo, porque a soma é positiva.
9. $2m^2 + 2$

PÁGINA 125

ATIVIDADES

1. a) $x = -2$, $x = 2$, $x = \sqrt{3}$ e $x = -\sqrt{3}$
   b) $x = 0$, $x = -\sqrt{2}$ e $x = \sqrt{2}$
   c) $a = \sqrt{7}$, $a = -\sqrt{7}$, $a = 1$ e $a = -1$

d) $y = \sqrt{\dfrac{4 + \sqrt{28}}{2}}$ e

$y = -\sqrt{\dfrac{4 + \sqrt{28}}{2}}$

As outras soluções não pertencem ao conjunto dos números reais.

2. a) $x = 0$, $x = 5$ e $x = -5$
   b) $y = 0$, $y = 1$ e $x = -1$
3. a) $x = 2$, $x = -2$
   b) $a = 2$, e $a = -2$
4. A medida do quadrado maior é 16 cm e a do menor é 4 cm.
5. As medidas podem ser: 40 cm e 37 cm.
6. Temos que $x = \sqrt{8}$, $x = 1$, que satisfazem o problema proposto.
7. As soluções reais são $x = -1$, $x = 1$.
8. A maior raiz é 2.

PÁGINA 127

ATIVIDADES

1. $x = \dfrac{10}{3}$ e $x = 2$

2. a) $\dfrac{8}{5}$ e 5

   b) -3 ou 2

3. São 8 filhos, e cada filho recebeu R$ 40.000,00.

4. $x = \dfrac{\sqrt{7}}{2}$ e $x = -\dfrac{\sqrt{7}}{2}$

5. Foram carregados 24 caminhões com 2 500 kg cada.

PÁGINA 128

ATIVIDADES

1. a) $(x, y) = (-1, -2), (-2, -1), (2, 1)$ ou $(1, 2)$
   b) $(a, b) = (3, 2)$ ou $(2, 3)$
2. $(x, y) = (5, 7)$ ou $(7, 5)$
3. a) O perímetro do pátio.
   b) Podemos ter $(a, b) = (25, 15)$ ou $(27, 11)$.
4. O perímetro é 16 m.
5. A solução é $(a, b) = (4, 2)$ ou $\left(3, \dfrac{8}{3}\right)$.
6. A idade do pai é 36, e a do filho, 6.
7. a) Havia 13 pessoas.
   b) Cada uma pagou R$ 250,00.

8. $(x, y) = (1, 3)$ e $(3, 1)$.

PÁGINA 130

MAIS ATIVIDADES

1. a) $x = 25$ ou $x = -25$
   b) $x = \dfrac{1}{7}$ ou $x = -\dfrac{1}{7}$
   c) $x = 0$ ou $x = 3$
2. a) -21 e 3
   b) -13 e 1
3. a) $n = -\dfrac{3}{10}$
   b) $x = -2$
4. As dimensões do pátio são 15 m e 18 m.
5. $x = 5$
6. Resposta pessoal.
7. $\dfrac{3}{2}$
8. $a = 2$
9. $p = 2$ ou $p = 7$
10. A equação não tem solução real.
11. a) $x = -1$ e $x = 5$
    b) $x = \dfrac{4 - \sqrt{72}}{2}$

    e $x = \dfrac{\sqrt{72} - 4}{2}$

    c) $y = -3$

PÁGINA 131

PARA ENCERRAR

1. b
2. a
3. e
4. b
5. b
6. a
7. d
8. e
9. a
10. d
11. a
12. d
13. $y = 8$ e $x = 1$.

353

UNIDADE 4

Capítulo 1

PÁGINA 137

ATIVIDADES

1. a) $a = b = e = g = 135°$
   $c = d = f = 45°$
   b) $q = l = k = 85°$
   $p = m = n = j = 95°$

2. a) Ângulos correspondentes, $x = 20°$.
   b) Ângulos colaterais internos, $y = 80°$.
   c) Ângulos colaterais externos, $z = 22°$.
   d) Ângulos alternos internos, $x = 30°$.

3. a) 16°
   b) 28°

4. $x = 67°$; $a = 52°$; $b = 134°$

5. $x = 65°$

6. $a = 50°$; $b = 20°$

PÁGINAS 141 E 142

ATIVIDADES

1. a)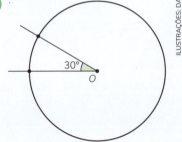

   b)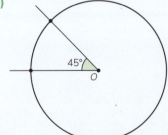

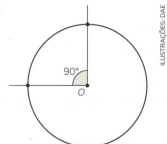

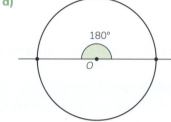

2. 62°, 90° e 208°, respectivamente

3. a) 60°
   b) 180°
   c) 150°

4. $x = 45°$, $y = 90°$ e $z = 45°$

5. 163°

PÁGINAS 145 A 148

ATIVIDADES

1. a) $\overarc{AB}$ corresponde a $A\hat{P}B$.
   b) $\overarc{DA}$ corresponde a $A\hat{P}D$; $\overarc{PB}$ corresponde a $P\hat{D}B$; $\overarc{PC}$ corresponde a $P\hat{A}C$.
   c) $\overarc{PD}$ corresponde a $P\hat{B}D$; $\overarc{PC}$ corresponde a $P\hat{B}C$; $\overarc{DC}$ corresponde a $D\hat{B}C$ e $\overarc{EB}$ corresponde a $E\hat{C}B$; $\overarc{CB}$ corresponde a $B\hat{P}C$.
   d) $\overarc{MA}$ corresponde a $A\hat{P}M$; $\overarc{AP}$ corresponde a $A\hat{M}P$; $\overarc{PM}$ corresponde a $P\hat{A}M$.

2. Resposta pessoal.

3. a) 130°
   b) 31,5°
   c) 40°
   d) 15°

4. 80°

5. 25°

6. 37°

7. a) $x = 90°$ e $y = 45°$
   b) $x = 108°$ e $y = 72°$
   c) $x = y = 60°$
   d) $x = 60°$ e $y = 120°$

8. $a = 104°$ e $b = 94°$

9. Resposta pessoal.

10. 128°

11. a) O ângulo inscrito $D\hat{B}C$ mede 90°, pois a reta $\overleftrightarrow{DB}$ é perpendicular à reta $\overleftrightarrow{BC}$.

   b) Por ser um ângulo inscrito de 90°, o arco $\overset{\frown}{CD}$ que corresponde a $D\hat{B}C$ tem o dobro da medida de $D\hat{B}C$, ou seja, 180°. Assim, o segmento $\overline{CD}$ é um diâmetro da circunferência, ou seja, tem o dobro da medida de seu raio.

PÁGINAS 149 E 150

MAIS ATIVIDADES

1. $x = 60°$ e $y = 120°$
2. $\hat{A} = 30°$ e $\hat{B} = 150°$
3. $x = 35°$ e $y = 50°$
4. 60°
5. 38°
6. 25°
7. Resposta pessoal.

Capítulo 2

PÁGINAS 156 E 157

ATIVIDADES

1. Somente as figuras do item **a**.
2. **a)** Não. As medidas dos segmentos não são proporcionais.
   b) Resposta pessoal.
3. **a)** 3,3 cm
   b) 70°
   c) 80°
   d) 30°
4. 28,8 m, 18 m, 14,4 m, 10,8 m
5. **a)** Construção pessoal.
   b) Sim. As medidas dos pares de lados correspondentes são proporcionais.
   c) 45°, 45° e 90°
6. Resposta possível:

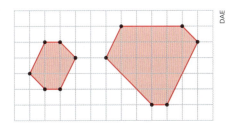

7. A, B e F. As medidas dos pares de lados correspondentes são proporcionais.
8. Resposta pessoal.
9. Sim.

PÁGINA 160

ATIVIDADES

1. 3 cm
2. $x = 3$ cm e $y = 12$ cm
3. $2\sqrt{5}$ cm
4. **a)** $y = \dfrac{200 - 5x}{8}$
   b) $A = \dfrac{200x - 5x^2}{8}$
   c) 234,375 m²
5. 3,52 m
6. **a)** $\dfrac{50}{3}$ m
   b) R$ 1.190,00.

PÁGINA 163 E 164

ATIVIDADES

1. **a)** 7,5 m
   b) $\dfrac{15}{2}\sqrt{5}$ m
2. 125 m
3. $x = 8$ cm e $y = 24$ cm
4. $A = 1,44$ m²
5. 22 m
6. d
7. 1,7 m
8. 22,4 cm
9. 3 cm

PÁGINAS 165 E 166

MAIS ATIVIDADES

1. Comprimento: 40,8 cm; largura: 27,2 cm.
2. 2,7 cm
3. a
4. $AD = 24$ dm, $BD = 18$ dm e $DC = 32$ dm.
5. $\dfrac{230}{13}$
6. $\cong 32$ m
7. **a)** 4
   b) Resposta pessoal.
8. 5 m

9. d

Capítulo 3

PÁGINA 171

ATIVIDADES

1.

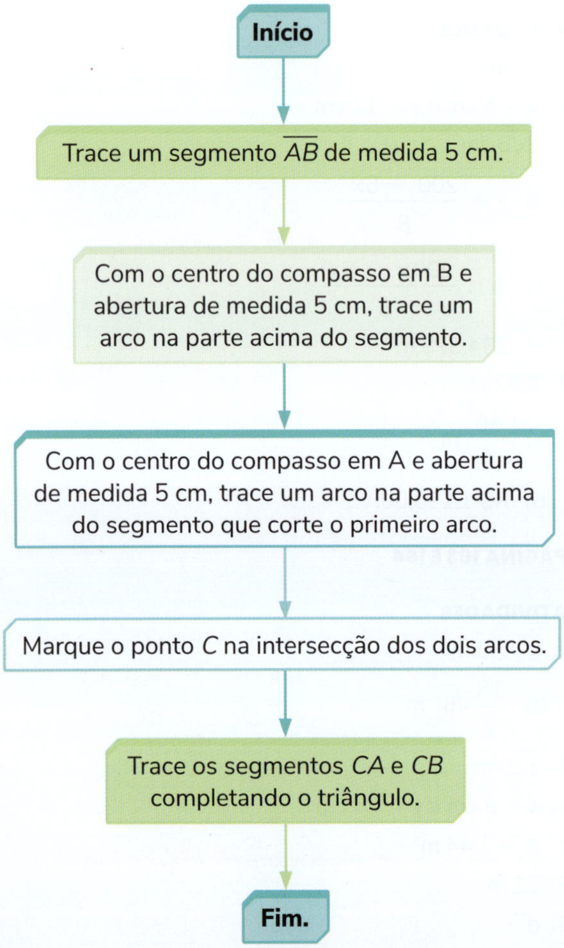

Início
↓
Trace um segmento $\overline{AB}$ de medida 5 cm.
↓
Com o centro do compasso em B e abertura de medida 5 cm, trace um arco na parte acima do segmento.
↓
Com o centro do compasso em A e abertura de medida 5 cm, trace um arco na parte acima do segmento que corte o primeiro arco.
↓
Marque o ponto C na intersecção dos dois arcos.
↓
Trace os segmentos CA e CB completando o triângulo.
↓
Fim.

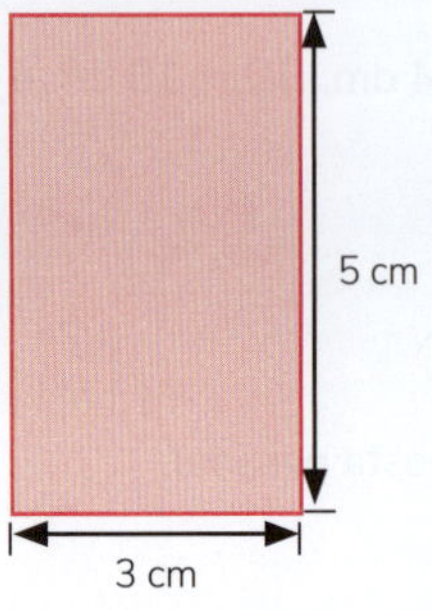

2. (quadrado 4 cm × 4 cm)

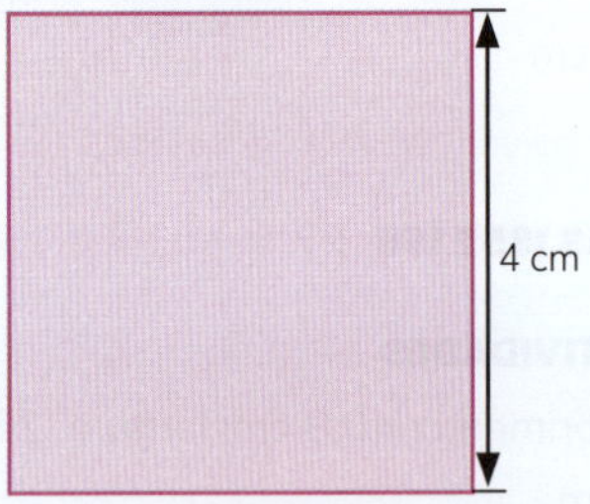

3. (retângulo 3 cm × 5 cm)

4. (octógono, 3 cm)

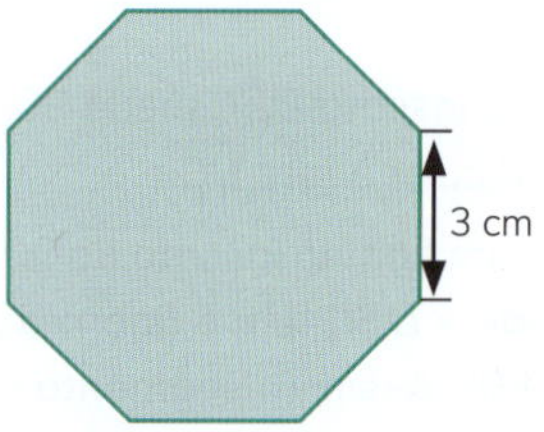

PÁGINA 172

MAIS ATIVIDADES

1. Construção pessoal.

PÁGINAS 173 A 175

PARA ENCERRRAR

1. b
2. b
3. b
4. c
5. a
6. a
7. c
8. c
9. d
10. a
11. c
12. c
13. a

UNIDADE 5

Capítulo 1

PÁGINAS 181 E 182

ATIVIDADES

1.

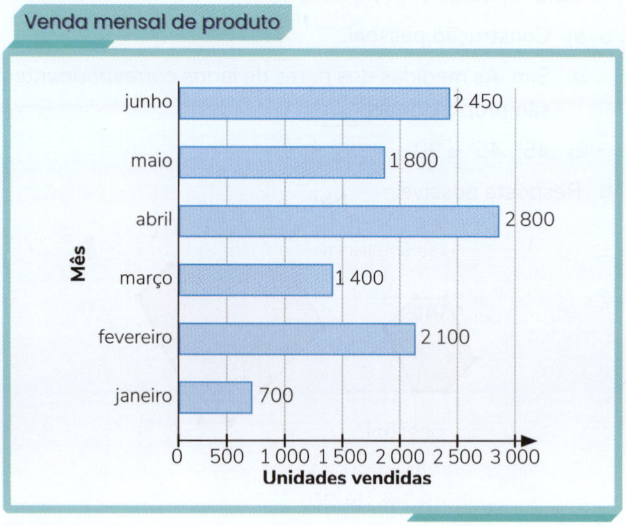

Venda mensal de produto

Mês	Unidades vendidas
junho	2 450
maio	1 800
abril	2 800
março	1 400
fevereiro	2 100
janeiro	700

Fonte: Dados fictícios.

2. a)

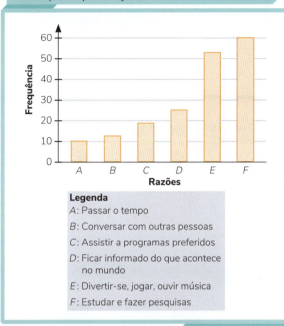

Fonte: Dados fictícios.

b) 60
c) Resposta pessoal.

3. a) Brasil.
b) França e Estados Unidos, com 67% cada; Canadá e Irlanda, com 61% cada.
c) Suécia, Alemanha e Países Baixos.

4.

Fonte: Pesquisa Brasileira de Mídia 2016.

PÁGINAS 183 A 185

ATIVIDADES

1. a) 46,8°
b) Resposta pessoal.

2. a) 48,3% homens e 51,7% mulheres
b) Homens: 48,3% de 200 milhões = 96,6 milhões de homens.
Mulheres: 51,7% de 200 milhões = 103,4 milhões de mulheres.

c) O percentual de homens em relação à população seria de 60%. A fatia verde diminuiria.
d) Homens: 173,88°; mulheres: 186,12°.

3. a) 150 jovens
b) Foi calculado a partir da razão entre a quantidade de jovens que preferem vôlei e o total de jovens: $\frac{15}{100} = \frac{1}{10} = 0,1$, ou seja, 10%.

c)

Fonte: Dados fictícios.

d) Resposta pessoal.

4. a) Segunda: 0%; terça: 20%; quarta: 10%; quinta: 5%; sexta: 40%; sábado: 25%.
b)

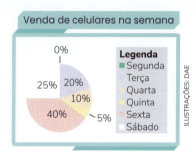

Fonte: Dados fictícios.

5. Renda média: 187,2°; Renda baixa: 136,8°; Renda alta: 36°.

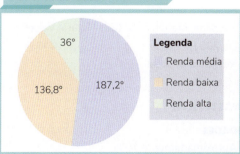

Fonte: Dados fictícios.

357

PÁGINAS 187 E 188

ATIVIDADES

1. a)

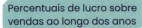

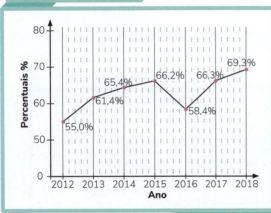

Fonte: Dados fictícios.

b) Em 2012.
c) Em 2018.
d) Sim, houve aumento de 61,6% para 66,2%.
e) Mediana = 65,4.

2. a)

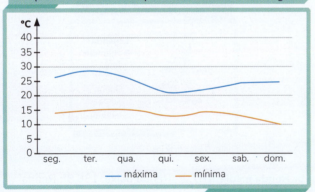

Fonte: Dados fictícios.

b) A temperatura média máxima foi de 25 °C.

3. a) Resposta pessoal.
b) Gasolina, etanol, GNV (Gás Natural Veicular) e diesel.
c) De 2001 a 2017.
d) Resposta pessoal.

4. Em setembro.

PÁGINAS 190 A 192

ATIVIDADES

1. a) Aproximadamente 19%.
b) A soma dos percentuais de um gráfico de setores é sempre 100%.

2.

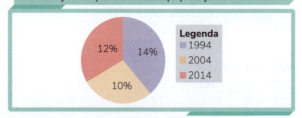

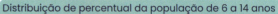

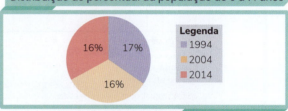

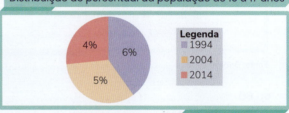

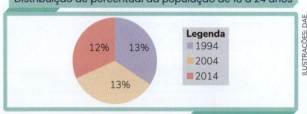

Fonte: Dados fictícios.

3. Os intervalos na escala vertical estão desiguais.

4. Não há equivalência (ou proporcionalidade) entre as figuras apresentadas para representar a quantidade de carros vendidos.

5. a) Informa a quantidade de estudantes do 9º ano que gostam do conteúdo de Geometria.
b) Resposta possível: A maioria dos estudantes gosta muito de Geometria.
c) A soma é 110%. O gráfico não está correto, pois a soma deveria ser 100%.
d) Admitindo o total de estudantes pesquisados como 100%, teríamos de calcular novamente as porcentagens relativas da pesquisa.

O gráfico que apresenta o gosto por Geometria tem somatório igual a 110%.

Um erro nas contas ou na confecção do gráfico pode levar a uma conclusão equivocada. Os números

358

apresentados pela Estatística possibilitam diferentes conclusões, pois são vulneráveis aos mal-intencionados, aos parciais e aos imprudentes. Por isso, informe aos alunos essas características.

6. d

PÁGINAS 195 A 197
MAIS ATIVIDADES

1. a) Fazer o que gosta: 144°; Ganhar mais: 72°; Ter liberdade de horário: 61,2°;
Não ter chefe: 28,8°; Vontade de ser empresário: 32,4°; Outros motivos: 21,6°.

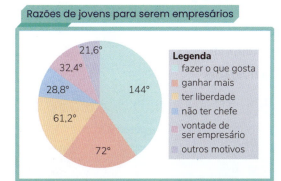

Fonte: Dados fictícios.

b) Resposta pessoal.
c) Resposta pessoal.

2. a) Não, porque o gráfico de linhas é usado para representar variações de tendência de dados ou de fenômeno ao longo do tempo.

b) O gráfico de barras representa melhor os dados, já que são duas informações ao mesmo tempo: masculino e feminino. Pode ser feito um gráfico de barras agrupadas comparando os sexos e as idades.

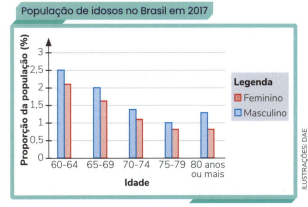

PARADELLA, Rodrigo. Número de idosos cresce 18% em 5 anos e ultrapassa 30 milhões em 2017. Agência IBGE de Notícias, Rio de Janeiro, 26 abr. 2018. Disponível em: https://agenciadenoticias.ibge.gov.br/agencia-noticias/2012-agencia-de-noticias/noticias/20980-numerode-idosos-cresce-18-em-5-anos-e-ultrapassa-30-milhoesem-2017.html. Acesso em: 26 fev. 2021.

3. a) Há falta de dados na pesquisa, pois a soma dos percentuais deveria ser 100%, não 78%.

b) Mesmo não apresentando 100% dos dados da pesquisa, podemos observar que a maioria dos alunos gosta muito de Matemática.

4. a) O gráfico não informa a data em que foi realizada a pesquisa.

b) Não se pode dizer, pois no gráfico não há essa informação.

c) O gráfico não indica a fonte dos dados.

5. Resposta pessoal.

Capítulo 2

PÁGINA 200

ATIVIDADES

1. a) O nível de satisfação do cliente em relação aos serviços prestados por uma empresa.

b) Foi elaborado um formulário contendo cinco níveis de satisfação.

c) Os clientes da empresa.

d) Foram registradas em uma tabela de frequência.

e) A pesquisa foi amostral, com alguns clientes.

f)

NÍVEL DE SATISFAÇÃO DOS CLIENTES	
Nível de satisfação	**Votos**
Muito satisfeito	30
Satisfeito	25
Pouco satisfeito	35
Insatisfeito	10
Muito insatisfeito	15
Total	**115**

Fonte: Dados fictícios.

g) 115 clientes

h) A moda é o nível de satisfação "Pouco satisfeito".

i)

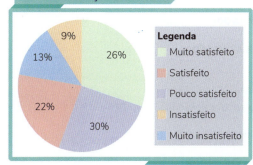

Fonte: Dados fictícios.

j) Resposta pessoal.
k) Resposta pessoal.
2. a) Prontuário de pacientes.
b) No Hospital A Milagrosa.
c)

HORAS QUE OS PACIENTES ESTIVERAM INTERNADOS NO HOSPITAL A MILAGROSA	
Número de horas internado	Quantidade de pacientes
24	6
36	5
48	5
60	5
72	3
90	3
Total	27

Fonte: Dados fictícios.

d) Foram 27 pacientes que ficaram internados no Hospital A Milagrosa.
e) A média é 50 horas; a moda é 24 horas e a mediana é 48 horas.
f) $90 - 24 = 66$
g) Resposta possível:

Fonte: Dados fictícios.

h) Resposta pessoal.

PÁGINA 201

MAIS ATIVIDADES

1. d
2. Resposta pessoal.
3. Resposta pessoal.

PÁGINAS 202 A 207

PARA ENCERRAR

1. b
2. a

3. c
4. d
5. a
6. a
7. e
8. a
9. d
10. d

UNIDADE 6

Capítulo 1

PÁGINA 211

ATIVIDADES

1. a) $\dfrac{1}{3}$
b) $\dfrac{1}{2}$
c) 6
d) $\dfrac{3}{5}$
2. 0,6 e 0,8
3. $\dfrac{2}{3}$
4. Base: $\dfrac{270}{7}$ m; altura: $\dfrac{360}{7}$ m.
5. 36 cm e 14 cm
6. $AB = 45$ cm, $CD = 15$ cm, $EF = 30$ cm e $GH = 10$ cm.
7. $\dfrac{31}{23}$
8. a) 11,25 cm
b) 45 cm

PÁGINAS 213 A 216

ATIVIDADES

1. 6 cm
2. a) 7,5 cm
b) $\dfrac{5}{3}$ cm
c) 0,75 cm
3. a) 6 cm
b) 4,8 cm
c) 4 cm
d) 1 cm
4. $a = 1,5$ m, $b = 8$ m e $c = 2,5$ m
5. $a = 9$ e $b = 6$

6. 72 m, 120 m e 48 m

7. a

PÁGINA 218

ATIVIDADES

1. a) 4,5 cm

b) 24 dm

2. 44 dm

3. 30 cm ou 19,2 cm

PÁGINAS 219 E 220

MAIS ATIVIDADES

1. a) $\dfrac{5}{3}$

b) $\dfrac{2}{3}$

c) 2

2. $\dfrac{r}{R}$

3. $\dfrac{\sqrt{3}}{2}$

4. a

5. A 13 cm do vértice A.

6. a

7. a) 48 m

b) 80 m

8. c

9. Resposta pessoal.

Capítulo 2

PÁGINAS 224 E 225

ATIVIDADES

1. Resposta possível: $t^2 = x^2 + s^2$, $r^2 = y^2 + s^2$, $t^2 = x(x+y)$, $r^2 = y(x+y)$, $s^2 = xy$ e $(x+y)^2 = t^2 + r^2$.

2. Figura 1: $x = 6\sqrt{2}$ cm, $y = 6\sqrt{2}$ cm e $z = 6$ cm.

Figura 2: $x = 6$ cm, $y = 3\sqrt{5}$ cm e $z = 3$ cm.

3. $x = 4$ cm e $y = 2\sqrt{13}$ cm

4. 60 cm

5. b

6. 120 cm

7. a) 6,4 cm e 3,6 cm

b) 6 cm e 8 cm

c) 4,8 cm

8. $4\sqrt{3}$ cm

9. d

10. a) 120 cm

b) $10\sqrt{401}$ cm

11. c

PÁGINAS 228 E 229

ATIVIDADES

1. 101 m

2. 30 km

3. 17 m

4. a

5. 104 cm

6. 12 m

7. Pela fórmula da área do trapézio:

$$A_1 = \frac{(b+a)(a+b)}{2} \rightarrow$$

$$\rightarrow A_1 = \frac{a^2 + 2ab + b^2}{2}$$

Pela soma das áreas dos triângulos:

$$A_2 = \frac{ab}{2} + \frac{ab}{2} + \frac{c^2}{2} \rightarrow$$

$$\rightarrow A_2 = \frac{c^2 + 2ab}{2}$$

Igualando as áreas A_1 e A_2, obtemos:

$$A_1 = A_2 \rightarrow \frac{a^2 + 2ab + b^2}{2} =$$

$$= \frac{c^2 + 2ab}{2} \rightarrow a^2 + 2ab + b^2 =$$

$$= c^2 + 2ab \rightarrow a^2 + b^2 = c^2$$

8. a

PÁGINAS 233 A 235

ATIVIDADES

1. a) $\dfrac{1}{2}$

b) 2

c) $\sqrt{2}$

d) $\dfrac{\sqrt{2}}{2}$

2. 10 cm

3. 2,92 m

4. a) 69,2 cm

b) 80 cm

5. 365 m

6. a) $4\sqrt{3}$ cm

b) 45°

7. 64,5 m

8. $4\sqrt{3}$ m

PÁGINA 238

ATIVIDADES

1. 55,72 cm
2. 7,064 m
3. 17,64 cm
4. c

PÁGINAS 242 A 245

ATIVIDADES

1. a) 10 cm
   b) 10 cm
   c) 3 cm
   d) $\dfrac{8\sqrt{6}}{3}$ cm
2. a) 60°
   b) 120 cm
3. $x = 10\sqrt{3}$ cm e $y = 20$ cm
4. d
5. b
6. $\sqrt{117 - 18\sqrt{3}}$ cm
7. 2 m
8. $5\sqrt{6}$ cm
9. $\sqrt{7}$ m
10. a) $\cong 0{,}42$
    b) $\cong 0{,}97$
    c) $\cong 0{,}95$
    d) $\cong 0{,}74$
    e) $\cong 0{,}53$
    f) $\cong 1{,}73$

PÁGINAS 246 A 248

MAIS ATIVIDADES

1. $x = 2\sqrt{10}$ m, $y = 2\sqrt{15}$ m e $h = 2\sqrt{6}$ m
2. $BC = 6$ m, $AB = 2\sqrt{3}$ m, $AC = 2\sqrt{6}$ m, $AH = 2\sqrt{2}$ m, $NH = \dfrac{2\sqrt{6}}{3}$ m e $MH = \dfrac{4\sqrt{3}}{3}$ m
3. e
4. a
5. d
6. a
7. 23,875 m²
8. d
9. e
10. Respostas pessoais.

Capítulo 3

PÁGINA 250

ATIVIDADES

1. a) 4
   b) 6
   c) 18
   d) $\dfrac{3}{4}$
   e) $6\sqrt{3}$
   f) $\dfrac{7}{2}$
   g) $8\sqrt{2}$
   h) $\dfrac{3}{10}$
2. a) -4
   b) $\dfrac{1}{2}$
   c) 1

PÁGINAS 251 E 252

ATIVIDADES

1. a) 8
   b) 12
2. a) 150 m
   b) 1 250 m²
3. a) $\sqrt{65}$
   b) $4\sqrt{2}$
4. a) $d(A, B) = 5$, $d(D, E) = 2\sqrt{10}$ e $d(P, Q) = 4$
   b) $\left(\dfrac{3}{2}, 2\right)$ e $(-1, 3)$
5. 12,49 km

PÁGINA 253

MAIS ATIVIDADES

1. $\sqrt{26}$
2. $x = 2\sqrt{2}$ ou $x = -2\sqrt{2}$
3. a) $M(-2, -2)$, $N(3, -4)$, $P(3, 4)$, $Q(-2, 2)$
   b) $12 + 2\sqrt{29}$ unidades de comprimento
   c) 30 unidades de área
4. $5 + 3\sqrt{5} + 2\sqrt{10}$ unidades de comprimento

5. $AB = 7\sqrt{2}$, $BC = \sqrt{2}$ e $AC = 10$
$10^2 = (7\sqrt{2})^2 + (\sqrt{2})^2 \Leftrightarrow (AC)^2 = (AB)^2 + (BC)^2$

6. c
7. b
8. c
9. Resposta pessoal.

PÁGINAS 254 A 257

PARA ENCERRAR

1. e
2. b
3. b
4. 780 m
5. b
6. e
7. a
8. b
9. b
10. c
11. e
12. a) Os triângulos ABC e BEC são semelhantes, pois têm dois ângulos respectivamente congruentes: $\hat{A} \equiv \hat{B}$ e $\hat{C} \equiv \hat{C}$.

    De semelhança dos triângulos, temos:

    $\dfrac{AB}{BE} = \dfrac{BC}{EC} = \dfrac{AC}{BC} \rightarrow$

    $\rightarrow \dfrac{AB}{8} = \dfrac{9}{EC} = \dfrac{27}{9}$

    Portanto, $AB = 24$ e $EC = 3$.

    b) $AD = 15$ e $FD = 9$
13. 8 m
14. d
15. e
16. a

UNIDADE 7

Capítulo 1

PÁGINAS 264 A 266

ATIVIDADES

1. a) O preço do tapete está em função de sua área.

    b) $y = 70x$

    c) O preço é a variável dependente e a área é a independente.

    d) A área desse tapete é de 3,5 m².

2. a) $t = 5h$

    b) A altura será de 6 cm.

3. a) $y = 2\,400 - 4x$

    b) Estavam presentes 180 estudantes.

4. a) Restam 12,4 kg, 11,8 kg, 10,6 kg e 4 kg, respectivamente.

    b) $y = 13 - 0,6x$

    c) Terão decorridos 20 dias.

    d) O botijão poderá ser usado por, no máximo, 22 dias.

5. Não, pois há um elemento do conjunto de partida (A) que está associado a dois elementos do conjunto de chegada (B).

6. a) $y = x + 4$

    b) $y = -3x$

    c) $y = x^3$

7. $D(f) = A$ e $Im(f) = \{-2, -1, 0, 1\}$.

8. Sim, é função; $y = 3 - x$.

9. $y = 6x$.

10. a) $TA = 22\ °C$

    b) $TE = 31\ °C$

11. a) Atribuindo qualquer número real a x, obtemos um único valor de y. Assim, y é uma função de x.

    b) Para que essa sentença seja uma função, cada valor de x deve determinar um único valor de y. Porém, ao fazer $x = 4$, por exemplo, y pode ser 2 ou -2, pois $2^2 = 4$ e $(-2)^2 = 4$. Como obtemos mais de um valor de y para $x = 4$, logo a sentença $y^2 = x$ não representa uma função.

12. $P = 2(2a + 5 + a + 1) = 6a + 12$
    $S = (2a + 5)(a + 1) = 2a^2 + 7a + 5$

13. a) $f(1,5) = 1,5^2 = 2,25$

    $f(\sqrt{2}) = (\sqrt{2})^2 = 2$

    $f(\sqrt{2} + 1)^2 = 3 + 2\sqrt{2}$

    $f(\sqrt{5} - 1)^2 = 6 - 2\sqrt{5}$

    b) 8 ou -8. Não existe elemento cuja imagem é -100, pois todos os valores da imagem de f são positivos.

    c) $D(f) = \mathbb{R}$ e $Im(f) = \{x \in \mathbb{R} | x \geq 0\}$

14. a) $f(2) = -4$; $f\left(-\dfrac{1}{5}\right) = \dfrac{3}{2}$;

    $f(\sqrt{2}) = \dfrac{(2 - 5\sqrt{2})}{2}$; $x = \dfrac{-\sqrt{5} + 2}{5}$

    b) $D(f) = \mathbb{R}$ e $Im(f) = \mathbb{R}$

15. **a)** Sim, pois cada valor do tempo corresponde a um único valor da velocidade.

b) $D(t) = \{t \in \mathbb{R} \mid 8 \leq t x \leq 10\}$ e $Im(t) = 90$

PÁGINAS 267 E 268

ATIVIDADES

1. a) Junho e agosto.

b) Outubro e novembro.

c) Aumento.

2. a) O menor nível foi de 10 metros; o maior nível de água armazenada foi em janeiro.

b) Duas vezes o nível de 18 metros e quatro vezes o nível de 60 metros.

3. a) • 5 cm

• 12,5 cm

• 15 cm

b) Cresceu 2,5 cm.

4. a) 100 m

b) 13 s

c) 60 m

d) Cálculo da velocidade em cada um dos trechos:

• 0 s a 6 s: $V_1 = \dfrac{30}{6} = 5$ m/s

• 6 s a 8 s: $V_2 = \dfrac{30}{2} = 15$ m/s

• 8 s a 13 s: $V_2 = \dfrac{40}{5} = 8$ m/s

O aluno foi mais rápido no intervalo de 6 s a 8 s.

PÁGINA 269

ATIVIDADES

1. a) 0

b) 1

2. 0

3. a) $k = 0,104$

b) $p = 0,104x$

c) $p = 52$ atm

d) 0,104

4. a) De acordo com o gráfico, o valor será de R$ 60,00 ao atingir o consumo de 30 m³ e de R$ 120,00 ao atingir o consumo de 50 m³.

b) • 2

• 3

5. Do gráfico temos:

• função f:

$x_1 = 0 \to f(x_1) = 2$

$x_2 = 3 \to f(x_2) = 4$

A taxa de variação média é de:

$$\dfrac{f(x_2) - f(x_1)}{x_2 - x_1} = \dfrac{4 - 2}{3 - 1} = \dfrac{2}{2} = 1$$

• função g:

$x_1 = 0 \to g(x_1) = 1$

$x_2 = 3 \to g(x_2) = 3$

A taxa de variação média é de:

$$\dfrac{g(x_2) - g(x_1)}{x_2 - x_1} = \dfrac{3 - 1}{3 - 1} = \dfrac{2}{2} = 1$$

Logo, as taxas de variação são iguais.

PÁGINAS 272 E 273

ATIVIDADES

1. a) É função afim; $a = 7$ e $b = -\dfrac{1}{2}$.

b) Não é função afim.

c) Não é função afim.

d) Não é função afim.

e) É função afim; $a = -\dfrac{7}{5}$ e $b = \dfrac{\sqrt{2}}{2}$.

f) É função afim; $a = -\dfrac{1}{4}$ e $b = 10$.

2. a) $y = \dfrac{x}{2} + 8$

b) Sim.

c) $a = \dfrac{1}{2}$ e $b = 8$

d) $\dfrac{1}{2}$

3. a) $a = -\dfrac{4}{3}$ e $b = \dfrac{11}{3}$

b) $f\left(\dfrac{1}{2}\right) = 3$

4. a) $y = 0,09x + 750$

b) É uma função afim.

c) R$ 6.150,00.

5. a) $y = 6x$.

É uma função linear, pois $b = 0$.

As grandezas y e x são diretamente proporcionais.

b) O perímetro é 24 cm.

c) 7,5 cm

d) A taxa média é 6.

6. a) $y = 3 + 2,5x$

b) R$ 13,00.

c) Como podemos observar, não existe uma constante k para $k \in \mathbb{R}^*$, tal que $y = k \cdot x$.

Assim, como a função não é linear, não existe relação de proporcionalidade entre um valor de x e seu correspondente y.

7. a) $s(t) = 30t + 20$

b) $s(10) = 320$ km

PÁGINAS 277 A 281

ATIVIDADES

1. a) $C(x) = 45x + 2\,000$

b) $C(10) = 2.450,00$

c) 40

d)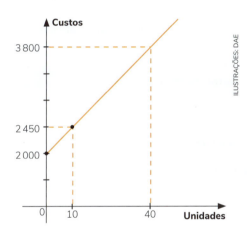

2. a) Respectivamente, 5 m, 13 m e 25 m.

b) $t = 17,5$ s

c)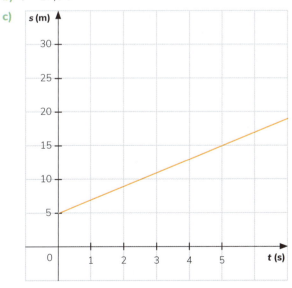

3. a)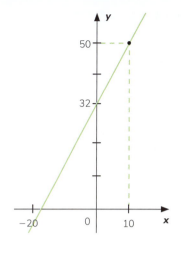

b) 77 °F

c) 20 °C

4. a) $y = 2n + 1$

b) Sim, pois é uma função afim.

5. a) $s = 2t$

b) Percorre 40 metros em 20 segundos.

c)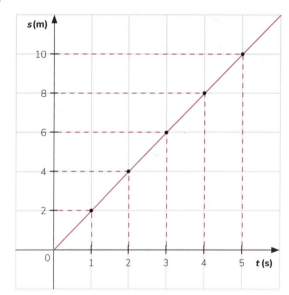

6. a) O gráfico intersecta o eixo t na origem, ou seja, no ponto (0, 0).

b) Sim, pois o gráfico passa pela origem do sistema cartesiano.

c) 750 L/h

d) $V = 750t$

e) 6h40min

7. c

8. A temperatura do paciente nesse instante era de aproximadamente 38,7 °C.

9. a) $x = 3$

365

b) $x = -4$

c) $x = 5$

d) $x = 20$

e) $x = \dfrac{1}{3}$

f) $x = -\dfrac{\sqrt{2}}{2}$

10. a) Ponto: (7, 0)

b) Ponto: (6, 0)

c) Ponto: $\left(\dfrac{1}{8}, 0\right)$

d) Ponto: (0, 0)

11. a)

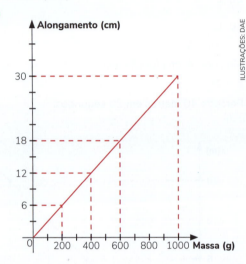

b) • Para uma massa de 300 g, o alongamento será de 9 cm.

• Para um alongamento de 21 cm, a massa será de 700 g.

12. a)

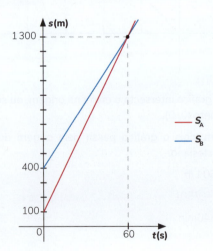

b) De acordo com o gráfico, o carro alcança o caminhão no instante $t = 60$ s e na posição $s = 1\,300$ m.

PÁGINAS 282 E 283

MAIS ATIVIDADES

1. A única afirmação verdadeira é a I.

2. a) No final da segunda semana, a altura da planta é 27 cm.

b) Foi 9 cm.

3. a) $f(x) = 780 + 0{,}02x$

b) Foi de R$ 1.066,40.

c) Foi de R$ 51.000,00.

d) A taxa média de variação da função é 0,02, ou seja, o valor de a.

4. d

5. a

6. a) $L_A = 10x - 500$

$L_B = \dfrac{50}{3}x - 1\,000$

b) $L_A(120) = 700$

$L_B(120) = 1\,000$

Os valores são, respectivamente, R$ 700,00 e R$ 1.000,00.

7. $14\ cm^2$

8. Resposta pessoal.

Capítulo 2

PÁGINA 286

ATIVIDADES

1. a) $f(x) = x^2 - 4$

É função quadrática: $a = 1$, $b = 0$ e $c = -14$.

b) $f(x) = -4x^2 + 2x$

É função quadrática: $a = -4$, $b = 2$ e $c = 0$.

c) $f(x) = x + 4$

Não é função quadrática.

d) $f(x) = -2x^2 - 20x - 50$

É função quadrática: $a = -2$, $b = -20$ e $c = -50$.

2. a) 15

b) 14

c) $18 + 2\sqrt{3}$

d) $20 + 4\sqrt{2}$

3. $k \neq -2$ e $k \neq 2$

4. a) $x = -2$ ou $x = 5$

b) $x = -1$ ou $x = 4$

c) $x = -3$ e $x = 6$

5 a) $y = x^2 + 12x + 27$

b) $x = 1$ cm

c) 27

366

6. a) Poderão viajar 30 ou 70 pessoas.

b) É mais vantajosa a quantidade de 30 pessoas, pois a empresa se responsabiliza por levar menos pessoas com a mesma arrecadação.

PÁGINA 290

ATIVIDADES

1. a) Como a parábola é voltada para cima, a é positivo, e como a parábola corta o eixo y acima do eixo x, o valor de c é positivo. Logo, $a > 0$ e $c > 0$.

b) A parábola é voltada para baixo; então, a é negativo. A parábola corta o eixo y na origem; então, c é nulo. Logo, $a < 0$ e $c = 0$.

c) A parábola é voltada para cima; então, a é positivo. A parábola corta o eixo y abaixo do eixo x; então, c é negativo. Logo, $a > 0$ e $c < 0$.

d) A parábola é voltada para baixo; então, a é negativo. A parábola corta o eixo y na origem; então, c é nulo. Logo, $a < 0$ e $c = 0$.

2. a) $x = -\dfrac{3}{2}$ ou $x = \dfrac{3}{2}$

b) $x = -7$ ou $x = 4$

c) $x = -\dfrac{5}{3}$ ou $x = 1$

d) $x = 3 - \sqrt{11}$ ou $x = 3 + \sqrt{11}$

e) Não tem zeros.

3. a)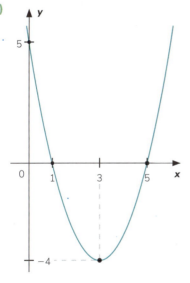

b)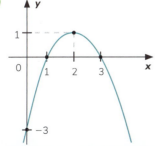

c)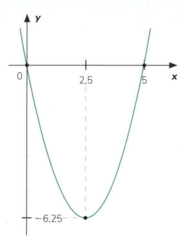

d)

4. $k = 9$

5. a) $a = -1$, $b = 4$ e $c = 5$.

b) $f(4) = 5$

PÁGINA 292

ATIVIDADES

1. a) Valor mínimo $= -\dfrac{169}{4}$.

b) Valor mínimo $= -4{,}5$.

c) Valor máximo $= 0$.

d) Valor máximo $= \dfrac{1}{8}$.

2. a

3. b

4. a) O domínio da função é o conjunto dos números reais, ou seja, $\mathbb{R}$.

b) As raízes são -2 e 6.

c) $V(2, 32)$

d) O valor máximo da função é o da ordenada do ponto do vértice, ou seja, $y_V = 32$.

e) Ponto (0, 24).

5. Será 200 m³.

6. $V_{mín} = 48$

PÁGINA 293

MAIS ATIVIDADES

1. a) $y = \dfrac{5}{2}x^2 + 5x$

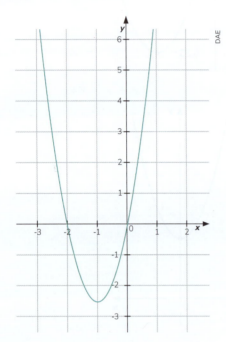

b) 10 cm

2. a) $a = 2$ e $b = -5$
   b) $f(3) = 9$

3. a) 1 e 3
   b) (2, 1)
   c) Resposta pessoal.

4. e

PÁGINAS 294 A 297

PARA ENCERRAR

1. c
2. e
3. a
4. b
5. c
6. d
7. b
8. b

9. c
10. e
11. e
12. a
13. d
14. d

UNIDADE 8

Capítulo 1

PÁGINAS 302 A 304

ATIVIDADES

1. a) O segundo jogo, porque nele foram jogados mais números.

   b) No primeiro jogo, a probabilidade de ganhar na sena é de $\dfrac{1}{50\,063\,860}$, na quina é de $\dfrac{1}{154\,518}$ e na quadra é de $\dfrac{1}{2\,332}$. No segundo jogo, a probabilidade de acertar na sena é de $\dfrac{1}{1\,787\,995}$, na quina é de $\dfrac{1}{17\,192}$ e na quadra é de $\dfrac{1}{539}$.

   c) R$ 22.522,50.

   d) Saldanha marcaria 10 números e a probabilidade de ganhar na sena seria de $\dfrac{1}{238\,399}$.

   e) Resposta pessoal.

2. a) $\cong 16{,}7\%$
   b) $\cong 33{,}3\%$
   c) 50%

3. a) 25%
   b) $\cong 7{,}7\%$
   c) 25%

4. a) $\cong 11{,}1\%$
   b) $\cong 8{,}3\%$
   c) 50%
   d) 50%

5. a) 78,5%
   b) 21,5%

6. a) 45%   c) 20%
   b) 55%   d) 25%
7. b
8. $\dfrac{7}{8}$

PÁGINA 306

ATIVIDADES

1. $\cong 0{,}60\%$
2. 8,25%
3. $\cong 2{,}47\%$
4. P(1 real, 50 centavos e 25 centavos) $= 0{,}4 \cdot 0{,}3 \cdot 0{,}2 =$
   $= 0{,}024 = 2{,}4\%$.

   Ao comparar as probabilidades, conclui-se que, com a reposição das moedas no saco, a probabilidade é maior.
5. $\cong 5\%$

PÁGINAS 309 E 310

MAIS ATIVIDADES

1. São 12 possibilidades: C1, C2, C3, C4, C5, C6, K1, K2, K3, K4, K5 e K6.
2. $\cong 33\%$
3. a) P(Felipe) $= 25\%$
      P(Mila) $\cong 33\%$
   b) 12 duplas
   c) $\cong 8{,}3\%$
4. 50%
5. 25%
6. a) $\cong 0{,}53$ b) $\cong 0{,}47$ c) 0,4
7. Resposta pessoal.
8. Para que a probabilidade de ganhar seja a maior possível, deve-se escolher a soma 7, que aparece mais vezes (6 vezes).

Capítulo 2

PÁGINA 313

ATIVIDADES

1. a) 80 km/h   b) 230 km/h
2. $\cong 10{,}2$ m/s
3. $V_m = 90$ km/h
4. Ceará $\cong 62$ hab/km^2
   Santa Catarina $\cong 76$ hab/km^2
   Minas Gerais $\cong 36$ hab/km^2
   Piauí $\cong 13$ hab/km^2
5. $x = 400$ km^2
6. a) 8 g/cm^3 b) 0,4 g/cm^3
7. Resposta pessoal.
8. $m = 12\ 500$
   $g = 12{,}5$ kg
9. $m = 75$ kg
10. Massa $= 69{,}36$ kg.

PÁGINA 318

ATIVIDADES

1. a) $x = 28$ e $y = 42$.
   b) $x = 36$ e $y = 24$.
2. A turma A recebeu 60 ingressos, e a turma B, 100.
3. Gláucia receberá R$ 2.100,00, e Vanessa, R$ 1.200,00.
4. A caixa-d'água recebeu os seguintes volumes atribuídos de cada torneira: 500 litros da torneira mais lenta e 700 litros da torneira mais rápida.
5. d
6. R$ 1.200,00 e R$ 800,00, respectivamente.
7. Chamando de x o gasto da família de 5 pessoas e de y o gasto da outra, temos:

$$\begin{cases} x + y = 648 \\ \dfrac{x}{5} = \dfrac{y}{4} \end{cases}$$

Resolvendo, obtemos $x = 360$ e $y = 288$.

Logo, a família de 5 pessoas deve pagar R$ 360,00 e a de 4 pessoas, R$ 288,00.

Portanto, a família de 5 pessoas deve dar R$ 162,00 para a família de 4 pessoas, pois:

R$ 360,00 − R$ 198,00 = R$ 162,00.

8. Os ângulos são 30°, 60° e 90°.

PÁGINAS 319 E 320

MAIS ATIVIDADES

1. c
2. Resposta pessoal.
3. A área do município é 3 359,4 km^2.
4. A densidade do objeto é 6 g/cm^3.
5. c
6. O primeiro colocado recebeu R$ 1.000,00, e o segundo colocado, R$ 800,00.
7. O casal A pagará R$ 1.250,00; o casal B, R$ 2.000,00; e o casal C, R$ 1.750,00.
8. a) $k = 18$.
   b) $a = 6$, $b = 4{,}5$ e $c = 3$.
   c) $S = 117$ cm^2.

Capítulo 3

PÁGINAS 324 E 325

ATIVIDADES

1. R$ 225,00.
2. 1h30min
3. 4,08 m
4. 13h20min
5. 720 voltas
6. 1 920 kg
7. 24 dias

8. 38 minutos

9. 41,6 km/h

10. R$ 2.160,00.

11. 27 horas

PÁGINAS 326 A 328

ATIVIDADES

1. O valor total do empréstimo foi de R$ 60.000,00.

2. a) Aproximadamente 49% de homens e 51% de mulheres.

   b) Pela divisão: $\dfrac{44\ 982\ 483}{212\ 077\ 375}$.

   c)
PROJEÇÃO DE HOMENS NO BRASIL PARA 2020	
Região Norte	9%
Região Nordeste	27%
Região Sudeste	42%
Região Sul	14%
Região Centro-Oeste	8%

   Fonte: INSTITUTO NACIONAL DO CÂNCER (Brasil). Estimativa 2020. In: INSTITUTO NACIONAL DO CÂNCER (Brasil). Anexo C - Projeção populacional para o ano de 2020 por Unidade da Federação, Capital e Brasil. [Brasília, DF]: Instituto Nacional do Câncer, 2019. Disponível em: https://www.inca.gov.br/estimativa/anexo-c-projecao-populacional-para-o-ano-de-2020-por-unidade-da-federacao-capital-e-brasil. Acesso em: 7 mar. 2021.

   d) Resposta pessoal.

   e) Resposta pessoal.

3. a) R$ 130,00.

   b) R$ 140,00.

4. A taxa de desconto foi de 8%.

5. O salário inicial de Camila era R$ 1.292,10.

6. O valor do produto passou a ser de R$ 110,16.

7. O carro passa a valer R$ 44.280,00.

8. R$ 350,00.

9. A obra ficaria pronta em 30 dias.

10. O comerciante deve aumentar o preço inicial de cada produto em 100%, ou seja, dobrar seu valor, para que o preço com desconto volte ao valor inicial.

PÁGINA 330

ATIVIDADES

1. R$ 4.320,00.

2. 2 meses

3. R$ 15.000,00.

4. Uma aplicação foi de R$ 6.000,00 e a outra, de R$ 14.000,00.

5. Foi depositado R$ 350,00 em um banco e R$ 550,00 no outro.

6. R$ 1.000,00; 40%.

7. a) 2

   b) 150

   c) 125

   d) 120

PÁGINAS 335 E 336

MAIS ATIVIDADES

1. Serão gastos 2 800 tijolos.

2. Preço médio do litro de combustível: $\dfrac{160\ \text{reais}}{(15\ +\ 30)\ \text{litros}} \cong$
   $\cong 3,56$ reais/litro.

3. Os operários levariam 120 dias para fazer a outra parede.

4. A reforma demoraria 25 dias.

5. a

6. c

7. R$ 1.080,00.

8. O veículo custaria R$ 29.550,56.

9. Sim, porque 60% indica que, de um total de 100 pessoas, 60 satisfazem à determinada condição.

10. a

11. A última parcela foi de R$ 3.990,00.

12. Devo aplicar um capital de R$ 400,00.

13. O montante será de R$ 4.160,00.

14. Resposta pessoal.

PÁGINAS 337 A 341

PARA ENCERRAR

1. e

2. a

3. d

4. b

5. a

6. c

7. c

8. d

9. c

10. b

11. Romeu recebeu 3,9 km² e João, 8,1 km².

12. b

13. a

14. d

15. d

16. c

17. d

18. d

19. e

20. a

21. b

LISTA DE SIGLAS

AAP-SP: Avaliação de Aprendizagem em Processo
CMBEL-PA: Colégio Militar de Belém, Pará
CMBH: Colégio Militar de Belo Horizonte
CMCG: Colégio Militar de Campo Grande
CMC-PR: Câmara Municipal de Curitiba, Paraná
CMF-CE: Colégio Militar de Fortaleza, Ceará
CMM-AM: Câmara Militar de Manaus, Amazonas
CMPA-RS: Colégio Militar de Porto Alegre, Rio Grande do Sul
CMSP: Centro de Mídias da Educação de São Paulo
CSMS-RS: Colégio Militar de Santa Maria, Rio Grande do Sul
EEAR: Escola de Especialistas de Aeronáutica
Enem: Exame Nacional do Ensino Médio
Epcar-MG: Escola Preparatória de Cadetes do Ar, Minas Gerais
ESPM-SP: Escola Superior de Propaganda e Marketing, São Paulo
Fabrai-MG: Faculdade Brasileira de Informática, Minas Gerais
Famema-SP: Faculdade de Medicina de Marília, São Paulo
Fasa: Faculdades Santo Agostinho
Fatec-SP: Faculdade de Tecnologia de São Paulo
FAURGS: Fundação de Apoio da Universidade Federal do Rio Grande do Sul
FCC-SP: Fundação Carlos Chagas
FGV-SP: Fundação Getúlio Vargas
FPS-PE: Faculdade Pernambucana de Saúde
Fundep: Fundação de Desenvolvimento da Pesquisa
Fuvest-SP: Fundação Universitária para o Vestibular, São Paulo
IFBA: Instituto Federal de Educação, Ciência e Tecnologia da Bahia
IFES: Instituto Federal do Espírito Santo
IF-Farroupilha-RS: Instituto Federal de Educação
IFFar-RS: Instituto Federal de Educação, Ciência e Tecnologia Farroupilha, Rio Grande do Sul
IFG: Instituto Federal de Goiás
IFMA: Instituto Federal do Maranhão
IFMG: Instituto Federal de Minas Gerais
IFMT: Instituto Federal do Mato Grosso
IFPE: Instituto Federal de Pernambuco
IFPI: Instituto Federal do Piauí

IFPR: Instituto Federal do Paraná
IFRJ: Instituto Federal do Rio de Janeiro
IFRN: Instituto Federal do Rio Grande do Norte
IFRS: Instituto Federal do Rio Grande do Sul
IFSC: Instituto Federal de Santa Catarina
IFSE: Instituto Federal de Sergipe
IFSP: Instituto Federal de São Paulo
IFS-SE: Instituto Federal de Educação, Ciência e Tecnologia de Sergipe
IF Sudeste MG: Instituto Federal de Educação, Ciência e Tecnologia do Sudeste de Minas Gerais
Mack-SP: Mackenzie, São Paulo
OBMEP: Olimpíada Brasileira de Matemática das Escolas Públicas
OMM: Olimpíada Mineira de Matemática
OMM-PR: Olimpíada de Matemática de Maringá e Região
OMRN: Olimpíada de Matemática do Estado do Rio Grande do Norte
OMRP-SP: Olimpíada de Matemática de Rio Preto, São Paulo
OMU: Olimpíada de Matemática da Univates
OPRM: Olimpíada Paranaense de Matemática
ORM-SC: Olimpíada Regional de Matemática de Santa Catarina
PM-Caruaru: Prefeitura Municipal de Caruaru
PUCC-SP: Pontifícia Universidade Católica de Campinas, São Paulo
PUC-MG: Pontifícia Universidade Católica de Minas Gerais
PUC-RJ: Pontifícia Universidade Católica do Rio de Janeiro
PUC-RS: Pontifícia Universidade Católica do Rio Grande do Sul
PUC-SP: Pontifícia Universidade Católica de São Paulo
Sejus-ES: Secretaria da Justiça, Espírito Santo
UAB-Uespi: Órgão da Universidade Estadual do Piauí
UCB-DF: Universidade Católica de Brasília, Distrito Federal
UDESC: Universidade do Estado de Santa Catarina
UEA-AM: Universidade do Estado do Amazonas
UECE: Universidade Estadual do Ceará
UEG-GO: Universidade Estadual de Goiás
UEPI: Universidade Estadual do Piauí
UERN: Universidade do Estado do Rio Grande do Norte
UERR: Universidade Estadual de Roraima
UFABC: Universidade Federal do ABC, São Paulo

UFAC: Universidade Federal do Acre
UFG-GO: Universidade Federal de Goiás, Goiás
UFJF-MG: Universidade Federal de Juiz de Fora, Minas Gerais
UFLA-MG: Universidade Federal de Lavras, Minas Gerais
UFMA: Universidade Federal do Maranhão
UFMS: Universidade Federal de Mato Grosso do Sul
UFOP-MG: Universidade Federal de Ouro Preto, Minas Gerais
UFPB: Universidade Federal da Paraíba
UFPEL-RS: Universidade Federal de Pelotas, Rio Grande do Sul
UFPI: Universidade Federal do Piauí
UFPR: Universidade Federal do Paraná
UFRGS: Universidade Federal do Rio Grande do Sul
UFRJ: Universidade Federal do Rio de Janeiro
UFSC: Universidade Federal de Santa Catarina
UFU-MG: Universidade Federal de Uberlândia, Minas Gerais
UFV-MG: Universidade Federal de Viçosa, Minas Gerais
Unaerp-SP: Universidade de Ribeirão Preto, São Paulo
Unesp: Universidade Estadual Paulista
Unicamp-SP: Universidade Estadual de Campinas, São Paulo
Unifesp: Universidade Federal de São Paulo
Unifor-CE: Universidade de Fortaleza, Ceará
Unitau-SP: Universidade de Taubaté, São Paulo
Unit-SE: Universidade Tiradentes, Sergipe
Univeritas-MG: Centro Universitário Universus Veritas
UPE: Universidade de Pernambuco
USCS-SP: Universidade Municipal de São Caetano do Sul, São Paulo
USF-SP: Universidade São Francisco, São Paulo
USS-RJ: Universidade de Vassouras, Rio de Janeiro

QUADRO DE COMPETÊNCIAS E HABILIDADES DA BNCC

Competências gerais

COMPETÊNCIAS GERAIS DA EDUCAÇÃO BÁSICA

1. Valorizar e utilizar os conhecimentos historicamente construídos sobre o mundo físico, social, cultural e digital para entender e explicar a realidade, continuar aprendendo e colaborar para a construção de uma sociedade justa, democrática e inclusiva.

2. Exercitar a curiosidade intelectual e recorrer à abordagem própria das ciências, incluindo a investigação, a reflexão, a análise crítica, a imaginação e a criatividade, para investigar causas, elaborar e testar hipóteses, formular e resolver problemas e criar soluções (inclusive tecnológicas) com base nos conhecimentos das diferentes áreas.

3. Valorizar e fruir as diversas manifestações artísticas e culturais, das locais às mundiais, e também participar de práticas diversificadas da produção artístico-cultural.

4. Utilizar diferentes linguagens – verbal (oral ou visual-motora, como Libras, e escrita), corporal, visual, sonora e digital –, bem como conhecimentos das linguagens artística, matemática e científica, para se expressar e partilhar informações, experiências, ideias e sentimentos em diferentes contextos e produzir sentidos que levem ao entendimento mútuo.

5. Compreender, utilizar e criar tecnologias digitais de informação e comunicação de forma crítica, significativa, reflexiva e ética nas diversas práticas sociais (incluindo as escolares) para se comunicar, acessar e disseminar informações, produzir conhecimentos, resolver problemas e exercer protagonismo e autoria na vida pessoal e coletiva.

6. Valorizar a diversidade de saberes e vivências culturais e apropriar-se de conhecimentos e experiências que lhe possibilitem entender as relações próprias do mundo do trabalho e fazer escolhas alinhadas ao exercício da cidadania e ao seu projeto de vida, com liberdade, autonomia, consciência crítica e responsabilidade.

7. Argumentar com base em fatos, dados e informações confiáveis, para formular, negociar e defender ideias, pontos de vista e decisões comuns que respeitem e promovam os direitos humanos, a consciência socioambiental e o consumo responsável em âmbito local, regional e global, com posicionamento ético em relação ao cuidado de si mesmo, dos outros e do planeta.

8. Conhecer-se, apreciar-se e cuidar de sua saúde física e emocional, compreendendo-se na diversidade humana e reconhecendo suas emoções e as dos outros, com autocrítica e capacidade para lidar com elas.

9. Exercitar a empatia, o diálogo, a resolução de conflitos e a cooperação, fazendo-se respeitar e promovendo o respeito ao outro e aos direitos humanos, com acolhimento e valorização da diversidade de indivíduos e de grupos sociais, seus saberes, identidades, culturas e potencialidades, sem preconceitos de qualquer natureza.

10. Agir pessoal e coletivamente com autonomia, responsabilidade, flexibilidade, resiliência e determinação, tomando decisões com base em princípios éticos, democráticos, inclusivos, sustentáveis e solidários.

Competências específicas

COMPETÊNCIAS ESPECÍFICAS DE MATEMÁTICA PARA O ENSINO FUNDAMENTAL

1. Reconhecer que a Matemática é uma ciência humana, fruto das necessidades e preocupações de diferentes culturas, em diferentes momentos históricos, e é uma ciência viva, que contribui para solucionar problemas científicos e tecnológicos e para alicerçar descobertas e construções, inclusive com impactos no mundo do trabalho.

2. Desenvolver o raciocínio lógico, o espírito de investigação e a capacidade de produzir argumentos convincentes, recorrendo aos conhecimentos matemáticos para compreender e atuar no mundo.

3. Compreender as relações entre conceitos e procedimentos dos diferentes campos da Matemática (Aritmética, Álgebra, Geometria, Estatística e Probabilidade) e de outras áreas do conhecimento, sentindo segurança quanto à própria capacidade de construir e aplicar conhecimentos matemáticos, desenvolvendo a autoestima e a perseverança na busca de soluções.

COMPETÊNCIAS ESPECÍFICAS DE MATEMÁTICA PARA O ENSINO FUNDAMENTAL

4. Fazer observações sistemáticas de aspectos quantitativos e qualitativos presentes nas práticas sociais e culturais, de modo a investigar, organizar, representar e comunicar informações relevantes, para interpretá-las e avaliá-las crítica e eticamente, produzindo argumentos convincentes.

5. Utilizar processos e ferramentas matemáticas, inclusive tecnologias digitais disponíveis, para modelar e resolver problemas cotidianos, sociais e de outras áreas de conhecimento, validando estratégias e resultados.

6. Enfrentar situações-problema em múltiplos contextos, incluindo-se situações imaginadas, não diretamente relacionadas com o aspecto prático-utilitário, expressar suas respostas e sintetizar conclusões, utilizando diferentes registros e linguagens (gráficos, tabelas, esquemas, além de texto escrito na língua materna e outras linguagens para descrever algoritmos, como fluxogramas, e dados).

7. Desenvolver e/ou discutir projetos que abordem, sobretudo, questões de urgência social, com base em princípios éticos, democráticos, sustentáveis e solidários, valorizando a diversidade de opiniões de indivíduos e de grupos sociais, sem preconceitos de qualquer natureza.

8. Interagir com seus pares de forma cooperativa, trabalhando coletivamente no planejamento e desenvolvimento de pesquisas para responder a questionamentos e na busca de soluções para problemas, de modo a identificar aspectos consensuais ou não na discussão de uma determinada questão, respeitando o modo de pensar dos colegas e aprendendo com eles.

HABILIDADES DA BASE NACIONAL COMUM CURRICULAR - 6º ANO

UNIDADES TEMÁTICAS	HABILIDADES
Números	**EF06MA01** Comparar, ordenar, ler e escrever números naturais e números racionais cuja representação decimal é finita, fazendo uso da reta numérica. **EF06MA02** Reconhecer o sistema de numeração decimal, como o que prevaleceu no mundo ocidental, e destacar semelhanças e diferenças com outros sistemas, de modo a sistematizar suas principais características (base, valor posicional e função do zero), utilizando, inclusive, a composição e decomposição de números naturais e números racionais em sua representação decimal. **EF06MA03** Resolver e elaborar problemas que envolvam cálculos (mentais ou escritos, exatos ou aproximados) com números naturais, por meio de estratégias variadas, com compreensão dos processos neles envolvidos com e sem uso de calculadora. **EF06MA04** Construir algoritmo em linguagem natural e representá-lo por fluxograma que indique a resolução de um problema simples (por exemplo, se um número natural qualquer é par). **EF06MA05** Classificar números naturais em primos e compostos, estabelecer relações entre números, expressas pelos termos "é múltiplo de", "é divisor de", "é fator de", e estabelecer, por meio de investigações, critérios de divisibilidade por 2, 3, 4, 5, 6, 8, 9, 10, 100 e 1000. **EF06MA06** Resolver e elaborar problemas que envolvam as ideias de múltiplo e de divisor. **EF06MA07** Compreender, comparar e ordenar frações associadas às ideias de partes de inteiros e resultado de divisão, identificando frações equivalentes. **EF06MA08** Reconhecer que os números racionais positivos podem ser expressos nas formas fracionária e decimal, estabelecer relações entre essas representações, passando de uma representação para outra, e relacioná-los a pontos na reta numérica. **EF06MA09** Resolver e elaborar problemas que envolvam o cálculo da fração de uma quantidade e cujo resultado seja um número natural, com e sem uso de calculadora. **EF06MA10** Resolver e elaborar problemas que envolvam adição ou subtração com números racionais positivos na representação fracionária. **EF06MA11** Resolver e elaborar problemas com números racionais positivos na representação decimal, envolvendo as quatro operações fundamentais e a potenciação, por meio de estratégias diversas, utilizando estimativas e arredondamentos para verificar a razoabilidade de respostas, com e sem uso de calculadora. **EF06MA12** Fazer estimativas de quantidades e aproximar números para múltiplos da potência de 10 mais próxima. **EF06MA13** Resolver e elaborar problemas que envolvam porcentagens, com base na ideia de proporcionalidade, sem fazer uso da "regra de três", utilizando estratégias pessoais, cálculo mental e calculadora, em contextos de educação financeira, entre outros.

HABILIDADES DA BASE NACIONAL COMUM CURRICULAR - 6º ANO

UNIDADES TEMÁTICAS	HABILIDADES
Álgebra	**EF06MA14** Reconhecer que a relação de igualdade matemática não se altera ao adicionar, subtrair, multiplicar ou dividir os seus dois membros por um mesmo número e utilizar essa noção para determinar valores desconhecidos na resolução de problemas. **EF06MA15** Resolver e elaborar problemas que envolvam a partilha de uma quantidade em duas partes desiguais, envolvendo relações aditivas e multiplicativas, bem como a razão entre as partes e entre uma das partes e o todo.
Geometria	**EF06MA16** Associar pares ordenados de números a pontos do plano cartesiano do 1º quadrante, em situações como a localização dos vértices de um polígono. **EF06MA17** Quantificar e estabelecer relações entre o número de vértices, faces e arestas de prismas e pirâmides, em função do seu polígono da base, para resolver problemas e desenvolver a percepção espacial. **EF06MA18** Reconhecer, nomear e comparar polígonos, considerando lados, vértices e ângulos, e classificá-los em regulares e não regulares, tanto em suas representações no plano como em faces de poliedros. **EF06MA19** Identificar características dos triângulos e classificá-los em relação às medidas dos lados e dos ângulos. **EF06MA20** Identificar características dos quadriláteros, classificá-los em relação a lados e a ângulos e reconhecer a inclusão e a intersecção de classes entre eles. **EF06MA21** Construir figuras planas semelhantes em situações de ampliação e de redução, com o uso de malhas quadriculadas, plano cartesiano ou tecnologias digitais. **EF06MA22** Utilizar instrumentos, como réguas e esquadros, ou *softwares* para representações de retas paralelas e perpendiculares e construção de quadriláteros, entre outros. **EF06MA23** Construir algoritmo para resolver situações passo a passo (como na construção de dobraduras ou na indicação de deslocamento de um objeto no plano segundo pontos de referência e distâncias fornecidas etc.).
Grandezas e medidas	**EF06MA24** Resolver e elaborar problemas que envolvam as grandezas comprimento, massa, tempo, temperatura, área (triângulos e retângulos), capacidade e volume (sólidos formados por blocos retangulares), sem uso de fórmulas, inseridos, sempre que possível, em contextos oriundos de situações reais e/ou relacionadas às outras áreas do conhecimento. **EF06MA25** Reconhecer a abertura do ângulo como grandeza associada às figuras geométricas. **EF06MA26** Resolver problemas que envolvam a noção de ângulo em diferentes contextos e em situações reais, como ângulo de visão. **EF06MA27** Determinar medidas da abertura de ângulos, por meio de transferidor e/ou tecnologias digitais. **EF06MA28** Interpretar, descrever e desenhar plantas baixas simples de residências e vistas aéreas. **EF06MA29** Analisar e descrever mudanças que ocorrem no perímetro e na área de um quadrado ao se ampliarem ou reduzirem, igualmente, as medidas de seus lados, para compreender que o perímetro é proporcional à medida do lado, o que não ocorre com a área.
Probabilidade e estatística	**EF06MA30** Calcular a probabilidade de um evento aleatório, expressando-a por número racional (forma fracionária, decimal e percentual) e comparar esse número com a probabilidade obtida por meio de experimentos sucessivos. **EF06MA31** Identificar as variáveis e suas frequências e os elementos constitutivos (título, eixos, legendas, fontes e datas) em diferentes tipos de gráfico. **EF06MA32** Interpretar e resolver situações que envolvam dados de pesquisas sobre contextos ambientais, sustentabilidade, trânsito, consumo responsável, entre outros, apresentadas pela mídia em tabelas e em diferentes tipos de gráficos e redigir textos escritos com o objetivo de sintetizar conclusões. **EF06MA33** Planejar e coletar dados de pesquisa referente a práticas sociais escolhidas pelos alunos e fazer uso de planilhas eletrônicas para registro, representação e interpretação das informações em tabelas, vários tipos de gráficos e texto. **EF06MA34** Interpretar e desenvolver fluxogramas simples, identificando as relações entre os objetos representados (por exemplo, posição de cidades considerando as estradas que as unem, hierarquia dos funcionários de uma empresa etc.).

HABILIDADES DA BASE NACIONAL COMUM CURRICULAR - 7º ANO

UNIDADES TEMÁTICAS	HABILIDADES
Números	**EF07MA01** Resolver e elaborar problemas com números naturais, envolvendo as noções de divisor e de múltiplo, podendo incluir máximo divisor comum ou mínimo múltiplo comum, por meio de estratégias diversas, sem a aplicação de algoritmos. **EF07MA02** Resolver e elaborar problemas que envolvam porcentagens, como os que lidam com acréscimos e decréscimos simples, utilizando estratégias pessoais, cálculo mental e calculadora, no contexto de educação financeira, entre outros. **EF07MA03** Comparar e ordenar números inteiros em diferentes contextos, incluindo o histórico, associá-los a pontos da reta numérica e utilizá-los em situações que envolvam adição e subtração. **EF07MA04** Resolver e elaborar problemas que envolvam operações com números inteiros. **EF07MA05** Resolver um mesmo problema utilizando diferentes algoritmos. **EF07MA06** Reconhecer que as resoluções de um grupo de problemas que têm a mesma estrutura podem ser obtidas utilizando os mesmos procedimentos. **EF07MA07** Representar por meio de um fluxograma os passos utilizados para resolver um grupo de problemas. **EF07MA08** Comparar e ordenar frações associadas às ideias de partes de inteiros, resultado da divisão, razão e operador. **EF07MA09** Utilizar, na resolução de problemas, a associação entre razão e fração, como a fração 2/3 para expressar a razão de duas partes de uma grandeza para três partes da mesma ou três partes de outra grandeza. **EF07MA10** Comparar e ordenar números racionais em diferentes contextos e associá-los a pontos da reta numérica. **EF07MA11** Compreender e utilizar a multiplicação e a divisão de números racionais, a relação entre elas e suas propriedades operatórias. **EF07MA12** Resolver e elaborar problemas que envolvam as operações com números racionais.
Álgebra	**EF07MA13** Compreender a ideia de variável, representada por letra ou símbolo, para expressar relação entre duas grandezas, diferenciando-a da ideia de incógnita. **EF07MA14** Classificar sequências em recursivas e não recursivas, reconhecendo que o conceito de recursão está presente não apenas na matemática, mas também nas artes e na literatura. **EF07MA15** Utilizar a simbologia algébrica para expressar regularidades encontradas em sequências numéricas. **EF07MA16** Reconhecer se duas expressões algébricas obtidas para descrever a regularidade de uma mesma sequência numérica são ou não equivalentes. **EF07MA17** Resolver e elaborar problemas que envolvam variação de proporcionalidade direta e de proporcionalidade inversa entre duas grandezas, utilizando sentença algébrica para expressar a relação entre elas. **EF07MA18** Resolver e elaborar problemas que possam ser representados por equações polinomiais de 1º grau, redutíveis à forma $ax + b = c$, fazendo uso das propriedades da igualdade.

HABILIDADES DA BASE NACIONAL COMUM CURRICULAR – 7º ANO

UNIDADES TEMÁTICAS	HABILIDADES
Geometria	**EF07MA19** Realizar transformações de polígonos representados no plano cartesiano, decorrentes da multiplicação das coordenadas de seus vértices por um número inteiro. **EF07MA20** Reconhecer e representar, no plano cartesiano, o simétrico de figuras em relação aos eixos e à origem. **EF07MA21** Reconhecer e construir figuras obtidas por simetrias de translação, rotação e reflexão, usando instrumentos de desenho ou *softwares* de geometria dinâmica e vincular esse estudo a representações planas de obras de arte, elementos arquitetônicos, entre outros. **EF07MA22** Construir circunferências, utilizando compasso, reconhecê-las como lugar geométrico e utilizá-las para fazer composições artísticas e resolver problemas que envolvam objetos equidistantes. **EF07MA23** Verificar relações entre os ângulos formados por retas paralelas cortadas por uma transversal, com e sem uso de *softwares* de geometria dinâmica. **EF07MA24** Construir triângulos, usando régua e compasso, reconhecer a condição de existência do triângulo quanto à medida dos lados e verificar que a soma das medidas dos ângulos internos de um triângulo é 180°. **EF07MA25** Reconhecer a rigidez geométrica dos triângulos e suas aplicações, como na construção de estruturas arquitetônicas (telhados, estruturas metálicas e outras) ou nas artes plásticas. **EF07MA26** Descrever, por escrito e por meio de um fluxograma, um algoritmo para a construção de um triângulo qualquer, conhecidas as medidas dos três lados. **EF07MA27** Calcular medidas de ângulos internos de polígonos regulares, sem o uso de fórmulas, e estabelecer relações entre ângulos internos e externos de polígonos, preferencialmente vinculadas à construção de mosaicos e de ladrilhamentos. **EF07MA28** Descrever, por escrito e por meio de um fluxograma, um algoritmo para a construção de um polígono regular (como quadrado e triângulo equilátero), conhecida a medida de seu lado.
Grandezas e medidas	**EF07MA29** Resolver e elaborar problemas que envolvam medidas de grandezas inseridos em contextos oriundos de situações cotidianas ou de outras áreas do conhecimento, reconhecendo que toda medida empírica é aproximada. **EF07MA30** Resolver e elaborar problemas de cálculo de medida do volume de blocos retangulares, envolvendo as unidades usuais metro cúbico, decímetro cúbico e centímetro cúbico. **EF07MA31** Estabelecer expressões de cálculo de área de triângulos e de quadriláteros. **EF07MA32** Resolver e elaborar problemas de cálculo de medida de área de figuras planas que podem ser decompostas por quadrados, retângulos e/ou triângulos, utilizando a equivalência entre áreas. **EF07MA33** Estabelecer o número como a razão entre a medida de uma circunferência e seu diâmetro, para compreender e resolver problemas, inclusive os de natureza histórica.
Probabilidade e estatística	**EF07MA34** Planejar e realizar experimentos aleatórios ou simulações que envolvem cálculo de probabilidades ou estimativas por meio de frequência de ocorrências. **EF07MA35** Compreender, em contextos significativos, o significado de média estatística como indicador da tendência de uma pesquisa, calcular seu valor e relacioná-lo, intuitivamente, com a amplitude do conjunto de dados. **EF07MA36** Planejar e realizar pesquisa envolvendo tema da realidade social, identificando a necessidade de ser censitária ou de usar amostra, e interpretar os dados para comunicá-los por meio de relatório escrito, tabelas e gráficos, com o apoio de planilhas eletrônicas. **EF07MA37** Interpretar e analisar dados apresentados em gráficos de setores divulgados pela mídia e compreender quando é possível ou conveniente sua utilização.

HABILIDADES DA BASE NACIONAL COMUM CURRICULAR - 8º ANO

UNIDADES TEMÁTICAS	HABILIDADES
Números	**EF08MA01** Efetuar cálculos com potências de expoentes inteiros e aplicar esse conhecimento na representação de números em notação científica. **EF08MA02** Resolver e elaborar problemas usando a relação entre potenciação e radiciação, para representar uma raiz como potência de expoente fracionário. **EF08MA03** Resolver e elaborar problemas de contagem cuja resolução envolva a aplicação do princípio multiplicativo. **EF08MA04** Resolver e elaborar problemas envolvendo cálculo de porcentagens, incluindo o uso de tecnologias digitais. **EF08MA05** Reconhecer e utilizar procedimentos para a obtenção de uma fração geratriz para uma dízima periódica.
Álgebra	**EF08MA06** Resolver e elaborar problemas que envolvam cálculo do valor numérico de expressões algébricas, utilizando as propriedades das operações. **EF08MA07** Associar uma equação linear de 1º grau com duas incógnitas a uma reta no plano cartesiano. **EF08MA08** Resolver e elaborar problemas relacionados ao seu contexto próximo, que possam ser representados por sistemas de equações de 1º grau com duas incógnitas e interpretá-los, utilizando, inclusive, o plano cartesiano como recurso. **EF08MA09** Resolver e elaborar, com e sem uso de tecnologias, problemas que possam ser representados por equações polinomiais de 2º grau do tipo $ax^2 = b$. **EF08MA10** Identificar a regularidade de uma sequência numérica ou figural não recursiva e construir um algoritmo por meio de um fluxograma que permita indicar os números ou as figuras seguintes. **EF08MA11** Identificar a regularidade de uma sequência numérica recursiva e construir um algoritmo por meio de um fluxograma que permita indicar os números seguintes. **EF08MA12** Identificar a natureza da variação de duas grandezas, diretamente, inversamente proporcionais ou não proporcionais, expressando a relação existente por meio de sentença algébrica e representá-la no plano cartesiano. **EF08MA13** Resolver e elaborar problemas que envolvam grandezas diretamente ou inversamente proporcionais, por meio de estratégias variadas.
Geometria	**EF08MA14** Demonstrar propriedades de quadriláteros por meio da identificação da congruência de triângulos. **EF08MA15** Construir, utilizando instrumentos de desenho ou *softwares* de geometria dinâmica, mediatriz, bissetriz, ângulos de 90°, 60°, 45° e 30° e polígonos regulares. **EF08MA16** Descrever, por escrito e por meio de um fluxograma, um algoritmo para a construção de um hexágono regular de qualquer área, a partir da medida do ângulo central e da utilização de esquadros e compasso. **EF08MA17** Aplicar os conceitos de mediatriz e bissetriz como lugares geométricos na resolução de problemas. **EF08MA18** Reconhecer e construir figuras obtidas por composições de transformações geométricas (translação, reflexão e rotação), com o uso de instrumentos de desenho ou de *softwares* de geometria dinâmica.
Grandezas e medidas	**EF08MA19** Resolver e elaborar problemas que envolvam medidas de área de figuras geométricas, utilizando expressões de cálculo de área (quadriláteros, triângulos e círculos), em situações como determinar medida de terrenos. **EF08MA20** Reconhecer a relação entre um litro e um decímetro cúbico e a relação entre litro e metro cúbico, para resolver problemas de cálculo de capacidade de recipientes. **EF08MA21** Resolver e elaborar problemas que envolvam o cálculo do volume de recipiente cujo formato é o de um bloco retangular.

HABILIDADES DA BASE NACIONAL COMUM CURRICULAR - 8º ANO

UNIDADES TEMÁTICAS	HABILIDADES
Probabilidade e estatística	**EF08MA22** Calcular a probabilidade de eventos, com base na construção do espaço amostral, utilizando o princípio multiplicativo, e reconhecer que a soma das probabilidades de todos os elementos do espaço amostral é igual a 1. **EF08MA23** Avaliar a adequação de diferentes tipos de gráficos para representar um conjunto de dados de uma pesquisa. **EF08MA24** Classificar as frequências de uma variável contínua de uma pesquisa em classes, de modo que resumam os dados de maneira adequada para a tomada de decisões. **EF08MA25** Obter os valores de medidas de tendência central de uma pesquisa estatística (média, moda e mediana) com a compreensão de seus significados e relacioná–los com a dispersão de dados, indicada pela amplitude. **EF08MA26** Selecionar razões, de diferentes naturezas (física, ética ou econômica), que justificam a realização de pesquisas amostrais e não censitárias, e reconhecer que a seleção da amostra pode ser feita de diferentes maneiras (amostra casual simples, sistemática e estratificada). **EF08MA27** Planejar e executar pesquisa amostral, selecionando uma técnica de amostragem adequada, e escrever relatório que contenha os gráficos apropriados para representar os conjuntos de dados, destacando aspectos como as medidas de tendência central, a amplitude e as conclusões.

HABILIDADES DA BASE NACIONAL COMUM CURRICULAR - 9º ANO

UNIDADES TEMÁTICAS	HABILIDADES
Números	**EF09MA01** Reconhecer que, uma vez fixada uma unidade de comprimento, existem segmentos de reta cujo comprimento não é expresso por número racional (como as medidas de diagonais de um polígono e alturas de um triângulo, quando se toma a medida de cada lado como unidade). **EF09MA02** Reconhecer um número irracional como um número real cuja representação decimal é infinita e não periódica, e estimar a localização de alguns deles na reta numérica. **EF09MA03** Efetuar cálculos com números reais, inclusive potências com expoentes fracionários. **EF09MA04** Resolver e elaborar problemas com números reais, inclusive em notação científica, envolvendo diferentes operações. **EF09MA05** Resolver e elaborar problemas que envolvam porcentagens, com a ideia de aplicação de percentuais sucessivos e a determinação das taxas percentuais, preferencialmente com o uso de tecnologias digitais, no contexto da educação financeira.
Álgebra	**EF09MA06** Compreender as funções como relações de dependência unívoca entre duas variáveis e suas representações numérica, algébrica e gráfica e utilizar esse conceito para analisar situações que envolvam relações funcionais entre duas variáveis. **EF09MA07** Resolver problemas que envolvam a razão entre duas grandezas de espécies diferentes, como velocidade e densidade demográfica. **EF09MA08** Resolver e elaborar problemas que envolvam relações de proporcionalidade direta e inversa entre duas ou mais grandezas, inclusive escalas, divisão em partes proporcionais e taxa de variação, em contextos socioculturais, ambientais e de outras áreas. **EF09MA09** Compreender os processos de fatoração de expressões algébricas, com base em suas relações com os produtos notáveis, para resolver e elaborar problemas que possam ser representados por equações polinomiais do 2º grau.

HABILIDADES DA BASE NACIONAL COMUM CURRICULAR – 9º ANO

UNIDADES TEMÁTICAS	HABILIDADES
Geometria	**EF09MA10** Demonstrar relações simples entre os ângulos formados por retas paralelas cortadas por uma transversal. **EF09MA11** Resolver problemas por meio do estabelecimento de relações entre arcos, ângulos centrais e ângulos inscritos na circunferência, fazendo uso, inclusive, de *softwares* de geometria dinâmica. **EF09MA12** Reconhecer as condições necessárias e suficientes para que dois triângulos sejam semelhantes. **EF09MA13** Demonstrar relações métricas do triângulo retângulo, entre elas o teorema de Pitágoras, utilizando, inclusive, a semelhança de triângulos. **EF09MA14** Resolver e elaborar problemas de aplicação do teorema de Pitágoras ou das relações de proporcionalidade envolvendo retas paralelas cortadas por secantes. **EF09MA15** Descrever, por escrito e por meio de um fluxograma, um algoritmo para a construção de um polígono regular cuja medida do lado é conhecida, utilizando régua e compasso, como também *softwares*. **EF09MA16** Determinar o ponto médio de um segmento de reta e a distância entre dois pontos quaisquer, dadas as coordenadas desses pontos no plano cartesiano, sem o uso de fórmulas, e utilizar esse conhecimento para calcular, por exemplo, medidas de perímetros e áreas de figuras planas construídas no plano. **EF09MA17** Reconhecer vistas ortogonais de figuras espaciais e aplicar esse conhecimento para desenhar objetos em perspectiva.
Grandezas e medidas	**EF09MA18** Reconhecer e empregar unidades usadas para expressar medidas muito grandes ou muito pequenas, tais como distância entre planetas e sistemas solares, tamanho de vírus ou de células, capacidade de armazenamento de computadores, entre outros. **EF09MA19** Resolver e elaborar problemas que envolvam medidas de volumes de prismas e de cilindros retos, inclusive com uso de expressões de cálculo, em situações cotidianas.
Probabilidade e estatística	**EF09MA20** Reconhecer, em experimentos aleatórios, eventos independentes e dependentes e calcular a probabilidade de sua ocorrência, nos dois casos. **EF09MA21** Analisar e identificar, em gráficos divulgados pela mídia, os elementos que podem induzir, às vezes propositadamente, erros de leitura, como escalas inapropriadas, legendas não explicitadas corretamente, omissão de informações importantes (fontes e datas), entre outros. **EF09MA22** Escolher e construir o gráfico mais adequado (colunas, setores, linhas), com ou sem uso de planilhas eletrônicas, para apresentar um determinado conjunto de dados, destacando aspectos como as medidas de tendência central. **EF09MA23** Planejar e executar pesquisa amostral envolvendo tema da realidade social e comunicar os resultados por meio de relatório contendo avaliação de medidas de tendência central e da amplitude, tabelas e gráficos adequados, construídos com o apoio de planilhas eletrônicas.

REFERÊNCIAS

BARBOSA, Ruy Madsen. *Conexões e educação matemática*: brincadeiras, explorações e ações. Belo Horizonte: Autêntica, 2009. v. 1.

BARBOSA, Ruy Madsen. *Conexões e educação matemática*: brincadeiras, explorações e ações. Belo Horizonte: Autêntica, 2009. v. 2.

BERLINGHOFF, William P; GOUVÊA, Fernando Q. *A matemática através dos tempos*: um guia fácil e prático para professores e entusiastas. São Paulo: Blucher, 2008.

BOALER, Jo. *Mentalidade matemáticas*: estimulando o potencial dos estudantes por meio da matemática criativa, das mensagens inspiradoras e do ensino inovador. Porto Alegre: Penso, 2018.

BOALER, Jo. *O que a matemática tem a ver com isso?* Como professores e pais podem transformar a aprendizagem da Matemática e inspirar sucesso. Porto Alegre: Penso, 2019.

BORBA, Marcelo C.; SCUCUGLIA, Ricardo; GADANIDIS, G. *Fases das tecnologias digitais em educação matemática*: sala de aula e internet em movimento. 1. ed. Belo Horizonte: Autêntica, 2014. v. 1.

BOYER, Carl B. *História da Matemática*. 2. ed. São Paulo: Editora Edgard Blücher, 1996.

BRANDT, Célia F.; MORETTTI, Méricles T. (org.). *Ensinar e aprender matemática*: possibilidades para a prática educativa. Ponta Grossa: UEPG, 2016. Disponível em: https://static.scielo.org/scielobooks/dj9m9/pdf/brandt-9788577982158.pdf. Acesso em: 16 mar. 2021.

BRASIL. Ministério da Educação. *Base Nacional Comum Curricular*. Brasília, DF: MEC, 2018.

BRASIL. Ministério da Educação. *Programa Gestão da Aprendizagem Escolar (GESTAR II) – Matemática*. Brasília, DF: MEC, 2017.

CAJORI, F. *Uma história da Matemática*. Rio de Janeiro: Moderna, 2007.

CONTADOR, Paulo R. M. *Matemática:* uma breve história. São Paulo: Editora Livraria da Física, 2012. v. 1.

DAVID, Maria Manuela M. S.; MOREIRA, Plínio Cavalcanti. A *formação matemática do professor*. Belo Horizonte: Autêntica, 2005. (Coleção Tendências em Educação Matemática).

DU SAUTOY, Marcus. *Os mistérios dos números*: uma viagem pelos grandes enigmas da Matemática (que até hoje ninguém foi capaz de resolver). Rio de Janeiro: Zahar, 2013.

EVES, Howard. *Introdução à história da Matemática*. 2. ed. Campinas: Editora da Unicamp, 1997.

FLOOD, Raymond. *A história dos grandes matemáticos*: as descobertas e a propagação do conhecimento através das vidas dos grandes matemáticos. São Paulo: M. Books do Brasil Editora, 2013.

GALVÃO, Maria E. E. L. *História da Matemática*: dos números à geometria. Osasco: Edifieo, 2008.

GARBI, G. G. *A rainha das ciências*: um passeio histórico pelo maravilhoso mundo da matemática. 5. ed. São Paulo: Editora Livraria da Física, 2010.

GRUPO GEOPLANO DE ESTUDO E PESQUISA; BARBOSA, Ruy Madsen (coord). *Geoplanos e redes de pontos*: conexões e educação matemática. Belo Horizonte: Autêntica, 2013.

GUSTAFSON, David R.; FRISK, Peter D. *Álgebra Intermedia*. 7. ed. Cidade do México: Internacional Thomson Editores, 2006.

HUETE, Juan Carlos Sanchez; BRAVO, José. A. Fernández. *O ensino da Matemática*: fundamentos teóricos e bases psicopedagógicas. Porto Alegre: Artmed, 2006.

IFRAH, Georges. *Os números*: a história de uma grande invenção. 10. ed. São Paulo: Globo, 2004.

LEVAIN, Jean-Pierre. *Aprender a Matemática de outra forma:* desenvolvimento cognitivo e proporcionalidade. Lisboa: Instituto Piaget, 1997.

LINTZ, Rubens G. *História da Matemática.* Blumenau: Editora da FURB, 1999. v. 1.

MACHADO, Nilson José. *Matemática e realidade*: das concepções às ações docentes. 8. ed. São Paulo: Cortez, 2013.

MAGALHÃES, Marcos Nascimento. *Noção de Probabilidade e Estatística.* 7. ed. São Paulo: Edusp, 2013.

MENEGHETTI, Renata C. G. *Educação matemática*: vivências refletidas. São Paulo: Centauro, 2006.

MERINO, Rosa María; FRABETTI, Carlo. *A geometria na sua vida.* 1. ed. São Paulo: Ática, 2001. (Coleção Saber Mais).

MORAIS FILHO, Daniel Cordeiro. *Um convite à Matemática.* 2. ed. Rio de Janeiro, 2013.

NIVEN, Ivan. *Números:* racionais e irracionais. Rio de Janeiro: SBM, 1990.

PAIS, Luiz Carlos. *Didática da Matemática:* uma análise da influência francesa. 3. ed. Belo Horizonte: Autêntica, 2011.

PERELMANN, I. *Aprenda álgebra brincando.* Curitiba: Hemus, 2001.

PERRENOUD, Philippe. *Dez novas competências para ensinar:* convite à viagem. Porto Alegre: Artmed, 2000.

ROONEY, Anne. *A história da Matemática*: desde a criação das pirâmides até a exploração do infinito. São Paulo: M. Books do Brasil Editora, 2012.

SANTOS, Cleane A.; NACARATO, Adair M. *Aprendizagem em Geometria na Educação Básica*: a fotografia e a escrita na sala de aula. Belo Horizonte: Autêntica, 2014. (Coleção Tendências em Educação Matemática).

SPIEGEL, Murray R.; STEPHENS, Larry J.; NASCIMENTO, Jose Lucimar do. *Estatística.* 4. ed. Porto Alegre: Bookman, 2009. (Coleção Schaum).

STROGATZ, Steven Henry. *A matemática do dia a dia*: transforme o medo de números em ações eficazes para a sua vida. Rio de Janeiro: Elsevier, 2013.

SWOKOWSKI, Earl W. *Álgebra y trigonometría con geometría analítica.* 10. ed. Cidade do México: Internacional Thomson Editores, 2002.

SWOKOWSKI, Earl W. *Trigonometría.* 9 ed. Cidade do México: Internacional Thomson Editores, 2001.

VAN DE WALLE, J. A. *Matemática no Ensino Fundamental*: formação de professores e aplicação em sala de aula. 6. ed. Porto Alegre: Artmed, 2009.

VLASSIS, Joëlle; DEMONTY, Isabelle. *A álgebra ensinada por situações-problemas.* Lisboa: Instituto Piaget, 2002.